Baustatik

Teil 2 Festigkeitslehre

Von Dipl.-Ing. Gottfried C.O. Lohmeyer
Baumeister BDB, Beratender Ingenieur
für Bauwesen, Hannover

6., überarbeitete und erweiterte Auflage
Mit 234 Bildern, 68 Tafeln, 186 Beispielen
und 63 Übungsaufgaben

 **B.G. Teubner Stuttgart 1991**

Zusammenfassung des Inhalts

Die Pfeile zeigen, wie die beiden Teile vorteilhaft ab Abschnitt 6 von Teil 1 nebeneinander erarbeitet werden können.

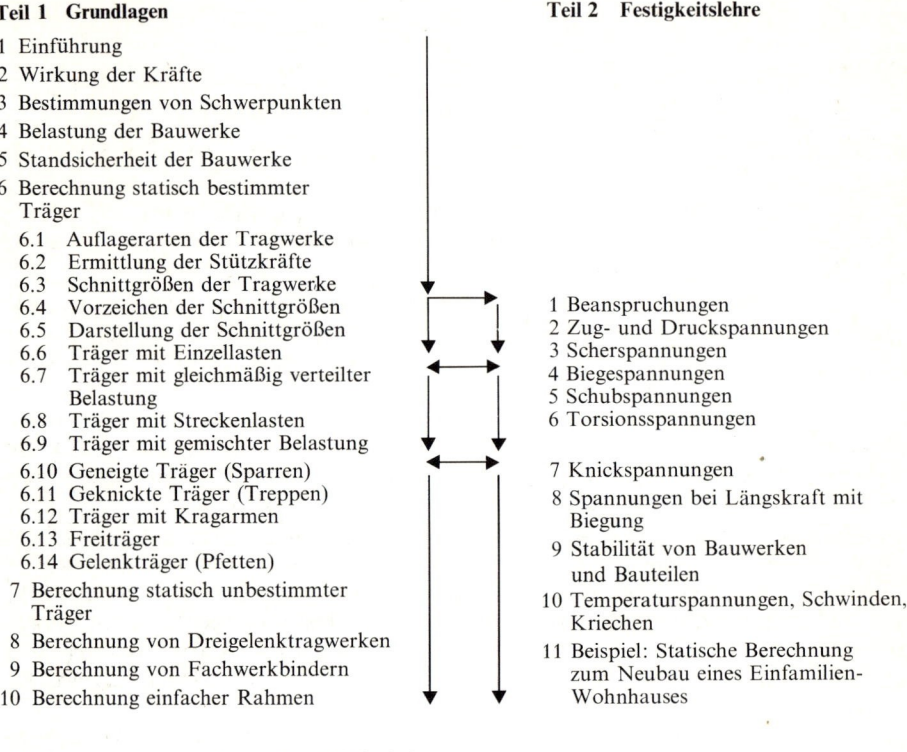

Teil 1   Grundlagen

1 Einführung
2 Wirkung der Kräfte
3 Bestimmungen von Schwerpunkten
4 Belastung der Bauwerke
5 Standsicherheit der Bauwerke
6 Berechnung statisch bestimmter Träger

   6.1   Auflagerarten der Tragwerke
   6.2   Ermittlung der Stützkräfte
   6.3   Schnittgrößen der Tragwerke
   6.4   Vorzeichen der Schnittgrößen
   6.5   Darstellung der Schnittgrößen
   6.6   Träger mit Einzellasten
   6.7   Träger mit gleichmäßig verteilter Belastung
   6.8   Träger mit Streckenlasten
   6.9   Träger mit gemischter Belastung
   6.10 Geneigte Träger (Sparren)
   6.11 Geknickte Träger (Treppen)
   6.12 Träger mit Kragarmen
   6.13 Freiträger
   6.14 Gelenkträger (Pfetten)

7 Berechnung statisch unbestimmter Träger
8 Berechnung von Dreigelenktragwerken
9 Berechnung von Fachwerkbindern
10 Berechnung einfacher Rahmen

Teil 2   Festigkeitslehre

1 Beanspruchungen
2 Zug- und Druckspannungen
3 Scherspannungen
4 Biegespannungen
5 Schubspannungen
6 Torsionsspannungen

7 Knickspannungen
8 Spannungen bei Längskraft mit Biegung
9 Stabilität von Bauwerken und Bauteilen
10 Temperaturspannungen, Schwinden, Kriechen
11 Beispiel: Statische Berechnung zum Neubau eines Einfamilien-Wohnhauses

CIP-Titelaufnahme der Deutschen Bibliothek

Lohmeyer, Gottfried:
Baustatik / von Gottfried C.O. Lohmeyer.–
Stuttgart : Teubner
   Bis 3. Aufl. u.d.T.: Lohmeyer, Gottfried:
   Baustatik für Techniker
Teil 2. Festigkeitslehre. – 6., überarb. und erw. Aufl. 1991
   ISBN 3-519-05026-9

© B.G. Teubner Stuttgart 1991
Printed in Germany
Satz: Fotosatz-Service KÖHLER, Würzburg
Druck und Bindearbeiten: Passavia Druckerei GmbH, Passau
Einband: P.P.K,S-Konzepte Tabea Koch, Ostfildern/Stuttgart

Vorwort

Diese Einführung in die Baustatik behandelt in zwei Teilen die Grundlagen und die Festigkeitslehre.

Teil 1 „Grundlagen" stellt die wichtigen Aufgaben der einfachen Statik dar. Ohne komplizierte theoretische Ableitungen werden die erforderlichen Formeln zur Bestimmung der äußeren und inneren Kräfte entwickelt.

Der vorliegende Teil 2 „Festigkeitslehre" erklärt die Beanspruchung der Bauteile. Das Buch zeigt die Bemessung von Bauteilen aus Holz und Stahl. Verschiedene Verbindungsarten der Bauteile erfahren eine ausführliche Behandlung. Besondere Aufmerksamkeit wurde der Berechnung von Sparren und auch Kehlbalkendächern gewidmet. Wände und Pfeiler aus Mauerwerk sowie Wände und Stützen aus Beton werden auf Druck- und Knickbeanspruchung untersucht. Die Berechnung der Bodenpressung unter Fundamenten erfolgt für einachsige und auch für zweiachsige Ausmitte. Für Stahlbetonbauteile sei auf das Buch „Stahlbetonbau – Bemessung, Konstruktion, Ausführung" verwiesen.

Die DIN-Normen sind in ihrer neuesten Fassung berücksichtigt. Eine Ausnahme bildet lediglich die Stahlbaunorm DIN 18 800 vom November 1990. Diese Norm beinhaltet im Hinblick auf eine einheitliche europäische Normung ein neues Bemessungskonzept. In Abschnitt 1.9 wird dieses Bemessungsverfahren erläutert. Die bisherige Stahlbaunorm aus dem Jahre 1981 darf bis zu einer entgültigen Harmonisierung der Normung auf europäischer Ebene zusammen mit den anderen Fachnormen weiterhin angewendet werden. Dieses ist in diesem Buch geschehen.

Zum Verständnis der Berechnungen und Bemessungen sind die einzelnen Probleme kurz und kennzeichnend dargestellt. Die für die Berechnung erforderlichen Formeln werden erklärt. Notwendige Tabellen sind der Darstellung beigegeben. Einige Probleme werden bewußt vereinfacht und dadurch möglichst praxisnah behandelt. Jeder Abschnitt bringt zur Erläuterung typische Beispiele; sie zeigen die Anwendung der entsprechenden Formeln. Die anschließenden Beispiele zur Übung sollen zur sicheren Handhabung und breiten Anwendung des Stoffes befähigen. Die Lösungen sind am Ende des Buches zusammengestellt. Der letzte Abschnitt bringt eine statische Berechnung für ein kleines Wohnhaus. Es soll damit der Zusammenhang aller vorher detailliert betrachteten Probleme aufgezeigt werden.

Vorteilhaft dürfte es sein, mit der Arbeit an der Festigkeitslehre dieses Buches schon während der Arbeit an Teil 1 zu beginnen. Es empfiehlt sich, entsprechend nebenstehender Darstellung vorzugehen. So kann schon mit dem Abschnitt 6 von Teil 1 der Einstieg in diesen Teil 2 erfolgen.

Eine Zusammenstellung der „Formelzeichen und ihre Bedeutung" sowie die „Formelsammlung" erleichtern den Gebrauch von Formeln und fördern ihre Einprägsamkeit; die beigegebenen Zahlen verweisen auf die Textseiten, auf denen die Formeln erläutert bzw. erstmals benutzt werden.

Die vorliegende sechste Auflage ist wiederum erweitert worden. Das gilt insbesondere für Wölbspannungen und für die Stabilität von Bauwerken und Bauteilen. Außerdem konnten verschiedene Verbesserungsvorschläge eingearbeitet werden.

Für viele Zuschriften und kritische Stellungnahmen dankt der Verfasser. Dem Verlag und seinen Mitwirkenden sei für die hervorragende Zusammenarbeit gedankt.

Anregungen und Hinweise für die Weiterentwicklung des Buches sind erwünscht und werden sehr begrüßt.

Hannover, Dezember 1990   G. Lohmeyer

Inhalt

1 Beanspruchungen

1.1 Aufgaben der Festigkeitslehre 1
1.2 Spannungen 2
1.3 Formänderungen 4
1.4 Dehnungen 5
1.5 Spannungs-Dehnungs-Linie 5
1.6 Das Hookesche Gesetz 7
1.7 Spannungsarten 8
    1.7.1 Normalspannungen 9
    1.7.2 Tangentialspannungen 9
    1.7.3 Resultierende Spannung 10
    1.7.4 Linearer Spannungszustand 10
1.8 Sicherheitsbeiwerte und zulässige Spannungen 14
    1.8.1 Grundbau 15
    1.8.2 Betonbau 17
    1.8.3 Mauerwerksbau 19
    1.8.4 Stahlbau 23
    1.8.5 Holzbau 24
1.9 Das neue Sicherheitskonzept 26
    1.9.1 Einwirkungen 26
    1.9.2 Widerstand 26
    1.9.3 Charakteristische Werte 27
    1.9.4 Bemessungswerte 27
    1.9.5 Beanspruchungen S_d und Beanspruchbarkeiten R_d 28
    1.9.6 Sicherheitsnachweise 29

2 Zug- und Druckspannungen

2.1 Zugspannungen* 31
    2.1.1 Verlängerungen* 34
2.2 Druckspannungen 35
    2.2.1 Flächenpressungen* 36
    2.2.2 Lochleibungsspannungen* 40
    2.2.3 Verkürzungen 42

3 Scherspannungen

3.1 Abscheren bei verschiedenen Bauteilen 44

3.2 Beanspruchung bei Verbindungsmitteln 48
    3.2.1 Verbindungen im Stahlbau* 49
    3.2.2 Verbindungen im Holzbau* 55

4 Biegespannungen

4.1 Einfache Biegung 63
    4.1.1 Wirkungsweise der Biegebeanspruchung 64
    4.1.2 Erklärung für Flächenmoment und Widerstandsmoment 65
    4.1.3 Biegehauptgleichung 65
    4.1.4 Biegefestigkeit 67
4.2 Widerstandsmomente und Flächenmomente 2. Grades 71
    4.2.1 Rechteckige Querschnitte 71
    4.2.2 Statische Werte für Bauholz 72
    4.2.3 Symmetrische Querschnitte 72
    4.2.4 Statische Werte für Formstahl 76
    4.2.5 Unsymmetrische Querschnitte 81
    4.2.6 Verstärkungen für Träger 84
    4.2.7 Biegefeste Trägerstöße 87
4.3 Verformungen bei einfacher Biegung 89
    4.3.1 Zulässige Durchbiegungen 90
    4.3.2 Biegesteifigkeit* 91
    4.3.3 Durchbiegung bei geneigten Trägern 94
4.4 Doppelbiegung 95
    4.4.1 Doppelbiegung bei Holzträgern* 97
    4.4.2 Doppelbiegung bei Stahlträgern* 99
4.5 Verformungen bei Doppelbiegung* 101
4.6 Sonderfall der Doppelbiegung 105

5 Schubspannungen

5.1 Ebener Spannungszustand 110
5.2 Hauptspannungen 111
5.3 Vergleichsspannungen 113
5.4 Spannungsnachweise für Stahlbauteile* 114
5.5 Spannungs- und Verformungsnachweise für Holzbauteile* 118
5.6 Spannungsnachweise für Mauerwerk 120

6 Torsionsspannungen

6.1 Torsionsbeanspruchung 124
6.2 Querschnittsformen bei Torsion 126
    6.2.1 Runde Vollquerschnitte 126
    6.2.2 Runde Hohlquerschnitte 127
    6.2.3 Rechteckige Vollquerschnitte 127
    6.2.4 Dünnwandige Hohlquerschnitte 128
    6.2.5 Dünnwandige offene Profile 128

6.3 Wölbspannungen 131
6.4 Spannungsnachweise 135
6.5 Verformungen bei Torsion 140

7 Knickspannungen

7.1 Stützen aus Stahl und Holz 142
   7.1.1 Knicklänge 143
   7.1.2 Trägheitsradius 145
   7.1.3 Schlankheitsgrad 147
   7.1.4 Knickzahl 148
   7.1.5 Spannungsnachweis* 150
7.2 Stützen aus Beton 157
   7.2.1 Knicklänge und Schlankheit 158
   7.2.2 Spannungsnachweis 158
7.3 Wände aus Beton 159
   7.3.1 Knicklänge und Schlankheit 160
   7.3.2 Spannungsnachweis 161
7.4 Mauerwerk 162
   7.4.1 Druckbeanspruchung 162
   7.4.2 Knickbeanspruchung 164
   7.4.3 Erddruck 166
   7.4.4 Mindestdicken 167
   7.4.5 Aussparungen und Schlitze 167

8 Spannungen bei Längskraft mit Biegung

8.1 Zug und Biegung* 171
   8.1.1 Zug und Biegung bei Stahl* 172
   8.1.2 Zug und Biegung bei Holz 175
8.2 Druck und Biegung 176
   8.2.1 Druck und Biegung bei Stahl* 176
   8.2.2 Druck und Biegung bei Holz* 178
8.3 Längskraft und zweiachsige Biegung 186
   8.3.1 Druck und zweiachsige Biegung bei Stahl 186
   8.3.2 Druck und zweiachsige Biegung bei Holz 188
8.4 Ausmittiger Druck bei versagender Zugzone 190
   8.4.1 Geringe einachsige Ausmitte 191
   8.4.2 Mäßige einachsige Ausmitte 191
   8.4.3 Große einachsige Ausmitte 192
   8.4.4 Größtzulässige einachsige Ausmitte 192
   8.4.5 Zusammenstellung der Randspannungen 193
   8.4.6 Fundamente mit einachsiger Ausmitte 194
   8.4.7 Zweiachsige Ausmitte mit Rechteckquerschnitten 198
   8.4.8 Fundamente mit zweiachsiger Ausmitte 198

9 Stabilität von Bauteilen und Bauwerken

9.1 Knicksicherheitsnachweis 202

9.2 Kippsicherheitsnachweis. 203
    9.2.1 Stahlträger mit I-Querschnitt 203
    9.2.2 Stahlträger mit U-, Z- und L-Querschnitt 206
    9.2.3 Holzträger mit I-Querschnitt oder Kasten-Querschnitt 211
    9.2.4 Holzträger mit Rechteckquerschnitt 211

9.3 Beulsicherheitsnachweis 214

9.4 Aussteifungen für Bauteile und Bauwerke 216
    9.4.1 Aussteifungen im Stahlbau 216
    9.4.2 Aussteifungen im Holzbau 218
    9.4.3 Aussteifungen im Massivbau 229

10 Temperaturdehnungen, Schwinden, Kriechen

10.1 Temperaturdehnungen 231
    10.1.1 Längenänderungen durch Temperaturunterschiede. 231
    10.1.2 Wärmedehnzahlen 232
    10.1.3 Nachweis der Temperaturspannungen* 232
    10.1.4 Ungleichmäßige Temperaturbeanspruchungen 234

10.2 Schwinden. 236
    10.2.1 Längenänderungen durch Schwinden 236
    10.2.2 Schwindmaße 236
    10.2.3 Nachweis des Schwindens 237

10.3 Kriechen. 237
    10.3.1 Längenänderungen durch Kriechen 237
    10.3.2 Kriechmaße 238
    10.3.3 Nachweis des Kriechens 238

10.4 Nachweis der Verformungen. 238
    10.4.1 Längsverformungen in vertikaler Richtung 239
    10.4.2 Längsverformungen in horizontaler Richtung 241

11 Statische Berechnung

11.1 Angaben der statischen Berechnung. 247

11.2 Form der statischen Berechnung 247

11.3 Berechnungsbeispiel
    „Statische Berechnung zum Neubau eines Einfamilien-Wohnhauses" . . . 248

Lösungen zu den Übungsbeispielen 265

Formelzeichen und ihre Bedeutung 269

Formelsammlung 270

Schrifttum 279

DIN-Normen zur Baustatik 279

Sachverzeichnis 280

(Abschnitte, die mit * gekennzeichnet sind, enthalten Übungsaufgaben)

DIN-Normen

Für dieses Buch einschlägige Normen sind entsprechend dem Entwicklungsstand ausgewertet worden, den sie bei Abschluß des Manuskripts erreicht hatten. Maßgebend sind die jeweils neuesten Ausgaben der Normblätter des DIN Deutsches Institut für Normung e. V. im Format A4, die durch den Beuth-Verlag GmbH, Berlin und Köln, zu beziehen sind.

Sinngemäß gilt das gleiche für alle sonstigen angezogenen amtlichen Richtlinien, Bestimmungen, Verordnungen usw.

Einheiten

Mit dem „Gesetz über Einheiten im Meßwesen" vom 2. 7. 1969 und seiner „Ausführungsverordnung" vom 26. 6. 1970 wurden für einige technische Größen neue Einheiten eingeführt. Der Umrechnung von „alten" in „neue" Einheiten und umgekehrt dienen folgende Hinweise des Fachnormen-Arbeitsausschusses „Einheiten im Bauwesen" (ETB):

Kraftgrößen: Es wird empfohlen, sich auf möglichst wenige der zahlreichen Einheiten, die sich mit Hilfe dezimaler Vorsätze (z. B. k für 1000) bilden lassen, zu beschränken. Angesichts der im Bauwesen unvermeidlichen Streuungen der Bauwerksabmessungen und der Baustoffestigkeiten kann die Erdbeschleunigung genügend genau mit $g = 10 \, \text{m/s}^2$ angenommen werden; es braucht nicht mit dem genaueren Wert $9,81 \, \text{m/s}^2$, geschweige denn mit der Normalfallbeschleunigung $g_n = 9,80665 \, \text{m/s}^2$ gerechnet zu werden. Der „Fehler" liegt zwar bei den zulässigen Spannungen um knapp 2 % auf der unsicheren Seite, er wird in der Regel aber dadurch ausgeglichen, daß die Lastannahmen um das gleiche Maß auf der sicheren Seite liegen.

Kräfte: Für Kraftgrößen wird die Einheit **kN** (Kilonewton) empfohlen. Bei Zahlenvorsätzen kleiner als 0,1 kann mit **N** (Newton [1])) und bei solchen größer als 1000 mit **MN** (Meganewton) gerechnet werden.

Tafel **1**   Umrechnungswerte für **Kräfte und Einzellasten**

Kraft		kp	Mp	N	kN	MN	
1 N	=	10^{-1}	10^{-4}	1	10^{-3}	10^{-6}	N = Newton (neu)
1 kN	=	10^2	10^{-1}	10^3	1	10^{-3}	kN = Kilonewton
1 MN	=	10^5	10^2	10^6	10^3	1	MN = Meganewton
1 kp	=	1	10^{-3}	10	10^{-2}	10^{-5}	kp = Kilopond (alt)
1 Mp	=	10^3	1	10^4	10	10^{-2}	Mp = Megapond

1) Newton (sprich: njuten) = englischer Physiker (1643 bis 1727)

Tafel 2   Umrechnungswerte für **Streckenlasten** (längenbezogene Kräfte)

Streckenlast		kp/cm	kp/m	Mp/m	N/mm	N/m	kN/m	MN/m
1 N/mm	=	1	10^2	10^{-1}	1	10^3	1	10^{-3}
1 N/m	=	10^{-3}	10^{-1}	10^{-4}	10^{-3}	1	10^{-3}	10^{-6}
1 kN/m	=	1	10^2	10^{-1}	1	10^3	1	10^{-3}
1 MN/m	=	10^3	10^5	10^2	10^3	10^6	10^3	1
1 kp/cm	=	1	10^2	10^{-1}	1	10^3	1	10^{-3}
1 kp/m	=	10^{-2}	1	10^{-3}	10^{-2}	10	10^{-2}	10^{-5}
1 Mp/m	=	10	10^3	1	10	10^4	10	10^{-2}

Tafel 3   Umrechnungswerte für **Spannungen, Festigkeiten und Flächenlasten**

Spannung Festigkeit Flächenlast		$\dfrac{kp}{mm^2}$	$\dfrac{kp}{cm^2}$	$\dfrac{kp}{m^2}$	$\dfrac{Mp}{mm^2}$	$\dfrac{Mp}{cm^2}$	$\dfrac{Mp}{m^2}$	$\dfrac{N}{mm^2}$	$\dfrac{N}{m^2}$	$\dfrac{kN}{m^2}$	$\dfrac{MN}{m^2}$
1 N/mm²	=	10^{-1}	10	10^5	10^{-4}	10^{-2}	10^2	1	10^6	10^3	1
1 N/m²	=	10^{-7}	10^{-5}	10^{-1}	10^{-10}	10^{-8}	10^{-4}	10^{-6}	1	0^{-3}	10^{-6}
1 kN/m²	=	10^{-4}	10^{-2}	10^2	10^{-7}	10^{-5}	10^{-1}	10^{-3}	10^3	1	10^{-3}
1 MN/m²	=	10^{-1}	10	10^5	10^{-4}	10^{-2}	10^2	1	10^6	10^3	1
1 kp/mm²	=	1	10^2	10^6	10^{-3}	10^{-1}	10^3	10	10^7	10^4	10
1 kp/cm²	=	10^{-2}	1	10^4	10^{-5}	10^{-3}	10	10^{-1}	10^5	10^2	10^{-1}
1 kp/m²	=	10^{-6}	10^{-4}	1	10^9	10^{-7}	10^{-3}	10^{-5}	10	10^{-2}	10^{-5}
1 Mp/mm²	=	10^3	10^5	10^9	1	10^2	10^6	10^4	10^{10}	10^7	10^4
1 Mp/cm²	=	10	10^3	10^7	10^{-2}	1	10^4	10^2	10^8	10^5	10^2
1 Mp/m²	=	10^{-3}	10^{-1}	10^3	10^{-6}	10^{-4}	1	10^{-2}	10^4	10	10^{-2}

Tafel 4   Umrechnungswerte für **Momente**

Moment		kpcm	kpm	Mpm	Nmm	Nm	kNm	MNm
1 Nmm	=	10^{-2}	10^{-4}	10^{-7}	1	10^{-3}	10^{-6}	10^{-9}
1 Nm	=	10	10^{-1}	10^{-4}	10^3	1	10^{-3}	10^{-6}
1 kNm	=	10^4	10^2	10^{-1}	10^6	10^3	1	10^{-3}
1 MNm	=	10^7	10^5	10^2	10^9	10^6	10^3	1
1 kpcm	=	1	10^{-2}	10^{-5}	10^2	10^{-1}	10^{-4}	10^{-7}
1 kpm	=	10^2	1	10^{-3}	10^4	10	10^{-2}	10^{-5}
1 Mpm	=	10^5	10^3	1	10^7	10^4	10	10^{-2}

Tafel **5**   Umrechnungswerte für **Dichte und Eigenlasten**

Dichte Eigenlast		kg/m^3	kg/dm^3	t/m^3	kN/m^3
1 kN/m^3	=	10^2	10^{-1}	10^{-1}	1
1 kg/m^3	=	1	10^{-3}	10^{-3}	10^{-2}
1 kg/dm^3	=	10^3	1	1	10
1 t/m^3	=	10^3	1	1	10

Formelzeichen

Für die hier benutzten mathematischen und technischen Formelzeichen sowie Symbole wird auf Seite 269 verwiesen; siehe auch Wendehorst-Muth „Bautechnische Zahlentafeln".

Tafel **6**   **Griechisches Alphabet** (DIN 1453)

A	α	a	Alpha	H	η	$\bar{e}$	Eta	N	v	n	Nü	T	τ	t	Tau
B	β	b	Beta	Θ	ϑ	th	Theta	Ξ	ξ	x	Ksi	Y	v	$\ddot{u}$	Ypsilon
Γ	γ	g	Gamma	I	ι	j	Jota	O	o	$\ddot{o}$	Omikron	Φ	φ	ph	Phi
Δ	δ	d	Delta	K	$\varkappa$	k	Kappa	Π	π	p	Pi	X	χ	ch	Chi
E	ε	$\breve{e}$	Epsilon	Λ	λ	l	Lambda	P	ϱ	r	Rho	Ψ	ψ	ps	Psi
Z	ζ	z	Zeta	M	μ	m	Mü	Σ	σ	s	Sigma	Ω	ω	$\bar{o}$	Omega

Verzeichnis der Tafeln

Einheiten

Tafel **1**   Umrechnungswerte für Kräfte und Einzellasten
Tafel **2**   Umrechnungswerte für Streckenlasten
Tafel **3**   Umrechnungswerte für Spannungen, Festigkeiten und Flächenlasten
Tafel **4**   Umrechnungswerte für Momente
Tafel **5**   Umrechnungswerte für Dichte und Eigenlasten
Tafel **6**   Griechisches Alphabet

1 Beanspruchungen

Tafel **8.**1   Elastizitätsmodul und Schubmodul für verschiedene Baustoffe
Tafel **17.**1   Lastfälle und Sicherheiten im Grundbau
Tafel **19.**1   Sicherheitsbeiwerte im Stahlbetonbau
Tafel **15.**1   Zulässige Bodenpressung von nichtbindigem Baugrund
Tafel **16.**2   Zulässige Bodenpressung von bindigem Baugrund
Tafel **18.**1   Zulässige Betondruckspannungen
Tafel **18.**2   Werte n für die Lastverteilung bei unbewehrten Betonfundamenten
Tafel **19.**1   Grundwerte der zulässigen Druckspannungen von Mauerwerk
Tafel **20.**1   Zulässige Druckspannungen bei schlanken Mauerwerksbauteilen
Tafel **20.**2   Grundwerte der zulässigen Druckspannungen für Natursteinmauerwerk
Tafel **21.**1   Mindestdruckfestigkeiten der Gesteinsarten
Tafel **22.**1   Grundwert der zulässigen Zugspannungen für Mauerwerk
Tafel **22.**2   Maximale Werte der zulässigen Biegespannungen für Mauerwerk
Tafel **23.**1   Zulässige Spannungen für Bauteile aus Stahl
Tafel **23.**2   Zulässige Spannungen für Lagerteile
Tafel **25.**1   Zulässige Spannungen für Bauholz
Tafel **26.**1   Zulässige Spannungen für Bauholz bei schrägem Kraftangriff

3 Scherspannungen

Tafel **45.**1   Zulässige Scherspannungen für Bauholz
Tafel **51.**1   Tragfähigkeit von Schrauben und Nieten auf Abscheren
Tafel **52.**1   Tragfähigkeit von Schrauben und Nieten auf Lochleibung
Tafel **56.**1   Tragfähigkeit von Nägeln
Tafel **57.**1   Nagelverbindungen
Tafel **58.**1   Nagelabstände
Tafel **60.**1   Wirksame Anzahl von Dübeln
Tafel **62.**1   Tragfähigkeit und Abmessungen für einige Dübel

4 Biegespannungen

Tafel **73.**1   Bauholz, Querschnittsmaße und statische Werte
Tafel **76.**1   Stahlträger IPB100 bis IPB1000
Tafel **77.**1   Stahlträger I80 bis I400
Tafel **77.**2   Stahlträger IPE120 bis IPE600
Tafel **78.**1   Runde Stahlrohre
Tafel **79.**1   Quadratische Stahl-Hohlprofile
Tafel **80.**1   Rechteckige Stahl-Hohlprofile

Tafel **87**.1   Trägerstöße mit Flachstahl-Laschen
Tafel **88**.1   Biegefeste Trägerstöße mit Profilstahl-Laschen
Tafel **90**.1   Beiwerte k_f für Durchbiegungen
Tafel **91**.1   Zulässige Durchbiegungen im Holzbau
Tafel **92**.1   Zulässige Durchbiegungen bestimmter Holzbauteile
Tafel **98**.1   Nomogramm zur Bemessung von Holzquerschnitten
Tafel **100**.1   Nomogramm zur Bemessung von IPB-Trägern

6 Torsionsspannungen

Tafel **128**.1   Beiwerte β_T für Torsions-Widerstansmomente
Tafel **132**.2   Wölbverformungen bei Stahlträgern
Tafel **133**.1   Wölbverformungen bei U-Stahl
Tafel **133**.2   Wölbverformungen bei Z-Stahl

7 Knickspannungen

Tafel **144**.5   Beiwerte β_K für Knicklängen von Stützen
Tafel **148**.1   Zulässige Schlankheitsgrade
Tafel **148**.2   Knickzahlen ω für Druckstäbe aus Holz
Tafel **149**.1   Knickzahlen ω für Druckstäbe aus Stahl St 37-2
Tafel **150**.1   Knickzahlen ω für Druckstäbe aus Stahl St 52-3
Tafel **158**.1   Zulässige Betondruckspannungen
Tafel **160**.1   Mindestwanddicken für tragende Wände aus Beton
Tafel **163**.1   Begrenzung der Geschoßhöhen und der Verkehrslasten
Tafel **165**.1   Knickbeiwert β zur Bestimmung der Knicklänge
Tafel **165**.2   Mindestdicken und Höchstabstände aussteifender Wände
Tafel **166**.1   Mindestlast für Kellerwände
Tafel **169**.1   Schlitze und Aussparungen

8 Spannungen bei Längskraft mit Biegung

Tafel **193**.1   Randspannungen rechteckiger Querschnitte
Tafel **199**.2   Eckspannungen rechteckiger Querschnitte

9 Stabilität von Bauteilen und Bauwerken

Tafel **215**.1   Platten ohne Beulsicherheitsnachweis im Stahlbau
Tafel **218**.1   Scheiben zur Aussteifung im Holzbau

10 Temperaturdehnungen, Schwinden, Kriechen

Tafel **232**.1   Wärmedehnzahlen für verschiedene Baustoffe
Tafel **236**.1   Schwindmaße für verschiedene Baustoffe
Tafel **238**.1   Endkriechzahlen für Mauerwerk

1 Beanspruchungen

Alle neuen baulichen Anlagen über und unter der Erde bedürfen der Baugenehmigung. Bei bestehenden Anlagen muß die Herstellung oder Veränderung von tragenden Bauteilen ebenfalls genehmigt werden. Der Antrag auf Erteilung der Baugenehmigung ist schriftlich bei der Baubehörde einzureichen. Dem Bauantrag ist unter anderem eine „Statische Berechnung" beizufügen. In dieser werden die Abmessungen der Bauteile und die Güte der Baustoffe festgelegt. Insbesondere werden Tragfähigkeit und Standsicherheit aller statisch beanspruchten Bauteile eines Bauwerkes rechnerisch nachgewiesen.

Das bisherige Sicherheitsdenken wird in den folgenden Ausführungen beschrieben. Die hierbei anzuwendenden Rechenverfahren werden erklärt und erforderlichenfalls durch Beispiele erläutert.

Das neue Sicherheitsdenken weicht in verschiedenen Punkten vom bisherigen Sicherheitsdenken ab. Die Einführung eines neuen Sicherheitsdenkens wird durch die fortschreitende Europäisierung erforderlich. Dafür sind allgemein gültige Regelungen nötig. Die zum Teil voneinander abweichenden nationalen Normen sind durch europäische Normen zu ersetzen oder auf einheitliche internationale Regelungen abzustimmen. In Abschnitt 1.9 werden die Grundlagen des neuen Sicherheitskonzeptes vorgestellt.

1.1 Aufgaben der Festigkeitslehre

Die erforderlichen Kenntnisse für den Nachweis von Bruchsicherheit und Gebrauchsfähigkeit vermittelt die Festigkeitslehre. Durch Ermittlung aller auf das Bauwerk einwirkenden Lasten (Lastermittlung) werden die äußeren Kräfte bestimmt. Hieraus erhält man mit Hilfe der Gleichgewichtsbedingungen die Auflagerkräfte. Als nächstes werden die inneren Kräfte bestimmt. Dieses sind die Schnittkräfte. Sie werden mit Hilfe des Schnittverfahrens ermittelt. Die Schnittkräfte sind also Längskräfte (Normalkräfte), Querkräfte, Biegemomente und Torsionsmomente.

Die hierzu erforderlichen Berechnungen wurden im Teil 1 „Grundlagen" behandelt. Wenn die inneren Kräfte bekannt sind, kann die Art und Größe der Beanspruchungen der Bauteile geklärt werden.

Form und Abmessung sowie die Baustoffe der Bauteile zu bestimmen: das sind die wesentlichen Aufgaben der Festigkeitslehre. Hierbei ist mit einem Mindestbedarf an Baustoff ein Höchstmaß an Sicherheit zu erzielen. Die Festigkeitslehre benützt dabei die Erkenntnisse und Erfahrungen der Werkstoffkunde und der Materialprüfung. Sie löst ihre Aufgaben mit Hilfe theoretisch abgeleiteter oder auf Versuchen gegründeter Berechnungsverfahren.

1.2   Spannungen

Bauteile sind feste Körper. Auch feste Körper verformen sich infolge einer Belastung. Der Verformung durch äußere Kräfte setzt die Festigkeit des Werkstoffs einen Widerstand entgegen. Bei genügender Festigkeit wird der Bruch des Körpers verhindert.

Die Verformung eines Bauteiles wird um so größer sein, je schwächer ein Bauteil gegenüber den aufzunehmenden Lasten ist. Sie ist sowohl abhängig von Größe und Form des Bauteil-Querschnitts als auch vom Bauteil-Werkstoff.

Die inneren Kräfte sagen noch nichts über die Beanspruchung eines Bauteiles aus. Die Beanspruchung kann groß sein, wenn wenig Querschnittsfläche zur Kraftaufnahme vorhanden ist. Bei größerer Querschnittsfläche wird sie trotz gleichbleibender Kraft geringer. Man braucht also ein Maß für die Größe der Beanspruchung. Die vorhandene Beanspruchung darf eine zulässige Beanspruchung nicht überschreiten.

Beispiel zur Erläuterung

Bei einem Stab, der durch äußere Kräfte gezogen wird, wirken innere Kräfte dem Auseinanderreißen entgegen (Bild **2.**1). Der Stab wird so lange nicht zerstört, wie alle inneren Kräfte den äußeren Kräften entgegenwirken. Es herrscht Gleichgewicht.

Würde jedoch der Stab an einer beliebigen Stelle auseinandergeschnitten, wäre das Gleichgewicht gestört. Es brauchen aber nur in den Schnittstellen Kräfte angebracht zu werden, die den äußeren Kräften entgegenwirken, damit das Gleichgewicht wieder hergestellt ist. Die Summe der inneren Kräfte an einem Stabteil ist gleich der äußeren Kraft (Bild **2.**1 d). Auf diese Weise lassen sich die inneren Kräfte in ihrer Größe und Richtung bestimmen.

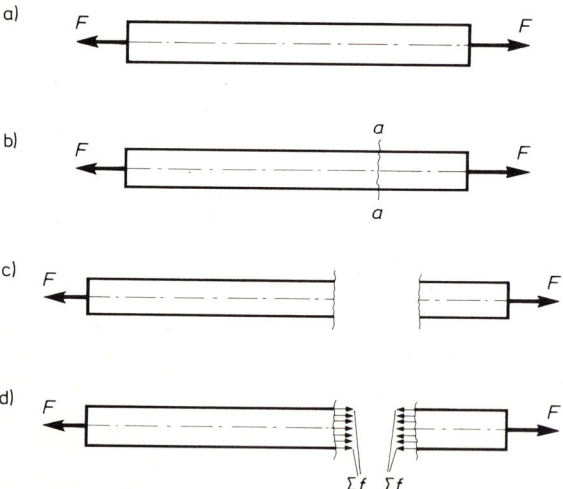

2.1 Ein Stab wird durch äußere Kräfte gezogen
  a) Der Stab wird auf Zug beansprucht
  b) an einer beliebigen Stelle wird der Stab durchgeschnitten (Schnitt $a–a$)
  c) durch den Schnitt ist das Gleichgewicht gestört, die Schnittstellen werden durch die äußeren Kräfte voneinander entfernt
  d) an den Schnittstellen wirkende innere Kräfte können das Gleichgewicht wieder herstellen, wenn sie den äußeren Kräften gleichgroß entgegenwirken $\sum f = F$

In vielen Fällen kann eine gleichmäßige Verteilung der inneren Kräfte über die ganze Querschnittfläche angenommen werden. Wenn sich die inneren Kräfte auf eine große Fläche verteilen können, wird die Beanspruchung des Querschnitts kleiner.

– **Je größer die äußere Kraft, um so größer sind die inneren Kräfte**

– **Je größer die Fläche, um so kleiner ist die Beanspruchung**

Die Größe der Beanspruchung ist von der Größe der Kraft und von der Größe der Fläche abhängig. Damit ergibt sich ein rechnerisches Maß für die Größe der Beanspruchung: die Spannung.

Die Spannung ist die innere Kraft, bezogen auf die Querschnittsfläche

$$\text{Spannung} = \frac{\textbf{innere Kraft}}{\textbf{Querschnittsfläche}} \qquad \begin{array}{l}\text{in N oder MN} \\ \text{in mm}^2 \text{ oder m}^2\end{array}$$

Die Spannung wird angegeben in N/mm² oder MN/m². (Für Zwischenrechnungen kann die Einheit kN/cm² zweckmäßig sein.) Die Spannung gibt die Größe der Beanspruchung eines Bauteiles an und wird im allgemeinen mit σ (Sigma) bezeichnet.

$$\sigma = \frac{F}{A} \quad \text{in} \quad \frac{\text{N}}{\text{mm}^2} \quad \text{oder} \quad \frac{\text{MN}}{\text{m}^2} \tag{3.1}$$

Beispiel zur Erläuterung

Für den Stab nach Bild **3**.1 mit rechteckigem Querschnitt von 2 cm Breite und 3 cm Höhe wird bei einer inneren Kraft von 7,2 kN die Spannung wie folgt berechnet:

$$\text{Spannung } \sigma = \frac{F}{A} = \frac{7,2\,\text{kN}}{2\,\text{cm} \cdot 3\,\text{cm}} = \frac{7,2\,\text{kN}}{6\,\text{cm}^2} = 1,2\,\text{kN/cm}^2$$

$$\sigma = 12\,\text{N/mm}^2 = 12\,\text{MN/m}^2$$

Es hat also jeder einzelne Quadratzentimeter des Querschnittes eine innere Kraft von 1,2 kN zu übertragen (Bild **3**.2), bzw. jeder Quadratmillimeter wird durch 12 Newton beansprucht.

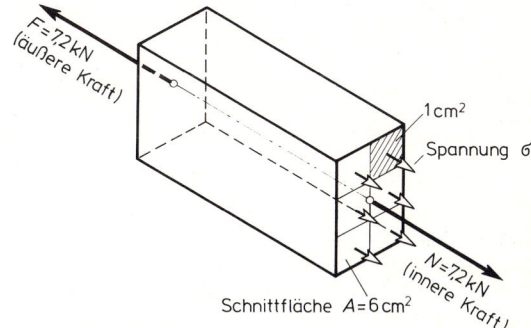

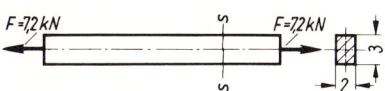

3.1 Eine Zugkraft verteilt sich über die ganze Querschnittsfläche

3.2 Der Kraftanteil je Flächeneinheit ergibt die Spannung

1.3   Formänderungen

Ein Tragwerk wird durch die bei der Belastung auftretenden Spannungen verformt. Die Kraftangriffspunkte werden verschoben. Die äußeren Kräfte verrichten dabei Arbeit. Diese Arbeit wird in der Verformung des Tragwerks gespeichert. Werden die Kräfte plötzlich auf das Tragwerk aufgebracht, dann wird das Tragwerk mit wesentlicher Geschwindigkeit verformt. Der Formänderungsweg wird hierbei sehr schnell durchlaufen. Ein Teil der eingeleiteten Energie setzt sich in kinetischer Energie um, die sich in irgendeiner Form zerstreut. Es bilden sich Schwingungen und infolge der inneren Reibung entsteht solange Wärme, bis die Schwingungen zum Stillstand kommen.

Der Formänderung eines Tragwerkes ist also ein sehr komplizierter Vorgang. Damit dieser Vorgang verständlich zu erfassen ist, werden vereinfachende Annahmen getroffen. Dazu gehört auch, daß die Belastung langsam anwächst. Beim langsamen Anwachsen der Belastung halten die inneren Kräfte stets den äußeren Kräften das Gleichgewicht. Die sich bildenden inneren Kräfte wirken der Formänderung entgegen. Die inneren Kräfte stellen die Beanspruchung eines Tragwerkes dar. Die Größe der Beanspruchung wird durch die Spannung ausgedrückt. Unter dem Einfluß der Spannung entsteht Formänderung. Die hierbei in das Tragwerk eingeleitete Energie wird nur zur Verformung aufgewandt. Sie wird als Formänderungsarbeit bezeichnet.

Formänderungen können elastisch oder plastisch sein. Ein elastisches Verhalten liegt vor, wenn ein Körper nach der Entlastung seine ursprüngliche Form wieder einnimmt, man hat eine vorübergehende Formänderung (z. B. Gummi).

Bei einem plastischen Verhalten geht die Verformung nach der Entlastung nicht mehr zurück, man hat eine bleibende Formänderung (z. B. Knetmasse).

Beispiel zur Erläuterung

Die Formänderung kann eine Verlängerung infolge einer wirkenden Zugspannung sein. Ein auf Zug beanspruchter Baukörper erfährt eine Verlängerung um das Maß Δl (Bild **4.1**).

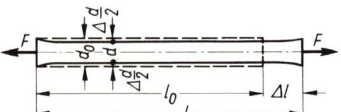

4.1 Verlängerung infolge einer Zugkraft

Die Verlängerung Δl (Delta l) errechnet sich aus der Länge des Baukörpers bei Krafteinwirkung, abzüglich der ursprünglichen Länge l_0.

$$\Delta l = l - l_0 \quad \text{in mm} \tag{4.1}$$

Es wird hierbei angenommen, daß sich die Verlängerung bei einander gleichbleibenden Querschnitten gleichmäßig über die ganze Länge des Baukörpers verteilt. Die einzelnen Querschnitte (Bild **5.1**) werden voneinander entfernt; ihr Abstand wird größer. Mit der Verlängerung erfolgt gleichzeitig eine Querschnittsverringerung, die Querkürzung Δd (Bild **4.1**)

Formänderungen durch unterschiedliche Beanspruchungen werden in den Abschnitten der entsprechenden Spannungen erläutert (s. Abschnitte 2 bis 9).

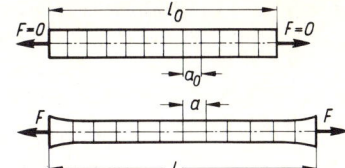

5.1 Die Querschnittsentfernung a im belasteten Zustand ist größer
als die Querschnittsentfernung a_0 im unbelasteten Zustand $a > a_0$

Formänderungen durch Temperaturunterschiede, Schwinden und Kriechen werden in Abschn. 10 behandelt.

1.4   Dehnungen

Für die Beurteilung des Werkstoffes werden Vergleichswerte benötigt, die von der Länge des Bauteiles unabhängig sind. Es wird daher die Verlängerung Δl des Stabes auf die ursprüngliche Länge l_0 bezogen. Daraus ergibt sich als Verhältniszahl die Dehnung ε (Epsilon).

$$\textbf{Dehnung} = \frac{\textbf{Verlängerung}}{\textbf{ursprüngliche Länge}} \qquad \varepsilon = \frac{\Delta l}{l_0} \quad \text{z. B. in } \frac{\text{mm}}{\text{m}} = \text{‰} \qquad (5.1)$$

Die Dehnung ε gibt die Längenänderung je Längeneinheit an, z. B. in m je m. Da sich hierbei die Einheit m/m wegkürzt, haben Dehnungen keine Einheit. Es ist häufig sinnvoll und stets besser vorstellbar, Dehnungen in mm je m oder in Promille bzw. in Prozent anzugeben.

Dehnungen können auf Verlängerungen oder auf Verkürzungen zurückzuführen sein. Sie werden dann mit + oder – angegeben. Durch Verkürzungen entstehen negative Dehnungen, also „Stauchungen".

1.5   Spannungs-Dehnungs-Linie

Um Festigkeitseigenschaft und Dehnbarkeit eines Stahles zu überprüfen, kann ein Zerreißversuch durchgeführt werden. Hierbei wird ein Versuchsstab aus Rundstahl in eine Zerreißmaschine eingespannt. Dort wird er durch eine langsam anwachsende, stoßfreie Zugkraft bis zum Zerreißen belastet. Die aufgewandte Zugkraft F wird auf den ursprünglichen Stabquerschnitt A_0 bezogen. Damit erhält man die Zugspannung σ_Z. Sie entspricht der Zugfestigkeit $\beta_Z = F/A_0$.

Einer jeweiligen Spannung σ ist eine entsprechende Dehnung ε zugeordnet. In einem Achsenkreuz (Koordinatensystem) werden die Spannungen σ auf der senkrechten Achse und die Dehnung ε auf der waagerechten Achse angetragen (Bild **6.**1).

Während des Versuches zeichnet die Prüfmaschine die jeweils wirkenden Spannungen σ mit den zugehörigen Dehnungen ε selbsttätig auf. Es entsteht dadurch eine Linie, die Spannungs-Dehnungs-Linie (Bild **6.**2).

Hierbei werden alle auf den Ausgangsquerschnitt A_0 bezogenen Festigkeiten mit β (Beta) bezeichnet. β ist allgemein das Zeichen für Festigkeit.

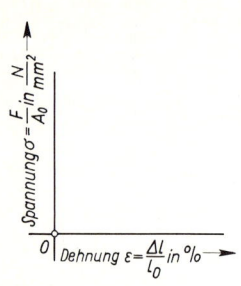

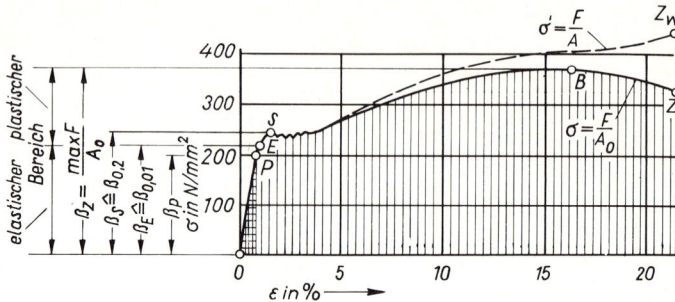

6.1 Achsenkreuz Koordinatensystem für die Spannungs-Dehnungs-Linie

6.2 Spannungs-Dehnungs-Linie für Stahl

Der Verlauf der Spannungs-Dehnungs-Linie macht folgendes deutlich:

Zunächst beginnt bei 0 ein stetiges Ansteigen der Spannung, dem eine geringe Dehnung entspricht. Bis zum Punkt P ist die Dehnung elastisch und wächst im gleichen Verhältnis wie die Spannung. Spannung σ und Dehnung ε sind bis hier verhältnisgleich, also proportional. Der Punkt P gibt die Proportionalitätsgrenze β_P an. Oberhalb davon beginnt die Dehnung ε bereits stärker zuzunehmen als die Spannung; es werden nun bleibende, nicht mehr elastische Dehnungen gemessen. Der bisherige geradlinige Verlauf der Spannungs-Dehnungs-Linie wird durch eine Kurve fortgesetzt.

In diesen Bereich fällt der Punkt E, die Elastizitätsgrenze $\beta_{0,01}$. Bis zu ihr sind die bleibenden Dehnungen noch sehr gering. Die Elastizitätsgrenze ist in ihrer Lage nicht genau zu erkennen. Sie ist aber ein wichtiger Belastungskennwert. Daher wurde für sie die Spannung festgelegt, bei der eine bleibende Dehnung von $\varepsilon = 0,01\,\%$ der Meßlänge nicht überschritten wird. Diese bleibende Dehnung ist so gering, daß das Verhalten des Stahles praktisch noch als elastisch angesehen wird. Die Punkte P und E liegen dicht beieinander, so daß in Vorschriften die Proportionalitätsgrenze auch mit $\beta_{0,01}$ bezeichnet wird.

Der nächste Belastungswert ist der Punkt S, er kennzeichnet die Steckgrenze β_S. Wenn die Belastung über den elastischen Bereich erhöht wird, tritt plötzlich ein Absinken der Spannung ein, und eine meist sehr plötzliche und starke Dehnung beginnt. Diese Dehnung, das Strecken oder Fließen des Stahles, ist i. allg. leicht zu erkennen. Die Oberfläche eines blanken Stabes wird matt. Bei härteren Stählen ist jedoch auch die Streckgrenze im Spannungs-Dehnungs-Bild meist nicht eindeutig zu bestimmen. Man hat als Streckgrenze daher allgemein die Spannung bei einer Dehnung von $\varepsilon = 0,2\,\%$ der Meßlänge festgelegt. Sie wird dann mit $\beta_{0,2}$ bezeichnet. Alle Dehnungen in diesem Bereich sind plastisch, es sind also bleibende Verformungen.

Nachdem eine große Dehnung infolge des Fließens stattgefunden hat, muß die Spannung wieder zunehmen, damit eine weitere Verformung entstehen kann. Das Werkstoffgefüge hat sich wieder verfestigt. In diesem Bereich ist jetzt die Querschnittsverringerung infolge der großen Dehnung von Bedeutung. Der weitere Verlauf der Spannungs-Dehnungs-Linie hängt also davon ab, ob die Spannung mit dem ursprünglichen Querschnitt A_0 oder mit dem augenblicklichen Querschnitt A errechnet wird. Die Vorschrift verlangt, daß der ursprüngliche Querschnitt A_0 zugrunde zu legen ist.

Der oberste Punkt B der sich daraus ergebenden Kurve ist die Bruchgrenze oder die Zugfestigkeit β_Z. Nach Überschreitung des Punktes B schnürt sich der Stab an einer Stelle stark ein und zerreißt bei Punkt Z. Das ist die Zerreißfestigkeit. Die tatsächliche Spannung $\sigma' = F/A$ wächst bis zum Zerreißen bei Punkt Z_w, der wirklichen Zerreißfestigkeit an (Bild **6.**2).

Beispiele zur Erläuterung

1. Ein Stahl St 37-2 soll eine Zugfestigkeit von 370 N/mm² haben. Die rechnerische Streckgrenze ist festgelegt mit $\beta_S = 240$ N/mm². (St 37 mit $\beta_Z = 37$ kp/mm² und $\beta_S = 24$ kp/mm²).
2. Für einen Stahl St 52-3 wird eine Zugfestigkeit gefordert von $\beta_Z = 520$ N/mm² und eine Streckgrenze $\beta_S = 360$ N/mm². (St 52 mit $\beta_Z = 52$ kp/mm² und $\beta_S = 36$ kp/mm²).

1.6 Das Hookesche Gesetz

Aus der Spannungs-Dehnungs-Linie im Bild **6**.2 ist der geradlinige Spannungsanstieg bis zum Punkt P zu erkennen (Bild **7**.1).

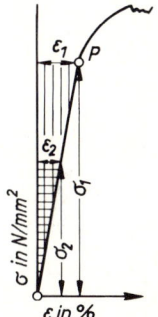

7.1 Spannungen σ und Dehnungen ε sind proportional

Aufgrund der Ähnlichkeit der Dreiecke kann die Proportion (Verhältnisgleichung) aufgestellt werden:

$$\varepsilon_1 : \varepsilon_2 = \sigma_1 : \sigma_2$$

– **Die Dehnungen verhalten sich proportional zu den Spannungen.**

Dieser Satz stammt von dem englischen Physiker Robert Hooke und wird daher das Hookesche Gesetz genannt.

Diese Proportion kann umgeformt werden in

$$\sigma_1 : \varepsilon_1 = \sigma_2 : \varepsilon_2 \quad \text{oder} \quad \frac{\sigma_1}{\varepsilon_1} = \frac{\sigma_2}{\varepsilon_2} \qquad (7.1)$$

Der Bruch σ/ε liefert im Bereich der Proportionalität für einen bestimmten Werkstoff einen jeweils konstanten, also unveränderlichen Wert. Man kann deswegen dieser konstanten Größe auch einen Namen geben. Da diese Betrachtung im Bereich elastischer Dehnungen stattfindet, bietet sich die Bezeichnung Elastizitätsmaß oder Elastizitätsmodul an.

$$\textbf{Elastizitätsmodul} = \frac{\textbf{Spannung}}{\textbf{Dehnung}} \qquad E = \frac{\sigma}{\varepsilon} \text{ in N/mm}^2 \text{ oder MN/m}^2 \qquad (7.2)$$

E ist für einen bestimmten Werkstoff eine konstante Größe; er ist eine Werkstoff-Kenngröße und wird in der Regel in N/mm² angegeben.

So wie für die Dehnung eines Werkstoffes der Elastizitätsmodul E eine Kenngröße ist, hat bei Schubverformungen der Schubmodul G große Bedeutung. Er wird ebenfalls in N/mm² angegeben und ist eine Werkstoff-Kenngröße.

Die für die verschiedenen Werkstoffe in Versuchen ermittelten maßgeblichen Werte sind in Normen festgelegt. Einige Angaben enthält Tafel **8**.1.

Tafel **8**.1   **Rechenwerte für Elastizitätsmodul und Schubmodul** verschiedener Baustoffe

Beton (DIN 1045)	Elastizitätsmodul E in N/mm² für Betonfestigkeitsklasse					
	B 10	B 15	B 25	B 35	B 45	B 55
	22000	26000	30000	34000	37000	39000
Mauerwerk (DIN 1053 T 2)	Elastizitätsmodul E in N/mm² für Steinfestigkeitsklasse					
	2	4	6	12	20	28
Mörtelgruppe II a	2000	3000	5000	6000	7000	8000
III/IIIa	–	–	–	7000	8000	10000

Stahl (DIN 18800)	Elastizitätsmodul E in N/mm² für Zug und Druck	Schubmodul G in N/mm²
Baustahl St 37-2 St 52-3 Stahlguß GS 52-3	210 000	81 000
Grauguß GG 15	100 000	38 000

Holz (DIN 1052)	Elastizitätsmodul E in N/mm²		Schubmodul G in N/mm²
	parallel der Faser $E_\parallel$	rechtwinklig zur Faser $E_\perp$	
Nadelholz Eiche, Buche, Teak Brettschichtholz	10 000 12 500 11 000	300 600 300	500 1000 500

1.7   Spannungsarten

Die inneren Kräfte, die durch Lasten und andere äußere Kräfte im Innern der Bauteile entstehen, können unterschiedlicher Art sein. Sie wirken nicht immer rechtwinklig zur Querschnittsfläche. Bei schräg wirkenden inneren Kräften entstehen auch ebenso gerichtete Spannungen. Alle Spannungen lassen sich auf zwei Spannungsarten zurückführen: auf Normalspannungen und Tangentialspannungen.

Die Gesamtspannung σ_R kann zerlegt werden in die zwei Komponenten normal und tangential zur Schnittfläche nach Bild **9**.1:

$$\text{Normalspannung} \qquad \sigma_N = \sigma_R \cdot \sin\alpha \qquad\qquad (8.1)$$

$$\text{Tangentialspannung} \quad \sigma_T = \sigma_R \cdot \cos\alpha \qquad\qquad (8.2)$$

Die nachfolgenden Abschnitte erläutern diese Spannungen näher.

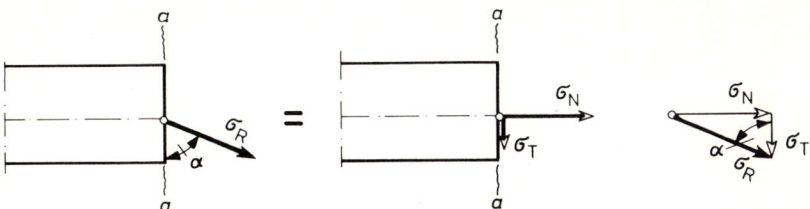

9.1 Die resultierende Spannung σ_R wirkt unter dem Winkel α schräg zur Schnittfläche $a-a$. Sie kann zerlegt werden in die Komponenten σ_N und σ_T

1.7.1 Normalspannungen

Wirkt eine innere Kraft bei einem stabförmigen Körper längs der Stabachse, wird sie Längskraft oder Normalkraft N genannt. Sie wirkt dann rechtwinklig (oder normal) zur Querschnittsfläche. Eine Normalkraft erzeugt auf der Schnittfläche des Baukörpers Normalspannungen (Bild **9.**2). Die Querschnittsteilchen werden hierbei voneinander weggezogen oder aufeinander gedrückt. Normalspannungen sind also Zug-, Druck-, Temperatur-, Knick- und Biegespannungen.

Normalspannungen werden bezeichnet mit σ (Sigma, griechischer Buchstabe s).

Die Einheit für die Normalspannung ist N/mm² oder MN/m².

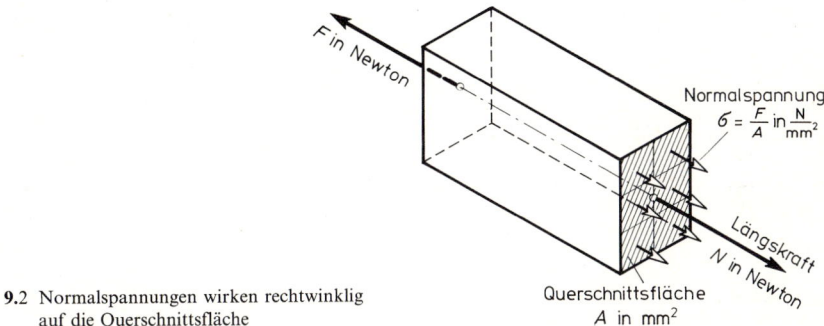

9.2 Normalspannungen wirken rechtwinklig
auf die Querschnittsfläche

1.7.2 Tangentialspannungen

Wirkt eine innere Kraft rechtwinklig zur Stabachse, also quer zur Achse, wird sie Querkraft Q genannt. Sie wirkt in der Querschnittsfläche (oder tangential zur Schnittfläche). Eine Querkraft erzeugt in der Schnittfläche des Baukörpers Tangentialspannungen (Bild **10.**1). Die Querschnittsteilchen sollen hierbei gegeneinander verschoben werden. Tangentialspannungen sind also Spannungen, die durch Verschiebungen, Abscheren, Verdrehen oder Verdrillen der Querschnittsteile entstehen.

Tangentialspannungen werden bezeichnet mit τ (Tau, griechischer Buchstabe t).

Die Einheit für Tangentialspannung ist ebenfalls N/mm² oder MN/m².

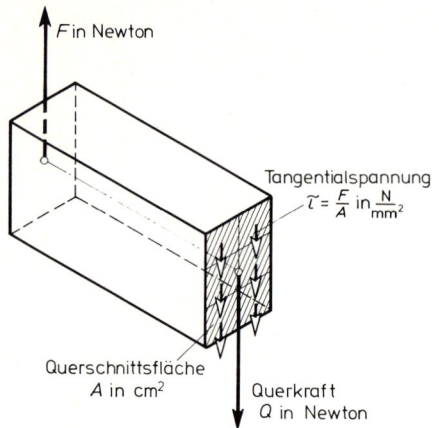

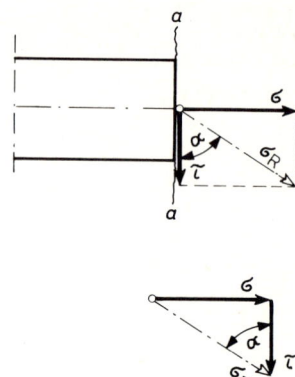

10.1 Tangentialspannungen wirken in der Querschnittsfläche

10.2 Ermitteln der resultierenden Spannung σ_R aus der Normalspannung σ und der Tangentialspannung τ durch Anwendung des Kräfteparallelogramms

1.7.3   Resultierende Spannung

An einer Schnittfläche können Normalspannungen σ und Tangentialspannungen τ gleichzeitig wirken. Aus beiden Spannungsarten kann durch geometrisches Zusammensetzen die resultierende Spannung σ_R bestimmt werden. Mit dem rechtwinkligen Kräfteparallelogramm (Krafteck) ergibt sich nach dem Lehrsatz des Pythagoras (Bild **10.**2) folgende Beziehung:

$$\sigma_R^2 = \sigma^2 + \tau^2 \tag{10.1}$$

$$\sigma_R = \sqrt{\sigma^2 + \tau^2} \tag{10.2}$$

Wenn der Winkel α zur Schnittfläche gesucht ist, kann der Tangens des Winkels aus dem Verhältnis σ/τ berechnet werden:

$$\tan \alpha = \frac{\sigma}{\tau} \tag{10.3}$$

Über den Winkel α kann auch die resultierende Spannung berechnet werden:

$$\text{resultierende Spannung } \sigma_R = \frac{\sigma}{\sin \alpha} \quad \text{oder} \quad \sigma_R = \frac{\tau}{\cos \alpha} \tag{10.4}$$

1.7.4   Linearer Spannungszustand

Die Gesamtwirkung von Spannungen an einem bestimmten Punkt eines Körpers nennt man Spannungszustand.

Ein linearer Spannungszustand liegt vor, wenn die Gesamtwirkung der Spannungen nur in einer Achse liegt, also auf einer Linie. Das ist beispielsweise bei reinen Zugspannungen oder bei reinen Druckspannungen der Fall. Der lineare Spannungszustand wird auch „einachsiger Spannungszustand" genannt. Die Spannungen wirken einachsig.

In einem Stab mit Zugkräften, die in der Stabachse wirken, ist die Tangentialspannung in der Schnittfläche gleich Null: es wirken nur Normalspannungen (Bild **9**.2). Das ist aber nur dann der Fall, wenn die Schnittfläche rechtwinklig zur Stabachse gelegt wird: das ist der Normalschnitt $a-a$.

Die reine Zugspannung σ für die rechtwinklig zur Stabachse gelegte Schnittfläche A ergibt sich aus

$$\sigma = \frac{F}{A} \tag{3.1}$$

Wird jedoch ein zugbeanspruchter Stab unter einem Winkel α schräg geschnitten, ergeben sich Normalspannungen σ_1 und Tangentialspannungen τ_1 für diese Schnittfläche (Bild **11**.1).

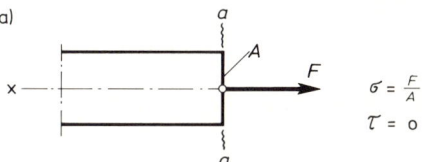

a)

11.1 Zugkraft F an einem Stab
   a) für eine Schnittfläche A quer zur Stabachse entstehen nur Normalspannungen σ
   b) für eine Schnittfläche A_1 schräg zur Stabachse ergeben sich Normalspannungen σ_1 und Tangentialspannungen τ_1
   c) mit einem Spannungseck (entsprechend einem Krafteck) können die Spannungen σ_1 und τ_1 bestimmt werden

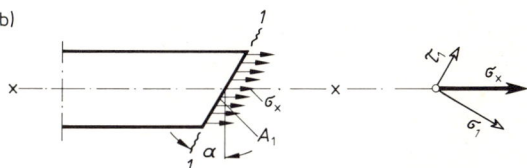

b)

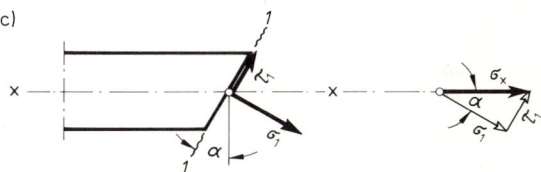

c)

Die in Richtung der Stabachse wirkende Zugspannung σ_x bezogen auf die schräge Schnittfläche A_1 ist

$$\sigma_x = \frac{F}{A_1}$$

Mit der Funktion $\cos\alpha = A/A_1$ und $A_1 = A/\cos\alpha$ erhält man

$$\sigma_x = \sigma \cdot \cos\alpha$$

Damit kann die Normalspannung σ_1 rechtwinklig zur Schnittfläche A_1 berechnet werden

$$\sigma_1 = \sigma_x \cdot \cos\alpha = (\sigma \cdot \cos\alpha) \cdot \cos\alpha$$

$$\boldsymbol{\sigma_1 = \sigma \cdot \cos^2\alpha} \tag{11.1}$$

Entsprechend erhält man die Tangentialspannung τ_1 in der Schnittfläche A_1

$$\tau_1 = \sigma_x \cdot \sin \alpha = (\sigma \cdot \cos \alpha) \cdot \sin \alpha$$

Mit der trigonometrischen Funktion $\sin 2\alpha = 2 \sin \alpha \cdot \cos \alpha$ entsteht

$$\boldsymbol{\tau_1 = \frac{\sigma}{2} \cdot \sin 2\alpha} \qquad\qquad\qquad\qquad (12.1)$$

Hieraus ergibt sich für einen Winkel $\alpha = 90°$, daß beide Spannungen gleich Null werden:

$$\sigma_1 = 0 \qquad \tau_1 = 0 \qquad\qquad\qquad\qquad (12.2)$$

Das bedeutet, daß alle parallel zur Stabachse liegenden Schnittflächen bei Zug- oder Druckbeanspruchung spannungslos sind.

Beispiele zur Erläuterung

1. Ein Rundstab aus Stahl wird in Richtung der Stabachse durch eine Zugkraft von $F = 32\,\mathrm{kN}$ belastet. Die Querschnittsfläche des Stabes mit 16 mm Durchmesser beträgt

$$A = \frac{d^2 \cdot \pi}{4} = \frac{(16\,\mathrm{mm})^2 \cdot \pi}{4} = 201\,\mathrm{mm}^2$$

Es werden Spannungen berechnet, die auf einer Schnittfläche wirken, die um 60° zur Stabachse geneigt ist: $\alpha = 30°$ (Bild **11.1**).

Zugspannung für eine Schnittfläche rechtwinklig zu Stabachse:

$$\sigma = \frac{F}{A} = \frac{32\,000\,\mathrm{N}}{201\,\mathrm{mm}^2}$$

$$\sigma = 159\,\mathrm{N/mm}^2$$

Resultierende Spannung für die schräge Schnittfläche:

$$\sigma_x = \sigma \cdot \cos \alpha$$

$$= 159\,\frac{\mathrm{N}}{\mathrm{mm}^2} \cdot \cos 30° = 159\,\frac{\mathrm{N}}{\mathrm{mm}^2} \cdot 0,866$$

$$\sigma_x = 138\,\mathrm{N/mm}^2$$

Normalspannung rechtwinklig zur schrägen Schnittfläche A_1:

$$\sigma_1 = \sigma \cdot \cos^2 \alpha$$

$$= 159\,\frac{\mathrm{N}}{\mathrm{mm}^2} \cdot \cos^2 30° = 159\,\frac{\mathrm{N}}{\mathrm{mm}^2} \cdot 0,866^2$$

$$\sigma_1 = 119\,\mathrm{N/mm}^2$$

Tangentialspannung in der schrägen Schnittfläche A_1:

$$\tau_1 = \frac{\sigma}{2} \cdot \sin 2\alpha = \frac{159\,\mathrm{N/mm}^2}{2} \cdot \sin 2 \cdot 30° = \frac{159\,\mathrm{N/mm}^2}{2} \cdot 0,866$$

$$\tau_1 = 69\,\mathrm{N/mm}^2$$

Hinweis: Ein Stahlstab, den man bis zum Zerreißen durch Zug beansprucht, wird nicht einfach glatt durchreißen. Vorher wird der Stahl sehr gedehnt, er „fließt" bis er schließlich an einer Stelle stark einschnürt und dort reißt. An dem Einschnüren des Stabes und dem späteren Gleitbruch sind die schräg zur Stabachse wirkenden Spannungen τ_1 zu erkennen (Bild **13**.1).

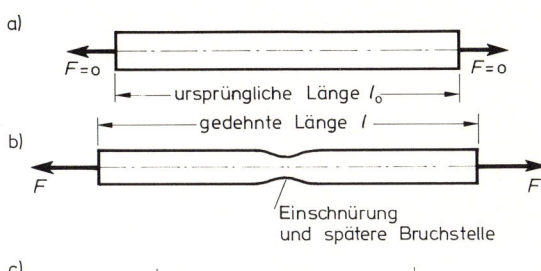

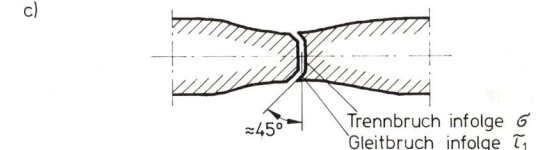

13.1 Stahlstab beim Zerreißversuch
    (nach Abschnitt 1.5)
    a) Stab ohne Belastung
    b) Stab mit Belastung
        (kurz vor dem Zerreißen)
    c) Bruchstelle mit Trennbruch durch
        die Normalspannung σ und
        anschließendem Gleitbruch
        infolge der Tangentialspannung τ_1
        (vergrößerte Darstellung)

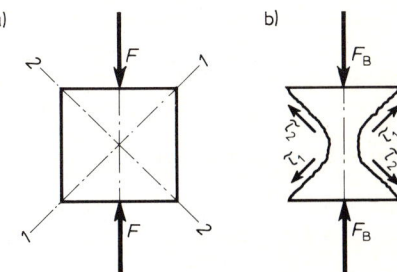

2. Ein Würfel aus Beton mit 200 mm Kantenlänge wird in der Prüfmaschine bei der Prüfung auf Druckfestigkeit bis zum Bruch belastet. Die Druckkraft im Bruchzustand beträgt $F_B = 1400\,\text{kN}$. Die Querschnittsfläche ist 400 cm² groß.

Es werden zunächst die Druckfestigkeit und dann die Spannungen berechnet, die in Richtung einer Bruchfläche wirken. Die Bruchfläche ist um 45° zur Druckbeanspruchung geneigt (Bild **13**.2).

$$\text{Druckfestigkeit} \qquad \beta_D = \frac{F_B}{A} = \frac{1400\,\text{kN}}{400\,\text{cm}^2} = 3{,}5\,\frac{\text{kN}}{\text{cm}^2} \qquad \beta_D = 35\,\text{N/mm}^2$$

$$\text{Tangentialspannung} \qquad \tau_1 = \frac{\beta_D}{2} \cdot \sin 2\alpha = \frac{35\,\text{N/mm}^2}{2} \cdot \sin 2 \cdot 45° = \frac{35\,\text{N/mm}^2}{2} \cdot 1{,}000$$

$$\tau_1 = 17{,}5\,\text{N/mm}^2$$

Hinweis: Ein Betonwürfel, den man bis zum Bruch belastet, wird nicht einfach durch Zusammendrücken zerstört. Es werden stets Bruchflächen entstehen, die zur Druckrichtung geneigt sind, oft um etwa 45°. An diesen Bruchflächen sind die schräg zur Druckrichtung wirkenden Schubspannungen τ_1 zu erkennen (Bild **13**.2b).

13.2 Betonwürfel beim Druckversuch
    a) Würfel bei geringer Belastung mit Schnitten 1–1
        und 2–2 unter 45°
    b) Würfel mit Bruchlast F_B belastet und Tangential-
        spannungen τ_1 bzw. τ_2 für die Bruchflächen ≙
        Schnittflächen 1–1 und 2–2

1.8   Sicherheitsbeiwerte und zulässige Spannungen

Die Beanspruchung eines Tragwerkes darf nicht so groß werden, daß ein Versagen eintritt. Es dürfen keine bleibenden Formänderungen entstehen und es darf kein Bruch in den Tragwerken eintreten. Das bedeutet, daß die wirkenden Spannungen nur Verformungen hervorrufen dürfen, die im elastischen Bereich liegen.

Damit auch bei ungünstigsten Belastungen die Elastizitätsgrenze nicht erreicht wird, sind weitere Sicherheiten einzurechnen.

Unsicherheiten entstehen z. B. durch

– Annahmen bei der Belastung
– Art des Berechnungsverfahrens
– vereinfachte Rechenannahmen
– Ungenauigkeiten bei den Bauteilabmessungen
– Festigkeitseigenschaften der Baustoffe.

Bei den Festigkeitseigenschaften der Baustoffe spielt die Herstellungsart eine Rolle.

Beispiele zur Erläuterung

1. Hat bei Stahlbetonkonstruktionen der Beton die geforderte Festigkeit im Bauwerk und liegt die Stahlbewehrung an den richtigen Stellen?

Außerdem ist die Beanspruchung eines Probekörpers bei der Prüfung anders als die Beanspruchung des Bauteils im Bauwerk.

2. Beton wird an Würfeln geprüft, die Bauteile sind meistens schlanke Prismen (Stützen, Wände). Probekörper werden nur kurzfristig bis zum Bruch belastet, die Beanspruchung im Bauwerk erfordert eine hohe Dauerstandfestigkeit.

In vielen Fällen wird von der Festigkeit des Baustoffes ausgegangen, um die zulässige Beanspruchung zu erhalten. Die zulässige Beanspruchbarkeit wird ausgedrückt durch die zulässige Spannung zul σ.

Die zulässige Spannung σ läßt sich somit berechnen aus der Festigkeit β, geteilt durch einen Sicherheitsbeiwert γ (Gamma)

$$\textbf{zulässige Spannung} = \frac{\textbf{Festigkeit}}{\textbf{Sicherheitsbeiwert}} \qquad \text{zul}\,\sigma = \frac{\beta}{\gamma} \quad \text{in N/mm}^2 \text{ oder MN/m}^2 \qquad (14.1)$$

Die in den verschiedenen Normen genannten zulässigen Spannungen berücksichtigen einen bestimmten Sicherheitsbeiwert.

Bei der Berechnung der Bauteile ist nachzuweisen, daß die zulässigen Spannungen nicht überschritten werden.

Ein Bauwerk befindet sich bei seiner Nutzung im Gebrauchszustand. Damit der Versagensfall während der Nutzung durch Erschöpfung der Tragfähigkeit nicht eintreten kann, muß ein genügend großer Sicherheitsabstand vorhanden sein. Diese Sicherheit wird durch den Sicherheitsbeiwert γ (Gamma) erfaßt. Vereinfacht kann gesagt werden:

$$\text{Gebrauchszustand} = \frac{\text{Erschöpfungszustand}}{\text{Sicherheitsbeiwert}}$$

Der Sicherheitsbeiwert γ muß um so größer sein, je mehr das Bauen (von der Berechnung bis zur Ausführung) durch Unsicherheiten beeinträchtigt wird.

1.8.1 Grundbau

In DIN 1054 „Baugrund, zulässige Belastung" werden für verschiedene Bodenarten, Gründungstiefen und Gründungsbreiten die zulässigen Bodenpressungen (= zulässige Spannungen) angegeben.

Sie können in Regelfällen für die zulässige Belastung des Baugrundes bei Flächengründungen angenommen werden.

Voraussetzungen sind jedoch:

– Zuverlässige Einschätzung der Eigenschaften des Bodens aufgrund von Baugrunderkundungen (DIN 1054, 4.2).

– Gründungssohle muß frostfrei liegen, mindestens aber 0,80 m unter Gelände. Hiervon darf abgewichen werden bei Gründung auf Fels, bei geringer Flächenbelastung oder bei Bauwerken von untergeordneter Bedeutung (z. B. Einzelgarage, einstöckige Schuppen).

– Der Baugrund muß gegen Auswaschen und Verringerung seiner Lagerungsdichte durch strömendes Wasser gesichert sein.

– Bindiger Boden muß während der Bauzeit gegen Aufweichen und Auffrieren gesichert sein.

Tafel **15**.1   **Zulässige Bodenpressung** zul σ_0 in kN/m^2
von nichtbindigem Baugrund bei setzungsempfindlichen und unempfindlichen Bauwerken
(Bodengruppe GE, GW, GI, SE, SW, SI, GU, GT, SU, ST) *)

Bauwerk	setzungsempfindlich						setzungsunempfindlich			
Breite des Streifenfundaments b bzw. b' in m	0,5	1	1,5	2	2,5	3	0,5	1	1,5	2
Einbindetiefe in m 0,5	200	300	330	280	250	220	200	300	400	500
1	270	370	360	310	270	240	270	370	470	570
1,5	340	440	390	340	290	260	340	440	540	640
2	400	500	420	360	310	280	400	500	600	700
bei kleinen Bauwerken	150 mit Breiten $b \geqq 0,3$ m und Gründungstiefen $t \geqq 0,3$ m									

*) Kennbuchstaben siehe Fußnote Tafel **16**.2

Erhöhung der zulässigen Bodenpressung um 20 % bei Rechteckfundamenten mit einem Seitenverhältnis bis 1:2 und bei Kreisfundamenten. Bei Fundamenten bis 1 m Breite und bei setzungsempfindlichen Bauwerken jedoch nur dann, wenn die Einbindetiefe $t \geqq 0,6 b$ bzw. $0,6 b'$ ist.

Erhöhung der zulässigen Bodenpressung um 50 % bei nachgewiesener Lagerungsdichte des Bodens unter der Gründungssohle.

Verminderung der zulässigen Bodenpressung um 40 % bei setzungsunempfindlichen Bauwerken im Grundwasser (siehe DIN 1054, 4.2.1.2).

Verminderung der zulässigen Bodenpressung bei setzungsunempfindlichen Bauwerken mit waagerecht angreifenden Kräften (siehe DIN 1054, 4.2.1.4).

Die maßgebende Breite b eines Fundaments und die maßgebende Einbindetiefe t des Fundaments in den Baugrund sind aus Bild **16**.1 zu ersehen.

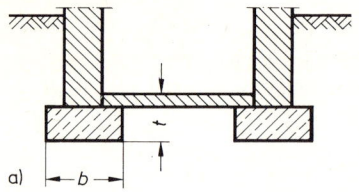 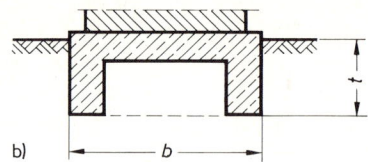

a) ⊢─ b ─⊣   b) ⊢──── b ────⊣

16.1 Fundamente im Baugrund mit maßgebender Breite *b* und Einbindetiefe *t* nach DIN 1054
a) bei üblichen Streifenfundamenten
b) bei unregelmäßigen Fundamentformen

Tafel **16.**2   **Zulässige Bodenpressung** zul σ_0 in kN/m^2 von gemischtkörnigem und bindigem Baugrund

Bodenart		reiner Schluff	gemischtkörniger Boden, der Korngrößen vom Ton- bis in den Sand-, Kies- oder Steinbereich enthält			tonig-schluffiger Boden			fetter Ton		
Bodengruppe*)		UL	S$\bar{\text{U}}$, ST, S$\bar{\text{T}}$, G$\bar{\text{U}}$, G$\bar{\text{T}}$			UM, TL, TM			TA		
Konsistenz		steif bis halbfest	steif	halbfest	fest	steif	halbfest	fest	steif	halbfest	fest
Ein-	0,5	130	150	220	330	120	170	280	90	140	200
binde-	1	180	180	280	380	140	210	320	110	180	240
tiefe[1])	1,5	220	220	330	440	160	250	360	130	210	270
in m	2	250	250	370	500	180	280	400	150	230	300

Voraussetzung für die Anwendung der Tabellenwerte:
1. Bindiger Boden mindestens in steifem Zustand
2. Verhältnis der horizontalen zur vertikalen Belastung $H:V \leqq 1:4$
3. Allmähliche Lastaufbringung bei steifer Konsistenz. Bei schneller Belastung oder bei weicher Konsistenz Nachweis der zulässigen Bodenpressung mit Setzungs- und Grundbruchberechnungen (siehe DIN 1054)
4. Verträglichkeit der Setzungen von 2 bis 4 cm
5. Mittiger Lastangriff. Bei ausmittigem Lastangriff Verringerung der Belastungsfläche erforderlich (siehe DIN 1054) (Beispiele siehe Abschnitt 8.4).

Erhöhung der zulässigen Bodenpressung um 20 % bei Rechteckfundamenten mit einem Seitenverhältnis bis 1:2 und bei Kreisfundamenten, wenn die Einbindetiefe $t \geqq 0,6\,b$ ist.

Verminderung der zulässigen Bodenpressung um 10 % bei Fundamentbreiten zwischen 2 bis 5 m je m zusätzlicher Fundamentbreite.

*) Kennbuchstaben für Bodengruppen nach DIN 18 196:

Haupt- und Nebenbestandteile   Bodenphysikalische Eigenschaften

G = Kies   E = enggestuft
S = Sand   W = weitgestuft
U = Schluff   I = intermittierend gestuft
T = Ton   L = leicht plastisch
S$\bar{\text{U}}$ = Sand-**Schluff**-Gemisch   M = mittelplastisch
S$\bar{\text{T}}$ = Sand-**Ton**-Gemisch   A = ausgeprägt plastisch

Bei der Anwendung der zulässigen Bodenpressungen nach DIN 1054 in den Tafeln **15**.1 und **16**.2 sind keine weiteren Sicherheitsbeiwerte zu berücksichtigen (Regelfälle).

In besonderen Fällen muß die Sicherheit gegen Grundbruch und gegen Gleiten oder gegen Auftrieb nachgewiesen werden. Hierbei bestimmt man dann zulässige Lasten statt Spannungen. Man verwendet hierfür die Sicherheit η (eta).

Grundbruch $\downarrow$ **Gleiten** $\leftrightarrow$ **Auftrieb** $\uparrow$

$$\text{zul } V = \frac{\text{vorh } V_\text{b}}{\eta_\text{p}} \qquad \text{zul } H = \frac{\text{vorh } H}{\eta_\text{g}} \qquad \text{zul } F_\text{A} = \frac{\text{vorh } G}{\eta_\text{a}} \qquad (18.1 \ldots 18.3)$$

Die Sicherheiten sind abhängig vom Lastfall (s. Tafel **17**.1).

Tafel **17**.1 **Lastfälle und Sicherheiten** im Grundbau (nach DIN 1054)

Lastfall		Grundbruch-sicherheit η_p	Gleit-sicherheit η_g	Auftrieb-sicherheit η_a
1	Ständige Lasten und regelmäßig auftretende Verkehrslasten (auch Wind)	2,00	1,50	1,10
2	Außer den Lasten des Lastfalles 1: nicht regelmäßig auftretende große Verkehrslasten, Belastungen während der Bauzeit	1,50	1,35	1,10
3	Außer den Lasten des Lastfalles 2: gleichzeitig mögliche außerplanmäßige Lasten (z.B. Ausfall von Sicherheitsvorrichtungen, Belastung infolge von Unfällen)	1,30	1,20	1,05

1.8.2 Betonbau

Bei Bauten aus unbewehrtem Beton richtet sich die zulässige Beanspruchung nach DIN 1045 „Beton und Stahlbeton, Bemessung und Ausführung". Es kann als zulässige Druckspannung die rechnerische Betonfestigkeit β_R geteilt durch den Sicherheitsbeiwert γ angesehen werden. Die Rechenwerte β_R der Betonfestigkeit und die Sicherheitsbeiwerte γ sind abhängig von den Betonfestigkeitsklassen (Betongüten).

Unbewehrter Beton für druckbeanspruchte Bauteile ist so zu bemessen, daß der Sicherheitsbeiwert nach DIN 1045 eingehalten wird:

Sicherheitsbeiwert für Beton B 5 bis B 55: $\gamma = 2,1$

Tafel **18**.1   **Zulässige Betondruckspannungen** zul σ_D unter
Berücksichtigung der rechnerischen Betonfestigkeit β_R und des Sicherheitsbeiwertes γ

Betonfestigkeitsklasse	zul. Betondruckspannung zul $\sigma_D = \beta_R/\gamma$ in N/mm^2
B 5	$\beta_R/\gamma = \ \ \ 3{,}5/2{,}1 = \ \ 1{,}67$
B 10	$= \ \ \ 7{,}0/2{,}1 = \ \ 3{,}33$
B 15	$= 10{,}5/2{,}1 = \ \ 5{,}0$
B 25	$= 17{,}5/2{,}1 = \ \ 8{,}33$
B 35 $\cdots$ B 55	$= 23{,}0/2{,}1 = 10{,}95$

Bei Fundamenten aus unbewehrtem Beton darf für die Ausbreitung der Last (anstelle einer
Neigung 1:2 zur Lastrichtung) eine Neigung 1:n angenommen werden. Die Werte n sind
abhängig von der Betonfestigkeitsklasse und der Bodenpressung. Sie sind in Tafel **18**.2
angegeben (Bild **18**.3). Die Fundamentdicke d muß also ein Vielfaches (1,0 $\cdots$ 2,0fach) des
Überstandes sein.

Tafel **18**.2   Werte n für die **Lastverteilung 1:n** bei unbewehrten
Betonfundamenten

Betonfestigkeitsklasse	Werte n bei einer Bodenpressung σ_0 in kN/m^2				
	100	200	300	400	500
B 5	1,6	2,0	2,0	unzulässig	
B 10	1,1	1,6	2,0	2,0	2,0
B 15	1,0	1,3	1,6	1,8	2,0
B 25	1,0	1,0	1,2	1,4	1,6
B 35 $\cdots$ B 55	1,0	1,0	1,0	1,2	1,3

Mit den Werten n der Tafel **18**.2 können die erforderlichen Fundamentdicken bestimmt
werden (siehe Beispiel 9 Abschn. 2.2.1).

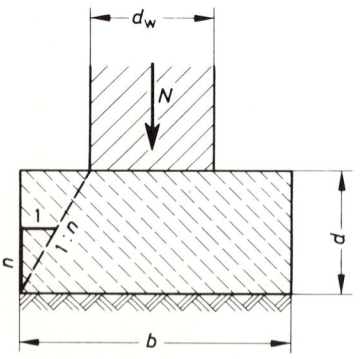

$$\text{erf} \quad d = \frac{b - d_w}{2} \cdot n$$

18.3   Zulässige Lastausbreitung in unbewehrten Fundamenten
abhängig von Betonfestigkeitsklasse und Bodenpressung

Stahlbeton benötigt z. T. geringere Sicherheiten. Es wird für die Festlegung des Sicherheitsbeiwertes in DIN 1045 danach unterschieden, ob sich das Versagen der Stahlbetonkonstruktion vorher ankündigt oder nicht (s. Tafel **19**.1).

Tafel **19**.1   **Sicherheitsbeiwerte im Stahlbetonbau**

Art des Versagens	Sicherheitsbeiwert
Bei Versagen des Querschnitts mit Vorankündigung (z. B. Zug- oder Biegebeanspruchung: es entstehen Risse)	$\gamma = 1{,}75$
Bei Versagen des Querschnitts ohne Vorankündigung (z. B. Druckbeanspruchung: plötzliches Ausknicken)	$\gamma = 2{,}10$

1.8.3   Mauerwerksbau

DIN 1053 „Mauerwerk, Berechnung und Ausführung" enthält die Angaben für die zulässigen Beanspruchungen des Mauerwerks.

Druckspannungen

Die Grundwerte der zulässigen Druckspannungen für Mauerwerk aus künstlichen Steinen sind in Tafel **19**.2 und **20**.1, diejenigen für Natursteinmauerwerk in Tafel **20**.2 abgedruckt. Die Bemessung von Mauerwerk wird in Abschnitt 7.4 gezeigt.

Tafel **19**.2   **Grundwerte σ_0 der zulässigen Druckspannungen** für Mauerwerk aus künstlichen Steinen mit Normalmörtel (DIN 1053 Teil 1)

Steinfestigkeitsklasse	Grundwerte σ_0 für Normalmörtel Mörtelgruppe				
	I MN/m²	II MN/m²	IIa MN/m²	III MN/m²	IIIa MN/m²
2	0,3	0,5	0,5[1])	–	–
4	0,4	0,7	0,8	0,9	–
6	0,5	0,9	1,0	1,2	–
8	0,6	1,0	1,2	1,4	–
12	0,8	1,2	1,6	1,8	1,9
20	1,0	1,6	1,9	2,4	3,0
28	–	1,8	2,3	3,0	3,5
36	–	–	–	3,5	4,0
48	–	–	–	4,0	4,5
60	–	–	–	4,5	5,0

[1]) $\sigma_0 = 0{,}6 \, \text{MN/m}^2$ bei Außenwänden mit Dicken ≥ 300 mm. Diese Erhöhung gilt jedoch nicht für den Nachweis der Auflagerpressung nach Abschnitt 7.2.3 DIN 1053 Teil 1.

Tafel **20.1**   **Grundwerte σ_0 der zulässigen Druckspannungen** für Mauerwerk aus künstlichen Steinen mit Dünnbett- und Leichtmörtel (DIN 1053 Teil 1)

Steinfestigkeitsklasse	Grundwerte σ_0		
	Dünnbettmörtel[1])	Leichtmörtel	
	MN/m^2	LM 21 MN/m^2	LM 36 MN/m^2
2	0,6	0,5[2])	0,5[2])[3])
4	1,0	0,7[4])	0,8[5])
6	1,4	0,7	0,9
8	1,8	0,8	1,0
12	2,0	0,9	1,1
20	2,9	0,9	1,1
28	3,4	0,9	1,1

[1]) Verwendung nur bei Gasbeton-Plansteinen nach DIN 4165 und bei Kalksand-Plansteinen. Die Werte gelten für Vollsteine. Für Kalksand-Lochsteine und Kalksand-Hohlblocksteine nach DIN 106 Teil 1 gelten die entsprechenden Werte der Tafel **20.1** bei Mörtelgruppe III bis Steinfestigkeitsklasse 20.

[2]) Für Mauerwerk mit Mauerziegeln nach DIN 105 Teil 1 bis Teil 4 gilt $\sigma_0 = 0,4\,\text{MN/m}^2$.

[3]) $\sigma_0 = 0,6\,\text{MN/m}^2$ bei Außenwänden mit Dicken $\geq 300\,\text{mm}$. Diese Erhöhung gilt jedoch nicht für den Nachweis der Auflagerpressung nach Abschnitt 7.2.3 DIN 1053 Teil 1.

[4]) Für Kalksandsteine nach DIN 106 Teil 1 der Rohdichteklasse $\geq 0,9$ und für Mauerziegel nach DIN 105 Teil 1 bis Teil 4 gilt $\sigma_0 = 0,5\,\text{MN/m}^2$.

[5]) Für Mauerwerk mit den in Fußnote [4]) genannten Mauersteinen gilt $\sigma_0 = 0,7\,\text{MN/m}^2$.

Tafel **20.2**   **Grundwerte σ_0 der zulässigen Druckspannungen** für Natursteinmauerwerk mit Normalmörtel (DIN 1053 Teil 1)

Güteklasse	Steinfestigkeit β_{St}	Grundwerte σ_0[1]) Mörtelgruppe			
	β_{St} MN/m^2	I MN/m^2	II MN/m^2	IIa MN/m^2	III MN/m^2
N1 (Bruchstein- mauerwerk)	≥ 20	0,2	0,5	0,8	1,2
	≥ 50	0,3	0,6	0,9	1,4
N2 (hammerrechtes Schichtenmwk.)	≥ 20	0,4	0,9	1,4	1,8
	≥ 50	0,6	1,1	1,6	2,0
N3 (Schichten- mauerwerk)	≥ 20	0,5	1,5	2,0	2,5
	≥ 50	0,7	2,0	2,5	3,5
	≥ 100	1,0	2,5	3,0	4,0
N4 (Quader- mauerwerk)	≥ 20	1,2	2,0	2,5	3,0
	≥ 50	2,0	3,5	4,0	5,0
	≥ 100	3,0	4,5	5,5	7,0

[1]) Bei Fugendicken über 40 mm sind die Grundwerte σ_0 um 20% zu vermindern.

Mauerwerk aus künstlichen Steinen darf unter Beachtung der nachstehenden Bedingungen mit den Werten der Tafeln **19**.2 und **20**.1 bemessen werden:

– **Mindestmaße** tragender Wände   11,5 cm,
  Mindestmaße tragender Pfeiler   11,5 cm × 36,5 cm
  bzw.   17,5 cm × 24,0 cm.

– **Wände für Zwischenauflager oder einseitige Auflager** bis zu Schlankheiten $h_K/d \leq 10$, bei größeren Schlankheiten muß wegen Knickgefahr eine Abminderung vorgenommen werden (s. Abschn. 7.4).

– **Wände für einseitige Auflager** nur bis Deckenspannweiten von 4,20 m, da sonst wegen Verdrehungen am Endauflager eine Abminderung nötig ist. Der Abminderungsfaktor beträgt $k = 1,7 - l/6$ für l über 4,20 m bis 6,00 m.

– **Pfeiler und „kurze Wände"** dürfen nur mit dem **0,8fachen Wert** der zulässigen Druckspannung berechnet werden.
  Dazu gehören Querschnitte, die aus weniger als zwei ungeteilten Steinen bestehen oder deren Querschnittsflächen kleiner als 0,10 m² sind.

Natursteinmauerwerk kann mit den Werten der Tafel **20**.2 bei Berücksichtigung folgender Angaben bemessen werden:

– Mindestwanddicke für tragendes Natursteinmauerwerk 24 cm, Mindestquerschnitt 0,1 m²

– für Natursteinmauerwerk nur Normalmörtel verwenden

– Wände bis zu Schlankheiten von $h_K/d \leq 10$, sonst Abminderung der Grundwerte erforderlich

– Einstufung des Natursteinmauerwerks entsprechend der Ausführungsart in folgende Güteklassen:
  Güteklasse N1 für Bruchsteinmauerwerk
          N2   hammerrechtes Schichtenmauerwerk
          N3   Schichtenmauerwerk
          N4   Quadermauerwerk

– für die Mindestdruckfestigkeiten einiger Gesteinsarten gelten die Erfahrungswerte nach Tafel **21**.1

Tafel **21**.1   **Mindestdruckfestigkeiten der Gesteinsarten** (DIN 1053 Teil 1)

Mindestdruckfestigkeit in MN/m²	Gesteinsarten
20	Kalkstein, Travertin, vulkanische Tuffsteine
30	weiche Sandsteine mit tonigem Bindemittel und dergleichen
50	dichte Kalksteine, Dolomite, Marmor, Basaltlava und dergleichen
80	quarzitische Sandsteine (mit kieseligem Bindemittel), Grauwacke und dergleichen
100	Granit, Syenit, Diorit, Quarporphyr, Melaphyr, Diabas und dergleichen

Zugspannungen

Bei Mauerwerk aus künstlichen Steinen dürfen in tragenden Wänden Zugspannungen rechtwinklig zur Lagerfuge nicht in Rechnung gestellt werden.

Bei Natursteinmauerwerk der Güteklassen N1, N2 und N3 sind Zugspannungen jeder Art unzulässig.

Bei Mauerwerk aus künstlichen Steinen dürfen Biegezugspannungen σ_Z in Wandrichtung parallel zur Lagerfuge bis zu folgenden Höchstwerten in Rechnung gestellt werden:

$$\text{zul}\,\sigma_Z = 0,4 \cdot \sigma_{Z0} + 0,12 \cdot \sigma_D \leqq \max \sigma_Z \tag{22.1}$$

Hierin bedeuten:

$\text{zul}\;\sigma_Z$ Biegezugspannung parallel zu Lagerfugen
$\quad\;\sigma_D$ zugehörige Druckspannung rechtwinklig zu Lagerfugen
$\quad\;\sigma_{Z0}$ Grundwert der Zugspannung nach Tafel **22.**1
$\max \sigma_Z$ Maximalwert der zulässigen Biegezugspannung nach Tafel **22.**2

Bei Natursteinmauerwerk der Güteklasse N4 gilt für den Maximalwert der zulässigen Biegezugspannung:

$$\max \sigma_Z = 0,20\,\text{MN/m}^2 \tag{22.2}$$

Tafel **22.**1   **Grundwert σ_{Z0} der zulässigen Zugspannungen** für Mauerwerk aus künstlichen Steinen (DIN 1053 Teil 1)

Mörtelgruppe	I	II	IIa	III	IIIa
σ_{Z0}[1]) MN/m^2	0,01	0,04	0,09[2])	0,11[3])	0,11

[1]) Für Mauerwerk mit unvermörtelten Stoßfugen sind die Werte σ_{Z0} zu halbieren. Als vermörtelt gilt eine Stoßfuge, bei der etwa die halbe Wanddicke oder mehr verfüllt ist.
[2]) Dieser Wert gilt auch für Leichtmörtel LM 21 und LM 36.
[3]) Dieser Wert gilt auch für Dünnbettmörtel.

Tafel **22.**2   **Maximale Werte $\max \sigma_Z$ der zulässigen Biegezugspannungen** für Mauerwerk aus künstlichen Steinen (DIN 1053 Teil 1)

Steinfestigkeitsklasse	2	4	6	8	12	20	$\geqq 28$
$\max \sigma_Z$ MN/m^2	0,01	0,02	0,04	0,05	0,10	0,15	0,20

Sicherheiten

Die großen Unterschiede zwischen den Grundwerten der zulässigen Spannungen und den Steinfestigkeitsklassen haben nichts mit Sicherheiten zu tun. Die Sicherheiten im Mauerwerksbau sind nicht größer als in anderen Bereichen.

Der Sicherheitsbeiwert beträgt:
für Rezeptmauerwerk RM entsprechend DIN 1053 Teil 2 $\gamma = 2,67$
für Mauerwerk nach Eignungsprüfung EM entspr. DIN 1053 Teil 1
    bei Wänden $\gamma = 2,00$
    bei Pfeilern und kurzen Wänden $\gamma = 2,50$

1.8.4   Stahlbau

Für Bauteile und Lagerteile aus Stahl im Hochbau werden nachstehend die zulässigen Spannungen nach DIN 18800 Teil 1 „Stahlbauten, Bemessung und Konstruktion", Ausgabe März 1981, angegeben.

DIN 18800 und auch DIN 17100 „Allgemeine Baustähle" verwenden noch die alten Werkstoff-Bezeichnungen, denen die Einheit kp/mm^2 zugrunde liegt, so daß z. B. normaler Baustahl noch St 37 heißt.

Tafel **23.1**   **Zulässige Spannungen für Bauteile** aus Stahl in N/mm^2 nach DIN 18800 und DIN 18801

Spannungsart		Werkstoff			
		Baustahl St 37		Baustahl St 52	
		Lastfall		Lastfall	
		H	HZ	H	HZ
		N/mm^2	N/mm^2	N/mm^2	N/mm^2
Druck und **Biegedruck** für Stabilitätsnachweis nach DIN 4114	**zul** σ_D bzw. **zul** σ_{BD}	140	160	210	240
Zug und **Biegezug** **Druck** und **Biegedruck**	**zul** σ bzw. **zul** σ_{BZ}	160	180	240	270
Schub	**zul** τ	92	104	139	156
Lochleibungsdruck bei Schrauben ohne Vorspannung mit Lochspiel $\Delta d = 0,3 \ldots 2\,\text{mm}$	**zul** σ_l	280	320	420	480
für Stahlhochbauten (2schnittig) mit Lochspiel $\Delta d \leqq 1\,\text{mm}$		300	340		

Tafel **23.2**   **Zulässige Spannungen für Lagerteile** aus Stahl in N/mm^2 nach DIN 18800

Spannungsart		Werkstoff									
		Grauguß GG-15		Baustahl St 37		Baustahl St 52		Stahlguß GS 52		Vergütungsstahl C 35 N	
		Lastfall		Lastfall		Lastfall		Lastfall		Lastfall	
		H	HZ	H	HZ	H	HZ	H	HZ	H	HZ
		N/mm^2		N/mm^2		N/mm^2		N/mm^2		N/mm^2	
Druck	zul σ_D	100	110	160	180	240	270	180	200	160	180
Biegedruck	zul σ_{BD}	90	100								
Biegezug	zul σ_{BZ}	45	50								

Baustahl St 37-2 hat eine Streckgrenze von $\beta_S = 240\,\text{N/mm}^2$ und eine Zugfestigkeit von $\beta_Z = 370\,\text{N/mm}^2$.

Die zulässigen Spannungen des Stahl sind abhängig von der Beanspruchungsart und dem Lastfall (Tafel **23**.1). Daraus können die Sicherheitsbeiwerte errechnet werden.

Zug und Biegezug im Lastfall H: $\text{zul}\,\sigma = 160\,\text{N/mm}^2$

Sicherheitsbeiwert gegen Strecken des Stahls

$$\gamma = \frac{\beta_S}{\text{zul}\,\sigma} = \frac{240\,\text{N/mm}^2}{160\,\text{N/mm}^2} = 1,5$$

Sicherheitsbeiwert gegen Bruch

$$\gamma = \frac{\beta_Z}{\text{zul}\,\sigma} = \frac{370\,\text{N/mm}^2}{160\,\text{N/mm}^2} = 2,3$$

Zug und Biegezug im Lastfall HZ: $\text{zul}\,\sigma = 180\,\text{N/mm}^2$

Sicherheitsbeiwert gegen Strecken des Stahls

$$\gamma = \frac{\beta_S}{\text{zul}\,\sigma} = \frac{240\,\text{N/mm}^2}{180\,\text{N/mm}^2} = 1,3$$

Sicherheitsbeiwert gegen Bruch

$$\gamma = \frac{\beta_Z}{\text{zul}\,\sigma} = \frac{370\,\text{N/mm}^2}{180\,\text{N/mm}^2} = 2,1$$

Für andere Baustähle oder andere Beanspruchungsarten ergeben sich die entsprechenden Sicherheitsbeiwerte auf gleiche Weise.

1.8.5   Holzbau

Im Holzbau sind die zulässigen Spannungen abhängig von Art und Güteklasse des Holzes, von der Beanspruchung und von der Richtung des Kraftangriffs zur Holzfaser. Hierfür ist DIN 1052 ,,Holzbauwerke, Berechnung und Ausführung" maßgebend.

Nadelholz der Güteklasse II hat im Lastfall H eine zulässige Spannung bei Biegung von $\text{zul}\,\sigma_B = 10\,\text{N/mm}^2$ (Tafel **25**.1). Aus Versuchen ist bekannt, daß die Biegefestigkeit bei $\beta_B = 30$ bis $50\,\text{N/mm}^2$ liegt.

Die zulässige Druckspannung in Richtung der Faser beträgt $\text{zul}\,\sigma_{D\parallel} = 8,5\,\text{N/mm}^2$, die Druckfestigkeit ist bekannt mit $\beta_{D\parallel} = 20$ bis $30\,\text{N/mm}^2$. Im Lastfall HZ sind um 25% höhere Spannungen zulässig.

Daraus ergeben sich folgende Sicherheitsbeiwerte:

Sicherheitsbeiwert bei Biegung

$$\text{Lastfall H:} \qquad \gamma = \frac{\beta_B}{\text{zul}\,\sigma_B} \quad = \frac{30\ldots 50\,\text{N/mm}^2}{10\,\text{N/mm}^2} = 3,0 \text{ bis } 5,0$$

$$\text{Lastfall HZ:} \qquad \gamma = \frac{\beta_B}{\text{zul}\,\sigma_B} \quad = \frac{30\ldots 50\,\text{N/mm}^2}{1,25 \cdot 10\,\text{N/mm}^2} = 2,4 \text{ bis } 4,0$$

Sicherheitsbeiwert bei Druck parallel zur Faser

Lastfall H: $\quad \gamma = \dfrac{\beta_{D\parallel}}{zul\,\sigma_{D\parallel}} \quad = \dfrac{20\ldots30\,\text{N/mm}^2}{8,5\,\text{N/mm}^2} = 2,35 \text{ bis } 3,53$

Lastfall HZ: $\quad \gamma = \dfrac{\beta_{D\parallel}}{zul\,\sigma_{D\parallel}} \quad = \dfrac{20\ldots30\,\text{N/mm}^2}{1,25 \cdot 8,5\,\text{N/mm}^2} = 1,88 \text{ bis } 2,82$

Tafel **25**.1   **Zulässige Spannungen für Bauholz** in N/mm² (oder MN/m²) für Lastfall H
(für Lastfall HZ Erhöhung um 25%)

Beanspruchung		europäische Nadelhölzer Güteklasse			Brettschichtholz Güteklasse		Eiche, Buche, Teak mittlerer Güte ($\geq$ Güteklasse II)
		III	II	I	II	I	
Biegung	zul σ_B	7,0	10,0	13,0	11,0	14,0	11,0
Zug	zul $\sigma_{Z\parallel}$	0	8,5	10,5	8,5	10,5	10,0
Zug	zul $\sigma_{Z\perp}$	0	0,05	0,05	0,2	0,2	0,05
Druck	zul $\sigma_{D\parallel}$	6,0	8,5	11,0	8,5	11,0	10,0
Druck [1]	zul $\sigma_{D\perp}$		2,0 (2,5)			2,5 (3,0)	3,0 (4,0)
Abscheren	zul τ_a					0,9	1,0
Schub aus Querkraft	zul τ_Q		0,9			1,2	
Torsion	zul τ_T	0	1,0	1,0	1,6	1,6	1,6

[1] Bei Ausnutzung der zulässigen Spannungen, die in Klammern stehen, ist mit größeren Eindrückungen zu rechnen. Diese sind erforderlichenfalls konstruktiv zu berücksichtigen.

Übliches Bauholz entspricht der Güteklasse II. Für Zugglieder darf Holz der Güteklasse III nicht verwendet werden.

Bei Sparren, Pfetten und Deckenbalken aus Kanthölzern oder Bohlen dürfen die zulässigen Spannungen der Güteklasse I nicht ausgenützt werden.

Bei Rundhölzern dürfen in Bereichen ohne Schwächung der Randzonen die zulässigen Spannungen für Biegung und Druck parallel zur Faserrichtung um 20% erhöht werden (s. DIN 1052, Teil 1, Abschn. 5.1.8).

Bei schrägem Kraftangriff sind die zulässigen Spannungen Tafel **26**.1 zu entnehmen.

Tafel 26.1　**Zulässige Spannungen zul $\sigma_{D\measuredangle}$ für Bauholz** bei schrägem Kraftangriff in N/mm² (oder MN/m²)

Holzart	α = Winkel zwischen Kraft- und Faserrichtung von 0° bis 90°									
	0°	10°	20°	30°	40°	50°	60°	70°	80°	90°
europäische Nadelhölzer[1])	8,5	7,4	6,3	5,2 (5,5)	4,3 (4,6)	3,5 (3,9)	2,9 (3,3)	2,4 (2,9)	2,1 (2,6)	2,0 (2,5)
Eiche, Buche, Teak[1])	10	8,8	7,6	6,5 (7,0)	5,5 (6,1)	4,6 (5,4)	3,9 (4,8)	3,4 (4,4)	3,1 (4,1)	3,0 (4,0)

[1]) Bei Ausnutzung der zulässigen Spannungen, die in Klammern stehen, ist mit größeren Eindrückungen zu rechnen. Diese sind erforderlichenfalls konstruktiv zu berücksichtigen.

Zusammenfassung zu Abschnitt 1.1 bis 1.8

Die statische Untersuchung liefert die **äußeren Kräfte**, die als **Belastung** auf ein Bauteil wirken. Infolge der Belastung entstehen im Bauteil **innere Kräfte**. Die inneren Kräfte bewirken die **Beanspruchung**. Als Maß für die Beanspruchung dient die **Spannung**. Die vorhandene Spannung darf die **zulässige Spannung** nicht überschreiten.

1.9　Das neue Sicherheitskonzept

In den künftigen europäischen Normen sowie in der neuen Stahlbaunorm DIN 18 800 vom November 1990 werden wegen der internationalen Abstimmung einige neue Begriffe verwendet. Diese neuen Begriffe werden zunächst erläutert.

1.9.1　Einwirkungen

Einwirkungen sind die Ursachen von Kraftgrößen und Verformungsgrößen im Tragwerk. Zu den Einwirkungen gehört z. B. die Schwerkraft, durch die die Eigenlasten der Bauteile entstehen. Weitere Einwirkungen sind z. B. Verkehrslasten, Wind und Temperatur.

Die Einwirkungen werden allgemein mit F bezeichnet. Sie werden nach ihrer zeitlichen Veränderlichkeit und Häufigkeit unterschieden:

– ständige Einwirkungen　　　　　　F_G bzw. G
– veränderliche Einwirkungen　　　　F_Q bzw. Q
– außergewöhnliche Einwirkungen　F_A bzw. A

Einwirkungsgrößen sind die zur Beschreibung der Einwirkungen verwendeten Größen.

1.9.2　Widerstand

Als Widerstand wird im Bereich des Bauwesens der Widerstand eines Tragwerks, seiner Bauteile und Verbindungen gegen Einwirkungen verstanden.

Widerstandsgrößen sind die zur Beschreibung des Widerstandes verwendeten Größen. Festigkeiten und Steifigkeiten sind Widerstandsgrößen. Sie sind aus Werkstoffkennwerten und geometrischen Größen abgeleitet. Deren Streuung ist zu berücksichtigen.

Beispiele zur Erläuterung

– Geometrische Größen sind z. B. Querschnittswerte, also die Querschnittsflächen der Bauteile.

– Werkstoffkennwerte sind z. B. die Festigkeiten der Baustoffe.

– Ein Beispiel für die Steifigkeit ist die Biegesteifigkeit. Sie beinhaltet Werkstoffkenngröße, Querschnittsfläche und Querschnittsform.

1.9.3 Charakteristische Werte

Sowohl bei den Einwirkungen als auch bei den Widerständen werden Streuungen wirksam. Da die Streuungen zu berücksichtigen sind, wird mit den sogenannten charakteristischen Werten gearbeitet.

Die charakteristischen Werte für Einwirkungsgrößen und Widerstandsgrößen sind die Bezugsgrößen für die Bemessung. Charakteristische Werte werden durch den Index k gekennzeichnet.

Charakteristische Werte der Einwirkungsgrößen (F_k)

Als charakteristische Werte der Einwirkungsgrößen F_k gelten die Werte der entsprechenden Normen für Lastannahmen. Diese Werte sind für das jeweilige Bauwerk bzw. Bauteil festzulegen. Zu diesen festzulegenden charakteristischen Werten von Einwirkungen gehören z. B. die von Nutzlasten und die von Lasten in Bauzuständen, wie Montagegerät.

Charakteristische Werte der Widerstandsgrößen (M_k)

Zur Vereinfachung werden alle Streuungen des Widerstandes den Festigkeiten und den Steifigkeiten zugeordnet.

Charakteristische Werte der Festigkeiten (f_k)

Die charakteristischen Werte von Festigkeiten f_k sind auf die Querschnittswerte bezogene Querschnittsfestigkeiten. Die wichtigsten sind z. B. beim Stahl die Streckgrenze und die Zugfestigkeit. Diesen charakteristischen Werte der Festigkeiten sind für die jeweiligen Werkstoffe in Tabellen festgelegt, mit ihnen wird die Bemessung durchgeführt.

Charakteristische Werte der Steifigkeiten ($E_k \cdot I_k$)

Die charakteristischen Werte der Steifigkeiten sind aus den Nennwerten der Querschnittswerte (Flächenmoment I) und den charakteristischen Werten für den Elastizitätsmodul E zu berechnen. Für die jeweiligen Werkstoffe können die in Tabellen genannten Werte als charakteristische Werte angenommen werden. So beträgt z. B. der charakteristische Elastizitätsmodul für Baustahl $E_k = 210\,000$ N/mm^2.

1.9.4 Bemessungswerte

Bemessungswerte sind diejenigen Werte der Einwirkungsgrößen und Widerstandsgrößen, die für die Nachweise anzunehmen sind. Die Bemessungswerte beschreiben den Fall ungünstiger Einwirkungen auf Tragwerke mit ungünstigen Eigenschaften. Dieser Fall ist mit sehr großer Wahrscheinlichkeit nicht ungünstiger zu erwarten.

Die Bemessungswerte werden im allgemeinen durch den Index d gekennzeichnet.

Für die statische Berechnung ist es wichtig, die Bemessungswerte von den charakteristischen Werten zu unterscheiden, z. B. durch Verwendung des Index d für die Bemessungswerte bzw. des Index k für die charakteristischen Werte.

Bemessungswerte der Einwirkungsgrößen (F_d)

Aus den charakteristischen Werten F_k der Einwirkungsgrößen entstehen durch Vervielfachung mit einem Teilsicherheitsbeiwert γ (gamma) und gegebenenfalls mit einem Kombinationswert ψ (psi) die Bemessungswerte F_d der Einwirkungsgrößen:

$$F_d = \gamma_F \cdot \psi \cdot F_k \tag{28.1}$$

Ständige Einwirkungen G werden im allgemeinen mit einem Teilsicherheitsbeiwert multipliziert, der meistens $\gamma_F = 1{,}35$ beträgt.

$$G_d = \gamma_F \cdot G_k \quad \text{mit } \gamma_F = 1{,}35 \tag{28.2}$$

Alle ungünstig wirkenden veränderlichen Einwirkungen Q werden für die Bemessung mit einem Teilsicherheitsbeiwert γ_F und einem Kombinationswert ψ multipliziert. Sofern in den Fachnormen nichts anderes angegeben ist, kann folgende Regel gelten:

$$Q_d = \gamma_F \cdot \psi \cdot Q_k \quad \text{mit } \gamma_F = 1{,}50 \text{ und } \psi = 0{,}9 \tag{28.3}$$

Bemessungswerte der Widerstandsgrößen (M_d)

Die Bemessungswerte M_d der Widerstandsgrößen ergeben sich im allgemeinen aus den charakteristischen Werten M_k der Widerstandsgrößen durch Dividieren mit dem Teilsicherheitsbeiwert γ_M:

$$M_d = M_k / \gamma_M \quad \text{mit } \gamma_M = 1{,}10 \tag{28.4}$$

Dieser Teilsicherheitsbeiwert gilt, wenn in anderen Normen kein anderer festgelegt ist.

1.9.5   Beanspruchungen S_d und Beanspruchbarkeiten R_d

Beanspruchungen S_d

Im Sinne des neuen Bemessungskonzepts sind Beanspruchungen die von den Einwirkungen verursachten Zustandsgrößen im Tragwerk. Sie werden mit den Bemessungswerten der Einwirkungen berechnet und auch als vorhandene Größe bezeichnet.

Für die Kennzeichnung der Beanspruchung ist im allgemeinen der Index S, d zu verwenden, um Verwechslungen von Beanspruchungen zu vermeiden.

Beanspruchungen sind beispielsweise:

– Schnittgrößen (z. B. Normalkräfte $N_{S,d}$, Querkräfte $Q_{S,d}$, Biegemomente $M_{S,d}$)
– Spannungen (z. B. vorh σ, vorh τ)
– Dehnungen (z. B. vorh ε)
– Durchbiegungen.

Grenzzustände

Grenzzustände sind Zustände des Tragwerks, die den Bereich der Beanspruchung begrenzen, in dem das Tragwerk tragsicher und gebrauchstauglich ist. Grenzzustände können bezogen sein auf Bauteile, Querschnitte, Werkstoffe, Verbindungsmittel.

Beanspruchbarkeiten R_d

Im Sinne der neuen Bemessungskonzepte sind Beanspruchbarkeiten die den Grenzzuständen zugehörigen Zustandsgrößen des Tragwerks. Die Beanspruchbarkeiten R_d sind aus den Bemessungswerten der Widerstandsgrößen M_d zu berechnen oder gegebenenfalls durch

Versuche zu bestimmen. Die Beanspruchbarkeiten werden auch als Grenzgrößen bezeichnet. Zur Vereinfachung der Streuung der Widerstandsgröße wird vereinfachend die Festigkeit und in bestimmten Fällen auch die Steifigkeit ($E \cdot I$) durch den Teilsicherheitsbeiwert γ_M geteilt.

Für die Kennzeichnung der Beanspruchbarkeit ist im allgemeinen der Index R,d zu verwenden. Der Index R kann entfallen, wenn keine Verwechslungen möglich sind.

Beanspruchungen sind beispielsweise:

– Grenzschnittgrößen M_d (bisher zul M)
– Grenzspannungen f_d (z. B. $\sigma_{R,d}$ oder $\tau_{R,d}$ bisher zul σ, zul τ)
– Grenzdehnungen $\varepsilon_{R,d}$, bisher zul ε.

1.9.6   Sicherheitsnachweise

Die Tragsicherheit und die Gebrauchstauglichkeit für das Tragwerk, seiner Teile und der Verbindungen sind nachzuweisen.

Nachweis der Tragsicherheit

Mit dem Tragsicherheitsnachweis wird belegt, daß das Tragwerk und seine Teile während der Errichtung und während der geplanten Nutzung gegen Versagen (Einsturz) genügend sicher sind. Dies setzt beispielsweise voraus, daß während der Nutzung des Bauwerks keine Beeinträchtigungen auftreten, die die Standsicherheit gefährden können (z. B. Korrosion).

Es ist nachzuweisen, daß die Beanspruchungen S_d die Beanspruchbarkeiten R_d nicht überschreiten. Es gilt also:

$$S_d/R_d \leqq 1 \tag{29.1}$$

Abhängig vom gewählten Nachweisverfahren und von den betrachteten Tragwerksteilen können die Nachweise als Schnittgrößennachweise, als Spannungsnachweise oder als Tragwerksnachweise geführt werden.

Die nachstehende Darstellung **30.**1 zeigt in einem Ablaufschema, wie der Tragsicherheitsnachweis geführt werden kann.

Nachweis der Gebrauchstauglichkeit

Die Gebrauchstauglichkeit eines Bauwerks kann je nach Anwendungsbereich einen zusätzlichen Nachweis erforderlich machen. In den meisten Fällen ist der Nachweis der Gebrauchstauglichkeit ein Nachweis der Größe von Verformungen.

Für den Nachweis der Gebrauchstauglichkeit gilt im allgemeinen eine einfache Sicherheit, falls nicht in anderen Grundnormen oder Fachnormen andere Werte festgelegt sind.

Sicherheitsbeiwert für die Gebrauchstauglichkeit:

$$\gamma_M = 1,0 \tag{29.2}$$

Wenn mit dem Verlust der Gebrauchstauglichkeit eine Gefährdung von Leib und Leben verbunden ist, gelten für die Berechnung der Beanspruchungen die Regeln für den Nachweis der Tragsicherheit. Hierfür ist der Nachweis der Gebrauchstauglichkeit mit einem größeren Sicherheitsbeiwert durchzuführen. Dieses ist beispielsweise der Fall, wenn durch die Begrenzung von Verformungen an Leitungen Undichtigkeiten ausgeschlossen werden müssen, besonders dann, wenn es sich z. B. um giftige Gase handelt.

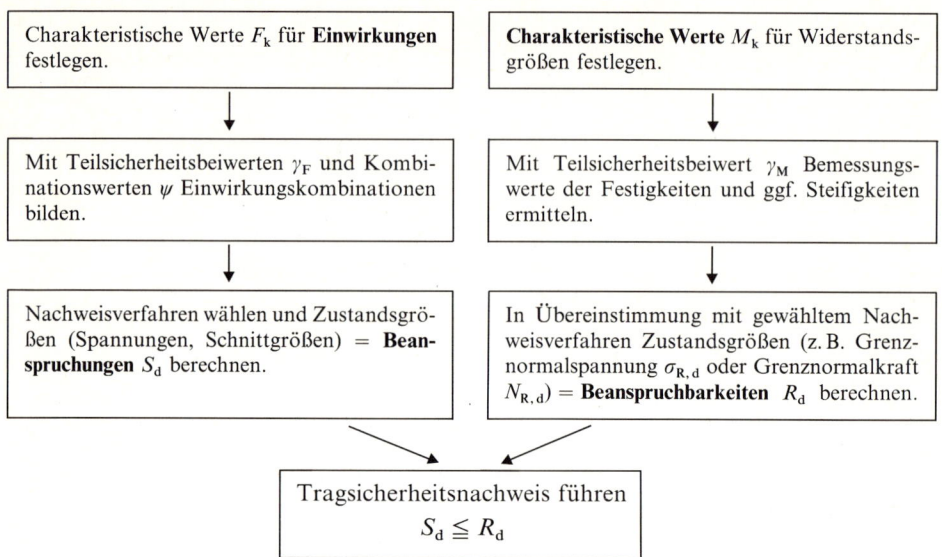

| Charakteristische Werte F_k für **Einwirkungen** festlegen. | **Charakteristische Werte** M_k für Widerstandsgrößen festlegen. |

| Mit Teilsicherheitsbeiwerten γ_F und Kombinationswerten ψ Einwirkungskombinationen bilden. | Mit Teilsicherheitsbeiwert γ_M Bemessungswerte der Festigkeiten und ggf. Steifigkeiten ermitteln. |

| Nachweisverfahren wählen und Zustandsgrößen (Spannungen, Schnittgrößen) = **Beanspruchungen** S_d berechnen. | In Übereinstimmung mit gewähltem Nachweisverfahren Zustandsgrößen (z. B. Grenznormalspannung $\sigma_{R,d}$ oder Grenznormalkraft $N_{R,d}$) = **Beanspruchbarkeiten** R_d berechnen. |

Tragsicherheitsnachweis führen
$$S_d \leqq R_d$$

30.1   Ablaufschema (Flußdiagramm) für den Nachweis der Tragsicherheit im Sinne des neuen Bemessungskonzepts

2   Zug- und Druckspannungen

Zugspannungen bzw. Druckspannungen entstehen durch Lasten, die die Bauteile mittig auf Zug bzw. auf Druck beanspruchen.

2.1   Zugspannungen

Äußere Kräfte, die an einem Tragwerk ziehend angreifen, versuchen das Tragwerk zu verlängern, zu dehnen (Bild **31**.1). Es wirken innere Längskräfte (Normalkräfte). Der Baukörper erfährt eine Beanspruchung auf Zug. Es entstehen Zugspannungen σ_Z. Diese erhalten ein positives Vorzeichen ($+$).

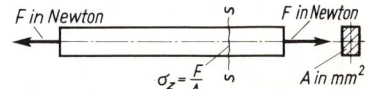

31.1   Eine Zugkraft verursacht Zugspannungen

Zur Übertragung der inneren Kräfte ist nur das Werkstoffgefüge des Querschnittes in der Lage. Alle Schwächungen des Querschnittes müssen bei der Berechnung der Spannung abgezogen werden. Es ist nur mit dem verbleibenden Nutzquerschnitt (oder Nettoquerschnitt) A_n zu rechnen.

Nutzquerschnitt A_n = Gesamtquerschnitt A abzüglich Querschnittsschwächung ΔA.

$$A_n = A - \Delta A \quad \text{in mm}^2 \tag{31.1}$$

Die Zugspannung, also die Größe der Beanspruchung, errechnet sich aus:

$$\textbf{Zugspannung} = \frac{\textbf{Zugkraft}}{\textbf{Nutzquerschnitt}} \qquad \sigma_Z = \frac{F}{A_n} \quad \text{in } \frac{\text{N}}{\text{mm}^2} \tag{31.2}$$

Die hieraus errechnete Spannung σ_Z ist die vorhandene Spannung vorh σ_Z. Die vorhandene, also die wirkende Spannung, darf die in den Vorschriften festgelegte zulässige Spannung zul σ_Z nicht überschreiten.

In jeder Berechnung ist abschließend die vorhandene Spannung der zulässigen Spannung gegenüberzustellen. Dieses ist der Spannungsnachweis.

Die zulässigen Spannungen sind in den entsprechenden DIN-Vorschriften festgelegt. Sie sind auszugsweise in Tafel **18**.1 bis **26**.1 zusammengestellt.

Formeln für den Spannungsnachweis:

$$\text{vorh } \sigma_Z = \frac{\text{vorh } F}{\text{vorh } A_n} \quad \text{in N/mm}^2 \tag{31.3}$$

$$\frac{\text{vorh } \sigma_Z}{\text{zul } \sigma_Z} \leqq 1{,}0 \tag{31.4}$$

Formel für die Bemessung:

$$\text{erf } A_n = \frac{\text{vorh } F}{\text{zul } \sigma_Z} \text{ in mm}^2 \tag{32.1}$$

Formel für die Belastbarkeit:

$$\text{zul } F = \text{vorh } A_n \cdot \text{zul } \sigma_Z \text{ in N} \tag{32.2}$$

Bei Stahlbauteilen ist der kleinste Nutzquerschnitt A_n maßgebend. Er errechnet sich aus der Gesamt-Querschnittsfläche A abzüglich aller Lochflächen ΔA in der ungünstigsten Rißlinie.

Bei Schrauben mit Zugbeanspruchung in Richtung der Schraubenachse errechnet sich die übertragbare Zugkraft F mit der Formel:

$$\text{zul } F = \text{vorh } A_s \cdot \text{zul } \sigma_Z \text{ in N} \tag{32.3}$$

Der vorhandene Querschnitt A_s ist der sogenannte Spannungsquerschnitt. Er errechnet sich aus dem Mittelwert von Nenn-Flankendurchmesser d_2 und Nenn-Kerndurchmesser d_3 der Schraube:

$$A_s = \frac{\pi}{4} \cdot \left(\frac{d_2 + d_3}{2} \right)^2 \tag{32.4}$$

Die zulässigen übertragbaren Zugkräfte von Schrauben können entsprechenden Tafeln entnommen werden (s. DIN 18800 oder Bautechn. Zahlentafeln Wendehorst/Muth).

Bei Holzbauteilen sind alle Querschnittsschwächungen zu berücksichtigen, wie z.B. Bohrungen, Einschnitte und dergleichen. In Faserrichtung hintereinander liegende Schwächungen brauchen nur einmal abgezogen zu werden. Versetzt zur Faserrichtung angeordnete Querschnittsschwächungen sind nur einmal abzuziehen, wenn ihr Lichtabstand in Faserrichtung mehr als 15 cm beträgt.

Bei Nagelverbindungen sind bei Nägeln mit $d_n \geqq 4{,}2$ mm und bei allen vorgebohrten Nagellöchern die im gleichen Querschnitt liegenden Lochflächen abzuziehen.

Bei Vollholzbauteilen muß die Mindestdicke 24 mm und die Querschnittsfläche $A_n = 14$ cm^2 betragen, bei Lattungen 11 cm^2.

Beispiele zur Erläuterung

1. Ein Vierkantstahl aus St 37-2 von 8 mm Kantenlänge wird durch eine Zugkraft $F = 10$ kN im Lastfall H belastet (Bild **32.1**).

Wie groß ist die dabei auftretende Zugspannung?

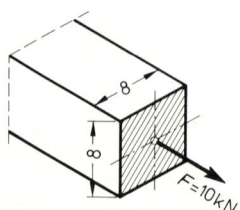

32.1 Vierkantstab als Zugstab

$$\text{vorh } \sigma_Z = \frac{\text{vorh } F}{\text{vorh } A} = \frac{10}{0{,}8 \cdot 0{,}8} = 15{,}63 \text{ kN/cm}^2 = 156{,}3 \text{ N/mm}^2$$

$$\text{zul } \sigma_Z = 160 \text{ N/mm}^2$$

$$\frac{\text{vorh } \sigma_Z}{\text{zul } \sigma_Z} = \frac{156{,}3 \text{ N/mm}^2}{160 \text{ N/mm}^2} = 0{,}98 < 1{,}0$$

2. In einem Flachstahl ▭ 100 · 6 beträgt die vorhandene Zugspannung 148 N/mm². Wie groß ist die wirkende Kraft?

$$\sigma = \frac{F}{A}$$

vorh F = vorh A · vorh σ_Z = 100 · 6 · 148 = 88 800 N = 88,8 kN

3. Eine Ankerschraube M 20 aus St 37-2 (20 mm Durchmesser) erhält eine Zugkraft von 24 kN. Wie groß ist die maximale Zugspannung?
Spannungsquerschnitt A_s = 2,45 cm², zul σ_Z = 110 N/mm².

$$\text{vorh } \sigma_Z = \frac{\text{vorh } F}{\text{vorh } A_s} = \frac{24}{2,45} = 9,8 \text{ kN/mm}^2 = 98 \text{ N/mm}^2$$

$$\text{zul } \sigma_Z = 110 \text{ N/mm}^2$$

$$\frac{\text{vorh } \sigma_Z}{\text{zul } \sigma_Z} = \frac{98 \text{ N/mm}^2}{110 \text{ N/mm}^2} = 0,89 < 1,0$$

4. Ein gleichschenkliger Winkelstahl L 60 · 8 mit einem Querschnitt von 9,03 cm² hat zur Befestigung mit 3 Schrauben M 16 in einem Schenkel Bohrungen von 17 mm Durchmesser (Bild **33.**1). Wie groß darf die Zugkraft werden im Lastfall HZ bei St 37-2?

vorh F = 103 kN; zul σ_Z = 0,8 · 180 = 144 N/mm²

vorh A_n = $A - d_1 \cdot t$ = 903 − 17 · 8 = 903 − 136 = 767 mm²

zul F = vorh A_n · zul σ_Z = 767 · 144 = 110 448 N = 110,4 kN

Anmerkung: Das zusätzlich entstehende Biegemoment von einer ausmittig wirkenden Zugkraft muß nicht nachgewiesen werden, wenn die Zugspannung aus der mittig gedachten Zugkraft 0,8 zul σ_Z nicht überschreitet. Der Biegenachweis entfällt bei:

$$\frac{\text{vorh } \sigma_Z}{\text{zul } \sigma_Z} \leqq 0,8 \tag{33.1}$$

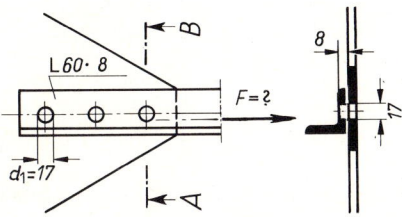

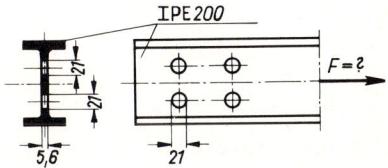

33.1 Winkelstahl mit Bohrungen als Zugstab   **33.**2 IPE-Profil mit Bohrungen als Zugstab

Beispiele zur Übung

1. Der Zugbalken eines Tragwerkes aus Nadelholz Güteklasse II hat einen vorhandenen Nutzquerschnitt von 16/24 cm (zul σ_Z = 8,5 N/mm²). Wie groß darf die zulässige Zugkraft werden?
2. Ein [-Profil aus Stahl St 37-2 hat bei Lastfall H eine Zugkraft von 270 kN aufzunehmen (zul σ_Z = 160 N/mm²). Welches Profil ist dazu erforderlich?
3. Welche Kraft kann ein Zugseil aufnehmen, das aus 114 Einzeldrähten von 1,4 mm Durchmesser besteht? Die zulässige Zugspannung soll 150 N/mm² betragen.

4. Ein Stahlprofil IPE 200 (Bild **33**.2) hat im Steg jeweils 2 nebeneinanderliegende Bohrungen von 21 mm Durchmesser. St 37-2, Lastfall H (zul $\sigma_Z = 160 \, \text{N/mm}^2$). Wie groß darf die Zugkraft werden?

5. Eine Hängesäule aus Nadelholz Güteklasse II hat eine Breite von 12 cm. Das Zapfenloch ist 4 cm breit. Die angreifende Zugkraft beträgt 120 kN (zul $\sigma_Z = 8,5 \, \text{N/mm}^2$). Welche Querschnittshöhe ist erforderlich?

6. Der Diagonalstab eines Fachwerkbinders aus Stahl St 37-2 besteht aus 2 Winkelprofilen L 100 · 65 · 9. Für die Schraubenverbindungen sind Bohrungen von 25 mm Durchmesser hintereinander angeordnet. Die Zugkraft beträgt 330 kN. Wie groß ist die maximale Zugspannung?

2.1.1   Verlängerungen

Verlängerungen sind Formänderungen infolge wirkender Zugspannungen. Ein auf Zug beanspruchter Körper erfährt eine Verlängerung um das Maß Δl. Die Verlängerung errechnet sich aus der Länge l während der Belastung, abzüglich der ursprünglichen Länge l_0.

$$\Delta l = l - l_0 \quad \text{in mm} \tag{34.1}$$

Weitere Erklärungen verdeutlichten bereits in Abschnitt 1.3 „Formänderungen" und Abschnitt 1.4 „Dehnungen" nähere Zusammenhänge.

Beispiel zur Erläuterung

Ein Probestab aus Stahl hat einen Durchmesser von 20 mm und eine Meßlänge von $l_0 = 500$ mm. Er wird in eine Zerreißmaschine gespannt und mit 43,5 kN belastet. Dabei tritt eine Verlängerung ein; der Stab hat nun eine Meßlänge von $l = 500,33$ mm.

Verlängerung

$$\Delta l = l - l_0 = 500,33 - 500 = 0,33 \, \text{mm}$$

Dehnung

$$\varepsilon = \frac{\Delta l}{l_0} = \frac{0,33}{5000} = 0,066 \cdot 10^{-3} = 0,066 \text{‰}$$

Querschnittsfläche des unbelasteten Stabes

$$A_0 = \frac{d^2 \cdot \pi}{4} = \frac{20^2 \cdot \pi}{4} = 314 \, \text{mm}^2$$

Zugspannung

$$\sigma_Z = \frac{F}{A_0} = \frac{43\,500}{314} = 138,5 \, \text{N/mm}^2$$

Elastizitätsmodul des Werkstoffes

$$E = \frac{\sigma_Z}{\varepsilon} = \frac{138,5}{0,066 \cdot 10^{-3}} = 210\,000 \, \text{N/mm}^2$$

Direkte Berechnung des Elastizitätsmoduls

$$E = \frac{F \cdot l_0}{A_0 \cdot \Delta l} = \frac{43,5 \cdot 500}{314 \cdot 0,33} = 210 \, \text{kN/mm}^2 = 210\,000 \, \text{N/mm}^2$$

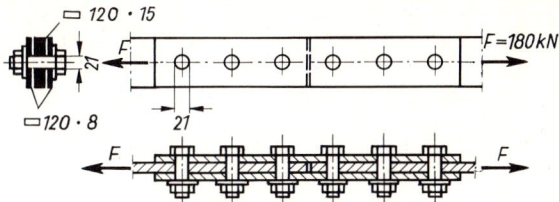

35.1   Stoß in einem Flachstahl □120 · 15

Beispiele zur Übung

1. Ein Zugband aus Stahl von 26 mm Durchmesser und 6 m Länge hat eine Kraft von 70 kN aufzunehmen. $E = 210\,000\,\text{N/mm}^2$. Wie groß ist die elastische Verlängerung des Zugbandes?

2. An dem Zugstab einer Brückenkonstruktion wurde bei der Belastung durch den Verkehr eine Verlängerung von 3 mm gemessen. Der Stab hat einen Querschnitt von 37 cm² und eine Länge von 4,50 m. Wie groß ist die Belastung des Stabes?

3. Ein Spannstahl von 5 mm Durchmesser und 10 m Länge wird durch eine Spannung von 240 N/mm² beansprucht. Der Elastizitätsmodul beträgt 210 000 N/mm².
a) Wie groß ist die Dehnung des Spannstahles? b) Wie groß ist die Verlängerung?

4. Der Zugstab einer Stahlkonstruktion besteht aus einem Flachstahl und wird gestoßen (Bild **35.**1). Die Zugkraft beträgt 180 kN.
a) Wie groß ist die Spannung im Zugstab? b) Wie groß ist die Spannung in den Laschen?

2.2   Druckspannungen

Äußere Kräfte, die auf einen Baukörper drücken, versuchen den Baukörper zu verkürzen, zu stauchen (Bild **35.**2). Es wirken innere Längskräfte (Normalkräfte). Der Baukörper erfährt eine Beanspruchung auf Druck. Es entstehen Druckspannungen σ_D. Diese erhalten ein negatives Vorzeichen($-$).

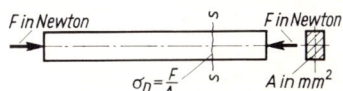

35.2   Eine Druckkraft verursacht Druckspannungen

Bei schlanken Traggliedern kann durch eine Druckkraft ein seitliches Ausknicken erfolgen, bevor die Druckkraft diesen Körper zusammenpressen würde. Dadurch entstehen Beanspruchungen auf Knicken. Berechnungen für derartige Bauteile erfolgen in Abschn. 7.

Auch bei der Druckbeanspruchung ist zur Übertragung der inneren Kräfte nur das Werkstoffgefüge in der Lage. Querschnittsschwächungen brauchen aber nur dann abgezogen zu werden, wenn diese nicht vollwertig ausgefüllt sind.

Die Druckspannung, also die Größe der Beanspruchung, errechnet sich aus:

$$\text{Druckspannung} = \frac{\text{Druckkraft}}{\text{Querschnittsfläche}} \qquad \sigma_D = \frac{F}{A} \quad \text{in } \frac{\text{N}}{\text{mm}^2} \quad \text{bzw.} \quad \frac{\text{MN}}{\text{m}^2} \quad (35.1)$$

Auch hierbei ist die vorhandene Spannung der zulässigen Spannung gegenüber zu stellen. Die zulässigen Druckspannungen sind in den zugehörigen DIN-Vorschriften festgelegt (s. Tafel **18.**1 bis **26.**1).

Formeln für den Spannungsnachweis:

$$\text{vorh } \sigma_D = \frac{\text{vorh } F}{\text{vorh } A} \quad \text{in N/mm}^2 \tag{36.1}$$

$$\frac{\text{vorh } \sigma_D}{\text{zul } \sigma_D} \leqq 1{,}0 \tag{36.2}$$

Formel für die Bemessung:

$$\text{erf } A = \frac{\text{vorh } F}{\text{zul } \sigma_A} \quad \text{in mm}^2 \tag{36.3}$$

Formel für die Belastbarkeit:

$$\text{zul } F = \text{vorh } A \cdot \text{zul } \sigma_D \quad \text{in N} \tag{36.4}$$

2.2.1 Flächenpressungen

Bei der direkten Kraftübertragung von einem Bauteil zum anderen wird von Flächenpressung gesprochen. Sie wird genauso wie die Druckspannung berechnet, wenn die Kraft mittig auf die Übertragungsfläche wirkt.

$$\text{Flächenpressung} = \frac{\text{Druckkraft}}{\text{Übertragungsfläche}} \quad \sigma_0 = \frac{F}{A} \quad \text{in } \frac{\text{N}}{\text{mm}^2} \quad \text{bzw.} \quad \frac{\text{MN}}{\text{m}^2} \tag{36.5}$$

Die Tragfähigkeit ergibt sich hierbei aus der Beanspruchbarkeit des Bauteils mit der geringeren Festigkeit.

Bei Auflagerplatten unter Trägern auf Mauerwerk ist die zulässige Spannung des Mauerwerks maßgebend (Bild **36.**1). Bei Fundamenten gilt die zulässige Pressung des Bodens (Bild **36.**2).

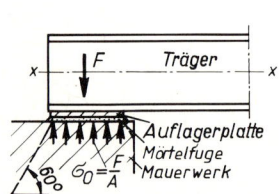

36.1 Flächenpressung bei einem Trägerauflager

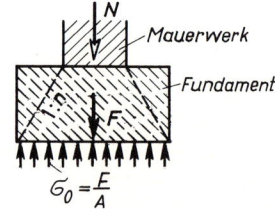

36.2 Flächenpressung bei einem Fundament

Die Belastung verteilt sich nach unten mit einer Abnahme der Beanspruchung des Baukörpers auf eine immer größer werdende Fläche. Mit einer Lastverteilung unter 60° zur Waagerechten bzw. 30° zur Lotrechten darf bei Mauerwerk gerechnet werden (Bild **36.**1).

Bei unbewehrtem Beton darf für eine Lastausbreitung eine Neigung 1:n nach Tafel **18.**1 in Rechnung gestellt werden (Bild **36.**2).

Bei Holzstützen auf Schwellen oder bei Holzträgern über Stützen ist an der Kontaktfläche die Beanspruchung auf Druck rechtwinklig zur Faser maßgebend. Der Überstand von

Schwellen oder Trägern muß über die Druckfläche hinaus in Faserrichtung beiderseits mindestens 100 mm betragen. Andernfalls sind die zulässigen Spannungen um 20 % abzumindern.

Beispiel zur Erläuterung

1. Ein Mauerpfeiler von 24 cm · 24 cm und 2,01 m Höhe hat eine Nutzlast von 60 kN aufzunehmen. Aus welcher Mauerwerksgüte muß der Pfeiler hergestellt werden?

$$G = V \cdot \gamma = b \cdot d \cdot h \cdot \gamma = 0{,}24 \cdot 0{,}24 \cdot 2{,}01 \cdot 18 = 2{,}1 \, \text{kN}$$

$$F = N + G = 60 + 2{,}1 = 62{,}1 \, \text{kN}$$

$$\text{vorh} \, \sigma_D = \frac{F}{A} = \frac{62{,}1}{24 \cdot 24} = 0{,}108 \, \text{kN/cm}^2 = 1{,}08 \, \text{MN/mm}^2$$

Schlankheit $h_K/d = 2{,}01/0{,}24$
$$= 8{,}4 < 10$$

gewählt: Mz 12 Mörtelgruppe IIa mit $\sigma_0 = 1{,}6 \, \text{MN/m}^2$ (Tafel **19**.1)

$$\text{zul} \, \sigma_D = 0{,}8 \cdot \sigma_0 = 0{,}8 \cdot 1{,}6$$
$$= 1{,}28 \, \text{MN/m}^2 > \text{vorh} \, \sigma_D = 1{,}08 \, \text{MN/m}^2$$

2. Ein gemauerter Torpfeiler aus Mz 12 Mörtelgr. III mit Anschlägen ist 2,51 m hoch (Bild **37**.1). Wie groß ist die Nutzlast des Pfeilers?

$$\text{ges} \, A = 1332 + 2 \cdot 6{,}25 \cdot 11{,}5 = 1332 + 144 = 1476 \, \text{cm}^2$$

$$G = \text{ges} \, A \cdot h \cdot \gamma = 0{,}1476 \cdot 2{,}51 \cdot 18 = 6{,}7 \, \text{kN}$$

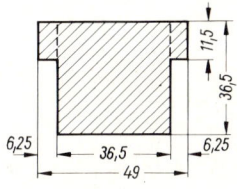

Schlankheit $h_K/d = 2{,}51/0{,}365$
$$= 6{,}9 < 10$$

$$\sigma_0 = 1{,}8 \, \text{MN/m}^2 \ (\text{Tafel } \mathbf{19}.1)$$

$$\text{zul} \, \sigma_D = 0{,}8 \cdot 1{,}8 = 1{,}44 \, \text{MN/m}^2 = 0{,}144 \, \text{kN/cm}^2$$

$$\text{zul} \, N = A \cdot \text{zul} \, \sigma_D - G = 1476 \cdot 0{,}144 - 6{,}7$$
$$= 212{,}5 - 6{,}7 = 205{,}8 \, \text{kN}$$

37.1   Mauerpfeiler mit Anschlägen

3. Das Betonfundament unter dem Mauerpfeiler des Beispiels 1 hat eine Größe von 60 cm · 60 cm und eine Tiefe von 90 cm. Nichtbindiger Baugrund (s. Tafel **15**.1). Wie groß ist die Bodenpressung σ_0 in der Sohlfuge des Fundamentes?

Nutzlast $N = 62{,}1 \, \text{kN}$

Eigenlast $G = l \cdot b \cdot h \cdot \gamma = 0{,}6 \cdot 0{,}6 \cdot 0{,}9 \cdot 24 = 7{,}8 \, \text{kN}$

Gesamtlast $F = N + G = 62{,}1 + 7{,}8 = 69{,}9 \, \text{kN}$

$$\text{vorh} \, \sigma_0 = \frac{F}{A} = \frac{69{,}9}{0{,}60 \cdot 0{,}60} = 194 \, \text{kN/m}^2 < \text{zul} \, \sigma_0$$

4. Ein Stahlbetonfundament von 1 m Breite und 2,5 m Länge wird 2 m unter Gelände gegründet auf nichtbindigem Boden. Es hat eine Höhe von 60 cm. Wie groß ist die aufnehmbare Nutzlast des Fundamentes?

$$\text{zul}\,\sigma_0 = 500\,\text{kN/m}^2 \text{ (s. Tafel 15.1)}$$

$$G = l \cdot b \cdot h \cdot \gamma = 2{,}5 \cdot 1{,}0 \cdot 0{,}6 \cdot 25 = 37{,}5\,\text{kN}$$

$$\text{zul}\,F = A \cdot \text{zul}\,\sigma_0 = 2{,}50 \cdot 1{,}00 \cdot 500 = 1250\,\text{kN}$$

$$\text{zul}\,N = \text{zul}\,F - \text{vorh}\,G = 1250 - 37{,}5 = 1212{,}5\,\text{kN}$$

5. Ein Pfeiler aus regelmäßigem Schichtenmauerwerk in natürlichen Steinen (Dolomit) mit Mörtelgr. II von 75 cm · 50 cm Größe und 4,50 m Höhe hat eine mittige Druckkraft von 550 kN aufzunehmen. Ist diese Ausführungsart zulässig?

$$\text{vorh}\,G = b \cdot d \cdot h \cdot \gamma = 0{,}75 \cdot 0{,}50 \cdot 4{,}5 \cdot 27 = 45{,}6\,\text{kN} \approx 46\,\text{kN}$$

$$\text{vorh}\,F = N + G = 550 + 46 = 596\,\text{kN}$$

$$\text{vorh}\,\sigma_D = \frac{F}{A} = \frac{596}{75 \cdot 50} = 0{,}16\,\text{kN/cm}^2 = 1{,}6\,\text{N/mm}^2$$

Schlankheit
$$h_K/d = 4{,}50/0{,}50$$
$$= 9{,}0 < 10$$

$$\text{zul}\,\sigma_D = \sigma_0 = 2{,}0\,\text{MN/m}^2 \text{ für Güteklasse N3 (Tafel 20.2)}$$

Ausführungsart zulässig, da vorh σ_D < zul σ_D

6. Ein Holzstiel von 14 cm · 14 cm soll in eine Schwelle aus Eiche mit einem 4 cm breiten Zapfen verzapft werden (Bild **38.**1). Wie groß ist die zulässige Druckkraft an der Verbindungsstelle?

$$A_n = (14 - 4) \cdot 14 = 140\,\text{cm}^2$$

$$\text{zul}\,\sigma_{D\perp} = 3\,\text{N/mm}^2 = 0{,}3\,\text{kN/cm}^2 \text{ (s. Tafel 25.1)}$$

$$\text{zul}\,F = A_n \cdot \text{zul}\,\sigma_{D\perp} = 140 \cdot 0{,}3 = 42\,\text{kN}$$

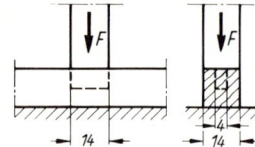

38.1   Holzstiel durch Zapfen mit der Schwelle verbunden

7. Das Auflager eines Stahlträgers erhält zur besseren Kraftübertragung eine Auflagerplatte mit Zentrierstück (Bild **38.**2). Die Lagerkraft beträgt $F = 64\,\text{kN}$. Das Mauerwerk besteht aus Mz 12, MG II. Wie groß muß die quadratische Lagerplatte werden?

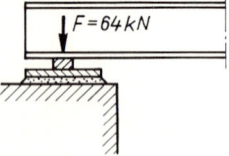

38.2   Trägerauflager

$$\text{zul}\,\sigma_D = 1{,}2\,\text{MN/m}^2 = 0{,}12\,\text{kN/cm}^2 \text{ (s. Tafel 19.1)}$$

$$\text{erf}\,A = \frac{F}{\text{zul}\,\sigma_D} = \frac{64}{0{,}12} = 533\,\text{cm}^2$$

Platte gewählt 240 mm · 240 mm mit $A = 576\,\text{cm}^2$

$$\text{vorh}\,\sigma_D = \frac{F}{\text{vorh}\,A} = \frac{64}{576} = 0{,}111\,\text{kN/cm}^2 = 1{,}11\,\text{MN/m}^2$$

$$\text{zul}\,\sigma_D = 1{,}20\,\text{MN/m}^2$$

$$\frac{\text{vorh}\,\sigma_D}{\text{zul}\,\sigma_D} = \frac{1{,}11\,\text{MN/m}^2}{1{,}20\,\text{MN/m}^2} = 0{,}93 < 1{,}0$$

8. Eine Stahlrohrstütze wird durch eine Druckkraft von 280 kN belastet. Sie ist sehr kurz, so daß die Gefahr des Knickens nicht besteht. Welches Profil ist für Lastfall H und St 52-3 erforderlich?

$$\text{zul}\,\sigma_D = 210\,\text{N/mm}^2 = 21\,\text{kN/cm}^2 \quad (\text{s. Tafel } \mathbf{23}.1)$$

$$\text{erf}\,A = \frac{\text{vorh}\,F}{\text{zul}\,\sigma_D} = \frac{280}{21} = 13,3\,\text{cm}^2$$

Gewählt: Stahlrohr $\bigcirc$ 88,9 · 5,6 mm mit $A = 14,7\,\text{cm}^2$

$$\text{vorh}\,\sigma_D = \frac{\text{vorh}\,F}{\text{vorh}\,A} = \frac{280}{14,7} = 19\,\text{kN/cm}^2 = 190\,\text{N/mm}^2$$

$$\text{zul}\,\sigma_D = 210\,\text{N/mm}^2$$

$$\frac{\text{vorh}\,\sigma_D}{\text{zul}\,\sigma_D} = \frac{190\,\text{N/mm}^2}{210\,\text{N/mm}^2} = 0,9 < 1,0$$

9. Eine 24 cm dicke Wand belastet ein Betonfundament aus B 10 mit 270 kN/m. Die zulässige Bodenpressung beträgt 300 kN/m² (Bild **39**.1). Wie breit und wie hoch muß das Fundament werden?

$$\text{erf}\,A \approx \frac{\text{vorh}\,N}{\text{zul}\,\sigma_0} \approx \frac{270}{300} \approx 0,9\,\text{m}^2$$

$$\text{erf}\,b \approx \frac{\text{erf}\,A}{l} \approx \frac{0,9}{1,0} \approx 0,9\,\text{m}$$

Gewählt: $b = 1,0\,\text{m}$

erforderliche Fundamentdicke für Lastverteilung $1:n = 1:2,0$
(s. Tafel **18**.2)

$$\text{erf}\,d = \frac{b - d_w}{2} \cdot n = \frac{1,0 - 0,24}{2} \cdot 2,0 = 0,76\,\text{m}$$

gewählt: $d = 0,80\,\text{m}$

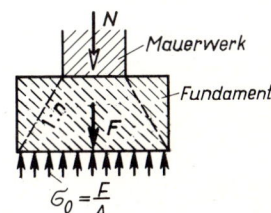

39.1   Betonfundament für Wand

Fundamentgröße $b/d = 1,00/0,80\,\text{m}$

Eigenlast $G = b \cdot d \cdot l \cdot \gamma = 1,00 \cdot 0,80 \cdot 1,00 \cdot 23 = 18,4\,\text{kN}$

$$\text{vorh}\,F = N + G = 270 + 18,4 = 288,4\,\text{kN}$$

$$\text{vorh}\,\sigma_0 = \frac{\text{vorh}\,F}{\text{vorh}\,A} = \frac{288,4}{1,00 \cdot 1,00} = 288,4\,\text{kN/m}^2$$

$$\text{zul}\,\sigma_0 = 300\,\text{N/mm}^2$$

$$\frac{\text{vorh}\,\sigma_0}{\text{zul}\,\sigma_0} = \frac{288,4\,\text{N/mm}^2}{300\,\text{N/mm}^2} = 0,96 < 1,0$$

Beispiele zur Übung

1. Das Betonfundament unter einer tragenden Wand ist 0,6 m breit und 0,4 m hoch. Die Wand belastet das Fundament mit 103 kN je m Fundamentlänge. Wie groß ist die auftretende Sohlpressung des Fundamentes?

2. Ein Mauerpfeiler von 36,5 cm · 24 cm hat eine Höhe von 2,26 m. Er wird aus Mz 20, Mörtelgr. III hergestellt. Wie groß ist die zulässige Nutzlast des Pfeilers?

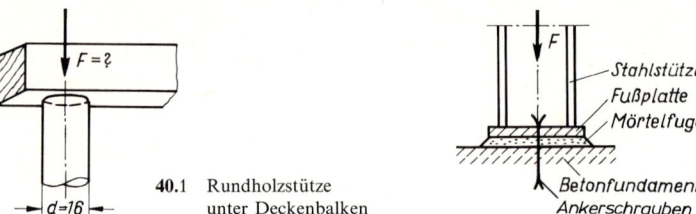

40.1 Rundholzstütze
      unter Deckenbalken

40.2 Stahlstütze auf
      Betonfundament

3. Eine Rundholzstütze für die Abfangung eines Gebäudes hat einen Zopfdurchmesser von 16 cm und unterstützt einen Deckenbalken aus Nadelholz Gütekl. II vollflächig (Bild **40**.1). Wie groß darf die Druckkraft an dieser Stelle werden?

4. Die Auflagerplatte unter einem Träger soll eine Breite von 12 cm bekommen. Die Auflagerkraft beträgt 38 kN (vgl. Bild **38**.2). Wie lang muß die Auflagerplatte bei Mauerwerk Mz 12, Mörtelgr. III werden?

5. Eine Stahlstütze bringt eine Gesamtlast von 1240 kN auf ein Betonfundament mit zul $\sigma_D = 4 \, \text{N/mm}^2$ (Bild **40**.2). Wie groß muß die quadratische Fußplatte werden?

6. Wie groß ist die zulässige Nutzlast eines Stahlbetonfundamentes, das auf nichtbindigem Boden 1,5 m unter Gelände gegründet wird und die Abmessungen 2,0 m · 0,75 m · 0,4 m ($l \cdot b \cdot h$) hat (Bild **40**.3)?

7. Eine Schalungs-Patentstütze hat eine Fußplatte von 20 cm · 20 cm (Bild **40**.4). Welche Tragfähigkeit hätte sie, wenn die Kraftübertragung an der Fußplatte maßgebend wäre und die Stütze auf einer Bohle aus Nadelholz aufgestellt ist?

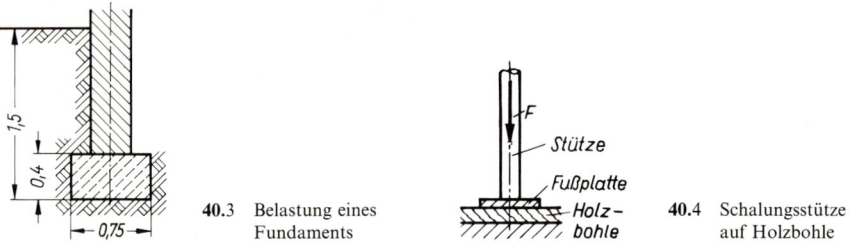

40.3 Belastung eines
      Fundaments

40.4 Schalungsstütze
      auf Holzbohle

2.2.2 Lochleibungsspannungen

Eine besondere Art von Flächenpressung wirkt im Stahlbau bei Schrauben- und Nietverbindungen an den Lochwandungen. Die Schrauben und Niete haben die Aufgabe, mehrere Stahlstäbe miteinander zu verbinden (Bild **41**.1). Die Ränder der Bohrlöcher, die Lochleibungen, werden dann durch Flächenpressung beansprucht, obwohl die äußeren Kräfte als Zugkräfte wirken. Es entsteht dort die Lochleibungsspannung σ_l. Man nimmt auch hier eine gleichmäßige Verteilung der Spannung an. Als Fläche zur Spannungsverteilung steht die Rechteckfläche $A_l = d \cdot t$ zur Verfügung. t ist die Blechdicke, d der Durchmesser des Bolzens (Schraube oder Niet), durch den in Kraftrichtung die Kräfte auf das Blech übertragen werden. Die größte Lochleibungsspannung entsteht bei der geringsten Summe der Blechdicke in einer Kraftrichtung. Das kann in zweischnittiger Verbindung nach Bild **41**.1 b entweder t_1 sein oder $t_2 + t_3$ in der anderen Richtung.

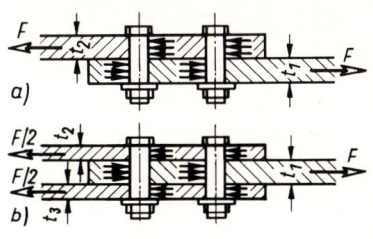

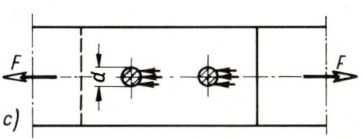

41.1 Schraubenverbindung
 a) einschnittig
 b) zweischnittig
 c) Draufsicht mit Schnitt durch Bolzen

Bei mehreren Bolzen hintereinander wird ebenfalls eine gleichmäßige Verteilung auf alle Bolzen angenommen. Die Anzahl der Bolzen ist n. Es sind mindestens eine Schraube oder zwei Niete anzuordnen. Die Rand- und Lochabstände sind in DIN 18 800 festgelegt (Bild **41.**2).

$e_1 \geq \mathbf{3d_1} \quad < \mathbf{10d_1}$ **oder** $\mathbf{20t} \quad e_1 = $ Lochabstand $\parallel$

$e_2 \geq \mathbf{2d_1} \quad < \mathbf{3d_1}$ **oder** $\mathbf{6t} \quad e_2 = $ Randabstand $\parallel$

$e_3 \geq \mathbf{3d_1} \quad < \mathbf{10d_1}$ **oder** $\mathbf{20t} \quad e_3 = $ Lochabstand $\perp$

$e_4 \geq \mathbf{1,5d_1} < \mathbf{3d_1}$ **oder** $\mathbf{6t} \quad e_4 = $ Randabstand $\perp$

$\quad d_1 = $ Lochdurchmesser

$\min \sum t = $ kleinste Summe der Blechdicken

$\quad \parallel = $ parallel zur Kraftrichtung

$\quad \perp = $ rechtwinklig zur Kraftrichtung

41.2

Die Lochleibungsspannung σ_l wird auf folgende Weise berechnet:

$$\sigma_l = \frac{\text{Zugkraft } F}{\text{Anzahl der Bolzen } n \cdot \text{ kleinste Lochleibungsfläche } A_l}$$

$$\sigma_l = \frac{F}{n \cdot d \cdot \min \sum t} \quad \text{in N/mm}^2 \text{ oder MN/m}^2 \tag{41.1}$$

Formeln für den Spannungsnachweis:

$$\text{vorh } \sigma_l = \frac{\text{vorh } F}{\text{vorh } n \cdot d \cdot \min \sum t} \tag{41.2}$$

$$\frac{\text{vorh } \sigma_l}{\text{zul } \sigma_l} \leq 1,0 \tag{41.3}$$

Formel für die Bemessung der Anzahl:

$$\text{erf } n = \frac{\text{vorh } F}{\text{zul } \sigma_l \cdot \text{vorh } d \cdot \min \sum t} \tag{41.4}$$

Formel für die Belastbarkeit:

$$\text{zul } F_l = \text{vorh } n \cdot d \cdot \text{min} \sum t \cdot \text{zul } \sigma_l \tag{42.1}$$

Beispiel zur Erläuterung

Ein gleichschenkliger Winkelstahl L 60 · 8 wird mit 3 Schrauben M 16 an einem 12 mm dicken Blech befestigt. Der Winkel hat eine Zugkraft von $F = 103$ kN aufzunehmen (siehe Erläuterungsbeispiel 4 Abschnitt 2.1). St 37-2, Lastfall HZ, zul $\sigma_l = 320$ N/mm² (Tafel **23**.1 und Bild **33**.1).
Wie groß ist die Lochleibungsspannung?

$$\text{vorh } \sigma_l = \frac{\text{vorh } F}{\text{vorh } n \cdot d \cdot \text{min} \sum t} = \frac{103\,000}{3 \cdot 16 \cdot 8} = 268 \text{ N/mm}^2$$

$$\text{zul } \sigma_l = 320 \text{ N/mm}^2$$

$$\frac{\text{vorh } \sigma_l}{\text{zul } \sigma_l} = \frac{268}{320} = 0{,}84 < 1{,}0$$

Beispiel zur Übung

Der Zugstab einer Stahlkonstruktion besteht aus einem Flachstahl ▭ 120 · 15, der gestoßen wird. Die Verbindung hat eine Zugkraft von $F = 180$ kN aufzunehmen. Auf jeder Seite des Stoßes sollen 3 Schrauben M 20 die Kraft übertragen (Bild **35**.1). Wie groß ist die Lochleibungsspannung im Flachstahl?

2.2.3   Verkürzungen

Druckspannungen bewirken in einem Baukörper Verkürzungen (Bild **42**.1). Diese Formänderungen werden hier ähnlich wie Verlängerungen bei Zugspannungen berechnet (s. Abschnitte 1.3 und 1.4).

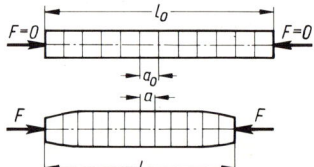

42.1   Verkürzung infolge einer
       Druckkraft

42.2   Die Querschnittsentfernung a_0 im unbelasteten
       Zustand ist größer als die Querschnittsent-
       fernung a im belasteten Zustand

Die Verkürzung Δl berechnet sich aus der Länge l des Baukörpers bei Belastung abzüglich der ursprünglichen Länge l_0:
Längenänderung

$$\Delta l = l - l_0 \text{ in mm} \tag{42.2}$$

Hierdurch ergibt sich zwangsläufig ein negativer Wert für die Längenänderung.

Auch hier wird angenommen, daß sich die Verkürzungen gleichmäßig über die Länge des Baukörpers verteilen. Die einzelnen Querschnitte werden einander nähergedrückt; ihr Abstand wird geringer (Bild **42**.2). Die Verkürzung hat eine Querschnittsvergrößerung zur

Folge. Die Stauchung ist also eine Dehnung in umgekehrter Richtung. Es kann auch hier mit der gleichen Formel gerechnet werden wie bei Zugbeanspruchung (s. Abschn. 1.4 und 2.1.1):

$$\text{Dehnung (Stauchung)} = \frac{\text{Längenänderung}}{\text{ursprüngliche Länge}} \qquad \varepsilon = \frac{\Delta l}{l_0} \qquad\qquad (43.1)$$

Beispiel zur Erläuterung

Der Gummipuffer unter einem Maschinenfundament hat einen Durchmesser von 15 cm und ist 10 cm hoch. Er wird durch eine Druckkraft von 33,5 kN belastet und drückt sich dabei auf 8 cm zusammen (Bild **43**.1). Wie groß ist der Elastizitätsmodul des Werkstoffes? (Vergleiche Abschn. 2.1.1).

$$A_0 = \frac{d^2 \cdot \pi}{4} = \frac{15^2 \cdot \pi}{4} = 176 \,\text{cm}^2$$

$$\Delta h = h_0 - h = 10 - 8 = 2 \,\text{cm}$$

$$E = \frac{\sigma_D}{\varepsilon} = \frac{F \cdot h_0}{A_0 \cdot \Delta h} = \frac{33{,}5 \cdot 10}{176 \cdot 2} = 0{,}95 \,\text{kN/cm}^2 = 9{,}5 \,\text{N/mm}^2$$

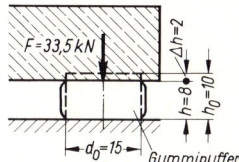

43.1 Gummipuffer für Maschinenfundament

3 Scherspannungen

Äußere Kräfte, die an einem Baukörper abscherend angreifen, versuchen die Teile eines Baukörpers gegeneinander zu verschieben. Es wirken innere Scherkräfte (Querkräfte). Der Baukörper erfährt eine Beanspruchung auf Abscheren. Es entstehen Scherspannungen τ (Bild **44**.1).

Scherspannungen entstehen durch Verschiebungskräfte oder Abscherkräfte. Scherspannungen wirken in der Schnittfläche eines Bauteils oder in der Grenzfläche zwischen zwei verschiedenen Bauteilen. Es sind also Tangentialspannungen (Abschnitt 1.7.2); im Gegensatz zu Normalspannungen (Abschnitt 1.7.1). Scherspannungen wirken rechtwinklig zur Schnittfläche.

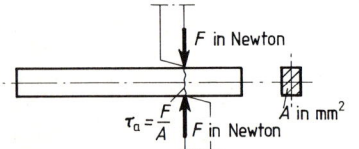

44.1 Eine Scherkraft verursacht Scherspannungen

Auch bei der Beanspruchung auf Abscheren nimmt man im allgemeinen eine gleichmäßige Verteilung der Scherspannungen über die Querschnittsfläche an.

Die Scherspannung errechnet sich aus

$$\text{Scherspannung} = \frac{\textbf{Schnittkraft}}{\textbf{Querschnittsfläche}} \qquad \tau_a = \frac{F}{A_a} \quad \text{in } \frac{\text{N}}{\text{mm}^2} \quad \text{bzw. } \frac{\text{MN}}{\text{m}^2} \qquad (44.1)$$

3.1 Abscheren bei verschiedenen Bauteilen

Die Größe der Beanspruchung auf Abscheren muß nachgewiesen werden. Das bedeutet, daß die vorhandene Scherspannung zu berechnen ist und der zulässigen Scherspannung gegenübergestellt werden muß. Auf diesen Spannungsnachweis kann verzichtet werden, wenn die Beanspruchung auf Abscheren sehr gering bleibt.

Die zulässigen Scherspannungen sind in den Normen der verschiedenen Fachgebiete festgelegt.

Formeln für den Spannungsnachweis:

$$\text{vorh } \tau_a = \frac{\textbf{vorh } F}{\textbf{vorh } A_a} \quad \text{in } \frac{\text{N}}{\text{mm}^2} \quad \text{bzw. } \frac{\text{MN}}{\text{m}^2} \qquad (44.2)$$

$$\frac{\text{vorh } \tau_a}{\text{zul } \tau_a} \leqq 1{,}0 \qquad (44.3)$$

Formel für die Bemessung:

$$\text{erf } A_\text{a} = \frac{\text{vorh } F}{\text{zul } \tau_\text{a}} \quad \text{in mm}^2 \tag{45.1}$$

Formel für die Belastbarkeit:

$$\text{zul } F = \text{vorh } A_\text{a} \cdot \text{zul } \tau_\text{a} \quad \text{in N} \tag{45.2}$$

Grundbau (DIN 1054)

Eine Scherbeanspruchung zwischen Bauwerk und Baugrund entsteht, wenn eine horizontale Kraft auf das Bauwerk wirkt. Ein Bauwerk gleitet auf dem Baugrund, wenn die waagerechte Kraft in der Sohlfläche größer ist als die entgegenwirkende Scherkraft des Baugrundes. Diese Scherkraft ist abhängig vom Reibungsbeiwert μ (Mü) (s. Abschnitt 5.2 Teil 1).

Mauerwerksbau (DIN 1053)

Auf Mauerwerk können horizontale Kräfte wirken, wie z. B. Windlasten oder Erddruck. Diese horizontale Kräfte können im Mauerwerk abscherend wirken, und zwar in der Fuge zwischen Stein und Mörtel. Entscheidend ist hierbei die Haftfestigkeit (Kohäsion) des Mörtels am Stein. Eine reine Scherbeanspruchung des Mauerwerks ist jedoch sehr selten. Für Mauerwerk kann im allgemeinen ein Nachweis der Scherspannung entfallen. In besonderen Fällen ist allerdings die dabei entstehende Schubbeanspruchung zu untersuchen (s. Abschn. 5.6).

Bei Naturstein kann die Scherbeanspruchung in Sonderfällen eine Bedeutung haben, z. B. bei Konsolen. In den Normen sind keine Werte für Scherfestigkeiten festgelegt. Diese können für Naturstein aufgrund alter Erfahrungen näherungsweise mit 1/10 der zulässigen Druckspannungen angenommen werden.

Für die zulässige Scherspannung ergibt sich hiermit:

$$\text{zul } \tau = {}^1\!/_{10} \cdot \sigma_0 \tag{45.1}$$

Hierbei ist σ_0 der Grundwert der zulässigen Druckspannung für Natursteinmauerwerk nach Tafel **20.**2.

Holzbau (DIN 1052)

Bei verschiedenen Holzbauteilen und Anschlüssen kann es zu einer Beanspruchung auf Abscheren in Faserrichtung kommen. Typisch hierfür ist das Abscheren der Vorholzlänge bei einem Versatz, wenn z. B. Sparren mit Deckenbalken verbunden werden (Bild **47.**2). Bei einer Beanspruchung auf Abscheren rechtwinklig zur Faserrichtung ist die Scherfestigkeit größer als die Druckfestigkeit.

Tafel **45.**1 **Zulässige Scherspannungen τ für Bauholz** im Lastfall H bei Abscherbeanspruchung parallel bzw. rechtwinklig zur Faser

Nadelholz Güteklasse I $\cdots$ III	$\text{zul } \tau_{\text{a}\parallel} = 0{,}9\,\text{N/mm}^2$	$\text{zul } \tau_{\text{a}\perp} > 2{,}0\,\text{N/mm}^2$
Brettschichtholz Güteklasse I und II	$\text{zul } \tau_{\text{a}\parallel} = 0{,}9\,\text{N/mm}^2$	$\text{zul } \tau_{\text{a}\perp} > 2{,}5\,\text{N/mm}^2$
Eiche und Buche	$\text{zul } \tau_{\text{a}\parallel} = 1{,}0\,\text{N/mm}^2$	$\text{zul } \tau_{\text{a}\perp} > 3{,}0\,\text{N/mm}^2$

Beispiele zur Erläuterung

1. Ein Rundstahl mit ⌀ 20 mm soll in einer Schneidemaschine geschnitten werden. Die Abscherfestigkeit des Werkstoffes beträgt 250 N/mm² (Bild **46**.1). Wie groß ist die erforderliche Scherkraft?

$$\mathrm{erf}\,F = A_a \cdot \tau_a = \frac{d^2 \cdot \pi}{4} \cdot \tau_a = \frac{20^2 \cdot \pi}{4} \cdot 250 = 78\,540\,\mathrm{N} = 78{,}5\,\mathrm{kN}$$

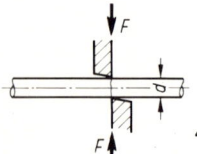

46.1　Abscheren
eines Rundstahles

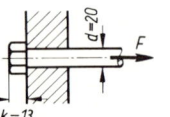

46.2　Abscheren
eines Schraubenkopfes

2. Eine Schraube M 20 hat als Zuganker eine Kraft von 35 kN aufzunehmen (Bild **46**.2). Wie groß ist die Scherspannung im Schraubenkopf, wenn er 13 mm hoch ist?

$$\mathrm{vorh}\,\tau_a = \frac{F}{A_a} = \frac{F}{d \cdot \pi \cdot k} = \frac{35\,000}{20 \cdot \pi \cdot 13} = 42{,}9\,\mathrm{N/mm^2}$$

3. Eine Natursteinkonsole aus Granit von 24 cm Breite und 37,5 cm Höhe in Mauerwerk der Mörtelgruppe IIa hat eine Stütze mit einer Last von $F = 35$ kN zu tragen (Bild **46**.3). Wie groß ist die Scherspannung? Grundwert der zulässigen Druckspannung nach Tafel **20**.2: $\sigma_0 = 5{,}5\,\mathrm{MN/m^2}$.

$$\mathrm{vorh}\,\tau = \frac{F}{A} = \frac{F}{b \cdot h} = \frac{35\,000}{240 \cdot 375} = 0{,}39\,\mathrm{N/mm^2} = 0{,}39\,\mathrm{MN/m^2}$$

$$\mathrm{zul}\,\tau = \frac{1}{10}\,\sigma_0 = 0{,}55\,\mathrm{N/mm^2} \qquad \text{(nach Gleichung 45.1)}$$

$$\frac{\mathrm{vorh}\,\tau}{\mathrm{zul}\,\tau} = \frac{0{,}39\,\mathrm{N/mm^2}}{0{,}55\,\mathrm{N/mm^2}} = 0{,}75 < 1{,}0$$

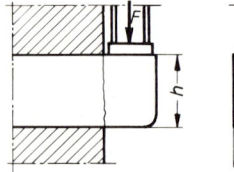

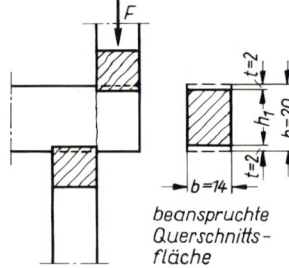

beanspruchte
Querschnitts-
fläche

46.3　Natursteinkonsole mit Stahlstütze

46.4　Fachwerkbalken zwischen versetzten Schwellen

4. Ein Fachwerkbalken aus Nadelholz kragt über eine Schwelle aus und erhält eine Belastung von $F = 30$ kN (Bild **46**.4).

Wie groß ist die ermittelte Scherspannung, wenn der auskragende Balken 14/20 cm oben und unten 2 cm tief für die Verbindung geschwächt wird? $\mathrm{zul}\,\tau_{a\perp} = 2\,\mathrm{N/mm^2} = 0{,}2\,\mathrm{kN/cm^2}$.

Scherfläche:

$$\mathrm{vorh}\,\tau_a = \frac{F}{A} = \frac{F}{b \cdot h_1} = \frac{30}{14 \cdot (20 - 2 \cdot 2)} = \frac{30}{14 \cdot 16} = 0{,}13\,\mathrm{kN/cm^2} = 1{,}3\,\mathrm{N/mm^2}$$

$$\mathrm{zul}\,\tau_a = 2{,}0\,\mathrm{N/mm^2}$$

$$\frac{\mathrm{vorh}\,\tau_a}{\mathrm{zul}\,\tau_a} = \frac{1{,}3\,\mathrm{N/mm^2}}{2{,}0\,\mathrm{N/mm^2}} = 0{,}65 < 1{,}0$$

Druckfläche:

$$\text{vorh}\,\sigma_D = \frac{F}{A} = \frac{F}{b_1 \cdot b_2} = \frac{30}{14 \cdot 14} = 0{,}15\,\text{kN/cm}^2 = 1{,}5\,\text{N/mm}^2$$

Die zulässige Druckspannung rechtwinklig zur Faserrichtung ist um 20 % zu ermäßigen, wenn der Überstand der Schwellen über die Druckfläche nicht mindestens 10 cm beträgt.

$$\text{zul}\,\sigma_D = 2{,}0 - 20\% = 1{,}6\,\text{N/mm}^2$$

$$\frac{\text{vorh}\,\sigma_D}{\text{zul}\,\sigma_D} = \frac{1{,}5\,\text{N/mm}^2}{1{,}6\,\text{N/mm}^2} = 0{,}94 < 1{,}0$$

5. Die Rundstahlkette eines Hebezeuges mit einer Nenndicke von $d = 10$ mm Durchmesser soll eine Last von $F = 10$ kN aufnehmen (Bild **47.1**).
Wie groß ist die Scherspannung?

Hinweis: Ein Aufspalten des Kettengliedes in Kettenachse ist zu erwarten. Für die Berechnung wird jedoch angenommen, daß es in den beiden mit A_a gekennzeichneten elliptischen Flächen, für die vereinfachend die Kreisfläche eingesetzt wird, zum Abscheren kommt.

$$A_a = \frac{d^2 \cdot \pi}{4} = \frac{10^2 \cdot \pi}{4} = 78{,}5\,\text{mm}^2$$

$$\text{vorh}\,\tau_a = \frac{F}{2\,A_a} = \frac{10\,000}{2 \cdot 78{,}5} = 63{,}7\,\text{N/mm}^2$$

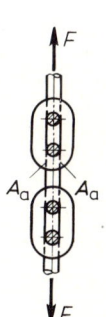

47.1   Abscheren bei einer Rundstahlkette

6. Ein Sparren greift mit einem Fersenversatz in den Deckenbalken ein (Bild **47.2**). Dachneigung $\alpha = 40°$, Druckkraft im Sparren $F = 22$ kN, Sparren- und Deckenbalkenbreite $b = 10$ cm, Versatztiefe $t_v = 4$ cm.

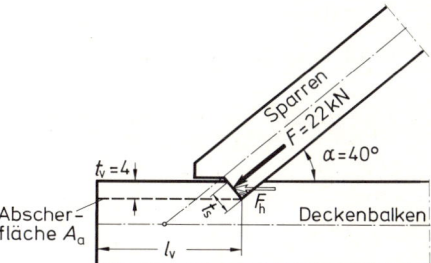

47.2   Fersenversatz zur Verbindung von Sparren und Deckenbalken

Zulässige Druckspannung bei einem Winkel von 40° zwischen Kraft- und Faserrichtung $\text{zul}\,\sigma_{D\measuredangle} = 4{,}3\,\text{N/mm}^2$ (s. Tafel **26.1**).
Zulässige Spannung auf Abscheren $\text{zul}\,\tau_\parallel = 0{,}9\,\text{N/mm}^2$ (s. Tafel **25.1**)

a) Nachweis ausreichender Versatztiefe:

schräge Tiefe des Versatzes

$$t_s = t_v/\cos\alpha = 4/0{,}7660 = 5{,}2\,\text{cm}$$

Druckspannung in der Versatzfläche am Deckenbalken

$$\text{vorh}\,\sigma_D = \frac{F}{A} = \frac{F}{b \cdot t_s} = \frac{22}{10 \cdot 5{,}2} = 0{,}42\,\text{kN/cm}^2 = 4{,}2\,\text{N/mm}^2$$

$$\text{zul}\,\sigma_{D\ast} = 4{,}3\,\text{N/mm}^2$$

$$\frac{\text{vorh}\,\sigma_D}{\text{zul}\,\sigma_{D\ast}} = \frac{4{,}2\,\text{N/mm}^2}{4{,}3\,\text{N/mm}^2} = 0{,}98 < 1{,}0$$

b) Nachweis ausreichender Vorholzlänge:

horizontale Komponente der Sparrenkraft

$$F_h = F \cdot \cos\alpha = 22 \cdot 0{,}7660 = 16{,}9\,\text{kN}$$

erforderliche Abscherfläche im Vorholz

$$\text{erf}\,A_a = F_h/\text{zul}\,\tau_{a\|} = 16\,900/0{,}9 = 18\,778\,\text{mm}^2 \approx 188\,\text{cm}^2$$

erforderliche Vorholzlänge

$$\text{erf}\,l_v = \text{erf}\,A_a/\text{vorh}\,b = 188/10 = 18{,}8\,\text{cm}$$

gewählte Vorholzlänge $l_v = 20\,\text{cm}$

vorhandene Spannung in der Abscherfläche

$$\text{vorh}\,\tau_{a\|} = F_h/l_v \cdot b = 16\,900/200 \cdot 100$$
$$= 0{,}85\,\text{N/mm}^2$$
$$\text{zul}\,\tau_{a\|} = 0{,}9\,\text{N/mm}^2$$
$$\frac{\text{vorh}\,\tau_{a\|}}{\text{zul}\,\tau_{a\|}} = \frac{0{,}85\,\text{N/mm}^2}{0{,}9\,\text{N/mm}^2} = 0{,}94 < 1{,}0$$

3.2   Beanspruchung bei Verbindungsmitteln

Eine große Bedeutung hat die Scherspannung bei der Beanspruchung von Verbindungsmitteln, also z. B. bei Schrauben- oder Nietverbindungen im Stahlbau (Bild **49**.1) und Nagel-, Dübel- oder Bolzenverbindungen im Holzbau (Bild **49**.2). Die Querschnittsflächen der Verbindungsmittel werden auf Abscheren beansprucht. Hierbei unterscheidet man einschnittige, zweischnittige oder mehrschnittige Verbindungen (Bilder **49**.1 und **49**.2). m ist die Anzahl der Scherflächen (Schnittigkeit). Zweischnittige Verbindungen ($m = 2$) tragen auf Abscheren das Doppelte wie einschnittige Verbindungen ($m = 1$).

Besondere Aufmerksamkeit erfordern Stoßverbindungen. Bei Zugstößen sind die Querschnittsschwächungen durch Verbindungsmittel zu berücksichtigen, es darf nur mit dem Nutzquerschnitt (Netto-Querschnittsfläche) gerechnet werden.

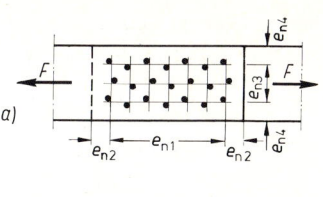

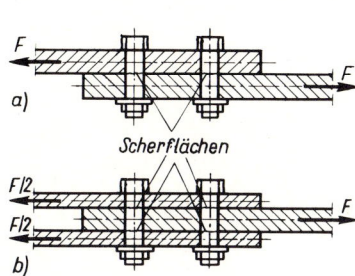

49.1 Schraubenverbindungen im Stahlbau
a) einschnittige Verbindung $m = 1$
b) zweischnittige Verbindung $m = 2$

49.2 Nagelverbindungen im Holzbau
a) Ansicht der einschnittigen Nagelverbindung
b) einschnittige Nagelung
c) zweischnittige Nagelung (Maße siehe Tafel **58.**1)

3.2.1 Verbindungen im Stahlbau (DIN 18 800)

Im Stahlbau sind außer Schweißverbindungen hauptsächlich Schraubverbindungen üblich. Die einzelnen Bauteile sind mit mindestens 2 Nieten anzuschließen. Ausnahmen sind lediglich bei untergeordneten Bauteilen (z. B. Geländer, Maste) zulässig. Schraubenverbindungen sind auch mit einer Schraube zulässig. In Kraftrichtung dürfen höchstens 6 Schrauben (oder Nieten) hintereinander in einer Reihe eingebaut werden.

Bei Anschlüssen ohne Ausmittigkeit, bei denen der Schwerpunkt der Verbindungsmittel auf der Wirkungslinie der anzuschließenden Kraft F liegt, erhält jedes Verbindungsmittel die Kraft $Q = F/n$. Die Anzahl der Verbindungsmittel wird mit n bezeichnet. Die zulässigen Kräfte für die Schrauben oder Niete können den Tafeln **51.**1 und **52.**1 entnommen werden. Bei ausmittig beanspruchten Zugstäben ist im allgemeinen außer der Längskraft auch das Biegemoment infolge der Ausmittigkeit zu berücksichtigen. Dieses Biegemoment darf in bestimmten Fällen vernachlässigt werden (DIN 18 801 Abschn. 6.1.1).

Bei Zugstäben mit einem Winkelquerschnitt darf die Biegespannung aus Ausmittigkeit unberücksichtigt bleiben, wenn z. B. bei mindestens 2 hintereinanderliegenden Schrauben die Zugspannung $0,8$ zul σ nicht überschreitet.

Im Stahlbau sind verschiedene Schrauben- und Nietverbindungen üblich.

SL-Verbindungen sind Scher-/Lochleibungsverbindungen. Sie sind nur für Bauteile mit vorwiegend ruhender Belastung zulässig. Das Lochspiel beträgt $\Delta d = 0,3$ bis $2\,\text{mm}$, üblicherweise 1 mm.

Verwendet werden rohe Schrauben (DIN 7990) oder Senkschrauben (DIN 7969) der Festigkeitsklasse 4.6 und 5.6 sowie hochfeste Schrauben der Festigkeitsklasse 10.9. Letztere dürfen ohne oder mit teilweiser Vorspannung verwendet werden.

SLP-Verbindungen sind Scher-/Lochleibungsverbindungen mit **P**aßschrauben oder Nieten. Es kommen hierfür die gleichen Festigkeitsklassen in Frage. Für Niete St 36 gelten die Angaben der Festigkeitsklasse 4.6, für Niete St 44 die Werte der Festigkeitsklasse 5.6.

Das Lochspiel beträgt $\Delta d \leq 0{,}3$ mm. Für Paßschrauben und Niete wird das Loch 1 mm größer gebohrt als es der Nenndurchmesser der Schraube angibt, z. B. 17 mm für M 16.

Für symmetrische **SL-** und **SLP-**Verbindungen gelten folgende Formeln für den Spannungsnachweis und die Berechnung der zulässigen Kraft:

Lochleibungsdruck

$$\sigma_1 = \frac{F}{n \cdot d \cdot \min \sum t} \tag{41.1}$$

Beanspruchung auf Abscheren

$$\tau_a = \frac{F}{n \cdot m \cdot A_a} \quad \text{mit } A_a = \frac{\pi \cdot d^2}{4} \tag{50.1}$$

zulässige übertragbare Kraft einer Schraube bzw. eines Nietes

$$\text{zul } Q = \text{zul } \tau_a \cdot \frac{\pi \cdot d^2}{4} \tag{50.2}$$

Hierbei ist d jeweils der Schaftdurchmesser der Schraube bzw. des geschlagenen Nietes. Die zulässigen Werte sind den Tafeln **51**.1 und **52**.1 zu entnehmen.

GV-Verbindungen sind **G**leitfeste **V**erbindungen mit hochfesten Schrauben der Festigkeitsklasse 10.9. Die Schrauben erhalten eine planmäßige Vorspannung durch eine Vorspannkraft bestimmter Größe. Von dieser Vorspannkraft F_v und dem Schraubendurchmesser ist die zulässig übertragbare Kraft zul Q abhängig. GV-Verbindungen dürfen ein Lochspiel von $\Delta d \leq 2$ mm haben. Bei einem Lochspiel Δd über 2 bis 3 mm sind die zulässigen Kräfte auf 80 % zu ermäßigen. Die Kraftübertragung erfolgt durch Reibung in den besonders vorbehandelten Berührungsflächen der zu verbindenden Bauteile, also rechtwinklig zur Schraubenachse.

GVP-Verbindungen sind **G**leitfeste **V**erbindungen mit **P**aßschrauben, ebenfalls planmäßig vorgespannt und hochfest der Festigkeitsklasse 10.9. GVP-Verbindungen müssen mit einem Lochspiel $\Delta d \leq 0{,}3$ mm hergestellt werden. Hierbei wird gleichzeitig die Kraftübertragung durch Abscheren und Lochleibungsdruck herangezogen.

Für **GV-** und **GVP-Verbindungen** sind die zulässigen Werte den Tafeln **51**.1 und **52**.1 zu entnehmen.

Bei den Schrauben- und Nietverbindungen sind bestimmte Randabstände und Lochabstände einzuhalten. Sie sind Bild **50**.1 zu entnehmen.

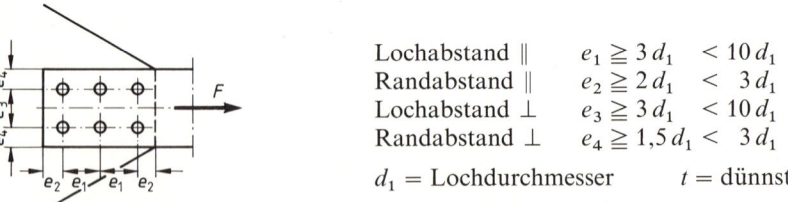

Lochabstand ∥	$e_1 \geqq 3\, d_1$	$< 10\, d_1$	oder $20\, t$
Randabstand ∥	$e_2 \geqq 2\, d_1$	$< 3\, d_1$	oder $6\, t$
Lochabstand ⊥	$e_3 \geqq 3\, d_1$	$< 10\, d_1$	oder $20\, t$
Randabstand ⊥	$e_4 \geqq 1{,}5\, d_1$	$< 3\, d_1$	oder $6\, t$

d_1 = Lochdurchmesser t = dünnste Blechdicke

50.1 Abstände bei Schrauben- und Nietverbindungen im Stahlbau

Biegesteife Trägerstöße sind häufig bei Pfetten oder ähnlichen Bauteilen erforderlich. Hierfür sind verschiedene Stoßverbindungen typisiert worden (s. Abschnitt 4.2.7).

Tafel **51**.1   **Schrauben (Niete) auf Abscheren bzw. Reibung.** Zulässige übertragbare Kraft in kN je Schraube für eine Scherfläche bzw. Reibfläche bei vorwiegend ruhender Belastung; für zweischnittige Verbindungen ist die Tragfähigkeit doppelt so groß. Zulässige Scherspannung zul τ_a, Vorspannkraft F_v.

Zeile	Verbindungsart, Schrauben- (Niet-)Werkstoff		zul τ_a [1]) in N/mm²	Last- fall	Lochdurchmesser für Paßschrauben (Niete) in mm Schraubengröße							
					13 M12	17 M16	21 M20	23 M22	25 M24	28 M27	31 M30	37 M36
1	SL	4.6	112	H	12,7	22,5	35,2	42,6	50,6	64,2	79,2	114,0
2			126	HZ	14,2	25,3	39,6	47,9	57,0	72,2	89,1	128,3
3		5.6	168	H	19,2	34,1	53,4	64,6	76,8	97,4	120,2	173,1
4			192	HZ	21,5	38,2	59,7	72,2	85,9	108,9	134,3	193,4
5		10.9	240	H	27,0	48,5	75,5	91,0	108,5	137,5	169,5	244,5
6			270	HZ	30,5	54,5	85,0	102,5	122,0	154,5	191,0	275,0
7	SLP	4.6, (St 36)	140	H	18,6	31,8	48,4	58,1	68,7	86,2	105,7	150,6
8			160	HZ	21,3	36,3	55,4	66,4	78,6	98,6	120,8	172,0
9		5.6, (St 44)	210	H	27,9	47,7	72,7	87,2	103,1	129,4	158,6	225,8
10			240	HZ	31,9	54,5	83,0	99,6	117,8	147,8	181,2	258,0
11		10.9	280	H	37,0	63,5	97,0	116,5	137,5	172,5	211,5	301,1
12			320	HZ	42,5	72,5	111,0	133,0	157,0	197,0	241,5	344,0
13	GV [2]) [3])	10.9	–	H	20,0	40,0	64,0	76,0	88,0	116,0	140,0	204,0
14			–	HZ	22,5	45,5	72,5	86,5	100,0	132,0	159,0	232,0
15	GVP [2])		–	H	38,5	72,0	112,5	134,0	156,5	202,0	245,5	354,5
16			–	HZ	43,5	82,0	128,0	153,0	178,5	230,5	280,0	404,0
17	Vorspannkraft F_v in kN				50	100	160	190	220	290	350	510

Die Zeilen 7 bis 12 gelten auch für nicht vorw. ruhende Belastung
[1]) zul τ_a nach DIN 18800 T 1, Tab. 8.
[2]) Vorspannung mit F_v nach Zeile 17.
[3]) Für GV-Verbindungen mit Lochspiel $\Delta d = 2$ bis 3 mm sind die Werte der Zeilen 13 und 14 auf 80 % zu ermäßigen.

Tafel **52.1**   **Schrauben (Niete) auf Lochleibungsdruck.** Zulässige übertragbare Kraft in kN je Schraube für 10 mm Werkstoffdicke bei vorwiegend r u h e n d belasteten Bauteilen. Zulässige Leibungsspannung zul σ_l .

Verbindungsart, Schrauben-(Niet-) und Bauteil-Werkstoff				zul σ_l [1]) in N/mm²	Last-fall	Lochdurchmesser für Paßschrauben (Niete) in mm, Schraubengröße							
						13 M 12	17 M 16	21 M 20	23 M 22	25 M 24	28 M 27	31 M 30	37 M 36
Schrauben (Niete) und hochfeste Schrauben ohne Vorspannung													
1	**SL**	**4.6, 5.6,**	St 37	280	H	33,6	44,8	56,0	61,6	67,2	75,6	84,0	100,8
2	[2])	**10.9**		320	HZ	38,4	51,2	64,0	70,4	76,8	86,4	96,0	115,2
3		**4.6, 5.6**		300	H	36,0	48,0	60,0	66,0	72,0	81,0	90,0	108,0
4				340	HZ	40,8	54,4	68,0	74,8	81,6	91,8	102,0	122,4
5		**5.6,**	St 52	420	H	50,4	67,2	84,0	92,4	100,8	113,4	126,0	151,2
6		**10.9**		480	HZ	57,6	76,8	96,0	105,6	115,2	129,6	144,0	172,8
7	**SLP**	**4.6, 5.6,**	St 37	320	H	41,6	54,4	67,2	73,2	80,0	89,6	99,2	118,4
8	[3])	**10.9**		360	HZ	46,8	61,2	75,8	82,8	90,0	100,8	111,6	133,2
9		**5.6,**	St 52	480	H	62,4	81,6	100,8	110,4	120,0	134,4	148,8	177,6
10		**10.9**		540	HZ	70,2	91,8	113,4	124,2	135,0	151,2	167,4	199,8
Hochfeste Schrauben mit t e i l w e i s e r V o r s p a n n u n g $\geq 0,5\,F_v$ (F_v nach Tafel **51**.1 Zeile 17)													
11	**SL**	**10.9**	St 37	380	H	45,6	60,8	76,0	83,6	91,2	102,6	114,0	136,8
12				430	HZ	51,6	68,8	86,0	94,6	103,2	116,1	129,0	154,8
13			St 52	570	H	68,4	91,2	114,0	125,4	136,8	153,9	171,0	205,2
14				645	HZ	77,4	103,2	129,0	141,9	154,8	174,2	193,5	232,2
15	**SLP**	**10.9**	St 37	420	H	54,6	71,4	88,2	96,6	105,0	117,6	130,2	155,4
16				470	HZ	61,1	79,9	98,7	108,1	117,5	131,6	145,7	173,9
17			St 52	630	H	81,9	107,1	132,3	144,9	157,5	176,4	195,3	233,1
18				710	HZ	92,3	120,7	149,1	163,3	177,5	198,8	220,1	262,7
Hochfeste Schrauben mit v o l l e r V o r s p a n n u n g $\geq 1,0\,F_v$ (F_v nach Tafel **51**.1 Zeile 17)													
19	**GV**	**10.9**	St 37	480	H	57,6	76,8	96,0	105,6	115,2	129,6	144,0	172,8
20				540	HZ	64,8	86,4	108,0	118,8	129,6	145,8	162,0	194,4
21			St 52	720	H	86,4	115,2	144,0	158,4	172,8	194,4	216,0	259,2
22				810	HZ	97,2	129,6	162,0	178,2	194,4	218,7	243,0	291,6
23	**GVP**	**10.9**	St 37	480	H	62,4	81,6	100,8	110,4	120,0	134,4	148,8	177,6
24				540	HZ	70,2	91,8	113,4	124,2	135,0	151,2	167,4	199,8
25			St 52	720	H	93,6	122,4	151,2	165,6	180,0	201,6	223,2	266,4
26				810	HZ	105,3	137,7	170,1	186,3	202,5	226,8	251,1	299,7

Die Tafelwerte sind mit der vorh. maßgebenden Bauteildicke min $\sum t$ zu multiplizieren.

Beispiele zur Erläuterung

1. Eine Schraubenverbindung von 2 Winkelprofilen $\llcorner 100 \cdot 65 \cdot 9$ an ein Knotenblech $t = 20\,\text{mm}$ ist zu berechnen. Die Zugkraft in den Profilen beträgt $F = 310\,\text{kN}$; Schrauben M 20 (Bild **53.**1). St 37-2, Lastfall HZ.

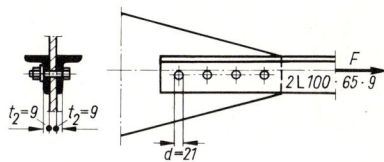

53.1   Schraubenverbindung;
2 Winkelprofile an einem Knotenblech

a) Wie groß ist die Zugspannung in den Winkelprofilen?
b) Wie groß ist die Lochleibungsspannung?
c) Wie groß ist die Scherspannung in den Schrauben?

zu a) $A_n = 2 \cdot (A_1 - d_1 \cdot t_2)$ mit $A_1 = 14{,}20\,\text{cm}^2 = 1420\,\text{mm}^2$

$A_n = 2 \cdot (1420 - 21 \cdot 9) = 2\,(1420 - 189) = 2 \cdot 1231 = 2462\,\text{mm}^2$

$\text{vorh}\,\sigma_Z = \dfrac{\text{vorh}\,F}{A_n} = \dfrac{310\,000}{2462} = 126\,\text{N/mm}^2$

$\text{zul}\,\sigma_Z = 180\,\text{N/mm}^2$

$\dfrac{\text{vorh}\,\sigma_Z}{\text{zul}\,\sigma_Z} = \dfrac{126\,\text{N/mm}^2}{180\,\text{N/mm}^2} = 0{,}70 < 1{,}0$

zu b)   Gewählt: 4 Schrauben M 20

$\text{vorh}\,\sigma_l = \dfrac{\text{vorh}\,F}{A_l} = \dfrac{\text{vorh}\,F}{n \cdot d \cdot \min \sum t} = \dfrac{310\,000}{4 \cdot 20 \cdot 2 \cdot 9} = 215\,\text{N/mm}^2$

$\text{zul}\,\sigma_l = 320\,\text{N/mm}^2$

$\dfrac{\text{zul}\,\sigma_l}{\text{vorh}\,\sigma_l} = \dfrac{215\,\text{N/mm}^2}{320\,\text{N/mm}^2} = 0{,}67 < 1{,}0$

zu c) $\text{vorh}\,\tau_a = \dfrac{\text{vorh}\,F}{A_a} = \dfrac{\text{vorh}\,F}{n \cdot m \cdot d^2 \cdot \pi/4} = \dfrac{310\,000}{4 \cdot 2 \cdot 20^2 \cdot \pi/4} = 123\,\text{N/mm}^2$

$\text{zul}\,\tau_a = 126\,\text{N/mm}^2$

$\dfrac{\text{vorh}\,\tau_a}{\text{zul}\,\tau_a} = \dfrac{123\,\text{N/mm}^2}{126\,\text{N/mm}^2} = 0{,}98 < 1{,}0$

Fußnoten zu Tafel **52.**1

[1]) zul σ_l nach DIN 18800 T1 Tabelle 7
[2]) Die Zeilen 3 und 4 sind nach DIN 18801 nur zulässig in Bauteilen aus St 37 in zweischnittigen Verbindungen mit rohen Schrauben mit Lochspiel $\Delta d \leq 1\,\text{mm}$.
[3]) Die Angaben für Paßschrauben der Festigkeitsklassen 4.6 (5.6) gelten auch für Niete aus St 36 (St 44).

2. Eine Schraubenverbindung von 2 Profilen [180 an ein Knotenblech $t = 15\,\text{mm}$ ist zu berechnen. Die Zugkraft beträgt $F = 420\,\text{kN}$. Schraubendurchmesser $d = 20\,\text{mm}$, Lochdurchmesser $d_1 = 21\,\text{mm}$ (Bild **54**.1). Lastfall H, St 37-2.

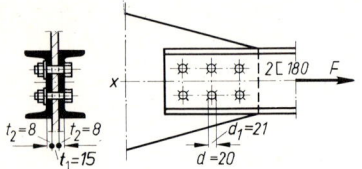

54.1   Schraubenverbindung;
2[-Profile an einem Knotenblech

a) Wie groß ist die Zugspannung in den geschwächten Profilen?
b) Wie groß ist die Lochleibungsspannung?
c) Wie groß ist die Scherspannung in den Schrauben?

zu a) $A_n = 2\,(A_1 - 2 \cdot d_1 \cdot t_1)$ mit $A_1 = 28,00\,\text{cm}^2 = 2800\,\text{mm}^2$

$A_n = 2 \cdot (2800 - 2 \cdot 8 \cdot 21) = 2 \cdot (2800 - 336) = 2 \cdot 2464 = 4928\,\text{mm}^2$

$\text{vorh}\,\sigma_Z = \dfrac{\text{vorh}\,F}{A_n} = \dfrac{420\,000}{4928} = 85,2\,\text{N/mm}^2$

$\text{zul}\,\sigma_Z = 160\,\text{N/mm}^2$

$\dfrac{\text{vorh}\,\sigma_Z}{\text{zul}\,\sigma_Z} = \dfrac{85,2\,\text{N/mm}^2}{160\,\text{N/mm}^2} = 0,53 < 1,0$

zu b)   Gewählt $= 6$ Schrauben M 20

$\text{vorh}\,\sigma_l = \dfrac{\text{vorh}\,F}{A_l} = \dfrac{\text{vorh}\,F}{n \cdot d \cdot \min \sum t} = \dfrac{420\,000}{6 \cdot 20 \cdot 15} = 233\,\text{N/mm}^2$

$\text{zul}\,\sigma_l = 280\,\text{N/mm}^2$

$\dfrac{\text{vorh}\,\sigma_l}{\text{zul}\,\sigma_l} = \dfrac{233\,\text{N/mm}^2}{280\,\text{N/mm}^2} = 0,83 < 1,0$

zu c) $\text{vorh}\,\tau_a = \dfrac{\text{vorh}\,F}{A_a} = \dfrac{\text{vorh}\,F}{n \cdot m \cdot d^2 \cdot \pi/4} = \dfrac{420\,000}{6 \cdot 2 \cdot 20^2 \cdot \pi/4} = 111\,\text{N/mm}^2$

$\text{zul}\,\tau_a = 112\,\text{N/mm}^2$

$\dfrac{\text{vorh}\,\tau_a}{\text{zul}\,\tau_a} = \dfrac{111\,\text{N/mm}^2}{112\,\text{N/mm}^2} = 0,99 < 1,0$

oder nach Tafel **51**.1

$\text{zul}\,F = \text{zul}\,Q_{SL} \cdot m \cdot n = 35,2 \cdot 2 \cdot 6 = 422\,\text{kN}$

$\text{vorh}\,F = 420\,\text{kN}$

Beispiele zur Übung

1. Berechnung für eine Paßschraubenverbindung entsprechend vorstehendem Erläuterungsbeisp. 1, jedoch mit 2 L 120 · 80 · 10, $F = 450\,\text{kN}$, M 24, Knotenblech $t = 18\,\text{mm}$.

2. Berechnung für eine Schraubenverbindung entsprechend vorstehendem Erläuterungsbeisp. 2, jedoch mit 2 L 100 · 50 · 10, $F = 270\,\text{kN}$, Schrauben M 20, Knotenblech $t = 15\,\text{mm}$.

3.2.2 Verbindungen im Holzbau (DIN 1052, Teil 2)

Im Holzbau sind neben Leimverbindungen mehrere Arten mechanischer Verbindungen gebräuchlich. Unter Scherbelastung treten hierbei im Gegensatz zu Leimverbindungen lastabhängige Verschiebungen der miteinander verbundenen Teile auf. Diese Verschiebungen werden durch Lochleibungsverformungen der verbundenen Teile und zusätzlich durch Verformungen der Verbindungsmittel verursacht. Die mechanischen Verbindungsmittel können auch in Axialrichtung beansprucht werden. Mechanische Verbindungen sind:

- Nagelverbindungen mit runden Drahtstiften oder Maschinenstiften, sowie Sondernägeln mit profilierter Schaftausbildung (Schraubnägel, Rillennägel),
- Dübelverbindungen mit Hartholzdübeln, Einlaßdübeln, oder Einpreßdübeln,
- Stabdübel- und Bolzenverbindungen,
- Nagelverbindungen mit Stahlblechen und Stahlteilen,
- Klammerverbindungen,
- Holzschraubenverbindungen,
- Nagelplattenverbindungen,
- Bauklammerverbindungen (nur für untergeordnete Zwecke),
- Versätze.

Tragende einteilige Einzelquerschnitte von Vollholzbauteilen müssen eine Mindestdicke von 24 mm und mindestens 14 cm² Querschnittsfläche (11 cm² für Lattungen) haben, soweit nicht wegen der Verbindungsmittel größere Mindestmaße erforderlich sind.

Stöße und Anschlüsse sind in der Regel symmetrisch zu der bzw. zu den Stabachsen auszuführen. Dabei sind einseitig beanspruchte Holzteile für die 1,5fache anteilige Zugkraft zu bemessen.

Nagelverbindungen

Bei Beanspruchungen rechtwinklig zur Nagelachse sind im allgemeinen in jeder Fuge der Verbindung mindestens 4 Nagelscherflächen erforderlich.

Das gilt nicht für die Befestigung von

- Schalungen und Latten (Trag- und Konterlatten),
- Windrispen,
- Sparren oder Pfetten auf Bindern und Rähmen,
- Querriegeln an Rahmenhölzern.

Die zulässige Nagelbelastung im Lastfall H errechnet sich bei Nadelholz für eine Scherfläche nach folgender Gleichung

$$\textbf{zul } N_1 = \frac{\mathbf{500 \cdot} d_n^2}{\mathbf{10} + d_n} \quad \text{in N} \tag{55.1}$$

Die Tragfähigkeit von Nägeln kann direkt Tafel **56**.1 entnommen werden.

Bei Stößen und Anschlüssen mit mehr als 10 Nägeln hintereinander ist die wirksame Anzahl ef n anzunehmen

$$\textbf{ef } n = \mathbf{10} + \frac{\mathbf{2}}{\mathbf{3}} (n - \mathbf{10}) \tag{55.2}$$

Hierbei sind: ef n wirksame (effektive) Anzahl der Nägel

n tatsächliche Anzahl der hintereinander liegenden Nägel

Mehr als 30 Nägel hintereinander dürfen nicht in Rechnung gestellt werden.

Tafel 56.1   **Tragfähigkeit** zul N_1 in kN **von Nägeln** im Lastfall H

Nagelgröße[1] d_n in 1/10 mm mal l_n in mm	Mindestholzdicke d_{ho} in mm bei Nagellöchern		Mindesteinschlagtiefe t_n in mm		zul. Nagelbelastung N_1 in kN für eine Scherfläche bei		
	ohne Vorbohrung	mit	einschnittig	mehrschnittig	Nadelholz ohne Vorbohrung	mit	Eiche, Buche stets vorgebohrt
22 · 45/50	24 / *20[2])*		27	18	0,200	0,250	0,300
25 · 55/60	24 / *20*		30	20	0,250	0,310	0,375
28 · 65	24 / *20*		34	23	0,300	0,375	0,450
31 · 65/70/80	24 / *20*		38	25	0,375	0,460	0,560
34 · 90	24 / *22*		41	27	0,430	0,540	0,650
38 · 100	24		46	30	0,525	0,650	0,780
42 · 110	26		51	34	0,625	0,775	0,930
46 · 130	30	28	56	37	0,725	0,905	1,090
55 · 140/160	40	35	66	44	0,975	1,220	1,460
60 · 180	50	35	72	48	1,120	1,400	1,680
70 · 210	60	45	84	56	1,450	1,800	2,170
76 · 230/260	70	45	92	62	1,640	2,050	2,460
80 · 260	90	55	106	70	2,050	2,570	3,080

[1]) Die Tafel enthält nur die in DIN 1151 angegebenen Nageldurchmesser und -längen.
[2]) Die *kursiv gedruckten Werte* gelten für die *Mindestholzdicke bei Schalungen.*

Die Tragfähigkeit einer Nagelverbindung errechnet sich aus

$$\text{zul } F = m \cdot r \cdot \text{ef } n \cdot \text{zul } N_1 \quad \text{in N} \tag{57.1}$$

Hierbei sind: m Schnittigkeit der Verbindung

r Anzahl der Nagelreihen

ef n wirksame Anzahl nach Gleichung (52.2)

zul N_1 zulässige Nagelbelastung nach Tafel **56**.1

Für die Schnittigkeit m darf die Scherfläche in einer Nagelverbindung nur dann als voll wirksam angesehen werden, wenn die Einschlagtiefen nach Tafel **57**.1 und Bild **57**.2 eingehalten werden.

Tafel **57**.1   **Nagelverbindungen**
erforderliche Einschlagtiefen s bei ein- und mehrschnittigen Verbindungen (DIN 1052 T 2)

Einschnittige Verbindungen	$s \geqq 12\, d_n$	für runde Draht- und Maschinenstifte und für Sonderstifte der Tragfähig-keitsklasse I
	$s \geqq 8\, d_n$	für Sondernägel der Tragfähigkeitsklassen II und III
Zwei- und mehrschnittige Verbindungen	$s \geqq 8\, d_n$	für alle Nägel

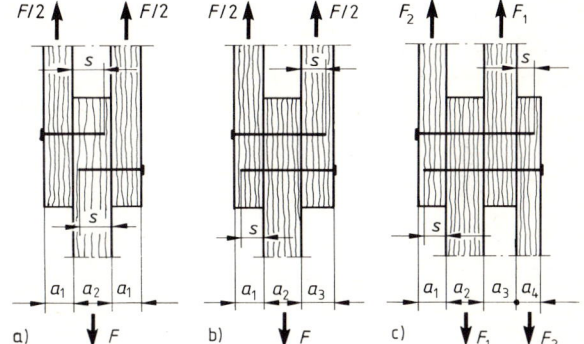

57.2   Nagelverbindungen
Holzdicken a_1 bis a_4 und
Einschlagtiefen s (nach DIN 1052)
a) einschnittige Nagelung
b) zweischnittige Nagelung
c) dreischnittige Nagelung

Bei runden Draht- und Maschinenstiften sowie Sondernägeln der Tragfähigkeitsklasse I sind zwei- und mehrschnittige Verbindungen von beiden Seiten zu nageln.
Der größte Abstand soll bei tragenden Nägeln folgende Werte nicht überschreiten:

$$e_{n1} \leqq 40\, d_n \quad \text{in Faserrichtung}$$

$$e_{n3} \leqq 20\, d_n \quad \text{rechtwinklig zur Faserrichtung}$$

Bei genagelten Zugstößen oder -anschlüssen sind die zulässigen Zugspannungen in denjenigen Stoß- und Anschlußteilen um 20 % abzumindern, die nicht für die 1,5fache anteilige Zugkraft zu bemessen sind (DIN 1052 Teil 1 Abschn. 5.1.10).

Bei der Anordnung der Nägel sind die Mindestabstände der Tafel **58**.1 zu beachten (Bild **49**.2).

Tafel **58**.1   **Nagelabstände** e_n im dünnsten Holz (vergl. Bilder **49**.2 und **58**.2)

Werte in ( ) gelten für $d_n > 4,2$ mm		Lage zur Faserrichtung	Nagelabstände parallel der Kraftrichtung nicht vorgebohrt	vorgebohrt
untereinander	e_{n1}	∥	$10\,d_n\ (12\,d_n)$	$5\,d_n$
	e_{n3}	⊥	$5\,d_n$	
vom belasteten Rand	e_{n2}	∥	$15\,d_n$	$10\,d_n$
	e_{n4}	⊥	$7\,d_n\ (10\,d_n)$	$5\,d_n$
vom unbelasteten Rand	e_{n5}	∥		
	e_{n6}	⊥	$5\,d_n$	$3\,d_n$

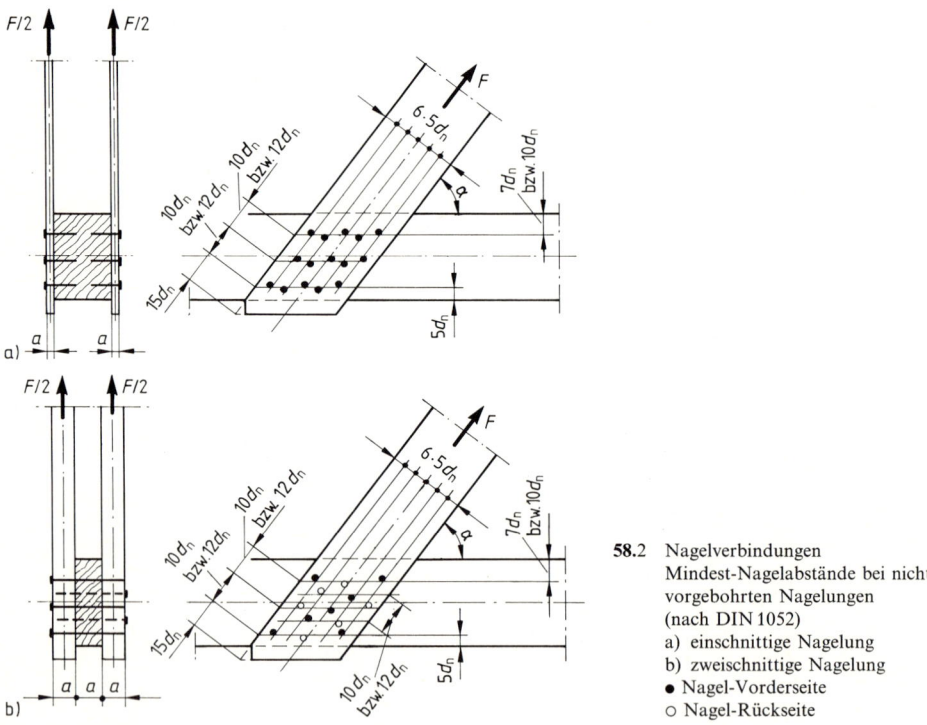

58.2 Nagelverbindungen
Mindest-Nagelabstände bei nicht vorgebohrten Nagelungen (nach DIN 1052)
a) einschnittige Nagelung
b) zweischnittige Nagelung
● Nagel-Vorderseite
○ Nagel-Rückseite

Bei Beanspruchung auf Herausziehen ist zwischen kurzfristig und ständig wirkender Beanspruchung zu unterscheiden. Runde Draht- und Maschinenstifte sowie Sondernägel der Tragfähigkeitsklasse I dürfen nur kurzfristig (z. B. Windsog) auf Herausziehen beansprucht werden. Dafür muß die Einschlagtiefe mindestens $12\,d_n$ betragen.

Querschnittsschwächungen

Bei Nägeln mit Durchmesser $> 4,2\,\text{mm}$ und stets bei Nägeln mit vorgebohrten Nagellöchern sind die Querschnittsschwächungen mit dem Nageldurchmesser zu berücksichtigen.

Beispiel zur Erläuterung

Eine Nagelverbindung als Zugstoß eines Kantholzes 100/140 mm mit 2 Seitenhölzern 45/180 mm und Nägeln 46 · 130 ist zu berechnen. Die Zugkraft beträgt $F = 73\,\text{kN}$ (Bild **59.**1).
Nadelholz Güteklasse II, Lastfall H.

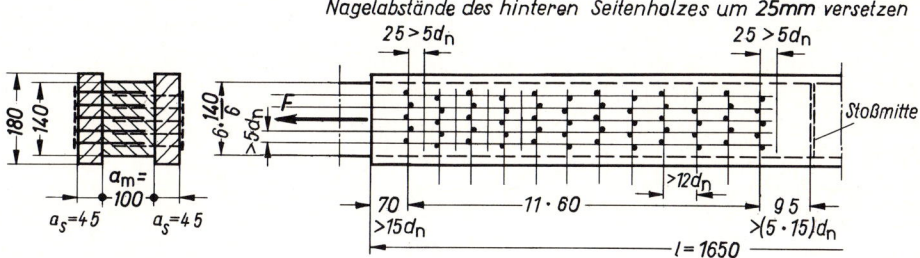

59.1 Nagelverbindung bei einem Zugstoß mit Seitenhölzern

Zugspannung Mittelholz

$$\text{vorh}\,\sigma_{Zm} = \frac{\text{vorh}\,F}{A_m} = \frac{73\,000}{100 \cdot (140 - 5 \cdot 4,6)} = \frac{73\,000}{11\,700} = 6,24\,\text{N/mm}^2$$

$$\text{zul}\,\sigma = 0,8 \cdot \text{zul}\,\sigma_Z = 0,8 \cdot 8,5\,\text{N/mm}^2 = 6,8\,\text{N/mm}^2$$

$$\frac{\text{vorh}\,\sigma_{Zm}}{\text{zul}\,\sigma} = \frac{6,24\,\text{N/mm}^2}{6,8\,\text{N/mm}^2} = 0,92 < 1,0$$

Spannung Seitenhölzer

$$\text{vorh}\,\sigma_{Zs} = \frac{1,5 \cdot \text{vorh}\,F}{2 \cdot A_s} = \frac{1,5 \cdot 73\,000}{2 \cdot 45 \cdot (180 - 5 \cdot 4,6)} = 7,75\,\text{N/mm}^2$$

$$\text{zul}\,\sigma_Z = 8,5\,\text{N/mm}^2$$

$$\frac{\text{vorh}\,\sigma_{Zs}}{\text{zul}\,\sigma_Z} = \frac{7,75\,\text{N/mm}^2}{8,5\,\text{N/mm}^2} = 0,91 < 1,0$$

Nagelverbindung
gewählt $60 \cdot 2 = 120$ Nägel 46 · 130 einschnittig ohne Vorbohrung

zul $N_1 = 0,725\,\text{kN}$ (nach Tafel **56.**1)

je Seite 60 Nägel in $r = 5$ Reihen $\triangleq$ 12 Nägel hintereinander

wirksame Nagelanzahl

$$\text{ef}\,n = 10 + \frac{2}{3}\,(n - 10) = 10 + \frac{2}{3}\,(12 - 10) = 11\tfrac{1}{3}\ \text{Nägel}$$

zulässige Nagelbelastung

$$\text{zul}\,F = m \cdot r \cdot \text{ef}\,n \cdot \text{zul}\,N_1 = 2 \cdot 5 \cdot 11\tfrac{1}{3} \cdot 0,725 = 82,2\,\text{kN}$$

$$\text{vorh}\,F = 73,0\,\text{kN}$$

Beispiel zur Übung

Berechnung für Nagelverbindung entsprechend vorstehendem Erläuterungsbeispiel jedoch Mittelholz 100/120 mm, 2 Seitenhölzer 40/140 mm, Nägel 42 · 110, $F = 49$ kN.

Dübelverbindungen

Als Dübelverbindungen gelten alle überwiegend auf Druck und Abscheren beanspruchten Verbindungsmittel, die in vorbereitete, passende Vertiefungen des Holzes eingelegt (Einlaßdübel) oder die in das Holz eingepreßt werden (Einpreßdübel mit oder ohne Ausfräsungen). Dazu gehören ferner Dübel, die teils eingelassen, teils eingepreßt werden (Einlaß-Einpreßdübel).

Alle Dübelverbindungen müssen durch in der Regel nachziehbare Schraubenbolzen aus Stahl zusammengehalten werden, wobei jeder Dübel durch einen Bolzen gesichert sein muß.

Dübel dürfen nur für die Verbindung von Vollholz und Brettschichtholz aus Nadelhölzern mindestens der Güteklasse II, Einlaßdübel auch für die Verbindungen von Laubhölzern angewendet werden.

Besondere Regelungen bestehen für Stabdübel.

Querschnittsschwächungen

Zusätzlich zur gesamten Schwächung durch die Bohrlöcher für die Verbolzung sind die Dübelfehlflächen abzuziehen. Maßgebend sind die Dübelfehlflächen ΔA nach Tafel **62**.1 Spalte 6. Bei Verbindungen zweier Hölzer bezieht sich die Dübelfehlfläche auf jedes Holz. Bei Zugverbindungen mit Mittelhölzern sind für das Mittelholz zwei Dübelfehlflächen zu berücksichtigen. Für den Bolzenabzug ist der Durchmesser des Bohrloches $(d_b + 1$ mm) maßgebend.

Die zulässigen Belastungen der Dübel sind bei Stößen und Anschlüssen mit mehr als 2 in Kraftrichtung hintereinanderliegenden Dübeln geringer. Daher ist die Anzahl der Dübel auf die wirksame (effektive) Anzahl ef n zu verringern:

$$\text{ef} n = 2 + \left(1 - \frac{n}{20}\right) \cdot (n - 2) \tag{60.1}$$

Die damit errechneten Werte können Tafel **60**.1 entnommen werden.

Tafel **60**.1   Wirksame Anzahl ef n der in Kraftrichtung hintereinanderliegenden Dübel für $n > 2$ bis 10
(nach Gleichung 60.1)

Anzahl n der hinter-einanderliegenden Dübel	3	4	5	6	7	8	9	10
wirksame Dübel-anzahl ef n	2,85	3,60	4,25	4,80	5,25	5,60	5,85	6,00

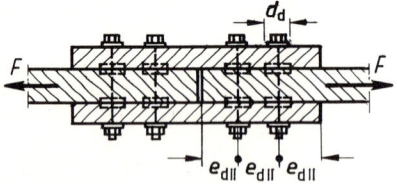

60.2 Dübelverbindung bei einem Zugstoß

Die Tragfähigkeiten einiger Dübelverbindungen sind in Tafel **62**.1 angegeben. Mehr als 10 hintereinanderliegende Dübel dürfen bei Stößen oder Anschlüssen nicht in Rechnung gestellt werden (Bild **60**.2).

Beispiel zur Erläuterung

Eine Dübelverbindung als Zugstoß eines Kantholzes 140/180 mm mit 2 Laschen 80/180 mm ist zu berechnen. Je Stoßseite 6 runde Einpreßdübel 95 · 27 mm Typ D mit Bolzen M 20; Zugkraft $F = 110$ kN (Bild **61**.1).

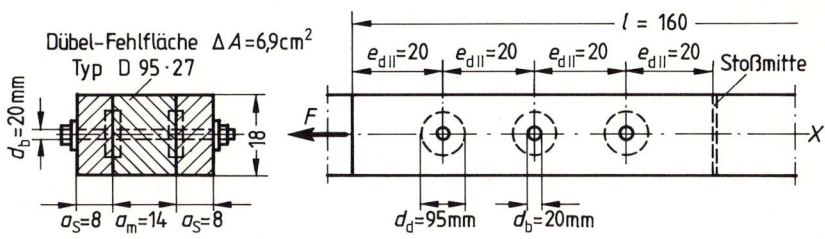

61.1   Dübelverbindung bei einem Zugstoß mit Seitenhölzern

Zugspannung Mittelholz

$$\text{vorh } A_{\mathrm{m}} = b \cdot a_{\mathrm{m}} - (2 \cdot \Delta A + d_{\mathrm{b}} \cdot a_{\mathrm{m}})$$
$$= 180 \cdot 140 - (2 \cdot 69 + 21 \cdot 140)$$
$$= 25\,200 - (1380 + 2940) = 20\,880 \text{ mm}^2$$

$$\text{vorh } \sigma_{\mathrm{Zm}} = \frac{\text{vorh } F}{\text{vorh } A_{\mathrm{m}}} = \frac{110\,000}{20\,880} = 5{,}27 \text{ N/mm}^2$$

$$\text{zul } \sigma_{\mathrm{Z}\parallel} = 8{,}5 \text{ N/mm}^2$$

$$\frac{\text{vorh } \sigma_{\mathrm{Zm}}}{\text{zul } \sigma_{\mathrm{Z}\parallel}} = \frac{5{,}27 \text{ N/mm}^2}{8{,}5 \text{ N/mm}^2} = 0{,}62 < 1{,}0$$

Spannung Seitenhölzer

$$\text{vorh } A_{\mathrm{s}} = n \cdot b \cdot a_{\mathrm{s}} = (2 \cdot \Delta A + 2 \cdot d_{\mathrm{b}} \cdot a_{\mathrm{s}})$$
$$= 2 \cdot 180 \cdot 80 - (2 \cdot 69 + 2 \cdot 21 \cdot 80)$$
$$= 28\,800 - (1380 + 3360) = 24\,060 \text{ mm}^2$$

$$\text{vorh } \sigma_{\mathrm{Zs}} = \frac{1{,}5 \cdot \text{vorh } F}{\text{vorh } A_{\mathrm{s}}} = \frac{1{,}5 \cdot 110\,000}{24\,060} = 6{,}86 \text{ N/mm}^2$$

$$\text{zul } \sigma_{\mathrm{Z}\parallel} = 8{,}5 \text{ N/mm}^2$$

$$\frac{\text{vorh } \sigma_{\mathrm{Zs}}}{\text{zul } \sigma_{\mathrm{Z}\parallel}} = \frac{6{,}86 \text{ N/mm}^2}{8{,}5 \text{ N/mm}^2} = 0{,}81 < 1{,}0$$

Zulässige Tragkraft der Dübel

$$\text{zul } F = m \cdot \text{ef } n \cdot \text{zul } N_1 \qquad\qquad (61.1)$$
$$= 2 \cdot 2{,}85 \cdot 21{,}0 = 119{,}7 \text{ kN}$$

$$\text{vorh } F = 110 \text{ kN}$$

Beispiel zur Übung

Berechnung für eine Dübelverbindung entsprechend vorstehendem Erläuterungsbeispiel jedoch Ringkeildübel 126 · 30 Typ A, $F = 105$ kN, Bolzen M 12.

Tafel **62.1**   **Tragfähigkeit** zul N_1 und Abmessungen für einige **Dübel** besonderer Bauart

1	2	3	4	5	6	7	8	9	10	11	12	13	14	15
Dübel (s. Bild **60.2**) System	Außen-⌀ d_d mm	Höhe h_d	Dicke s	Anzahl der Zähne	Dübel-Fehlfläche ΔA cm²	Sechskant-schrauben nach DIN 601 d_b mm	runde Scheiben Durchmesser/Dicke d_s/t_s	Vierkantscheiben Seitenlänge/Dicke d_s/t_s	Mindestabmessungen der Hölzer bei einer Dübelreihe und Neigung der Kraft- zur Faserrichtung 0...30° b/a mm	> 30...90° b/a mm	Mindestdübelabstand u.-verholzlänge $e_{d\parallel}$ bei einer Dübelreihe mm	zul. Belastung eines Dübels zul N_1 in kN im Lastfall H bei Neigung der Kraft- zur Faserrichtung / Anzahl der in der Kraftrichtung hintereinander liegenden Dübel — 0...30° 1 oder 2 kN	> 30...60° 1 oder 2	> 60...90° 1 oder 2
zwei- und einseitige Ringkeildübel Typ A	65	30	5	—	7,8	M12	58/6	50/6	100/40	110/40	140	11,5	10,0	9,0
	80				10,1				110/50	130/50	180	14,0	12,5	11,0
	95				12,3				120/60	150/60	220	17,0	14,5	12,5
	126	45	6		17,0	M16	68/6	60/6	160/60	200/60	250	20,0	17,0	14,0
	128		8		25,9				160/60	200/60	300	28,0	23,5	19,0
	160				32,2				200/100	240/100	340	34,0	27,5	21,5
	190		10		39,9				230/100	280/100	430	48,0	38,5	29,0
Rundholz-dübel aus Eiche Typ B	66	32	—	—	8,2	M12	58/6	50/6	100/40 od. 90/60	100/40 od. 90/60	130	11,0	9,0	9,0
	100	40	—	—	16,8	M16	68/6	60/6	130/60	160/60	200	18,0	15,5	13,5
runde Einpreß-dübel Typ C	48	12,5	1,0	—	0,9	M12	58/6	50/6	100/40 od. 80/60	100/40	120	5,0	4,5	4,5
	62	16	1,2		2,0	M16	68/6	60/6	100/40 od. 90/60	110/40	120	7,0	6,5	6,0
	75	19,5	1,25		2,6	M16	68/6	60/6	100/50	120/50	120	9,0	8,5	8,0
	95	24	1,35		4,7	M20	80/8	70/8	120/50	140/50	140	12,0	11,0	10,5
	117	29,5	1,5		6,9	M20	80/8	70/8	150/80	180/80	170	16,0	15,0	14,0
	140	31	1,65		8,7	M24	92/8	80/8	170/80	200/100	200	22,0	20,0	18,5
	165	33	1,8		11,0	M24	105/8	95/8	190/80	230/100	230	30,0	27,0	24,0
quadratische Einpreßdübel Typ C	100/100	16	1,35	—	2,7	M20	80/8	70/8	130/60	160/60	170	17,0	15,5	14,5
	130/130	20	1,5		4,5	M24	92/8	80/8	160/60	190/80	200	23,0	21,0	19,0
runde Einpreß-dübel Typ D	50	27	3	8	2,8	M12	58/6	50/6	100/40 od. 80/60	100/40 od. 90/60	120	8,0	7,5	7,0
	65			12 od. 14	3,6	M16	68/6	60/6	100/40 od. 90/60	110/40 od. 100/60	140	11,5	11,0	10,0
	85			22	4,6	M20	80/8	70/8	110/50	130/50	170	17,0	16,0	14,5
	95			24	5,6	M20	92/8	80/8	120/60	140/60	200	21,0	19,5	17,5
	115			30 od. 32	7,0	M24	105/8	95/8	140/60	170/60	230	27,0	24,5	21,5
Einlaß-/ Einpreßdübel Typ E	55	30	3,5	16	3,9	M12	58/6	50/6	100/40 od. 80/60	100/40 od. 90/60	120	10,0	9,5	9,0
	80	37	5	20	7,9				110/50	120/50	150	15,0	13,5	12,0

4 Biegespannungen

Biegespannungen entstehen durch Lasten, die die Bauteile auf Biegung beanspruchen. Hierbei sind einfache Biegung (Abschn. 4.1) und Doppelbiegung (Abschn. 4.4) zu unterscheiden.

4.1 Einfache Biegung

Träger haben Belastungen aufzunehmen und diese Lasten auf die Auflager zu übertragen. Infolge der Belastung biegen sich Träger nach unten durch. Diese Biegung kann jedoch nur stattfinden, wenn der untere Trägerbereich gedehnt und der obere Trägerteil gestaucht wird (Bild **63**.1). Dehnungen entstehen durch Zugspannungen, Stauchungen werden durch Druckspannungen bewirkt. Zwischen Dehnungen und Stauchungen ist eine Übergangszone ohne Formänderungen. Dort wirken auch keine Spannungen, es ist die Spannungs-Nullinie. Diese liegt in Höhe der Schwerachse des Trägers. Von dieser neutralen Faser, in der es keine Verlängerungen oder Verkürzungen gibt, nehmen die Dehnungen und Stauchungen zu den äußeren Rändern ständig zu (Bild **63**.1b). Demzufolge sind auch an den Rändern die Spannungen am größten. Damit ist klar zu erkennen, daß sich die Spannungen nicht gleichmäßig über die Querschnittsfläche verteilen (Bild **63**.1c).

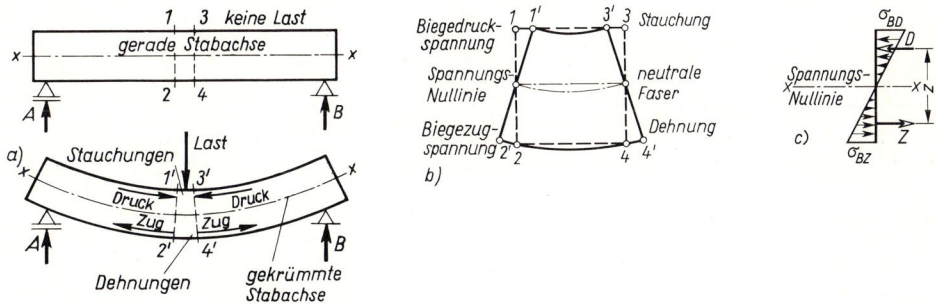

63.1 Ein Träger wird durch eine Belastung gebogen
    a) Belastung und Durchbiegung des Trägers
    b) Verformungsbild mit Stauchungen im oberen und Dehnungen im unteren Trägerbereich
    c) Spannungsbild mit Biegedruckspannungen σ_{BD} im oberen und Biegezugspannungen σ_{BZ} im unteren
       Trägerbereich

4.1.1   Wirkungsweise der Biegebeanspruchung

Zum Berechnen der Biegespannung reichen die bisherigen Spannungsformeln nicht aus. Ein großes Biegemoment ruft auch große Biegespannungen hervor. Aber der Widerstand gegen die Biegung ist nicht nur von der Größe des Querschnittes abhängig, sondern auch von der Form und der Lage des Querschnittes.

Beispiel zur Erläuterung
Ein Kantholz kann hochkant größere Biegemomente aufnehmen und biegt sich weniger durch als das gleiche Kantholz flach verlegt (Bild **64**.1).

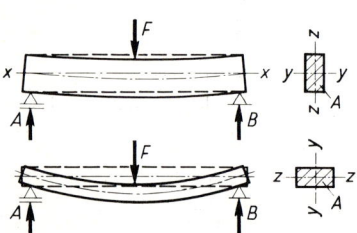

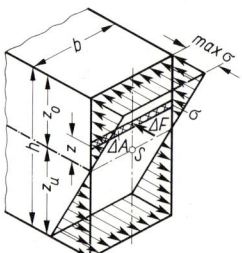

64.1   Ein flachverlegter Träger erfährt größere
      Verformungen als ein hochkant verlegter
      Träger bei gleicher Belastung

64.2   Räumlich dargestelltes Spannungsbild

Auf eine beliebige Teilfläche ΔA des Querschnittes (Bild **64**.2) wirkt eine Spannung σ. Die Teilfläche überträgt damit eine Teilkraft $\Delta F = \Delta A \cdot \sigma$ (entstanden aus $\sigma = \dfrac{F}{A}$, $F = A \cdot \sigma$). Diese Teilkraft hat zur Spannungsnullinie den Wirkabstand z. Sie bildet damit ein Teilmoment $\Delta M = \Delta F \cdot z$, $\Delta M = \Delta A \cdot \sigma \cdot z$. Die Spannung σ verhält sich zur maximalen Spannung $\max \sigma$ am Rand wie der Abstand z zum Randabstand z_0:

$$\sigma / \max \sigma = z / z_0$$

$\sigma = \max \sigma \cdot z / z_0$ wird in die Gleichung ($\Delta M = \Delta A \cdot \sigma \cdot z$) eingesetzt:

$$\Delta M = \Delta A \cdot \max \sigma \cdot z^2 / z_0 .$$

Alle kleinen Teilmomente ΔM des gesamten Querschnittes zusammen müssen dem angreifenden Biegemoment $\max M$ das Gleichgewicht halten

$$\max M = \sum \Delta M \qquad \max M = \sum \Delta A \cdot \max \sigma \cdot \frac{z^2}{z_0}$$

$$\max M = \frac{\max \sigma}{z_0} \cdot \sum \Delta A \cdot z^2 \tag{64.1}$$

4.1.2   Erklärung für Flächenmoment und Widerstandsmoment

Der Ausdruck $\sum \Delta A \cdot z^2$ in Gleichung (64.1) bedeutet, daß die Summe aller kleinen Teilflächen ΔA des gesamten Querschnitts mit dem Quadrat ihres jeweiligen Abstandes z von der Spannungs-Nullinie multipliziert werden (Teilfläche mal Abstand mal Abstand). Es kann daher gesagt werden, daß es sich um Momente von Flächen handelt: es sind Flächenmomente zweiter Ordnung. Da der Abstand z mit seinem Quadrat als z^2 in die Rechnung eingeht, bezeichnet man sie als Flächenmomente 2. Grades. Sie erhalten das Formelzeichen I (groß i). Flächenmomente 2. Grades wurden früher als Trägheitsmomente bezeichnet.

Flächenmoment 2. Grades

$$I = \sum \Delta A \cdot z^2. \tag{65.1}$$

Aus

$$\max M = \frac{\max \sigma}{z_0} \cdot \sum \Delta A \cdot z^2$$

wird mit I

$$\max M = \frac{\max \sigma}{z_0} \cdot I \quad \text{oder} \quad \max M = \max \sigma \cdot \frac{I}{z_0} \tag{65.2}$$

Der Ausdruck I/z_0 in Gleichung (65.2) bedeutet, daß das Flächenmoment I durch den Randabstand z_0 dividiert wird. Man kann den Ausdruck I/z_0 ersetzen durch das Formelzeichen W und erhält damit das sogenannte Widerstandsmoment

$$W = \frac{I}{z_0}. \tag{65.3}$$

4.1.3   Biegehauptgleichung

Aus den Gleichungen (65.2) und (65.3) ergibt sich für das Biegemoment die Gleichung

$$\max M = \max \sigma \cdot W \tag{65.4}$$

Umgewandelt entsteht daraus die Gleichung für die maximale Biegespannung

$$\max \sigma = \frac{\max M}{W} \tag{65.5}$$

Dieses ist die Biegehauptgleichung.

$$\textbf{Biegespannung} = \frac{\textbf{Biegemoment}}{\textbf{Widerstandsmoment}} \qquad \sigma = \frac{M}{W} \tag{65.6}$$

Einheiten: Biegespannung σ in N/mm^2 mit M in Nmm und W in mm^3
        oder σ in kN/cm^2 mit M in kNcm und W in cm^3

Die Einheit der Biegespannung mit Newton je Quadratmillimeter (N/mm^2) ist zahlenmäßig günstig, es ergeben sich keine allzu großen und auch keine sehr kleinen Zahlenwerte. Das Biegemoment wird jedoch beim Ermitteln der Schnittgrößen meist in kNm errechnet und die Widerstandsmomente werden in Zahlentafeln stets in cm^3 angegeben. Das bedingt ein Umwandeln der Krafteinheit von Kilonewton in Newton und der Längeneinheit von m oder cm in mm.

Zweckmäßig ist zunächst das Rechnen mit Biegemomenten in kNcm und Widerstandsmomenten in cm^3. Erst abschließend wird dann die erhaltene Biegespannung von kN/cm^2 in N/mm^2 umgewandelt.

Zur Umrechnung:

$$1\,\frac{kN}{cm^2} = 10\,\frac{N}{mm^2}$$

Die in Zahlentafeln angegebene Einheit des Widerstandsmomentes (cm^3) hat nichts mit einem Kubikzentimeter (cm^3) zu tun. Die Einheit des Flächenmomentes (cm^4) ist ebenfalls nicht vorstellbar und nur aus der Multiplikation von Fläche (cm^2) mal Abstand zum Quadrat (cm $\cdot$ cm) zu erklären.

Widerstandsmomente und Flächenmomente sind geometrische Werte. Es sind unvorstellbare Rechenwerte. Diese Rechenwerte sind nur von der Größe und von der Form des Querschnitts abhängig, nicht aber von der Art des Werkstoffes.

– **Das Widerstandsmoment ist ein Maß für die Biegefestigkeit eines Trägers.** Es dient z. B. zur Berechnung der Biegespannung (s. Abschn. 4.1.1).

– **Das Flächenmoment ist ein Maß für die Biegesteifigkeit eines Trägers.** Es dient z. B. zur Berechnung der Durchbiegung (s. Abschn. 4.3.2).

Für genormte Querschnitte (z. B. für Stahl- oder Holzprofile) sind in Tabellen außer den Querschnittswerten auch die Flächenmomente I und die Widerstandsmomente W angegeben.

Zur Bestimmung von Flächenmomenten I oder Widerstandsmomenten W werden durch den Schwerpunkt des Querschnitts zwei rechtwinklig zueinander stehende Achsen gelegt. Die horizontale Achse ist die y-Achse; die vertikale Achse wird z-Achse genannt (Bild **66.**1). Belastungen, die rechtwinklig auf der y-Achse stehen, erzeugen Biegemomente M_y (Bild **66.**2). Dafür gelten Widerstandsmomente W_y und Flächenmomente I_y. Für Belastungen rechtwinklig zur z-Achse erhalten die Biegemomente, Flächenmomente und Widerstandsmomente den Index z. Flächenmomente und Widerstandsmomente werden immer auf Achsen bezogen, die durch den Flächenschwerpunkt gehen.

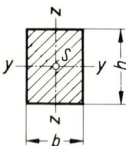

66.1   Die Hauptachsen eines Querschnittes gehen durch den Schwerpunkt

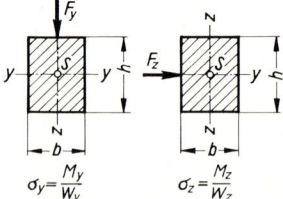

$$\sigma_y = \frac{M_y}{W_y} \qquad \sigma_z = \frac{M_z}{W_z}$$

66.2   Belastungen rechtwinklig zur y-Achse und rechtwinklig zur z-Achse

Formeln für den Spannungsnachweis $$\text{vorh}\,\sigma_B = \frac{\text{vorh}\,M}{\text{vorh}\,W} \qquad \text{in N/mm}^2 \qquad (66.1)$$

$$\frac{\text{vorh}\,\sigma_B}{\text{zul}\,\sigma_B} \le 1{,}0 \qquad (66.2)$$

Formel für die Bemessung $$\text{erf } W = \frac{\text{vorh } M}{\text{zul } \sigma_B}$$ in mm³   (67.1)

Formel für die Belastbarkeit   **zul** M = **vorh** W · **zul** σ_B in Nmm   (67.2)

Die Berechnung der Biegespannung in der gezeigten Weise setzt die folgenden Annahmen voraus:

1. **Die Länge des Trägers ist viel größer als seine Breite und Höhe.**
2. **Die Querkräfte werden vernachlässigt.**
3. **Die Trägerachse ist gerade oder nur schwach gekrümmt.**
4. **Die Belastung wirkt nur rechtwinklig zur Stabachse (ohne Längskräfte). Die Lastebene verläuft durch die Schwerachse der Querschnittsfläche.**
5. **Die Spannungen verändern sich linear mit dem Abstand von der Nullinie (Hookesches Gesetz und Navierische Annahme).**
6. **Die ebenen Querschnitte bleiben auch bei der Durchbiegung eben und stehen rechtwinklig zur Stabachse (Bernoullisches Gesetz).**
7. **Die Querschnitte haben mindestens eine Symmetrieachse.**

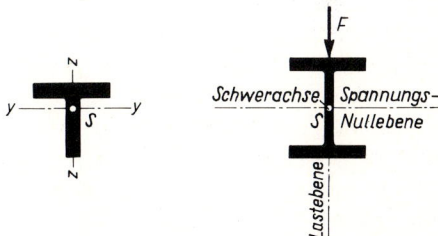

67.1 Lastebene und Spannungs-Nullebene kreuzen sich
         in der Schwerachse des Querschnittes

4.1.4 Biegefestigkeit

Die Berechnung der Biegespannung dient dem Nachweis einer ausreichenden B i e g e f e s t i g -
k e i t. Dazu wird das Widerstandsmoment des Trägerquerschnitts benötigt.

Bei der Ermittlung des Widerstandsmoments sind Querschnittsschwächungen (z. B. durch Bohrlöcher) zu berücksichtigen (vergl. Abschn. 8.1).

Die nachfolgenden Beispiele zeigen die Berechnung zum Nachweis der Biegespannung. Es ist dabei die vorhandene Biegespannung (vorh σ_B) der zulässigen Biegespannung (zul σ_B) gegenüberzustellen.

Der Nachweis der B i e g e s t e i f i g k e i t wird in Abschnitt 4.3.2 gezeigt.

Biegefestigkeit von Stahlbauteilen

Mit den ermittelten Biegemomenten und dem Widerstandsmoment des Querschnitts ist nachzuweisen, daß die zulässigen Spannungen nach Tafel **23**.1 eingehalten sind.

Als Stützweite darf bei Auflagerung auf Mauerwerk oder Beton die um 5% bzw. mindestens um 12 cm vergrößerte Lichtweite angenommen werden:

$$l = 1,05\, l_w \quad \text{bzw.} \quad l = l_w + 12\,\text{cm} \qquad\qquad (67.3) \quad (67.4)$$

Durchlaufträger dürfen unter bestimmten Bedingungen vereinfacht für folgende Biegemomente bemessen werden:

in den Endfeldern: $M_E = q \cdot l^2/11$ (68.1)

in den Innenfeldern: $M_I = q \cdot l^2/16$ (68.2)

an den Innenstützen: $M_S = q \cdot l^2/16$ (68.3)

Für die Feldmomente M_E und M_I sind q und l der jeweiligen Felder anzusetzen, für das
Stützmoment M_S ist jedoch stets q und l desjenigen angrenzenden Feldes anzusetzen, das
den größeren Wert liefert.

Voraussetzungen für die vereinfachte Berechnung der Biegemomente sind:

– der Träger hat einen doppelt-symmetrischen Querschnitt,
– evtl. Stöße weisen volle Querschnittsdeckung auf,
– die Belastung ist feldweise gleichmäßig verteilt und insgesamt gleichgerichtet,
– bei unterschiedlichen Feldlängen darf die kleinste Feldlänge nicht kleiner als 0,8 der
  größten Feldlänge sein,
– örtliches Ausbeulen und Kippen sind zu beachten (s. Abschn. 9.2 und 9.3).

Insgesamt gilt:

Aussteifende Verbände und Rahmen sind so zu bemessen, daß sie die auf das Tragwerk
wirkenden Lasten (z. B. Wind) ableiten und das Bauwerk sowie seine Teile gegen
Ausweichen sichern (s. Abschn. 9.4).

Beispiele zur Erläuterung

1. Ein Stahlträger IPB 220 mit einem Widerstandsmoment $W_y = 736\,cm^3$ hat bei einer Stützweite von
$l = 3,2\,m$ eine gleichmäßig verteilte Last von $q = 60\,kN/m$ aufzunehmen. Die Biegespannung wird
nachgewiesen. Lastfall H, St 37-2.

$$\max M = \frac{q \cdot l^2}{8} = \frac{60\,kN/m \cdot (3,2\,m)^2}{8} = 76,8\,kNm = 7680\,kNcm$$

$$\mathrm{vorh}\,\sigma_{BD} = \frac{\max M}{\mathrm{vorh}\,W_y} = \frac{7680\,kNcm}{736\,cm^3} = 10,43\,kN/cm^2 = 104,3\,N/mm^2$$

$$\mathrm{zul}\,\sigma_{BD} = 140\,N/mm^2$$

$$\frac{\mathrm{vorh}\,\sigma_{BD}}{\mathrm{zul}\,\sigma_{BD}} = \frac{104,3\,N/mm^2}{140\,N/mm^2} = 0,75 < 1,0$$

2. Bei einem Stahlträger IPE 270 soll die zulässige Biegespannung von $\mathrm{zul}\,\sigma_{BD} = 140\,N/mm^2$ nicht
überschritten werden. Welches Biegemoment ist zulässig? Wie groß ist die zulässige verteilte Belastung q des 3,8 m gespannten Trägers?

$$\mathrm{zul}\,M = \mathrm{vorh}\,W_y \cdot \mathrm{zul}\,\sigma_{BD} = 429\,cm^3 \cdot 14\,kN/cm^2 = 6006\,kNcm$$

$$\mathrm{zul}\,M = 60\,kNm$$

Aus $M = \dfrac{q \cdot l^2}{8}$ erhält man die Formel für zul q

$$\mathrm{zul}\,q = \frac{8\,M}{l^2} = \frac{8 \cdot 60\,kNm}{(3,8\,m)^2} = 33,2\,kN/m$$

Biegefestigkeit von Holzbauteilen

Mit den ermittelten Biegemomenten und dem Widerstandsmoment des Querschnitts ist nachzuweisen, daß die zulässigen Spannungen nach Tafel **22.**1 Zeile 1 eingehalten sind.

Als Stützweite ist der Abstand der Auflagermitten in Rechnung zu stellen. Bei Auflagerung auf Mauerwerk oder Beton ist als Stützweite der Abstand der Auflagermitten anzunehmen, bei Einfeldträgern jedoch höchstens das 1,05fache der lichten Weite:

$$l = 1,05\, l_w \tag{69.1}$$

Durchlaufende Bretter, Bohlen oder Platten aus Holzwerkstoffen sind in der Regel als frei drehbar gelagerte Träger auf zwei Stützen zu berechnen.

Pfetten und Balken mit Kopfbändern dürfen mit ihrer größten Feldweite l_1, l_2, l_3 oder l_4 nach Bild **69.**1 als frei drehbar gelagerter Träger auf zwei Stützen berechnet werden, wenn folgende Voraussetzungen zutreffen:

– in allen Feldern wirkt eine vorwiegend gleichmäßig verteilte Belastung
  oder gleiche, in kleinen Abständen stehende Einzellasten (Sparren)
– benachbarte Stützenabstände l nach Bild **69.**1 dürfen nicht mehr als 1/5 voneinander abweichen.

Pfetten und Balken mit Sattelhölzern ohne Kopfbänder sind stets mit dem Achsabstand ihrer Unterstützungen als Stützweite zu berechnen.

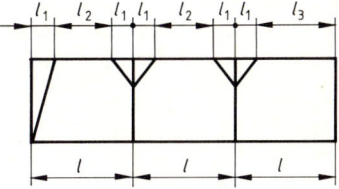

69.1   Feldweiten bei Kopfbandbalken (nach DIN 1052 Teil 1)

Beispiele zur Erläuterung

1. Ein Holzbalken hat eine Belastung von $q = 2\,\text{kN/m}$ zu tragen. Die Stützweite beträgt $l = 2,85\,\text{m}$, die zulässige Biegespannung $\sigma_{BD} = 10\,\text{N/mm}^2 = 1\,\text{kN/cm}^2$. Welcher Kantholzquerschnitt ist erforderlich?

$$\max M = \frac{q \cdot l^2}{8} = \frac{2\,\text{kN/m} \cdot (2,85\,\text{m})^2}{8} = 2,03\,\text{kNm} = 203\,\text{kNcm}$$

$$\text{erf } W_y = \frac{\max M}{\text{zul } \sigma_{BD}} = \frac{203\,\text{kNcm}}{1\,\text{kN/cm}^2} = 203\,\text{cm}^3$$

Gewählt: Kantholz **70/140 mm** mit $W_y = 229\,\text{cm}^3$

$$\text{vorh } \sigma_{BD} = \frac{\max M}{\text{vorh } W_y} = \frac{203\,\text{kNcm}}{229\,\text{cm}^3} = 0,89\,\text{kN/cm}^2 = 8,9\,\text{N/mm}^2$$

$$\text{zul } \sigma_{BD} = 10\,\text{N/mm}^2$$

$$\frac{\text{vorh } \sigma_{BD}}{\text{zul } \sigma_{BD}} = \frac{8,9\,\text{N/mm}^2}{10\,\text{N/mm}^2} = 0,89 < 1,0$$

2. Die Belastung eines Pfettendaches aus Eigenlast und Schneelast trägt $g + s = 0{,}74 + 0{,}56 = 1{,}30\,\text{kN/m}^2$ Grundfläche. Die rechtwinklig auf die Dachfläche wirkende Windlast beträgt $w = 0{,}24\,\text{kN/m}^2$ Dachfläche. Dachneigung $\alpha = 40°$. Sparrenabstand $e = 70\,\text{cm}$. Die Sparren werden als schräge Träger bemessen. Die Durchlaufwirkung wird nicht berücksichtigt, da die Sparren zur Auflagerung auf der Mittelpfette ausgeklinkt werden (Bild **70.**1). Nadelholz Güteklasse II, Lastfall HZ.

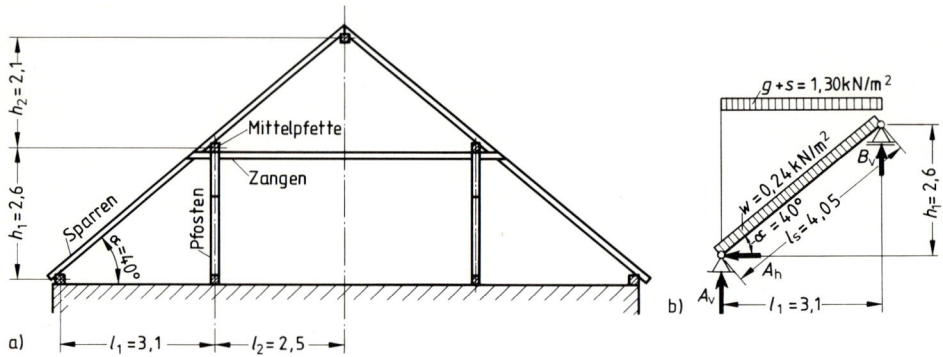

70.1   Pfettendach; Darstellung zum Berechnen der Sparren (vergl. Bild **103.**1)
a) System des Daches
b) Statisches System der Sparren mit Belastung

Wind- und Schneelast je Sparrenfeld:

$$W + S = (w_\text{D} + s) \cdot e \cdot l = (0{,}24 + 0{,}56) \cdot 0{,}70 \cdot 3{,}10 = 1{,}74\,\text{kN} < 2{,}0\,\text{kN}$$

Reparaturlast als Einzellast $F = 1{,}0\,\text{kN}$

Biegemoment aus Eigenlast + Schnee + Wind

$$M_\text{y} = \frac{(g + s + w) \cdot l^2}{8} \cdot e + \frac{w \cdot h^2}{8} \cdot e = \frac{(g + s) \cdot l_1^2}{8} \cdot e + \frac{w \cdot l_\text{s}^2}{8} \cdot e$$

$$= \frac{(0{,}74 + 0{,}56) \cdot 3{,}10^2}{8} \cdot 0{,}70 + \frac{0{,}24 \cdot 4{,}05^2}{8} \cdot 0{,}70 = 1{,}09 + 0{,}34$$

$$= 1{,}43\,\text{kNm} = 143\,\text{kNcm}$$

Biegemoment aus Eigenlast + Reparaturlast

$$M_\text{y} = \frac{g \cdot l^2}{8} \cdot e + \frac{F \cdot l}{4}$$

$$= \frac{0{,}74 \cdot 3{,}10^2}{8} \cdot 0{,}70 + \frac{1{,}0 \cdot 3{,}10}{4} = 0{,}62 + 0{,}78$$

$$= 1{,}40\,\text{kNm} = 140\,\text{kNcm}$$

Bemessung

$$\text{erf } W_\text{y} = \frac{\max M_\text{y}}{\text{zul } \sigma_\text{B}} = \frac{143}{1{,}0} = 143\,\text{cm}^3 \qquad \text{Gewählt: Sparren } \textbf{80/120 mm} \text{ mit } W_\text{y} = 192\,\text{cm}^3$$

Spannungsnachweis für Lastfall HZ (Erhöhung von zul σ_B um 25 %)

$$\text{vorh } \sigma_{BD} = \frac{\max M_y}{\text{vorh } W_y} = \frac{143}{192} = 0{,}74 \,\text{kN/cm}^2 = 7{,}4 \,\text{N/mm}$$

$$\text{zul } \sigma = 1{,}25 \cdot 10 \,\text{N/mm}^2 = 12{,}5 \,\text{N/mm}^2$$

$$\frac{\text{vorh } \sigma_{BD}}{\text{zul } \sigma} = \frac{7{,}4 \,\text{N/mm}^2}{12{,}5 \,\text{N/mm}^2} = 0{,}59 < 1{,}0$$

4.2   Widerstandsmomente und Flächenmomente 2. Grades

Widerstandsmomente und Flächenmomente wurden bereits in Abschnitt 4.1.2 in allgemeiner Form erklärt. Für häufig vorkommende Querschnitte können aus den allgemeinen Formeln die Widerstandsmomente für einfache Querschnitte abgeleitet werden. Dabei ist nach symmetrischen und unsymmetrischen Querschnitten zu unterscheiden. Besondere Vereinfachungen ergeben sich für Rechteckquerschnitte.

4.2.1   Rechteckige Querschnitte

Die Widerstandsmomente und Flächenmomente 2. Grades für Rechteckquerschnitte sind aus folgenden Überlegungen zu ermitteln.

Im unteren Trägerbereich entstehen bei positiven Biegemomenten Zugspannungen, im oberen Trägerbereich Druckspannungen. Es wirken resultierend die Kräfte Z und D im Schwerpunkt der Spannungsdreiecke (Bild **71**.1). Der Abstand der beiden gleichgroßen, aber entgegengesetzt gerichteten Kräfte ist $z = 2/3\,h$. Beide Kräfte bilden ein Kräftepaar. Das daraus entstehende Moment ist das innere Moment M_i, welches dem äußeren Moment $\max M$ aus der Belastung das Gleichgewicht halten muß.

$$\sum M = M_i + \max M = 0 \qquad |M_i| = \max M$$

Damit erhält man

$$\max M = |M_i| = |D| \cdot z \quad \text{bzw.} \quad \max M = |Z| \cdot z \tag{71.1}$$

Die inneren Kräfte D und Z sind aus dem Inhalt der Spannungskeile zu berechnen (vgl. Bild **64**.2). Hierbei werden zweckmäßigerweise die absoluten Größen ohne Vorzeichen verwendet.

$$|D| = |Z| = \max \sigma_B \cdot \frac{h}{2} \cdot \frac{1}{2} \cdot b = \frac{\max \sigma_B \cdot h \cdot b}{4} \tag{71.2}$$

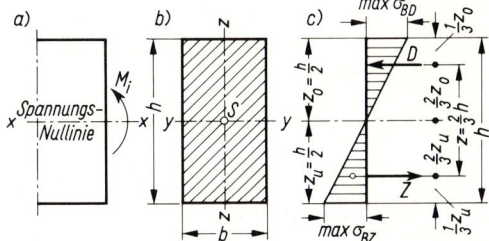

71.1 Biegebeanspruchter Rechteckquerschnitt
  a) Längsansicht mit innerem Moment M_i
  b) Querschnitt mit den Hauptachsen
     (y-Achse und z-Achse) im
     Schwerpunkt S, durch den auch die
     Spannungs-Nulllinie geht
  c) Spannungsbild mit den inneren Kräften
     D und Z als Resultierende aus den
     Spannungskeilen

In Gleichung (71.1) wird für $|D|$ bzw. $|Z|$ die Gleichung (71.2) eingesetzt. Für z wird Gleichung (71.3) eingefügt.

$$z = \frac{2}{3} h \quad \text{(s. Bild \textbf{71}.1)} \tag{72.1}$$

Damit erhält das Biegemoment folgende Form:

$$\max M = D \cdot z = \frac{\max \sigma_\mathrm{B} \cdot h \cdot b}{4} \cdot \frac{2}{3} h$$

$$\max M = \max \sigma_\mathrm{B} \cdot \frac{b \cdot h^2}{6} \tag{72.2}$$

Da die Grundgleichung $\max M = \max \sigma_\mathrm{B} \cdot W$ gilt, ist in der Gleichung der Ausdruck $\frac{b \cdot h^2}{6}$ das Widerstandsmoment W. Also gilt für Rechteckquerschnitte

$$W_\mathrm{y} = \frac{b \cdot h^2}{6} \qquad W_\mathrm{z} = \frac{h \cdot b^2}{6} \tag{72.3} \quad (72.4)$$

Aus der Bedingung $W = \frac{I}{z_0}$ mit $z_0 = \frac{h}{2}$ folgt für die Flächenmomente 2. Grades

$$I_\mathrm{y} = \frac{b \cdot h^3}{12} \qquad I_\mathrm{z} = \frac{h \cdot b^3}{12} \tag{72.5} \quad (72.6)$$

Diese Flächenmomente wurden früher auch als Trägheitsmomente bezeichnet.

Beispiele zur Erläuterung

1. Die Flächenmomente I_y und I_z eines Holzbalkens 160/180 mm bzw. 16/18 cm werden berechnet.

$$I_\mathrm{y} = \frac{b \cdot h^3}{12} = \frac{16\,\mathrm{cm} \cdot (18\,\mathrm{cm})^3}{12} = 7776\,\mathrm{cm}^4$$

$$I_\mathrm{z} = \frac{h \cdot b^3}{12} = \frac{18\,\mathrm{cm} \cdot (16\,\mathrm{cm})^3}{12} = 6144\,\mathrm{cm}^4$$

2. Die Widerstandsmomente W_y und W_z für den Holzbalken 160/180 mm bzw. 16/18 cm werden berechnet.

$$W_\mathrm{y} = \frac{I_\mathrm{y}}{h/2} = \frac{7776\,\mathrm{cm}^4}{18\,\mathrm{cm}/2} = 864\,\mathrm{cm}^3 \quad \text{oder} \quad W_\mathrm{y} = \frac{b \cdot h^2}{6} = \frac{16\,\mathrm{cm} \cdot (18\,\mathrm{cm})^2}{6} = 864\,\mathrm{cm}^3$$

$$W_\mathrm{z} = \frac{I_\mathrm{z}}{b/2} = \frac{6144\,\mathrm{cm}^4}{16\,\mathrm{cm}/2} = 768\,\mathrm{cm}^3 \quad \text{oder} \quad W_\mathrm{z} = \frac{h \cdot b^2}{6} = \frac{18\,\mathrm{cm} \cdot (16\,\mathrm{cm})^2}{6} = 768\,\mathrm{cm}^3$$

4.2.2   Statische Werte für Bauholz

In DIN 4070 sind die genormten Querschnitte der Kanthölzer, Balken und Dachlatten angegeben. Sie sind auf Vorrat eingeschnitten und sollen bevorzugt verwendet werden. Die Querschnittsmaße, Widerstands- und Flächenmomente sowie Trägheitsradien (s. Abschn. 7.1.2) sind in Tafel **73**.1 zusammengestellt. Dieses sind die statischen Werte des Querschnitts.

Tafel **73.**1   **Bauholz** nach DIN 4070 Querschnittsmaße und statische Werte

Be-nennung	Breite und Höhe b/d cm	Quer-schnitts-fläche A cm^2	W_y cm^3	I_y cm^4	W_z cm^3	I_z cm^4	i_y cm	i_z cm
Kantholz	6/6	36	36	108	36	108	1,73	1,73
	6/8	48	64	256	48	144	2,31	1,73
	6/12	72	144	864	72	216	3,46	1,73
	8/8	64	85	341	85	341	2,31	2,31
	8/10	80	133	667	107	427	2,89	2,31
	8/12	96	192	1152	128	512	3,46	2,31
	8/16	128	341	2731	171	683	4,62	2,31
	10/10	100	167	833	167	833	2,89	2,89
	10/12	120	240	1440	200	1000	3,46	2,89
	12/12	144	288	1728	288	1728	3,46	3,46
	12/14	168	392	2744	336	2016	4,04	3,46
	12/16	192	512	4096	384	2304	4,62	3,46
	14/14	196	457	3201	457	3201	4,04	4,04
	14/16	224	597	4779	523	3659	4,62	4,04
	16/16	256	683	5461	683	5461	4,62	4,62
	16/18	288	864	7776	768	6144	5,20	4,62
Balken	10/20	200	667	6667	333	1667	5,78	2,89
	10/22	220	807	8873	367	1833	6,35	2,89
	12/20	240	800	8000	480	2880	5,77	3,46
	12/24	288	1152	13824	576	3456	6,93	3,46
	16/20	320	1067	10667	853	6827	5,77	4,62
	18/22	396	1452	15972	1188	10692	6,35	5,20
	20/20	400	1333	13333	1333	13333	5,77	5,77
	20/24	480	1920	23040	1600	16000	6,93	5,77
Dach-latten	mm							
	24/48	11,5	9,2	22,1	4,57	5,5	1,39	0,69
	30/50	15,0	12,5	31,3	7,5	11,3	1,45	0,87
	40/60	24,0	24,0	72,0	16,0	32,0	1,73	1,16

4.2.3 Symmetrische Querschnitte

Flächenmomente für Querschnitte, die aus rechteckigen Teilflächen mit gemeinsamer Symmetrieachse gebildet werden, sind durch Erweiterung der bisherigen Grundformeln zu berechnen.

1. Querschnitte aus zusammengesetzten rechteckigen Teilflächen (Bild **73.**2):

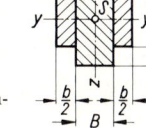 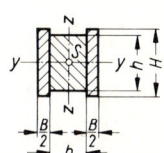

73.2   Flächenmomente 2. Grades für Querschnitte aus zusammen-gesetzten Rechtecken mit gemeinsamer Symmetrieachse

– **Das Flächenmoment des gesamten Querschnittes ist gleich der Summe der Flächenmomente aller einzelnen Rechteckquerschnitte (Bild 74.1)**

$$I_y = I_1 + I_2 + I_3 + \cdots \qquad \text{in cm}^4 \tag{74.1}$$

$$I_y = \frac{b_1 \cdot h_1^3}{12} + \frac{b_2 \cdot h_2^3}{12} + \frac{b_3 \cdot h_3^3}{12} + \cdots \tag{74.2}$$

oder

$$I_y = \frac{B \cdot H^3}{12} + \frac{b \cdot h^3}{12} \tag{74.3}$$

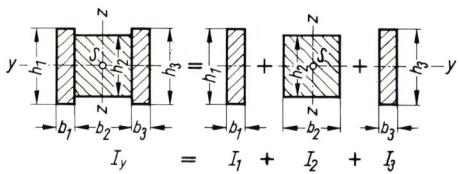

74.1 Das Flächenmoment 2. Grades I_y des Gesamt-querschnittes ergibt sich aus der Addition der Trägheitsmomente I_1 bis I_3 aller Teilquerschnitte

2. Querschnitte mit fehlenden rechteckigen Teilflächen (Bild **74.**2):

– **Das Flächenmoment des vorhandenen Querschnittes ist gleich dem Flächenmoment des ganzen Rechteckes, abzüglich der Flächenmomente der fehlenden Rechtecke (Bild 74.3).**

$$I_y = I_1 - I_2 - I_3 - \cdots \qquad \text{in cm}^4 \tag{74.4}$$

$$I_y = \frac{b_1 \cdot h_1^3}{12} - \frac{b_2 \cdot h_2^3}{12} - \frac{b_3 \cdot h_3^3}{12} - \cdots \tag{74.5}$$

oder

$$I_y = \frac{B \cdot H^3}{12} - \frac{b \cdot h^3}{12} \tag{74.6}$$

Die Widerstandsmomente W werden berechnet aus den Flächenmomenten I, geteilt durch den Randabstand z_0 bzw. y_0:

$$W_y = \frac{I_y}{z_0} \qquad W_z = \frac{I_z}{y_0} \quad \text{in cm}^3 \qquad \text{mit } I \text{ in cm}^4 \qquad y_0 \text{ und } z_0 \text{ in cm} \tag{74.7}$$

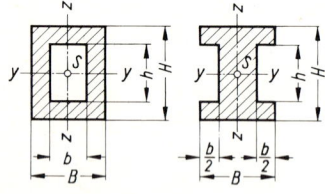

74.2 Flächenmomente 2. Grades für Querschnitte mit fehlenden Rechtecken bei gemeinsamer Symmetrieachse

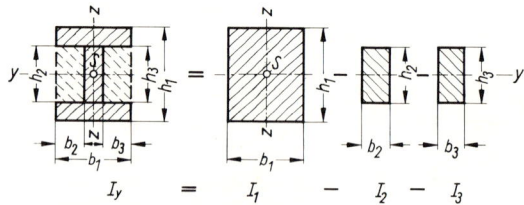

74.3 Das Flächenmoment 2. Grades I_y des vorhandenen Quer-schnittes ergibt sich aus dem Flächenmoment I_1 des um-hüllenden Rechteckes, abzüglich der Flächenmomente I_2 und I_3 der fehlenden Rechtecke

Beispiele zur Erläuterung

1. Für ein rechteckiges Hohlprofil (Bild **75.1**) wird die Berechnung der Flächenmomente I_y und I_z sowie der Widerstandsmomente W_y und W_z durchgeführt.

$$I_y = \frac{B \cdot H^3}{12} - \frac{b \cdot h^3}{12} = \frac{18\,\text{cm} \cdot (24\,\text{cm})^3}{12} - \frac{10\,\text{cm} \cdot (20\,\text{cm})^3}{12}$$

$$= 20736\,\text{cm}^4 - 6667\,\text{cm}^4 = 14069\,\text{cm}^4$$

$$I_z = \frac{H \cdot B^3}{12} - \frac{h \cdot b^3}{12} = \frac{24\,\text{cm} \cdot (18\,\text{cm})^3}{12} - \frac{20\,\text{cm} \cdot (10\,\text{cm})^3}{12}$$

$$= 11664\,\text{cm}^4 - 1667\,\text{cm}^4 = 9997\,\text{cm}^4$$

$$W_y = \frac{I_y}{z_0} = \frac{I_y}{B/2} = \frac{14069\,\text{cm}^4}{24\,\text{cm}/2} = 1172\,\text{cm}^3$$

$$W_z = \frac{I_z}{y_0} = \frac{I_z}{B/2} = \frac{9997\,\text{cm}^4}{18\,\text{cm}/2} = 1111\,\text{cm}^3$$

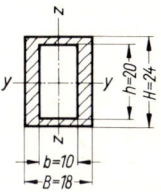

75.1 Hohlquerschnitt

2. Das Flächenmoment I_y und das Widerstandsmoment W_y für das Holzprofil nach Bild **75.2** werden berechnet.

$$I_y = \frac{B \cdot H^3}{12} - \frac{b \cdot h^3}{12} = \frac{14\,\text{cm} \cdot (28\,\text{cm})^3}{12} - \frac{8\,\text{cm} \cdot (18\,\text{cm})^3}{12}$$

$$= 25611\,\text{cm}^4 - 3888\,\text{cm}^4 = 21723\,\text{cm}^4$$

$$W_y = \frac{I_y}{z_0} = \frac{I_y}{H/2} = \frac{21723\,\text{cm}^4}{28\,\text{cm}/2} = 1552\,\text{cm}^3$$

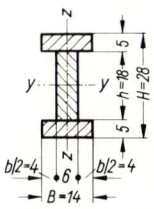

75.2 I-förmiger Querschnitt, hochkant stehend

3. Das Flächenmoment I_z und das Widerstandsmoment W_z für das gleiche Holzprofil nach Bild **75.3** werden bestimmt.

$$I_z = \frac{B \cdot H^3}{12} + \frac{b \cdot h^3}{12} = \frac{10\,\text{cm} \cdot (14\,\text{cm})^3}{12} + \frac{18\,\text{cm} \cdot (6\,\text{cm})^3}{12}$$

$$= 2287\,\text{cm}^4 + 324\,\text{cm}^4 = 2611\,\text{cm}^4$$

$$W_z = \frac{I_z}{y_0} = \frac{I_z}{H/2} = \frac{2611\,\text{cm}^4}{14\,\text{cm}/2} = 373\,\text{cm}^3$$

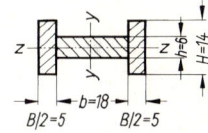

4.2.4   Statische Werte für Formstahl

In DIN 1025 sind Querschnittsmaße und statische Werte für genormte Stahlträger angegeben. In den nachstehenden Tafeln sind auszugsweise die Träger aufgeführt, die der bevorzugten Verwendung empfohlen werden.

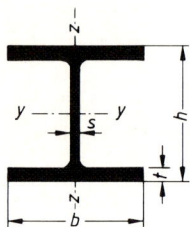

Tafel **76**.1   **Stahlträger IPE 100 bis IPB 1000** nach DIN 1025 (Auswahl);
Querschnittsmaße und statische Werte

Kurz-zeichen IPB HE-B	Maße mm				A	g	für die Biegeachse $y-y$				$z-z$				I_T
	h	b	s	t	cm²	kg/m	I_y cm⁴	W_y cm³	i_y cm	S_y cm³	I_z cm⁴	W_z cm³	i_z cm	i_{zG} cm	cm⁴
100	100	100	6	10	26,0	20,4	450	89,9	4,16	52,1	167	33,5	2,53	2,69	9,29
120	120	120	6,5	11	34,0	26,7	864	144	5,04	82,6	318	52,9	3,06	3,24	13,9
140	140	140	7	12	43,0	33,7	1510	216	5,93	123	550	78,5	3,58	3,80	20,1
160	160	160	8	13	54,3	42,6	2490	311	6,78	177	889	111	4,05	4,31	31,3
180	180	180	8,5	14	65,3	51,2	3830	426	7,66	241	1360	151	4,57	4,87	42,3
200	200	200	9	15	78,1	61,3	5700	570	8,54	321	2000	200	5,07	5,39	59,5
240	240	240	10	17	106	83,2	11260	938	10,3	527	3920	327	6,08	6,47	103
260	260	260	10	17,5	118	93,0	14920	1150	11,2	641	5130	395	6,58	6,99	124
300	300	300	11	19	149	117	25170	1680	13,0	934	8560	571	7,58	8,06	186
340	340	300	12	21,5	171	134	36660	2160	14,6	1200	9690	646	7,53	8,05	258
360	360	300	12,5	22,5	181	142	43190	2400	15,5	1340	10140	676	7,49	8,03	293
400	400	300	13,5	24	198	155	57680	2880	17,1	1620	10820	721	7,40	7,99	357
450	450	300	14	26	218	171	79890	3550	19,1	1990	11720	781	7,33	7,97	442
500	500	300	14,5	28	239	187	107200	4290	21,2	2410	12620	842	7,27	7,94	540
600	600	300	15,5	30	270	212	171000	5700	25,2	3210	13530	902	7,08	7,84	669
700	700	300	17	32	306	241	256900	7340	29,0	4160	14440	963	6,87	7,73	833
800	800	300	17,5	33	334	262	359100	8980	32,8	5110	14900	994	6,68	7,61	948
1000	1000	300	19	36	400	314	644700	12890	40,1	7430	16280	1090	6,38	7,43	1260

Tafel **77.1**   **Stahlträger I 180 bis I 400** nach DIN 1025 (Auswahl)
Querschnittsmaße und statische Werte

Kurzzeichen I	Maße mm				A cm²	g kg/m	für die Biegeachse $y-y$			$z-z$			i_{zG} cm	I_T cm⁴
	h	b	t	s			I_y cm⁴	W_y cm³	i_y cm	I_z cm⁴	W_z cm³	i_z cm		
80	80	42	5,9	3,9	7,57	5,94	77,8	19,5	3,20	6,29	3,00	0,91	1,02	0,87
100	100	50	6,8	4,5	10,6	8,34	171	34,2	4,01	12,2	4,88	1,07	1,21	1,60
120	120	58	7,7	5,1	14,2	11,1	328	54,7	4,81	21,5	7,41	1,23	1,39	2,71
140	140	66	8,6	5,7	18,2	14,3	573	81,9	5,61	35,2	10,7	1,40	1,58	4,32
160	160	74	9,5	6,3	22,8	17,9	935	117	6,40	54,7	14,8	1,55	1,76	6,57
180	180	82	10,4	6,9	27,9	21,9	1450	161	7,20	81,3	19,8	1,71	1,95	9,58
200	200	90	11,3	7,5	33,4	26,2	2140	214	8,00	177	26,0	1,87	2,14	13,5
240	240	106	13,1	8,7	46,1	36,2	4250	354	9,59	221	41,7	2,20	2,51	25,0
260	260	113	14,1	9,4	53,3	41,9	5740	442	10,4	288	51,0	2,32	2,66	33,5
300	300	125	16,2	10,8	69,0	54,2	9800	653	11,9	451	72,2	2,56	2,94	56,8
320	320	131	17,3	11,5	77,7	61,0	12510	782	12,7	555	84,7	2,67	3,08	72,5
340	340	137	18,3	12,2	86,7	68,0	15700	923	13,5	674	98,4	2,80	3,22	90,4
360	360	143	19,5	13,0	97,0	76,1	19610	1090	14,2	818	114	2,90	3,36	115
400	400	155	21,6	14,4	118	92,4	29210	1460	15,7	1160	149	3,13	3,64	170

Tafel **77.2**   **Stahlträger IPE 120 bis IPE 600** nach DIN 1025 (Auswahl)
Querschnittsmaße und statische Werte

Kurzzeichen IPE	Maße mm				A cm²	g kg/m	für die Biegeachse $y-y$			$z-z$			i_{zG} cm	I_T cm⁴
	h	b	s	t			I_y cm⁴	W_y cm³	i_y cm	I_z cm⁴	W_z cm³	i_z cm		
120	120	64	4,4	6,3	13,2	10,4	318	53,0	4,90	27,7	8,65	1,45	1,63	1,74
140	140	73	4,7	6,9	16,4	12,9	541	77,3	5,74	44,9	12,3	1,65	1,87	2,45
160	160	82	5,0	7,4	20,1	15,8	869	109	6,58	68,3	16,7	1,84	2,08	3,62
180	180	91	5,3	8,0	23,9	18,8	1320	146	7,42	101	22,2	2,05	2,32	4,81
200	200	100	5,6	8,5	28,5	22,4	1940	194	8,26	142	28,5	2,24	2,52	7,01
240	240	120	6,2	9,8	39,1	30,7	3890	324	9,97	284	47,3	2,69	3,03	12,9
270	270	135	6,6	10,2	45,9	36,1	5790	429	11,2	420	62,2	3,02	3,41	16,0
300	300	150	7,1	10,7	53,8	42,2	8360	557	12,5	604	80,5	3,35	3,79	20,2
330	330	160	7,5	11,5	62,6	49,1	11770	713	13,7	788	98,5	3,55	4,02	28,3
360	360	170	8,0	12,7	72,7	57,1	16270	904	15,0	1040	123	3,79	4,29	37,5
400	400	180	8,6	13,5	84,5	66,3	23130	1160	16,5	1320	146	3,95	4,49	51,3
450	450	190	9,4	14,6	98,8	77,6	33740	1500	18,5	1680	176	4,12	4,72	67,2
500	500	200	10,2	16,0	116	90,7	48200	1930	20,4	2140	214	4,31	4,96	89,6
600	600	220	12,0	19,0	156	122	92080	3070	24,3	3390	308	4,66	5,41	166

Tafel **78.1**   **Runde Stahlrohre** nach DIN 2458 (Auszug);
Querschnittsmaße und statische Werte

Kurz-zeichen Ro $d_a \times t$	d_i mm	A cm²	g kg/m	$I = {}^1/_2\,I_T$ cm⁴	$W = {}^1/_2\,W_T$ cm³	i cm
2	38,4	**2,54**	2,01	5,19	**2,45**	1,43
42,4 × 2,6	37,2	**3,25**	2,57	6,46	**3,05**	1,41
5	32,4	5,87	4,61	10,5	4,93	1,33
2,3	43,7	**3,32**	2,63	8,81	**3,65**	1,63
48,3 × 2,6	43,1	**3,73**	2,95	9,78	**4,05**	1,62
5	38,3	6,80	5,34	16,2	6,69	1,54
2,3	55,7	**4,19**	3,31	17,7	**5,85**	2,05
60,3 × 2,9	54,5	**5,23**	4,14	21,6	**7,16**	2,03
5	50,3	8,69	6,82	33,5	11,1	1,96
2,6	70,9	**6,00**	4,75	40,6	**10,7**	2,60
76,1 × 2,9	70,3	**6,67**	5,28	44,7	**11,8**	2,59
5	66,1	11,2	8,77	70,9	18,6	2,52
2,9	83,1	**7,84**	6,20	72,5	**16,3**	3,04
88,9 × 3,2	82,5	**8,62**	6,81	79,2	**17,8**	3,03
5,6	77,7	14,7	11,5	128	28,7	2,95
2,9	95,8	**8,99**	7,11	110	**21,6**	3,49
101,6 × 3,6	94,4	**11,1**	8,76	133	**26,2**	3,47
6,3	89,0	18,9	14,9	215	42,3	3,38
3,2	107,9	**11,2**	8,83	172	**30,2**	3,93
114,3 × 3,6	107,1	**12,5**	9,90	192	**33,6**	3,92
7,1	100,1	23,9	18,8	345	60,4	3,80
3,6	132,5	**15,4**	12,2	357	**51,1**	4,81
139,7 × 4	131,7	**17,1**	13,5	393	**56,2**	4,80
7,1	125,5	29,6	23,3	652	93,3	4,69
4	160,3	**20,6**	16,3	697	**82,8**	5,81
168,3 × 4,5	159,3	**23,2**	18,1	777	**92,4**	5,79
8	152,3	40,3	31,5	1300	154	5,67
4,5	184,7	**26,7**	20,9	1200	**124**	6,69
193,7 × 5,4	182,9	**31,9**	25,0	1420	**146**	6,66
8,8	176,1	51,1	40,0	2190	226	6,54
4,5	210,1	**30,3**	23,7	1750	**159**	7,59
219,1 × 5,9	207,3	**39,5**	31,0	2250	**205**	7,54
12,5	194,1	81,1	64,1	4340	397	7,32
5	234,5	**37,6**	29,5	2700	**221**	8,47
244,5 × 6,3	231,9	**47,1**	37,1	3350	**274**	8,42
12,5	219,5	91,1	72,0	6150	503	8,21
5	263,0	**42,1**	33,0	3780	**277**	9,48
273 × 6,3	260,4	**52,8**	41,6	4700	**344**	9,43
12,5	248,0	102	80,9	8700	637	9,22
5,6	312,7	**56,0**	43,8	7090	**438**	11,3
323,9 × 7,1	309,7	**70,7**	55,6	8870	**548**	11,2
12,5	298,9	122	96,7	14850	917	11,0
5,6	344,4	**61,6**	48,2	9430	**530**	12,4
355,6 × 8	339,6	**87,4**	68,3	13200	**742**	12,3
12,5	330,6	135	107	19850	1120	12,1
6,3	393,8	**79,2**	62,4	15850	**780**	14,1
406,4 × 8,8	388,8	**110**	85,9	21730	**1070**	14,1
12,5	381,4	155	122	30030	1480	13,9

Tafel **79.1**   **Quadratische Stahl-Hohlprofile** nach DIN 59410 (Auszug);
Querschnittsmaße, statische Werte

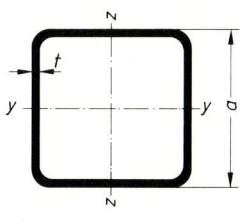

Nenn-maß a mm	t mm	A cm^2	g kg/m	U m^2/m	für die Biegeachse $y-y=z-z$			für die Verdrehung	
					I_y cm^4	W_y cm^3	i_y cm	I_T cm^4	W_T cm^3
40	2,9	**4,23**	3,32	0,155	9,66	**4,83**	1,51	15,0	7,97
	4,0	**5,62**	4,41	0,153	12,1	**6,05**	1,47	19,0	10,3
50	2,9	**5,39**	4,23	0,195	19,8	**7,94**	1,92	30,7	12,9
	4,0	**7,22**	5,67	0,193	25,4	**10,1**	1,87	39,5	16,9
60	2,9	**6,55**	5,14	0,235	35,5	**11,8**	2,33	54,5	18,9
	4,0	**8,82**	6,93	0,233	45,9	**15,3**	2,28	71,2	25,1
	5,0	**10,8**	8,47	0,231	54,1	**18,0**	2,24	84,5	30,2
70	3,2	**8,46**	6,64	0,275	62,7	**17,9**	2,72	96,3	28,5
	4,0	**10,4**	8,18	0,273	75,3	**21,5**	2,69	116	34,8
	5,0	**12,8**	10,0	0,271	89,6	**25,6**	2,65	139	42,2
80	3,6	**10,9**	8,55	0,314	106	**26,4**	3,11	162	42,0
	4,5	**13,4**	10,5	0,312	127	**31,7**	3,08	196	51,3
	5,6	**16,4**	12,9	0,310	151	**37,6**	3,03	234	61,9
90	3,6	**12,3**	9,68	0,354	153	**34,0**	3,52	234	53,7
	4,5	**15,2**	11,9	0,352	185	**41,0**	3,48	284	65,8
	5,6	**18,6**	14,6	0,350	220	**49,0**	3,44	341	79,7
100	4,0	**15,2**	12,0	0,393	233	**46,6**	3,91	357	73,7
	5,0	**18,8**	14,7	0,391	281	**56,3**	3,87	433	90,2
	6,3	**23,3**	18,3	0,389	339	**67,8**	3,82	525	111
120	4,5	**20,5**	16,1	0,469	452	**75,3**	4,70	702	120
	5,6	**25,1**	19,7	0,467	544	**90,6**	4,65	852	146
	6,3	**28,0**	22,0	0,465	598	**99,7**	4,62	942	163
140	5,6	**29,6**	23,3	0,547	885	**126**	5,47	1380	202
	7,1	**37,0**	29,0	0,543	1080	**154**	5,40	1690	250
	8,8	**45,0**	35,3	0,539	1280	**182**	5,33	2030	302
160	6,3	**37,7**	29,6	0,618	1460	**183**	6,23	2330	297
	8,0	**47,0**	36,9	0,613	1780	**222**	6,15	2880	368
	10,0	**57,4**	45,1	0,606	2100	**263**	6,05	3470	446
180	6,3	**42,8**	33,6	0,698	2120	**236**	7,05	3360	379
	8,0	**53,4**	41,9	0,693	2590	**288**	6,97	4160	471
	10,0	**65,4**	51,4	0,686	3090	**343**	6,87	5040	574
200	6,3	**47,8**	37,5	0,778	2960	**296**	7,86	4660	472
	8,0	**59,8**	46,9	0,773	3620	**362**	7,78	5780	588
	10,0	**73,4**	57,6	0,766	4340	**434**	7,69	7020	718
220	6,3	**52,8**	41,5	0,858	3980	**362**	8,68	6250	574
	8,0	**66,2**	52,0	0,853	4890	**445**	8,60	7770	717
	10,0	**81,4**	63,9	0,846	5890	**535**	8,50	9470	878
260	7,1	**70,5**	55,4	1,02	7450	**573**	10,3	11660	907
	8,8	**86,4**	67,8	1,01	8980	**691**	10,2	14200	1110
	11,0	**106**	83,6	1,00	10830	**833**	10,1	17350	1360

Tafel **80.**1   **Rechteckige Stahl-Hohlprofile** nach DIN 59 410 (Auszug); Querschnittsmaße und statische Werte

Nenn-maße	t	A	g	U	für die Biegeachse $y-y$			$z-z$			für die Verdrehung	
$a \times b$					I_y	W_y	i_y	I_z	W_z	$i_z =$ min i	I_T	W_T
mm	mm	cm²	kg/m	m²/m	cm⁴	cm³	cm	cm⁴	cm³	cm	cm⁴	cm³
50 × 30	2,9	**4,23**	3,32	0,155	13,4	**5,36**	1,78	5,88	3,92	**1,18**	12,9	7,39
	4,0	**5,62**	4,41	0,153	16,9	**6,75**	1,73	7,25	4,83	**1,14**	16,2	9,54
60 × 40	2,9	**5,39**	4,23	0,195	26,0	**8,67**	2,20	13,7	6,83	**1,59**	28,0	12,3
	4,0	**7,22**	5,67	0,193	33,3	**11,1**	2,15	17,3	8,65	**1,55**	35,9	16,1
70 × 40	2,9	**5,97**	4,69	0,215	38,1	**10,9**	2,53	15,7	7,83	**1,62**	34,9	14,4
	4,0	**8,02**	6,30	0,213	49,2	**14,1**	2,48	19,9	9,95	**1,58**	44,9	19,0
80 × 40	2,9	**6,55**	5,14	0,235	53,1	**13,3**	2,85	17,7	8,83	**1,64**	42,0	16,6
	4,0	**8,82**	6,93	0,233	69,0	**17,3**	2,80	22,5	11,3	**1,60**	54,2	21,9
	5,0	**10,8**	8,47	0,231	81,7	**20,4**	2,75	26,2	13,1	**1,56**	63,6	26,2
90 × 50	3,2	**8,46**	6,64	0,275	89,7	**19,9**	3,26	35,5	14,2	**2,05**	79,8	26,0
	4,0	**10,4**	8,18	0,273	108	**24,0**	3,22	42,3	16,9	**2,02**	95,9	31,6
	5,0	**12,8**	10,0	0,271	129	**28,7**	3,18	49,9	19,9	**1,98**	114	38,2
100 × 50	3,6	**10,2**	7,98	0,294	129	**25,8**	3,56	42,9	17,2	**2,05**	102	32,2
	4,5	**12,5**	9,83	0,292	155	**31,0**	3,52	50,9	20,4	**2,02**	122	39,1
	5,6	**15,3**	12,0	0,290	184	**36,8**	3,47	59,4	23,8	**1,97**	144	46,9
100 × 60	3,6	**10,9**	8,55	0,314	146	**29,1**	3,66	65,2	21,7	**2,45**	141	39,1
	4,5	**13,4**	10,5	0,312	176	**35,1**	3,62	77,9	26,0	**2,41**	169	47,7
	5,6	**16,4**	12,9	0,310	209	**41,8**	3,57	91,8	30,6	**2,37**	201	57,4
120 × 60	4,0	**13,5**	10,6	0,350	247	**41,1**	4,27	82,7	27,6	**2,47**	199	51,9
	5,0	**16,6**	13,0	0,348	296	**49,3**	4,22	98,2	32,7	**2,43**	239	63,1
	6,3	**20,5**	16,1	0,345	354	**59,0**	4,16	116	38,6	**2,38**	286	76,6
140 × 80	4,0	**16,7**	13,1	0,430	438	**62,5**	5,12	183	45,7	**3,31**	408	82,6
	5,0	**20,6**	16,2	0,428	529	**75,6**	5,07	220	55,0	**3,27**	496	101
	6,3	**25,5**	20,0	0,425	639	**91,3**	5,01	263	65,8	**3,21**	601	124
160 × 90	4,5	**21,2**	16,6	0,485	715	**89,4**	5,81	293	65,1	**3,72**	672	119
	5,6	**25,9**	20,4	0,481	858	**107**	5,75	350	77,7	**3,67**	814	145
	7,1	**32,2**	25,3	0,476	1030	**129**	5,67	418	92,9	**3,60**	991	179
180 × 100	5,6	**29,3**	23,0	0,541	1240	**137**	6,50	496	99,1	**4,11**	1150	184
	7,1	**36,4**	28,6	0,536	1500	**167**	6,41	597	119	**4,05**	1410	227
	8,8	**44,2**	34,7	0,530	1760	**196**	6,32	696	139	**3,97**	1680	272
200 × 120	6,3	**37,7**	29,6	0,618	2010	**201**	7,30	910	152	**4,91**	2030	277
	8,0	**47,0**	36,9	0,613	2440	**244**	7,21	1100	183	**4,84**	2490	342
	10,0	**57,4**	45,1	0,606	2890	**289**	7,10	1290	216	**4,75**	2990	414
220 × 120	6,3	**40,2**	31,6	0,658	2540	**231**	7,95	992	165	**4,97**	2320	305
	8,0	**50,2**	39,4	0,653	3100	**281**	7,85	1200	200	**4,89**	2850	378
	10,0	**61,4**	48,2	0,646	3680	**335**	7,74	1410	236	**4,80**	3420	458
260 × 140	6,3	**47,8**	37,5	0,778	4260	**328**	9,44	1630	233	**5,85**	3800	426
	8,0	**59,8**	46,9	0,773	5220	**402**	9,35	1990	284	**5,77**	4700	530
	10,0	**73,4**	57,6	0,766	6260	**481**	9,23	2370	339	**5,68**	5690	646
260 × 180	6,3	**52,8**	41,5	0,858	5070	**390**	9,80	2880	320	**7,39**	5820	554
	8,0	**66,2**	52,0	0,853	6240	**480**	9,71	3540	393	**7,31**	7220	692
	10,0	**81,4**	63,9	0,846	7510	**578**	9,60	4240	472	**7,22**	8790	846

4.2.5   Unsymmetrische Querschnitte

Für Querschnitte mit einer oder ohne Symmetrieachse (Bild **81**.1) wurden fertige Formeln aufgestellt. Eine ganz allgemein gültige Formel zur Berechnung der Flächenmomente beliebiger Flächen (Bild **81**.2) ist von S t e i n e r entwickelt worden. Solche Flächen werden in Teilflächen aufgeteilt, deren Einzelschwerpunkte bekannt sind (s. Teil 1, Abschn. 3.2.2).

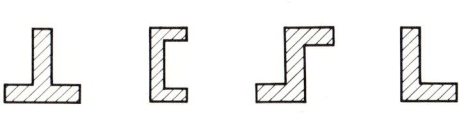

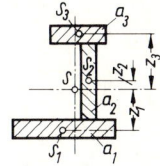

81.1   Querschnitte mit einer oder ohne Symmetrieachse

81.2   Aufteilung beliebiger Querschnitte in Teilflächen mit bekannten Schwerpunktlagen

Der Satz von S t e i n e r besagt:

Das Flächenmoment einer Gesamtfläche A um eine Achse
ist gleich der Summe aller Flächenmomente der Teilflächen A_n
um ihre zu der Achse parallelen Schwerachse,
zuzüglich der Summe aller Produkte aus den Teilflächen A_n
und dem Quadrat ihres jeweiligen Schwerpunktabstandes z_n von dieser Achse.

$$I = I_1 + A_1 \cdot z_1^2 + I_2 + A_2 \cdot z_2^2 + I_3 + A_3 \cdot z_3^2 + \cdots I_i + A_i \cdot z_i^2 \qquad (81.1)$$

in cm^4 mit A in cm^2, z in cm

Die Widerstandsmomente W_y und W_z werden aus den Trägheitsmomenten berechnet. Der Schwerpunkt hat zum unteren und oberen Rand unterschiedliche Abstände z_u und z_o. Daraus ergeben sich für den unteren und oberen Rand auch unterschiedliche Widerstandsmomente W_{yu} und W_{yo}:

$$W_{yu} = \frac{I_y}{z_u} \qquad W_{yo} = \frac{I_z}{z_o} \qquad \text{in cm}^3 \qquad \text{mit } I \text{ in cm}^4 \qquad z \text{ in cm} \quad (81.2)\ (81.3)$$

Ebenso werden für den linken und rechten Rand mit y_l und y_r die Widerstandsmomente verschieden groß

$$W_{zl} = \frac{I_z}{y_l} \qquad W_{zr} = \frac{I_z}{y_r} \qquad \text{in cm}^3 \qquad\qquad\qquad (81.4)\ (81.5)$$

Daraus ergeben sich unterschiedlich große Randspannungen

– am unteren Rand $\sigma_{yu} = M_y / W_{yu}$ (81.6)

– am linken Rand $\sigma_{zl} = M_z / W_{zl}$ (81.7)

– am oberen Rand $\sigma_{yo} = M_y / W_{yo}$ (81.8)

– am rechten Rand $\sigma_{zr} = M_z / W_{zr}$ (81.9)

Beispiele zur Erläuterung

1. Ein Holzbalken aus 2 miteinander verleimten Bohlen 40/100 mm hat bei einer Spannweite von $l = 2{,}5$ m eine Belastung von $q = 0{,}8$ kN/m zu tragen. Die Biegezugspannung am unteren Rand und die Biegedruckspannung am oberen Rand werden berechnet (Bild **82.**1). Lastfall H, Güteklasse II.

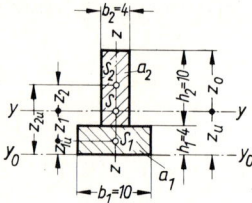

82.1   Zusammengesetzter Holzquerschnitt

Schwerpunkt

$$A_1 = 10\,\text{cm} \cdot 4\,\text{cm} = 40\,\text{cm}^2; \qquad A_2 = 4\,\text{cm} \cdot 10\,\text{cm} = 40\,\text{cm}^2$$

$$z_\text{u} = \frac{\sum A_\text{i} \cdot z_\text{iu}}{A} = \frac{A_1 \cdot z_\text{1u} + A_2 \cdot z_\text{2u}}{A_1 + A_2} = \frac{40\,\text{cm}^2 \cdot 2\,\text{cm} + 40\,\text{cm}^2 \cdot 9\,\text{cm}}{40\,\text{cm}^2 \cdot 40\,\text{cm}^2}$$

$$= \frac{80\,\text{cm}^3 + 360\,\text{cm}^3}{80\,\text{cm}^2} = 5{,}5\,\text{cm}$$

$$z_\text{o} = h_1 + h_2 - z_\text{u} = 4{,}0 + 10{,}0 - 5{,}5 = 8{,}5\,\text{cm}$$

$$z_1 = z_\text{u} - \frac{h_1}{2} = 5{,}5 - \frac{4{,}0}{2} = 3{,}5\,\text{cm}$$

$$z_2 = \frac{h_2}{2} + h_1 - z_\text{u} = \frac{10{,}0}{2} + 4{,}0 - 5{,}5 = 3{,}5\,\text{cm}$$

Flächenmoment

$$I_\text{y} = I_{\text{y}_1} + A_1 \cdot z_1^2 + I_{\text{y}_2} + A_2 \cdot z_2^2 = \frac{b_1 \cdot h_1^3}{12} + A_1 \cdot z_1^2 + \frac{b_2 \cdot h_2^3}{12} + A_2 \cdot z_2^2$$

$$= \frac{10\,\text{cm} \cdot (4\,\text{cm})^3}{12} + 40\,\text{cm}^2 \cdot (3{,}5\,\text{cm})^2 + \frac{4\,\text{cm} \cdot (10\,\text{cm})^3}{12} + 40\,\text{cm}^2 \cdot (3{,}5\,\text{cm})^2$$

$$= 53\,\text{cm}^4 + 490\,\text{cm}^4 + 333\,\text{cm}^4 + 490\,\text{cm}^4 = 1366\,\text{cm}^4$$

Widerstandsmomente

$$W_\text{yu} = \frac{I_\text{y}}{z_\text{u}} = \frac{1366\,\text{cm}^4}{5{,}5\,\text{cm}} = 248\,\text{cm}^3 \qquad W_\text{yo} = \frac{I_\text{y}}{z_\text{o}} = \frac{1366\,\text{cm}^4}{8{,}5\,\text{cm}} = 161\,\text{cm}^3$$

Biegemoment

$$\max M = \frac{q \cdot l^2}{8} = \frac{0{,}8\,\text{kN/m} \cdot (2{,}5\,\text{m})^2}{8} = 0{,}63\,\text{kNm} = 63\,\text{kNcm}$$

Biegespannungen

$$\text{vorh}\,\sigma_\text{yu} = \frac{\max M}{W_\text{yu}} = \frac{63\,\text{kNcm}}{248\,\text{cm}^3} = 0{,}25\,\text{kN/cm}^2 = 2{,}5\,\text{N/mm}^2$$

$$\text{zul}\,\sigma_\text{B} = 10\,\text{N/mm}^2$$

$$\text{vorh } \sigma_{yo} = \frac{\max M}{W_{yo}} = \frac{63\,\text{kNcm}}{161\,\text{cm}^3} = 0{,}39\,\text{kN/cm}^2 = 3{,}9\,\text{N/mm}^2$$

$$\text{zul } \sigma_B = 10\,\text{N/mm}^2$$

2. Ein Stahlträger aus 2 miteinander verbundenen Profilen (I 280 und [160) hat ein maximales Biegemoment von max $M_y = 80\,\text{kNm}$ aufzunehmen. Die maximale Biegespannung wird bestimmt (Bild **83.**1). Lastfall H, St 37-2.

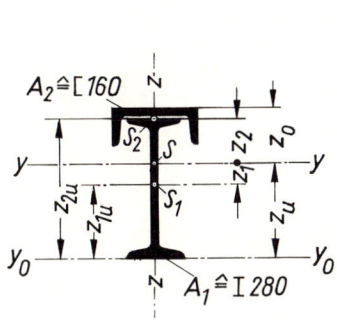

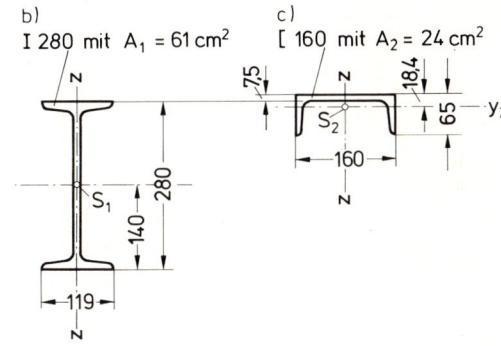

83.1   Zusammengesetzter Stahlquerschnitt

Schwerpunkt

$$A_1 = 61\,\text{cm}^2; \quad A_2 = 24\,\text{cm}^2; \quad I_{y1} = 7590\,\text{cm}^4; \quad I_{y2} = 85{,}3\,\text{cm}^4$$

$$z_u = \frac{A_1 \cdot z_{1u} + A_2 \cdot z_{2u}}{A_1 + A_2} = \frac{61\,\text{cm}^2 \cdot 14\,\text{cm} + 24\,\text{cm}^2 \cdot (28 + 0{,}75 - 1{,}84)\,\text{cm}}{61\,\text{cm}^2 + 24\,\text{cm}^2}$$

$$= \frac{61\,\text{cm}^2 \cdot 14\,\text{cm} + 24\,\text{cm}^2 \cdot 26{,}91\,\text{cm}}{85\,\text{cm}^2} = \frac{854\,\text{cm}^3 + 646\,\text{cm}^3}{85\,\text{cm}^2} = \frac{1500\,\text{cm}^3}{85\,\text{cm}^2} = 17{,}65\,\text{cm}$$

$$z_o = 28{,}0 + 0{,}75 - 17{,}65 = 11{,}10\,\text{cm}$$

$$z_1 = z_u - z_{1u} = 17{,}65 - 14{,}0 = 3{,}65\,\text{cm} \qquad z_2 = z_{2u} - z_u = 26{,}91 - 17{,}65 = 9{,}26\,\text{cm}$$

Flächenmoment

$$I_y = I_{y1} + A_1 \cdot z_1^2 + I_{y2} + A_2 \cdot z_2^2 = 7590\,\text{cm}^4 + 61\,\text{cm}^2 \cdot (3{,}65\,\text{cm})^2 + 85{,}3\,\text{cm}^4$$

$$+ 24\,\text{cm}^2 \cdot (9{,}26\,\text{cm})^2 = 7590\,\text{cm}^4 + 813\,\text{cm}^4 + 85\,\text{cm}^4 + 2058\,\text{cm}^4 = 10546\,\text{cm}^4$$

Widerstandsmoment

$$\min W_y = W_{yu} = \frac{I_y}{z_u} = \frac{10546\,\text{cm}^4}{17{,}65\,\text{cm}} = 598\,\text{cm}^3 \qquad W_{yo} = \frac{I_y}{z_o} = \frac{10546\,\text{cm}^4}{11{,}10\,\text{cm}} = 950\,\text{cm}^3$$

Biegespannung

$$\max \sigma_y = \frac{\max M_y}{\min W_y} = \frac{8000\,\text{kNcm}}{598\,\text{cm}^3} = 13{,}4\,\text{N/cm}^2 = 134\,\text{N/mm}^2$$

$$\text{zul } \sigma_{BZ} = 160\,\text{N/mm}^2$$

$$\frac{\max \sigma_y}{\text{zul } \sigma_{BZ}} = \frac{134\,\text{N/mm}^2}{160\,\text{N/mm}^2} = 0{,}84 < 1{,}0$$

3. Der gleiche Träger aus Beispiel 2 (I 280 und [160]) hat ein horizontales Biegemoment von max $M_z = 4\,\text{kNm}$ aufzunehmen. Die maximalen Biegespannungen am linken und rechten Rand des Trägers werden berechnet. Lastfall H, St 37-2.

Flächenmoment

$$I_z = I_{z1} + A_1 \cdot z_1^2 + I_{z1} + A_2 \cdot z_2^2 = I_{z1} + 0 + I_{z2} + 0 = I_{z1} + I_{z2}$$
$$= 364\,\text{cm}^4 + 925\,\text{cm}^4 = 1289\,\text{cm}^4$$

Widerstandsmoment

$$W_{zl} = W_{zr} = \frac{I_z}{y_1} = \frac{1289\,\text{cm}^4}{16\,\text{cm}/2} = 161\,\text{cm}^3$$

Biegespannung

$$\text{max}\,M_z = 4\,\text{kNm} = 400\,\text{kNcm}$$

$$\text{vorh}\,\sigma_z = \frac{\text{max}\,M_z}{\text{vorh}\,W_z} = \frac{400\,\text{kNcm}}{161\,\text{cm}^3} = 2{,}48\,\text{kN/cm}^2 = 24{,}8\,\text{N/mm}^2$$

$$\text{zul}\,\sigma_{BD} = 140\,\text{N/mm}^2$$

$$\frac{\text{vorh}\,\sigma_z}{\text{zul}\,\sigma_{BZ}} = \frac{24{,}8\,\text{N/mm}^2}{140\,\text{N/mm}^2} = 0{,}18 < 1{,}0$$

4.2.6 Verstärkungen für Träger

Die Träger können durch sinnvolle Verstärkungen der Gurte oder Stege größere Flächenmomente erhalten. Die Tragfähigkeit wird dadurch erhöht.

Bei Stahlträgern sind Verstärkungen durch zusätzliche Gurtplatten auf den Flanschaußenseiten (Bild **84**.1) am wirkungsvollsten. Verstärkungen der Stege sind nicht lohnend, da das Flächenmoment dadurch nicht wesentlich vergrößert wird.

Bei Holzträgern sind wegen erforderlicher gleicher Trägerhöhe oft nur seitliche Verstärkungen möglich (Bild **84**.2).

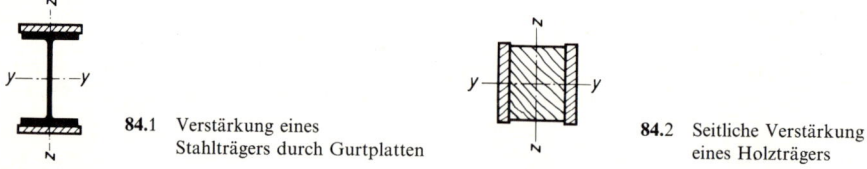

84.1 Verstärkung eines
Stahlträgers durch Gurtplatten

84.2 Seitliche Verstärkung
eines Holzträgers

Die Verstärkungen werden im Bereich der größten Beanspruchung zur Deckung der Biegemomente herangezogen. Die erforderliche Länge einer Verstärkung kann zeichnerisch durch die Momentendeckungslinie ermittelt werden (Bild **85**.1). Es wird zunächst die Momentenfläche der vorhandenen Biegemomente (vorh M) dargestellt. Der normale Trägerquerschnitt kann ein bestimmtes Biegemoment aufnehmen; die zugehörige Momentenfläche (zul M_0) wird eingetragen. Die Verstärkung des Trägers nimmt ein zusätzliches Biegemoment auf. Beim Eintragen der zugehörigen Momentenfläche (zul M_1) darf es zu keiner Einschneidung in die Fläche der vorhandenen Momente (vorh M) kommen.

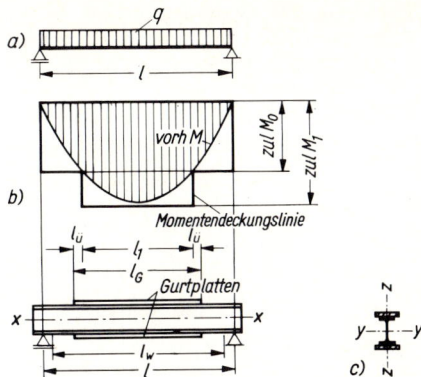

85.1 Ermittlung einer Verstärkung durch Gurtplatten
  a) Statisches System des Trägers
  b) Momentenlinie und Momentendeckungslinie
  c) Konstruktion des Trägers

Dadurch ist die theoretische Länge der Verstärkung gegeben. Zur vollen Kraftaufnahme durch die Verstärkung ist ein Überstand $l_{\ddot{u}}$ erforderlich (Anschluß der Kraft im Verstärkungsblech).

Bei Bolzenverbindungen (Niete oder Schrauben im Stahlbau; Nägel oder Dübel im Holzbau) beträgt der Überstand $l_{\ddot{u}} = e_1 + e_2$ (s. auch Abschn. 2.2 und 3). Bei Schweißnähten im Stahlbau soll der Überstand mindestens der halben Gurtplattenbreite entsprechen: $l_{\ddot{u}} \geq 1/2\, b$. Die tatsächliche Gurtplattenlänge ist damit

$$l_G = l_1 + 2\, l_{\ddot{u}} \tag{85.1}$$

Die erforderliche Länge der Verstärkung kann auch rechnerisch ermittelt werden. Aus der Verhältnisgleichung $l^2 : l_1^2 = \text{vorh}\, M : (\text{vorh}\, M - M_0)$ entsteht durch Umstellung die Formel

$$l_1 = l \cdot \sqrt{1 - \frac{M_0}{\text{vorh}\, M}} \qquad \text{mit } l \text{ in m; } M \text{ in kNm.} \tag{85.2}$$

(In der Verhältnisgleichung müssen die Längen im Quadrat eingesetzt werden, da die Momentenfläche eine Parabel ist. Die Parabel ist die Darstellung einer Gleichung 2. Grades, also einer quadratischen Gleichung.)

Beispiele zur Erläuterung

1. Ein Stahlträger I320 hat eine Belastung von $q = 51 \,\text{kN/m}$ aufzunehmen. Spannweite $l = 5{,}0\,\text{m}$. Vorgesehen ist eine Verstärkung durch angeschweißte Gurtplatten $= 160 \times 8 \,\text{mm}$ (Bild **85.1**). Welche Gurtplattenlänge ist erforderlich, wenn der Überstand mit $\ddot{u} = 100 \,\text{mm}$ angegeben ist? zul $\sigma_{BD} = 140 \,\text{N/mm}^2 = 14 \,\text{kN/cm}^2$ für St 37-2 Lastfall H.

Träger ohne Verstärkung

  vorh $I_{y0} = 12510 \,\text{cm}^4$ vorh $W_{y0} = 782 \,\text{cm}^3$

Träger mit Verstärkung

  vorh $I_{y1} = I_{y0} + I_{\text{Gurte}} = 12510 + \dfrac{b \cdot H^3}{12} - \dfrac{b \cdot h^3}{12}$

  $= 12510 + \dfrac{16 \cdot 33{,}6^3 - 16 \cdot 32{,}0^3}{12}$

  $= 12510 + 6890 = 19400 \,\text{cm}^4$

  vorh $W_{y1} = I_{y1}/z_0 = 19400/(33{,}6/2) = 1155 \,\text{cm}^3$

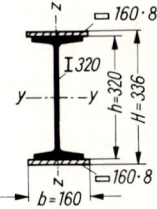

85.2 Verstärkung durch Gurtplatten

Biegemoment ohne Verstärkung

$$\text{zul}\, M_0 = \text{vorh}\, W_{y0} \cdot \text{zul}\, \sigma_{BD} = 782 \cdot 14{,}0 = 10948\,\text{kNcm} = 109{,}5\,\text{kNm}$$

Biegemoment mit Verstärkung

$$\text{zul}\, M_1 = \text{vorh}\, W_{y1} \cdot \text{zul}\, \sigma_{BD} = 1155 \cdot 14{,}0 = 16170\,\text{kNcm} = 161{,}7\,\text{kNm}$$

aufzunehmendes Biegemoment

$$\text{vorh}\, M = q \cdot l^2/8 = 51 \cdot 5{,}0^2/8 = 159{,}4\,\text{kNm}$$

$$\text{zul}\, M_1 = 161{,}7\,\text{kNm}$$

Länge der wirksamen Verstärkung

$$l_1 = l \cdot \sqrt{1 - \frac{M_0}{\text{vorh}\, M}} = 5{,}0\,\text{m} \cdot \sqrt{1 - \frac{109{,}5\,\text{kNm}}{159{,}4\,\text{kNm}}}$$

$$= 5{,}0\,\text{m} \cdot \sqrt{1 - 0{,}687} = 5{,}0\,\text{m} \cdot \sqrt{0{,}313} = 2{,}80\,\text{m}$$

erforderliche Gurtplattenlänge

$$l_G = l_1 + 2\,l_{\ddot{u}} = 2{,}80\,\text{m} + 2 \cdot 0{,}10\,\text{m} = 3{,}00\,\text{m}$$

Die Verstärkung durch Gurtplatten erhöht die Biegefestigkeit und die Biegesteifigkeit erheblich. Der Zuwachs des zulässigen Biegemomentes von 109,5 kNm auf 161,7 kNm entspricht +47%. Die Erhöhung des Flächenmomentes von 12510 cm⁴ auf 19400 cm⁴ macht +55% aus.

Die Verstärkung des Trägers durch Gurtplatten ist daher sehr sinnvoll.

2. Ein Stahlträger I 320 soll durch die gleichen Platten wie im Beisp. 1, jedoch am Steg verstärkt werden (Bild **86.**1). Belastung und Spannweite wie Beispiel 1.

Träger ohne Verstärkung

$$\text{vorh}\, I_{y0} = 12510\,\text{cm} \qquad \text{vorh}\, W_{y0} = 782\,\text{cm}^3$$

Träger mit Verstärkung

$$\text{vorh}\, I_{y1} = I_{y0} + I_{Steg} = 12510 + \frac{b_1 \cdot h_1^3}{12}$$

$$= 12510 + \frac{2 \cdot 0{,}8 \cdot 16^3}{12} = 12510 + 546 = 13056\,\text{cm}^4$$

$$\text{vorh}\, W_{y1} = \frac{I_{y1}}{z_0/2} = \frac{13056}{32/2} = 816\,\text{cm}^3$$

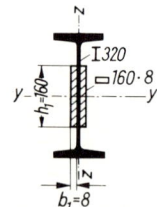

86.1 Verstärkung durch Stegplatten

Biegemoment ohne Verstärkung

$$\text{zul}\, M_0 = \text{vorh}\, W_{y0} \cdot \text{zul}\, \sigma_{BD} = 782 \cdot 14{,}0$$

$$= 10948\,\text{kNcm} = 109{,}5\,\text{kNm}$$

Biegemoment mit Verstärkung

$$\text{zul}\, M_1 = \text{vorh}\, W_{y1} \cdot \text{zul}\, \sigma_{BD} = 816 \cdot 14{,}0$$

$$= 11424\,\text{kNcm} = 114{,}2\,\text{kNm}$$

Die Verstärkung durch Stegplatten bringt keine nennenswerte Steigerung der Biegefestigkeit und der Biegesteifigkeit. Der Zuwachs des zulässigen Biegemoments von 109,5 kNm auf 114,2 kNm entspricht +4 % (nur 1/11 gegenüber der Verstärkung durch Gurtplatten). Die Erhöhung des Flächenmoments von 12510 cm^4 auf 13056 cm^4 macht +4 % aus.

Die Verstärkung des Trägers durch Stegplatten ist daher wenig sinnvoll.

4.2.7 Biegefeste Trägerstöße

Stöße von Trägern mit 2 symmetrischen Laschen und zweischnittig wirkenden Schrauben werden häufig verwendet, z.B. für Pfettenstöße bei Dachkonstruktionen. Die Träger werden hierbei über ihre gesamte Länge biegesteif über den Auflagern durchgeführt. Die Stoßausbildung erfolgt grundsätzlich über den Auflagern, so daß die Auflagerkräfte direkt abgeleitet werden können.

In den Tafeln **87**.1 und **88**.1 sind einige typisierte Trägerstöße zusammengestellt.

Diese typisierten Stoßausführungen sind ohne zusätzliche Querkraftbeanspruchung lediglich für das Biegemoment M_y bemessen. Die Stoßlaschen ersetzen das volle Widerstandsmoment W_y des Trägers.

Bei stark geneigten Trägern sind die zusätzlichen Beanspruchungen in Querrichtung durch Bestimmung des Biegemoments M_z zu ermitteln. Für diese Träger sind möglichst Laschen aus U-Profilen zu verwenden.

Tafel **87**.1   **Biegefeste Trägerstöße** für Pfetten; typisierte Abmessungen mit Flachstahl-Laschen (nach Stahlbau-Kalender 1990)

Schrauben M16					Stoßlaschen: []-Stähle*)
		Pfetten-profil IPE	Stoßprofil × L ($h \cdot t$)	e mm	Schrauben
Typ A		100	[][] 80 × 20− 730	300	M 16 × 70
		120	[][] 100 × 20− 930	400	M 16 × 70
Typ B		140	[][] 120 × 20− 830	250	M 16 × 70
		160	[][] 130 × 20−1030	350	M 16 × 70
Typ C		180	[][] 150 × 20−1030	450	M 16 × 70

*) Stoßdeckung kann auch mit einseitigem []-Stahl mit doppelter Dicke erfolgen

Tafel **87.1**   (Fortsetzung)

Schrauben M 20				Stoßlaschen: [][]-Stähle*)
	Pfetten-profil IPE	Stoßprofil × L (h · t)	e mm	Schrauben
Typ A	120	[][] 100 × 20 − 750	300	M 20 × 75
	140	[][] 120 × 20 −1050	450	M 20 × 75
Typ B	160	[][] 130 × 20 −1030	300	M 20 × 75
	180	[][] 150 × 20 −1130	350	M 20 × 75
Typ C	*) Stoßdeckung kann auch mit einseitigem []-Stahl mit doppelter Dicke erfolgen			
	200	[][] 160 × 25 −1050	450	M 20 × 75
	220	[][] 180 × 25 −1250	550	M 20 × 85

Tafel **88.1**   **Biegefeste Trägerstöße** für Pfetten; typisierte Abmessungen mit Profilstahl-Laschen (nach Stahlbau-Kalender 1990)

Schrauben M 16				Stoßlaschen:][-Profile
	Pfetten-profil IPE	Stoßprofile × L	e mm	Schrauben
Typ A	100	][80 − 730	300	M 16 × 45
	120	][100 − 930	400	M 16 × 45
Typ B	140	][100 − 830	250	M 16 × 45
	160	][120 −1030	350	M 16 × 45
Typ C	180	][140 −1030	450	M 16 × 45

Tafel 88.1   (Fortsetzung)

Schrauben M 20				Stoßlaschen:][-Profile
	Pfetten-profil IPE	Stoßprofil × L	e mm	Schrauben
Typ A	120	][100− 750	300	M 20 × 45
	140	][100−1050	450	M 20 × 45
Typ B	160	][120−1030	300	M 20 × 50
	180	][140−1130	350	M 20 × 50
Typ C	200	][160−1050	450	M 20 × 50
	220	][180−1250	550	M 20 × 50

4.3   Verformungen bei einfacher Biegung

Infolge der Biegespannungen stellt sich bei einem Tragwerk als Verformung eine Durchbiegung ein. Die ursprünglich gerade Achse des Trägers wird hierbei gebogen. Es entsteht die sog. Biegelinie. Diese Biegelinie bildet an den Lagern die Winkel α und β zur ursprünglichen Achse. Zwischen den Lagern des Tragwerkes gibt das Maß f die Größe der Durchbiegung an (Bild **89.**1).

Sie wird beeinflußt durch die Belastung und das statische System des Trägers, durch das Flächenmoment I des Querschnittes sowie den Elastizitätsmodul E des verwendeten Werkstoffes.

89.1   Die gerade Stabachse wird bei einem belasteten Träger gebogen; f ist das Maß der Durchbiegung

Mit komplizierten Rechnungen sind für verschiedene Lastfälle Formeln zum Bestimmen der Durchbiegung ermittelt worden (s. z. B. Wendehorst: Bautechnische Zahlentafeln). Für einfache Lastfälle kann bei Trägern mit symmetrischen Querschnitt die Durchbiegung berechnet werden mit der Formel

$$\text{vorh } f = \frac{\text{vorh } \sigma_B \cdot l^2}{h \cdot k_f} \quad \text{in cm} \tag{90.1}$$

mit vorh σ_B in N/mm²; h in cm; l in m

Die Beiwerte k_f sind vom Lastfall und vom Werkstoff abhängig (s. Tafel **90.1**). Der Nachweis der Durchbiegung ist immer dann erforderlich, wenn bauliche und konstruktive Gründe eine Beschränkung der Formänderung erfordern.

Tafel **90.1** **Beiwerte k_f für Durchbiegungen**

Werkstoff \ Lastfall	⬚	↓	↓↓	⬚	↓
Baustahl $E = 210\,000\,\text{N/mm}^2$	101	126	99	42	31,5
Nadelholz $E = 10\,000\,\text{N/mm}^2$	4,8	6,0	4,7	2,0	1,5

Im Holzbau ist bei Trägern mit Vollholzstegen oder Plattenstegen der zusätzliche Durchbiegungsanteil aus der Schubverformung zu berücksichtigen (siehe Abschnitt 5.5).

4.3.1 Zulässige Durchbiegungen

In verschiedenen Baubestimmungen wird eine obere Grenze für die zulässige Durchbiegung vorgeschrieben. Die Größe der Durchbiegung ist dann zu berechnen. Die vorhandene Durchbiegung ist der zulässigen gegenüberzustellen. Die zulässige Durchbiegung ist abhängig von der Stützweite l, von der Art des Trägers und von seiner Nutzung.

Stahlbau (DIN 18 800)

Für Stahlbaukonstruktionen wird von der Norm kein Nachweis der Durchbiegung gefordert. Es heißt jedoch ganz allgemein: „Die Funktionsfähigkeit des Bauwerks kann je nach Anwendungsbereich eine Beschränkung der Formänderung erforderlich machen".

Für Stahlhochbauten heißt es in DIN 18801:

„Eine Berücksichtigung der Formänderungen hinsichtlich der Gebrauchsfähigkeit kann z. B. zur Vermeidung von Wassersäcken auf Dächern, zur Vermeidung von Rissen in massiven Bauteilen oder zur Sicherung des Betriebes von Maschinen erforderlich werden".

Zu empfehlen ist eine Beschränkung der Durchbiegung auf folgende Werte:

Einfeldträger über 5 m Stützweite zul $f \leqq l/300$
Kragträger zul $f \leqq l/200$

DIN 18 800 enthält die Empfehlung, daß erforderlichenfalls zulässige Werte für Formänderungen vor dem Aufstellen statischer Berechnungen mit dem Auftraggeber festzulegen sind. Unter Umständen müssen die Formänderungen bei der Schnittkraftermittlung für den Standsicherheitsnachweis berücksichtigt werden.

Holzbau (DIN 1052; Teil 1)

Für die Gebrauchsfähigkeit der Konstruktion und für die Sicherheit der Bauteile sind Grenzwerte der Durchbiegungen einzuhalten. Dieses gilt für die Verkehrslasten und für die Gesamtlast, jeweils einschließlich Wind- und Schneelast, jedoch ohne Schwing- und Stoßbeiwerte.

Bei der Berechnung der Durchbiegung darf der ungeschwächte Querschnitt eingesetzt werden. Bei zusammengesetzten Trägern ist jedoch ein genauer Nachweis zu führen (DIN 1052 Teil 1 Abschnitt 8.3.4). Für die rechnerisch zulässigen Durchbiegungen von Vollwandträgern, Brettschichtholzträgern, zusammengesetzten Trägern sowie von Fachwerkträgern gelten die in Tafel **91**.1 und für Bauteile aus Holz die in Tafel **92**.1 angegebenen Werte.

Tafel **91**.1   **Zulässige Durchbiegungen von biegebeanspruchten Trägern** aus Holz (nach DIN 1052 Teil 1)

Last	Ausführung mit Überhöhung			Ausführung ohne Überhöhung		
	BSH-Träger, zusammengesetzte Träger, Vollwandträger	Fachwerkträger[1])		BSH-Träger, zusammengesetzte Träger, Vollwandträger	Fachwerkträger[1])	
		Näherungsberechnung	genauere Berechnung		Näherungsberechnung	genauere Berechnung
Verkehrslast	$l/300$	$l/600$	$l/300$	—	—	—
Gesamtlast	$l/200$	$l/400$	$l/200$	$l/300$	$l/600$	$l/300$

[1]) Einschließlich einsinnig verbretterter Vollwandträger.

Bei auskragenden Bauteilen darf die rechnerische Durchbiegung am Kragarmende den doppelten Wert von Tafel **91**.1 erreichen.

In DIN 1052 sind außerdem Werte für rechnerisch zulässige Durchbiegungen bestimmter Bauteile enthalten. Sie sind in Tafel **92**.1 zusammengestellt.

4.3.2 Biegesteifigkeit

Die Berechnung der Durchbiegung dient dem Nachweis einer ausreichenden B i e g e s t e i f i gk e i t. Dieser Nachweis ist zusätzlich zum Nachweis der Biegefestigkeit erforderlich (s. Abschnitt 4.1.1). Für das Berechnen der Durchbiegung werden das Flächenmoment des Trägerquerschnitts und der Elastizitätsmodul des verwendeten Werkstoffes benötigt. Man kann für einfache Lastfälle auch vereinfachte Formeln verwenden (s. Gleichung 70.1).

Bei Trägern aus dem gleichen Werkstoff mit dem gleichen Querschnitt ist die Durchbiegung abhängig von der Laststellung, von der Größe der vorhandenen Biegespannung und von der statischen Länge l.

Die statische Länge l geht in die Rechnung zum Quadrat ein. Das bedeutet:
- ein Träger erfährt bei gleicher Länge und doppelter Biegespannung die doppelte Durchbiegung,
- ein Träger erfährt bei doppelter Länge und gleicher Biegespannung die vierfache Durchbiegung.

Die nachfolgenden Beispiele zeigen den zusätzlichen Nachweis der Durchbiegung. Bei Trägern mit großen Stützweiten ist dieser Nachweis gegenüber dem der ausreichenden Biegefestigkeit der wichtigere. Hier kann das Maß der zulässigen Durchbiegung oft schon bei geringen Biegespannungen überschritten werden. Das ist jedoch nicht erlaubt. Der Träger ist dann steifer auszubilden oder es ist ein Träger mit größerem Flächenmoment zu wählen.

Bei zusammengesetzten Trägern mit Vollholz- oder Plattenstegen ist auch der Durchbiegungsanteil aus der Schubverformung zu berücksichtigen (s. Abschn. 5, Beispiel 2). Bei verdübelten Balken und genagelten Trägern ist dieser Nachweis sehr umfangreich.

Tafel **92.1**   **Zulässige Durchbiegungen** max f **bestimmter biegebeanspruchter Bauteile** aus Holz (nach DIN 1052 Teil 1)

Bauteile	max f
Decken unter und über Wohn-, Büro- und ähnlichen Räumen	$l/300$
Decken unter Fabrik- und Werkstatträumen	$l/300$
Pfetten, Sparren und Balken im Bereich des oberen Raumabschlusses von Wohn-, Büro- und ähnlichen Räumen	$l/300$
Pfetten und Sparren allgemein	$l/200$
Balken von Stalldecken, Scheunen und dergleichen	$l/200$
Vollwand- und Fachwerkträger ohne Überhöhung im landwirtschaftlichen Bauwesen	$l/200$
Fachwerkträger ohne Überhöhung im landwirtschaftlichen Bauwesen nach der Näherungsberechnung	$l/400$
Dachschalungen und unmittelbar belastete Deckenschalungen unter Gesamtlast	$l/200$ 10 mm
Dach- und Deckenbeplankungen unter Gesamtlast	$l/200$ 10 mm
Dachschalungen und unmittelbar belastete Deckenschalungen unter Eigenlast und Einzellast von 1 kN (Mannlast)	$l/100$ 20 mm
Dach- und Deckenbeplankungen unter Eigenlast und Einzellast von 1 kN (Mannlast)	$l/100$ 20 mm

Beispiele zur Erläuterung

1. Ein Deckenbalken aus Holz erhält eine Belastung von $q = 6\,\text{kN/m}$; lichte Raumweite $l_w = 3,76\,\text{m}$. Der Balken wird bemessen. zul $\sigma_{BD} = 10\,\text{N/mm}^2 = 1,0\,\text{kN/cm}^2$ für Lastfall H, Nadelholz Güteklasse II.

Spannweite

$$l = 1,05 \cdot l_w = 1,05 \cdot 3,76 = 3,95\,\text{m}$$

Biegemoment

$$\max M = \frac{q \cdot l^2}{8} = \frac{6,0 \cdot 3,95^2}{8} = 11,7\,\text{kNm} = 1170\,\text{kNcm}$$

Bemessung

$$\text{erf } W_y = \frac{\max M}{\text{zul } \sigma_B} = \frac{1170}{1,0} = 1170\,\text{cm}^3$$

Gewählt: **160/220 mm** mit $W_y = 1291\,\text{cm}^3$

$$\text{vorh } \sigma_B = \frac{\max M}{\text{vorh } W_y} = \frac{1170}{1291} = 0,91\,\text{kN/cm}^2 = 9,1\,\text{N/mm}^2$$

$$\text{zul } \sigma_B = 10\,\text{N/mm}^2$$

$$\frac{\text{vorh } \sigma_B}{\text{zul } \sigma_B} = \frac{9,1\,\text{N/mm}^2}{10\,\text{N/mm}^2} = 0,91 < 1,0$$

Durchbiegung

$$\text{vorh } f = \frac{\text{vorh } \sigma_B \cdot l^2}{h \cdot k_f} = \frac{9,1 \cdot 3,95^2}{22 \cdot 4,8} = 1,34\,\text{cm}$$

$$\text{zul } f = \frac{l}{300} = \frac{395}{300} = 1,32\,\text{cm} \approx \text{vorh } f$$

2. Ein Stahlträger IPB hat eine Einzellast in Feldmitte von $F = 28\,\text{kN}$ und eine gleichmäßig verteilte Last von $g = 5\,\text{kN/m}$ zu tragen; Spannweite $l = 5,4\,\text{m}$. Der Träger wird bemessen. zul $\sigma_{BD} = 140\,\text{N/mm}^2 = 14\,\text{kN/cm}^2$ für Lastfall H, St 37-2.

Biegemoment

$$\max M = \frac{g \cdot l^2}{8} + \frac{F \cdot l}{4} = \frac{5,0 \cdot 5,4^2}{8} + \frac{28,0 \cdot 5,4}{4} = 18,2 + 37,8$$

$$= 56,0\,\text{kNm} = 5600\,\text{kNcm}$$

Bemessung

$$\text{erf } W_y = \frac{\max M}{\text{zul } \sigma_{BD}} = \frac{5600}{14} = 400\,\text{cm}^3$$

Gewählt: **IPB 180** mit $W_y = 426\,\text{cm}^3$

$$\text{vorh } \sigma_B = \frac{M_g}{W_y} + \frac{M_F}{W_y} = \frac{1820}{426} + \frac{3780}{426} = 4,27 + 8,87 = 13,14\,\text{kN/cm}^2 = 131,4\,\text{N/mm}^2$$

$$\text{zul } \sigma_{BD} = 140\,\text{N/mm}^2$$

$$\frac{\text{vorh } \sigma_B}{\text{zul } \sigma_{BD}} = \frac{131,4\,\text{N/mm}^2}{140\,\text{N/mm}^2} = 0,94 < 1,0$$

Durchbiegung

$$\text{vorh}\,f = \frac{\text{vorh}\,\sigma_B \cdot l^2}{h \cdot k_f} = \frac{42{,}7 \cdot 5{,}4^2}{18 \cdot 101} + \frac{88{,}7 \cdot 5{,}4^2}{18 \cdot 126} = 0{,}68 + 1{,}14 = 1{,}82\,\text{cm}$$

$$\text{zul}\,f = \frac{l}{300} = \frac{540}{300} = 1{,}80\,\text{cm} \approx \text{vorh}\,f$$

Beispiele zur Übung

Für Träger mit nachstehenden Angaben sind die Bemessungen durchzuführen, die Spannung nachzuweisen und die Durchbiegung zu bestimmen.

1. $l = 5{,}20\,\text{m}$ $g = 8\,\text{kN/m}$ $F = 20\,\text{kN}$ in Feldmitte, IPB
2. $l = 3{,}20\,\text{m}$ $g = 3\,\text{kN/m}$ Kantholz
3. $l = 2{,}50\,\text{m}$ $g = 4\,\text{kN/m}$ $F_1 = F_2 = 8\,\text{kN}$ in den Drittelpunkten; Kantholz
4. $l = 6{,}00\,\text{m}$ $q = 20\,\text{kN/m}$ IPE

4.3.3 Durchbiegung bei geneigten Trägern

Die Durchbiegung von geneigten Trägern ist wie bei waagerechten Trägern zu berechnen. Zu berücksichtigen ist jedoch, daß die Verformung durch die Querkraft- und Biegebeanspruchung über die schräge Länge l_s erfolgt. In der Gleichung ist also anstelle von l^2 mit l_s^2 zu rechnen. Bei geknickten Trägern sollte als Länge die Abwicklung der Trägerachse angenommen werden.

Beispiele zur Erläuterung

1. Ein geneigter Träger (Holzsparren) hat eine vertikale Belastung von $1{,}0\,\text{kN/m}$ zu tragen (Bild **94**.1) (vergl. Beispiel in Abschnitt 6.10.1 Teil 1)

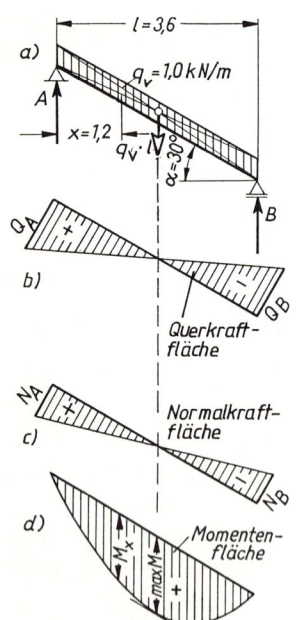

Statisches System

$$l = 3{,}6\,\text{m} \qquad \alpha = 30° \qquad \cos\alpha = 0{,}866$$

$$l_s = l/\cos\alpha = 3{,}6/0{,}866 = 4{,}16\,\text{m}$$

Biegemoment

$$\max M = \frac{q_v \cdot l^2}{8} = \frac{1{,}0 \cdot 3{,}6^2}{8} = 1{,}62\,\text{kNm} = 162\,\text{kNcm}$$

Gewählt: **80/160 mm** mit $W_y = 341\,\text{cm}^3$

$$\text{vorh}\,\sigma_B = \frac{\max M}{\text{vorh}\,W_y} = \frac{162}{341} = 0{,}48\,\text{kN/cm}^2 = 4{,}8\,\text{N/mm}^2$$

$$\text{zul}\,\sigma_B = 10\,\text{N/mm}^2$$

$$\frac{\text{vorh}\,\sigma_B}{\text{zul}\,\sigma_B} = \frac{4{,}8\,\text{N/mm}^2}{10\,\text{N/mm}^2} = 0{,}48 < 1{,}0$$

Durchbiegung

$$\text{vorh}\,f = \frac{\text{vorh}\,\sigma_B \cdot l_s^2}{h \cdot k_f} = \frac{4{,}8 \cdot 4{,}16^2}{16 \cdot 4{,}8} = 1{,}08\,\text{cm}$$

$$\text{zul}\,f = \frac{l_s}{300} = \frac{416}{300} = 1{,}39\,\text{cm} > \text{vorh}\,f$$

94.1 Geneigter Träger mit vertikalwirkender, gleichmäßig verteilter Belastung
a) statisches System, b) Querkraftfläche, c) Normalkraftfläche, d) Momentenfläche

2. Die Sparren des Pfettendaches von Beispiel 4 aus Abschnitt 4.1.4 werden für Durchbiegung berechnet (Bild **95.**1).

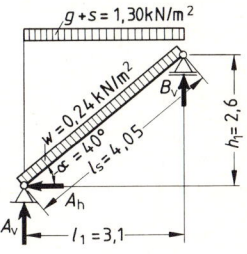

waagerechte Länge	$l_1 = 3{,}10\,\mathrm{m}$
schräge Länge	$l_\mathrm{s} = 4{,}05\,\mathrm{m}$
Neigung	$\alpha = 40°$
Sparrenquerschnitt	**80/120 mm**
Biegespannung	$\mathrm{vorh}\,\sigma_\mathrm{B} = 7{,}4\,\mathrm{N/mm^2}$

Durchbiegung

$$\mathrm{vorh}\,f = \frac{\mathrm{vorh}\,\sigma_\mathrm{B} \cdot l_\mathrm{s}^2}{h \cdot k_\mathrm{f}} = \frac{7{,}4 \cdot 4{,}05^2}{12 \cdot 4{,}8} = 2{,}11\,\mathrm{cm}$$

$$\mathrm{zul}\,f = \frac{l_\mathrm{s}}{200} = \frac{405}{200} = 2{,}03\,\mathrm{cm} \approx \mathrm{vorh}\,f$$

95.1   Statisches System
mit Belastung

Anmerkung

Eine geringe Überschreitung der zulässigen Durchbiegung ist unbedeutend.

Begründung: Der Träger wurde als Einfeldträger berechnet, obwohl eine teilweise bestehende Durchlaufwirkung vorhanden ist. Diese Durchlaufwirkung über der Mittelpfette verringert die Durchbiegung in den Feldern erheblich.

4.4 Doppelbiegung

Die Träger werden auf Doppelbiegung beansprucht, wenn rechtwinklig auf die Querschnittsachsen die Belastungen q_y und q_z wirken. Dadurch entstehen Biegemomente M_y und Biegemomente M_z zu gleicher Zeit (Bild **95.**2). Diese Doppelbiegung wird auch als zweiachsige Biegung bezeichnet.

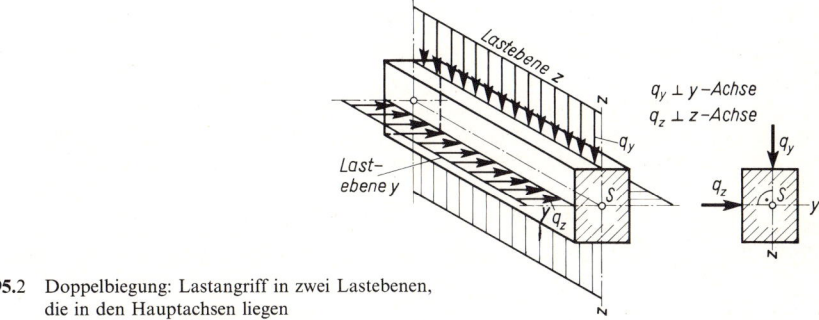

95.2   Doppelbiegung: Lastangriff in zwei Lastebenen,
die in den Hauptachsen liegen

Ein Sonderfall ist die schiefe Biegung. Bei der schiefen Biegung wirkt die Belastung nur in einer Ebene, wobei jedoch diese Ebene schräg zu den beiden Querschnittsachsen liegt und durch die Hauptachse geht (Bild **96.**1).

Die schräg wirkende Belastung q kann in die Komponenten q_y und q_z zerlegt werden:

$$q_\mathrm{y} = q \cdot \cos\alpha \qquad q_\mathrm{z} = q \cdot \sin\alpha \qquad\qquad (95.1) \quad (95.2)$$

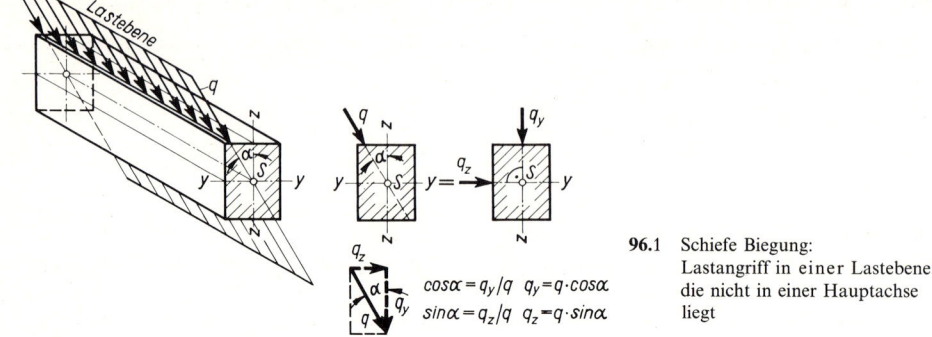

96.1   Schiefe Biegung:
Lastangriff in einer Lastebene,
die nicht in einer Hauptachse
liegt

Daraus entstehen die Biegemomente M_y und M_z. Somit ergeben sich die gleichen Bedingungen wie bei zweiachsiger Biegung (Bild 96.1).

Das Biegemoment M_y wird berechnet mit der gleichmäßig verteilten Belastung q_y und mit der Länge l_y.

$$\mathbf{max\ } M_y = \frac{q_y \cdot l_y^2}{8} \tag{96.1}$$

Die gleichmäßig verteilte Belastung q_y wirkt rechtwinklig auf die y-Achse des Querschnittes. Die Länge l_y ist die statische Länge des Trägers, über die der Träger durch die Belastung q_y verformt wird.

Das Biegemoment M_z wird entsprechend berechnet:

$$\mathbf{max\ } M_z = \frac{q_z \cdot l_z^2}{8} \tag{96.2}$$

Die gleichmäßig verteilte Belastung q_z wirkt rechtwinklig auf die z-Achse des Querschnittes. Da y-Achse und z-Achse rechtwinklig zueinander stehen, wirken auch q_y und q_z rechtwinklig zueinander. Die Länge l_z ist die statische Länge des Trägers, über die der Träger durch die Belastung q_z verformt wird. l_y und l_z können, bedingt durch Zwischenabstützungen des Trägers, verschieden lang sein (Bild 96.2).

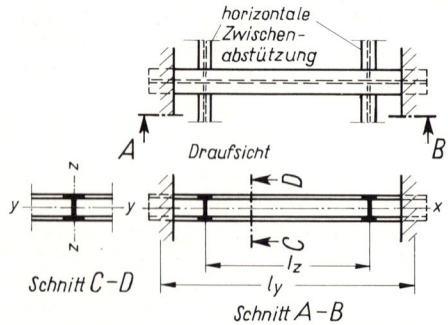

96.2   Träger mit verschiedenen Stützweiten l_y und l_z

Im Abschn. 4.1 sind die Biegespannungen $\sigma_y = \dfrac{M_y}{W_y}$ und $\sigma_z = \dfrac{M_z}{W_z}$ schon bestimmt worden.

Da beide Biegemomente gleichzeitig auftreten, müssen beide Spannungen zur Gesamtspannung max σ addiert werden (Bild **97**.1).

$$\textbf{max } \sigma_B = \pm \sigma_y \pm \sigma_z \tag{97.1}$$

$$\textbf{max } \sigma_B = \pm \frac{M_y}{W_y} \pm \frac{M_z}{W_z} \tag{97.2}$$

Das Ermitteln der Gesamtspannung soll noch einmal zeichnerisch gezeigt werden. Infolge des Biegemomentes M_y aus der vertikalen Belastung entsteht die Biegespannung σ_y entsprechend dem Spannungsbild. Die horizontale Belastung mit dem Biegemoment M_z erzeugt die Biegespannung σ_z. Am unteren Rand entsteht die größte Biegezugspannung σ_y und am rechten Rand die größte Biegezugspannung σ_z (Bild **97**.2).

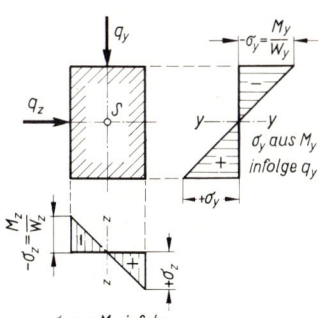

σ_z aus M_z infolge q_z

97.1 Spannungsbilder σ_y und σ_z
     für Doppelbiegung

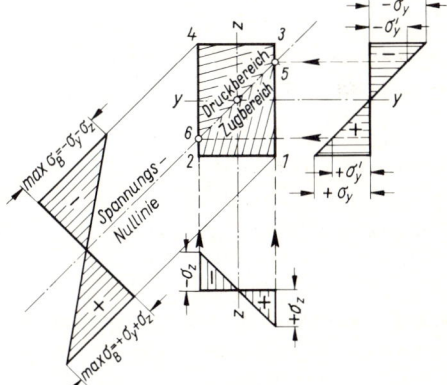

97.2 Ermitteln der Gesamtspannung und der
     Spannungs-Nullinie bei Doppelbiegung

Beide Ränder treffen sich in der Ecke 1. Dort überlagern sich auch beide Biegezugspannungen zur Gesamtzugspannung $\sigma_1 = +\sigma_y + \sigma_z$. An der Ecke 4 überlagern sich die beiden Biegedruckspannungen; $\sigma_4 = -\sigma_y - \sigma_z$. Wenn man nun z.B. die Spannung $+\sigma_z$ am rechten Rand mit einer gleichgroßen Spannung $-\sigma_y'$ überlagert, ist an der Stelle 5 die Spannung $\sigma_B = +\sigma_z - \sigma_y' = 0$. Am linken Rand kann man mit $-\sigma_z$ und $+\sigma_y'$ entsprechend verfahren und findet so den Punkt 6. Durch diese Punkte, an denen die Spannung Null ist, kann man eine Linie ziehen; es ist die Spannungs-Nullinie. In dieser Richtung werden die Gesamtspannungen max $\sigma_B = \sigma_1$ bzw. σ_4 angetragen.

4.4.1 Doppelbiegung bei Holzträgern

Die Bemessung bei Holzträgern, die zweiachsig belastet werden, kann durch Bemessungsnomogramme erleichtert werden. Damit kann zunächst für die wirkenden Biegemomente M_y und M_z ein Holzquerschnitt gewählt werden. Für den gewählten Querschnitt werden dann die Biegespannung und die Durchbiegung nachgewiesen.

Tafel **98**.1 gilt für eine zulässige Biegespannung von zul $\sigma_B = 10\,\mathrm{N/mm^2}$ (s. Tafel **25**.1). Für andere zulässige Spannungen sind die Biegemomente im entsprechenden Verhältnis umzurechnen.

Tafel **98.1**   **Nomogramm zur Bemessung von Holzquerschnitten**
mit Doppelbiegung (Lastfall H, Nadelholz
Güteklasse II mit zul $\sigma_B = 10\,\mathrm{N/mm^2}$)

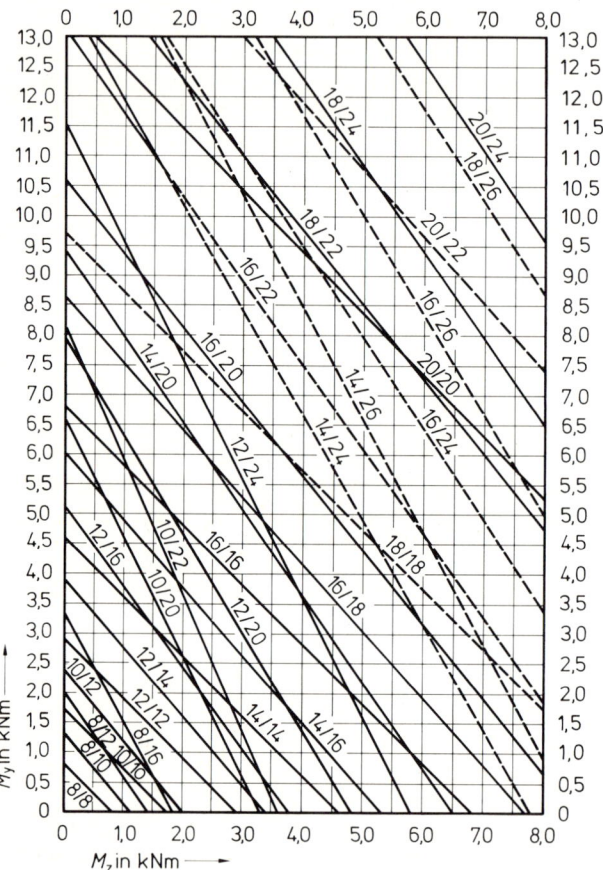

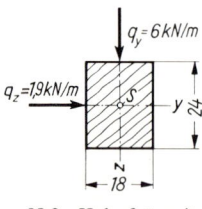

98.2   Holzpfette mit
Doppelbiegung

Beispiel zur Erläuterung

Eine Holzpfette (Bild **77**.2) erhält eine vertikale Belastung von $q_y = 6\,\mathrm{kN/m}$ und eine horizontale Belastung von $q_z = 1{,}9\,\mathrm{kN/m}$. Die Stützweiten betragen $l_y = 4{,}0\,\mathrm{m}$, $l_z = 3{,}8\,\mathrm{m}$. Die Pfette wird bemessen. Lastfall H, Nadelholz Güteklasse II.

$$\max M_y = \frac{q_y \cdot l_y^2}{8} = \frac{6{,}0 \cdot 4{,}0^2}{8} = 12\,\mathrm{kNm} = 1200\,\mathrm{kNcm}$$

$$\max M_z = \frac{q_z \cdot l_z^2}{8} = \frac{1{,}9 \cdot 3{,}8^2}{8} = 3{,}43\,\mathrm{kNm} = 343\,\mathrm{kNcm}$$

Gewählt: **180/240 mm** mit $W_y = 1728\,\mathrm{cm^3}$, $W_z = 1296\,\mathrm{cm^3}$ (nach Tafel **77.**1)

$$\mathrm{vorh}\,\sigma_B = \frac{\max M_y}{\mathrm{vorh}\,W_y} + \frac{\max M_z}{\mathrm{vorh}\,W_z} = \frac{1200}{1728} + \frac{343}{1296} = 0{,}69 + 0{,}26$$

$$= 0{,}95\,\mathrm{kN/cm^2} = 9{,}5\,\mathrm{N/mm^2}$$

$$\mathrm{zul}\,\sigma_{BD} = 10\,\mathrm{N/mm^2}$$

$$\frac{\mathrm{vorh}\,\sigma_B}{\mathrm{zul}\,\sigma_{BD}} = \frac{9{,}5\,\mathrm{N/mm^2}}{10\,\mathrm{N/mm^2}} = 0{,}95 < 1{,}0$$

Beispiele zur Übung

Die nachstehenden Angaben gelten für Träger, die auf Doppelbiegung beansprucht werden. Die Träger sind zu bemessen. Der Spannungsnachweis ist zu führen.

1. $q_y = 5\,\mathrm{kN/m}$ $q_z = 2{,}5\,\mathrm{kN/m}$ $l_y = 4{,}0\,\mathrm{m}$ $l_z = 3{,}0\,\mathrm{m}$ Kantholz
2. $q_y = 9\,\mathrm{kN/m}$ $q_z = 4\ \ \mathrm{kN/m}$ $l_y = l_y = 2{,}0\,\mathrm{m}$ Kantholz

4.4.2 Doppelbiegung bei Stahlträgern

Für Stahlträger kann die Bemessung bei zweiachsiger Biegung ähnlich wie bei Holzträgern mit Nomogrammen erleichtert werden. Die Lasten müssen hierbei ebenfalls in den Hauptachsen angreifen (Bild **99.**1).

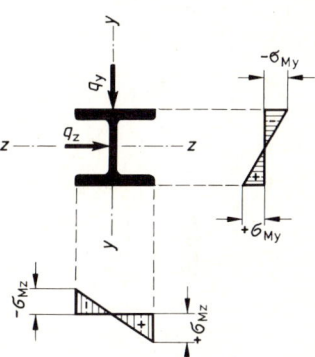

99.1   Spannungsbilder σ_{My} und σ_{Mz} für Doppelbiegung bei einem Stahlträger

Bei Doppelbiegung entsteht die größte Biegespannung in den Ecken des Querschnitts (Bild **97.**2). Bei gleichzeitiger Beanspruchung durch die Biegemomente $M_y\,(\sigma_{My})$ und $M_z\,(\sigma_{Mz})$ sind die ermittelten Spannungsanteile für die maßgebenden Rand- bzw. Eckpunkte zu überlagern und der zulässigen Spannung zul σ nach Tafel **23.**1 Zeile 2 gegenüber zu stellen:

$$\frac{|\sigma_{My}| + |\sigma_{Mz}|}{\mathrm{zul}\,\sigma} \leqq 1{,}0 \tag{99.1}$$

Wenn bei Doppelbiegung die Spannungen σ_{My} und σ_{Mz} je für sich das 0,8fache der zulässigen Spannung nicht überschreiten, darf die maximale Eckspannung das 1,1fache der zulässigen Spannung betragen:

Wenn jede Bedingung für sich erfüllt ist, also:

$$\frac{|\sigma_{My}|}{zul\,\sigma} \leqq 0,8 \tag{100.1}$$

$$\frac{|\sigma_{Mz}|}{zul\,\sigma} \leqq 0,8 \tag{100.2}$$

dann darf sein

$$\frac{|\sigma_{My}| + |\sigma_{Mz}|}{zul\,\sigma} \leqq 1,1 \tag{100.3}$$

Tafel **100**.1 gilt für IPB-Träger mit einer zulässigen Biegespannung zul $\sigma_{BZ} = 160\,\text{N/mm}^2$ entsprechend Tafel **21**.1. Für andere Spannungen sind die Biegemomente im entsprechenden Verhältnis umzurechnen.

Tafel **100**.1   **Nomogramm zur Bemessung von IPB-Trägern** mit Doppelbiegung (Lastfall H, St 37-2 mit zul $\sigma_{BZ} = 160\,\text{N/mm}^2$)

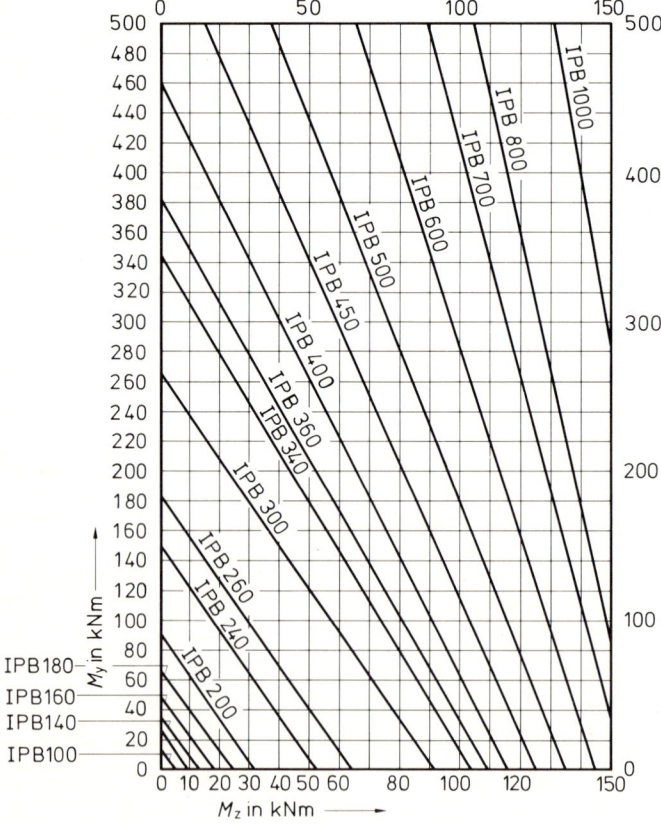

Beispiel zur Erläuterung

Ein Stahlträger aus St 37-2 erhält im Lastfall H eine vertikale Belastung von $q_y = 35\,\text{kN/m}$ und eine horizontale Belastung von $q_z = 10\,\text{kN/m}$. Die Stützweiten sind $l_y = l_z = 5,4\,\text{m}$.

Biegemomente

$$\max M_y = \frac{q_y \cdot l_y^2}{8} = \frac{35 \cdot 5,4^2}{8} = 127,6\,\text{kNm}$$

$$\max M_z = \frac{q_z \cdot l_z^2}{8} = \frac{10 \cdot 5,4^2}{8} = 36,5\,\text{kNm}$$

gewählt nach Nomogramm Tafel **100.1**

IPB 300 mit $W_y = 1680\,\text{cm}^3$, $W_z = 571\,\text{cm}^3$

$$\max \sigma_{My} = \frac{\max M_y}{\text{vorh } W_y} = \frac{12760}{1680} = 7,60\,\text{kN/cm}^2 = 76,0\,\text{N/mm}^2 < 0,80\,\text{zul}\,\sigma_{BD}$$

$$\max \sigma_{Mz} = \frac{\max M_z}{\text{vorh } W_z} = \frac{3650}{571} = 6,39\,\text{kN/cm}^2 = 63,9\,\text{N/mm}^2 < 0,80\,\text{zul}\,\sigma_{BD}$$

$$\max \sigma_{BD} = \max \sigma_{My} + \max \sigma_{Mz} = 76,0 + 63,9 = 139,9\,\text{N/mm}^2$$

$$\text{zul}\,\sigma_B = 160\,\text{N/mm}^2$$

$$\frac{\max \sigma_{BD}}{\text{zul}\,\sigma_B} = \frac{139,9\,\text{N/mm}^2}{160\,\text{N/mm}^2} = 0,87 < 1,1$$

Beispiele zur Übung

1. $q_y = 15\,\text{kN/m}$ $q_z = 8\,\text{kN/m}$ $l_y = l_y = 4,0\,\text{m}$ IPB-Profil
2. $q_y = 20\,\text{kN/m}$ $q_z = 5\,\text{kN/m}$ $l_y = 5,0\,\text{m}$ $l_z = 4,5\,\text{m}$ IPB-Profil

4.5 Verformungen bei Doppelbiegung

Die Durchbiegung erfolgt bei zweiachsiger Biegung in schräger Richtung. Die resultierende Durchbiegung $\max f$ errechnet man bei symmetrischen Querschnitten aus der Durchbiegung f_y rechtwinklig zur y-Achse und der Durchbiegung f_z rechtwinklig zur z-Achse mit Hilfe des Lehrsatzes von Pythagoras $f_y^2 + f_z^2 = f^2$ (Bild **101.1**).

$$\max f = \sqrt{f_y^2 + f_z^2} \tag{101.1}$$

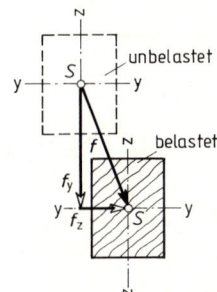

101.1   Die Gesamtdurchbiegung errechnet sich aus den Einzeldurchbiegungen rechtwinklig zu den Hauptachsen des Querschnittes

Beispiele zur Erläuterung

1. Ein Stahlträger IPB 200 erhält eine vertikale Belastung von $q_y = 20\,\text{kN/m}$ und eine horizontale Belastung von $q_z = 5\,\text{kN/m}$ (Bild **102.**1). Spannweiten: $l_y = 3,5\,\text{m}$; $l_z = 3,1\,\text{m}$. Lastfall H, St 37-2. Die Biegespannung und die Durchbiegung werden berechnet.

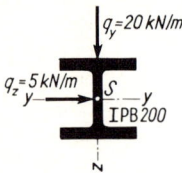

102.1   Stahlträger mit Doppelbiegung

Biegespannung

$$\max M_y = \frac{q_y \cdot l_y^2}{8} = \frac{20 \cdot 3,5^2}{8} = 30,6\,\text{kNm} = 3060\,\text{kNcm}$$

$$\max M_z = \frac{q_z \cdot l_z^2}{8} = \frac{5 \cdot 3,1^2}{8} = 6,0\,\text{kNm} = 600\,\text{kNcm}$$

Biegemomente

$$\max \sigma_{My} = \frac{M_y}{W_y} = \frac{3060}{570} = 5,37\,\text{kN/cm}^2 = 53,7\,\text{N/mm}^2$$

$$\frac{\max \sigma_{My}}{\text{zul}\,\sigma_{BD}} = \frac{53,7\,\text{N/mm}^2}{160\,\text{N/mm}^2} = 0,34 < 0,8$$

$$\max \sigma_{Mz} = \frac{M_z}{W_z} = \frac{600}{200} = 3,00\,\text{kN/cm}^2 = 30,0\,\text{N/mm}^2$$

$$\frac{\max \sigma_{Mz}}{\text{zul}\,\sigma_{BD}} = \frac{30,0\,\text{N/mm}^2}{160\,\text{N/mm}^2} = 0,19 < 0,8$$

$$\max \sigma_B = \max \sigma_y + \max \sigma_z = 53,7 + 30,0 = 83,7\,\text{N/mm}^2$$

$$\frac{\max \sigma_{BD}}{\text{zul}\,\sigma_{BD}} = \frac{83,7\,\text{N/mm}^2}{160\,\text{N/mm}^2} = 0,52 < 1,1$$

Durchbiegung

$$\text{vorh}\,f_y = \frac{\text{vorh}\,\sigma_{My} \cdot l_y^2}{h_y \cdot k_f} = \frac{53,7 \cdot 3,5^2}{20 \cdot 101} = 0,33\,\text{cm}$$

$$\text{vorh}\,f_z = \frac{\text{vorh}\,\sigma_{Mz} \cdot l_z^2}{h_z \cdot k_f} = \frac{30,0 \cdot 3,1^2}{20 \cdot 101} = 0,14\,\text{cm}$$

$$\max f = \sqrt{f_y^2 + f_z^2} = \sqrt{0,33^2 + 0,14^2} = \sqrt{0,1285} = 0,36\,\text{cm}$$

$$\text{zul}\,f = l/300 = 350/300 = 1,16\,\text{cm} > \text{vorh}\,f$$

2. Die Belastung eines Daches aus Eigenlast und Schneelast beträgt $g + s = 1,30\,\text{kN/m}^2$ Grundfläche. Die rechtwinklig auf die Dachfläche wirkende Windlast beträgt $w = 0,24\,\text{kN/m}^2$ Dachfläche. Dachneigung $\alpha = 40°$ (Bild **103.**1). Binderabstand $l = 4,0\,\text{m}$. Die Mittelpfette wird durch Kopfbänder unterstützt. Die Spannweite l_y ist dadurch verkürzt $l_y = l - 2 \cdot a$. Die Eigenlast der Pfette kann geschätzt werden mit $50 \cdots 100\,\text{N/m}^2$ Grundfläche $\cong 0,14 \cdots 0,28\,\text{kN/m}$.

Die Pfette wird bemessen (vgl. Abschn. 4.1 Beispiel 4). Lastfall HZ, Nadelholz II.

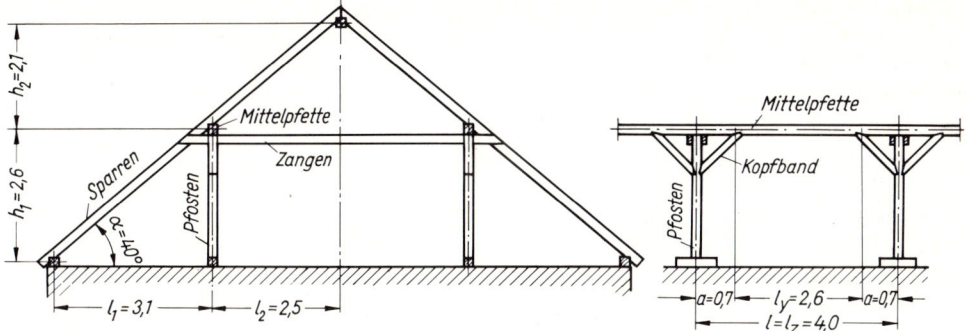

103.1   Pfettendach; Darstellung zum Berechnen der Mittelpfette (vergl. Bild **70.**1)

Belastung

$$q_y = (g + s + w) \cdot \frac{l_1 + l_2}{2} + g_{Pf} = (1{,}30 + 0{,}24) \cdot \frac{3{,}1 + 2{,}5}{2} + 0{,}29 = 4{,}60 \,\text{kN/m}$$

$$q_z = w \cdot \frac{h_1 + h_2}{2} = 0{,}24 \cdot \frac{2{,}6 + 2{,}1}{2} = 0{,}56 \,\text{kN/m}$$

Biegemomente

$$\max M_y = \frac{q_y \cdot l_y^2}{8} = \frac{4{,}60 \cdot 2{,}6^2}{8} = 3{,}89 \,\text{kNm} = 389 \,\text{kNcm}$$

$$\max M_z = \frac{q_z \cdot l_z^2}{8} = \frac{0{,}56 \cdot 4{,}0^2}{8} = 1{,}12 \,\text{kNm} = 112 \,\text{kNcm}$$

Bemessung

Gewählt (nach Nomogramm für Bemessung auf Doppelbiegung Tafel **98.**1):

120/200 mm mit $W_y = 800 \,\text{cm}^3$, $W_z = 480 \,\text{cm}^3$

Spannungsnachweis für Lastfall HZ (Erhöhung von zul σ_B um 25 %)

$$\text{vorh}\,\sigma_B = \frac{M_y}{W_y} + \frac{M_z}{W_z} = \frac{389}{800} + \frac{112}{480} = 0{,}49 + 0{,}23 = 0{,}72 \,\text{kN/cm}^2 = 7{,}2 \,\text{N/mm}^2$$

$$\text{zul}\,\sigma_{BD} = 1{,}25 \cdot 10 \,\text{N/mm}^2 = 12{,}5 \,\text{N/mm}^2$$

$$\frac{\text{vorh}\,\sigma_B}{\text{zul}\,\sigma_{BD}} = \frac{7{,}2 \,\text{N/mm}^2}{12{,}5 \,\text{N/mm}^2} = 0{,}58 < 1{,}0$$

Durchbiegung

$$\text{vorh}\,f_y = \frac{\text{vorh}\,\sigma_y \cdot l_y^2}{h_y \cdot k_f} = \frac{5{,}2 \cdot 2{,}6^2}{20 \cdot 4{,}8} = 0{,}37 \,\text{cm}$$

$$\text{vorh}\,f_z = \frac{\text{vorh}\,\sigma_z \cdot l_z^2}{h_z \cdot k_f} = \frac{3{,}6 \cdot 4{,}0^2}{12 \cdot 4{,}8} = 1{,}00 \,\text{cm}$$

$$\max f = \sqrt{f_y^2 + f_y^2} = \sqrt{0{,}37^2 + 1{,}00^2} = \sqrt{1{,}14} = 1{,}07 \,\text{cm}$$

$$\text{zul}\,f = l_z/200 = 400/200 = 2{,}0 \,\text{cm}$$

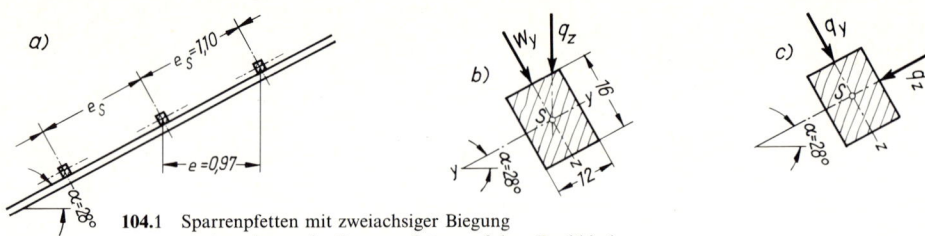

104.1 Sparrenpfetten mit zweiachsiger Biegung
a) Anordnung der Sparrenpfetten auf dem Dachbinder
b) Belastung aus den vertikalen Lasten und aus Windlast, c) Belastung für die Hauptachsen

3. Für ein Hallendach werden auf die Fachwerkbinder die Sparrenpfetten entsprechend der Dachneigung in Abständen von $e_s = 1{,}10$ m verlegt (Bild **104.**1 a).

Die Belastung aus Eigenlast des Daches und Schneelast beträgt $g + s = 1{,}20$ kN/m² Grundfläche.

Windlast $w = c_p \cdot q + 25\% = 0{,}36 \cdot 0{,}5 \cdot 1{,}25 = 0{,}23$ kN/m² Dachfläche.

Binderabstand $l = 4{,}0$ m, Dachneigung $\alpha = 28°$, Eigenlast der Pfette $\approx 0{,}10$ kN/m. Lastfall HZ, Nadelholz II.

$$e = e_s \cdot \cos \alpha = 1{,}10 \cdot 0{,}8829 = 0{,}97 \text{ m}$$

Belastung der Pfette (Bild **104.**1 b):

$$q_v = (g + s)e + g_{Pf} = 1{,}20 \cdot 0{,}97 + 0{,}10 = 1{,}16 + 0{,}10 = 1{,}26 \text{ kN/m}$$

$$w_y = w \cdot e_s = 0{,}23 \cdot 1{,}10 = 0{,}25 \text{ kN/m}$$

Belastung für die Hauptachsen (Bild **104.**1 c):

$$q_y = q_v \cdot \cos \alpha + w_y = 1{,}26 \cdot 0{,}8829 + 0{,}25 = 1{,}11 + 0{,}25 = 1{,}36 \text{ kN/m}$$

$$q_z = q_v \cdot \sin \alpha = 1{,}26 \cdot 0{,}4695 = 0{,}59 \text{ kN/m}$$

Biegemomente

$$\max M_y = \frac{q_y \cdot l^2}{8} = \frac{1{,}36 \cdot 4{,}0^2}{8} = 2{,}72 \text{ kNm} = 272 \text{ kNcm}$$

$$\max M_z = \frac{q_z \cdot l^2}{8} = \frac{0{,}59 \cdot 4{,}0^2}{8} = 1{,}18 \text{ kNm} = 118 \text{ kNcm}$$

Bemessung und Spannungsnachweis

Gewählt: **120/160 mm** mit $W_y = 512$ cm³, $W_z = 384$ cm³

$$\text{vorh } \sigma_B = \frac{M_y}{W_y} + \frac{M_z}{W_z} = \frac{272}{512} + \frac{118}{384} = 0{,}53 + 0{,}31$$

$$= 0{,}84 \text{ kN/cm}^2 = 8{,}4 \text{ N/mm}^2$$

$$< \text{zul } \sigma_{BD} = 1{,}15 \cdot 10 \text{ N/mm}^2 = 11{,}5 \text{ N/mm}^2$$

Durchbiegung

$$\text{vorh } f_y = \frac{\text{vorh } \sigma_y \cdot l^2}{h_y \cdot k_f} = \frac{5{,}3 \cdot 4{,}0^2}{16 \cdot 4{,}8} = 1{,}10 \text{ cm}$$

$$\text{vorh } f_z = \frac{\text{vorh } \sigma_z \cdot l^2}{h_z \cdot k_f} = \frac{3{,}1 \cdot 4{,}0^2}{12 \cdot 4{,}8} = 0{,}86 \text{ cm}$$

$$\max f = \sqrt{f_y^2 + f_z^2} = \sqrt{1{,}10^2 + 0{,}86^2} = 1{,}40 \text{ cm}$$

$$\text{zul } f = l/200 = 400/200 = 2{,}0 \text{ cm} > \max f$$

Beispiele zur Übung

Die Durchbiegung für die in Abschn. 5.4 berechneten Träger ist zu bestimmen.

1. $q_y =\ \ 5\,\text{kN/m}$ $q_z = 2{,}5\,\text{kN/m}$ $l_y = 4{,}0\,\text{m}$ $l_z = 3{,}0\,\text{m}$ Kantholz
2. $q_y =\ \ 9\,\text{kN/m}$ $q_z = 4\ \ \text{kN/m}$ $l_y = l_z = 2{,}0\,\text{m}$ Kantholz
3. $q_y = 15\,\text{kN/m}$ $q_z = 8\ \ \text{kN/m}$ $l_y = l_z = 4{,}0\,\text{m}$ IPB-Profil
4. $q_y = 20\,\text{kN/m}$ $q_z = 5\ \ \text{kN/m}$ $l_y = 5{,}0$ $l_z = 4{,}5\,\text{m}$ IPB-Profil

4.6   Sonderfall der Doppelbiegung

In der Praxis tritt der Sonderfall recht häufig ein, daß die Lastebenen nicht durch die Schwerachse des Trägers gehen (Bild **105**.1). Diese Ausmitte e ruft ein zusätzliches Moment hervor, welches den Träger verdrehen möchte. Für einen genaueren Nachweis müßte dieses zusätzliche Drehmoment (Torsionsmoment) berechnet werden und es wäre die Ermittlung der Torsionsspannung nötig (Abschnitt 6). Vereinfachend kann jedoch der Nachweis für dieses Drehmoment entfallen, wenn bei der Bemessung des Trägers zur Aufnahme des Biegemomentes M_z nur die Trägerhälfte herangezogen wird, an der die ausmittige Last angreift. Man rechnet nur mit dem halben Widerstandsmoment, also mit $W_z/2$.

$$\mathbf{max}\ \sigma_B = \pm\,\frac{M_y}{W_y} \pm \frac{M_z}{W_z/2} \tag{105.1}$$

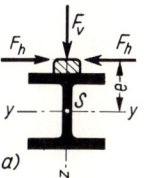 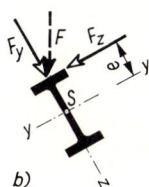

105.1   Doppelbiegung: Lastangriff in zwei Lastebenen,
  wobei eine Lastebene parallel zur Hauptachse liegt
  a) Kranbahnträger
  b) Dachpfette

Beispiele zur Erläuterung

1. Ein Kranbahnträger hat eine vertikale Belastung $q_y = 20\,\text{kN/m}$ aufzunehmen, die horizontale Belastung greift mit $q_z = 1{,}5\,\text{kN/m}$ am oberen Flansch an (Bild **105**.2). Wie groß ist die Biegespannung in dem 4,5 m langen Träger IPB 300? St 37-2, Lastfall H.

vorh $W_y = 1680\,\text{cm}^3$ vorh $W_z = 571\,\text{cm}^3$

$$\text{max}\ M_y = \frac{q_y \cdot l_y^2}{8} = \frac{20 \cdot 4{,}5^2}{8} = 50{,}6\,\text{kNm} = 5060\,\text{kNcm}$$

$$\text{max}\ M_z = \frac{q_z \cdot l_z^2}{8} = \frac{1{,}5 \cdot 4{,}5^2}{8} = 3{,}8\,\text{kNm} = 380\,\text{kNcm}$$

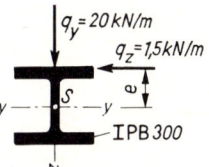

105.2   Kranbahnträger mit ausmittiger Doppelbiegung
  durch Lastangriff am oberen Flansch

$$\text{vorh } \sigma_B = \frac{M_y}{W_y} + \frac{M_z}{W_z/2} = \frac{5060}{1680} + \frac{380}{571/2} = 3,01 + 1,33$$

$$= 4,34 \text{ kN/cm}^2 = 43,4 \text{ N/mm}^2$$

$$\text{zul } \sigma_{BD} = 140 \text{ N/mm}^2$$

$$\frac{\text{vorh } \sigma_B}{\text{zul } \sigma_{BD}} = \frac{43,4 \text{ N/mm}^2}{140 \text{ N/mm}^2} = 0,31 < 1,0$$

2. Dachpfetten aus Stahl I120 sind auf Fachwerkbinder mit 22° Dachneigung im Abstand $e_s = 1,45$ m montiert (Bild **106.**1). Vertikale Belastung $g + s = 1,10$ kN/m² Dachfläche. Die rechtwinklig auf die Dachfläche wirkende Windlast beträgt $w = c_p \cdot q \cdot 1,25 = -0,6 \cdot 0,8 \cdot 1,25 = -0,60$ kN/m², Eigenlast der Pfette 0,11 kN/m, Binderabstand $l = 3,6$ m. St 37-2, Lastfall HZ.

$$e = e_s \cdot \cos \alpha = 1,45 \cdot 0,9272 = 1,35 \text{ m}$$

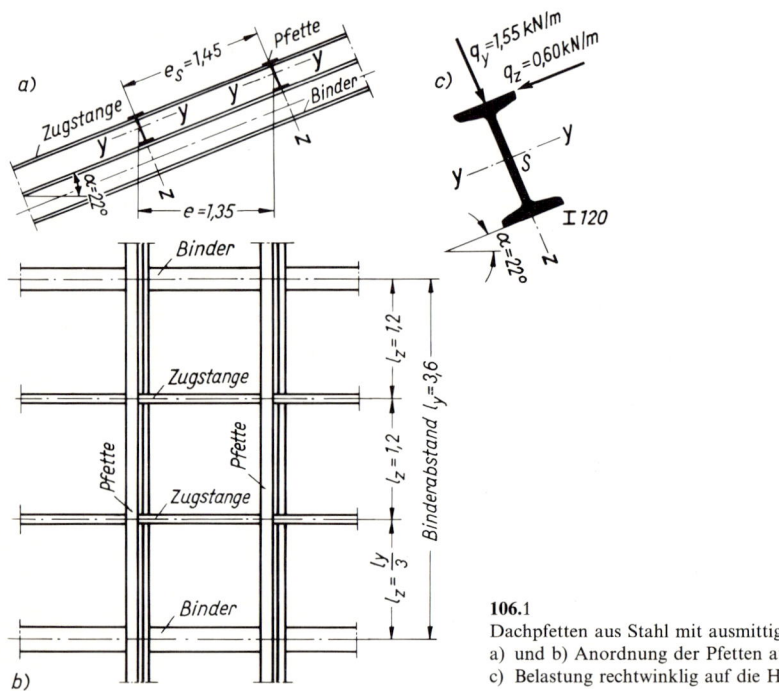

106.1
Dachpfetten aus Stahl mit ausmittiger Doppelbiegung
a) und b) Anordnung der Pfetten auf dem Dachbinder
c) Belastung rechtwinklig auf die Hauptachsen

Belastung der Pfette

$$q_v = (g + s)e + g_{Pf} = 1,10 \cdot 1,35 + 0,11 = 1,49 + 0,11 = 1,60 \text{ kN/m}$$

$$w_y = w \cdot e_s = -0,60 \cdot 1,45 = -0,87 \text{ kN/m (entlastende Wirkung)}$$

Belastung rechtwinklig auf die Hauptachsen

$$q_y = q_v \cdot \cos \alpha = 1,60 \cdot 0,9272 = 1,48 \text{ kN/m}$$

$$q_z = q_v \cdot \sin \alpha = 1,60 \cdot 0,3746 = 0,60 \text{ kN/m}$$

Biegemomente für Endfelder (s. Gleichung (68.1))

$$\max M_\mathrm{y} = \frac{q_\mathrm{y} \cdot l_\mathrm{y}^2}{11} = \frac{1{,}48 \cdot 3{,}6^2}{11} = 1{,}74\,\mathrm{kNm} = 174\,\mathrm{kNcm}$$

$$\max M_\mathrm{z} = \frac{q_\mathrm{z} \cdot l_\mathrm{z}^2}{11} = \frac{0{,}60 \cdot 3{,}6^2}{11} = 0{,}71\,\mathrm{kNm} = 71\,\mathrm{kNcm}$$

Spannungsnachweis

$$\mathrm{vorh}\,\sigma_\mathrm{B} = \sigma_\mathrm{My} + \sigma_\mathrm{Mz} = \frac{M_\mathrm{y}}{W_\mathrm{y}} + \frac{M_\mathrm{z}}{W_\mathrm{z}/2} = \frac{174}{54{,}7} + \frac{71}{7{,}41/2} = 3{,}18 + 19{,}16$$

$$= 22{,}34\,\mathrm{kN/cm^2} = 223{,}4\,\mathrm{N/mm^2}$$

$$\mathrm{zul}\,\sigma_\mathrm{BD} = 160\,\mathrm{N/mm^2}$$

$$\frac{\mathrm{vorh}\,\sigma_\mathrm{B}}{\mathrm{zul}\,\sigma_\mathrm{BD}} = \frac{223{,}4\,\mathrm{N/mm^2}}{160\,\mathrm{N/mm^2}} = 1{,}4 > 1{,}0$$

Die Biegespannung σ_z ist hier trotz geringer Dachneigung im Verhältnis zur Biegespannung σ_My sehr groß. Es ist daher zweckmäßig, die Pfetten in den Drittelpunkten der Stützweite durch 2 Zugstangen am oberen Flansch zu halten. Stützweite $l_\mathrm{z} = l_\mathrm{y}/3$.

Biegemoment

$$M_\mathrm{z} = \frac{q_\mathrm{z} \cdot l_\mathrm{z}^2}{11} = \frac{0{,}60 \cdot (3{,}6/3)^2}{11} = 0{,}08\,\mathrm{kNm} = 8\,\mathrm{kNcm}$$

Biegespannung

$$\mathrm{vorh}\,\sigma_\mathrm{B} = \sigma_\mathrm{My} + \sigma_\mathrm{Mz} = \frac{M_\mathrm{y}}{W_\mathrm{y}} + \frac{M_\mathrm{z}}{W_\mathrm{z}/2} = \frac{174}{54{,}7} + \frac{8}{7{,}41/2} = 3{,}18 + 2{,}16$$

$$= 5{,}34\,\mathrm{kN/cm^2} = 53{,}4\,\mathrm{N/mm^2}$$

$$\mathrm{zul}\,\sigma_\mathrm{BD} = 160\,\mathrm{N/mm^2}$$

$$\frac{\mathrm{vorh}\,\sigma_\mathrm{B}}{\mathrm{zul}\,\sigma_\mathrm{BD}} = \frac{53{,}4\,\mathrm{N/mm^2}}{160\,\mathrm{N/mm^2}} = 0{,}33 < 1{,}0$$

5 Schubspannungen

Bei Trägern entstehen durch die von ihnen zu tragenden Belastungen stets Biegemomente. Durch die quer zur Längsachse wirkenden Lasten entstehen Querkräfte. Bei der Berechnung der Biegespannungen wurden die Querkräfte zunächst vernachlässigt. In vielen Fällen ist die Wirkung der Querkräfte unbedeutend. Ihre Wirkung soll jedoch nun näher betrachtet werden.

Die äußeren Kräfte verursachen eine Verschiebung nebeneinanderliegender Querschnitte (Bild **108.**1). Diesen Verschiebungen müssen innere Kräfte entgegenwirken.

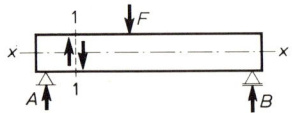

108.1 Am Querschnitt eines Trägers wird deutlich, daß durch die äußeren Kräfte eine gegenseitige Verschiebung der beiden Schnittufer bewirkt werden soll

Da sich die Träger bei der Belastung durchbiegen, wird der untere Bereich gezogen und der obere Bereich gedrückt. Dadurch entstehen Verschiebungen übereinanderliegender Längsschnitte. Das ist an einem Träger, der aus zwei aufeinanderliegenden Teilen besteht, zu erkennen (**108.**2). An den Auflagern sind die Verschiebungen am größten, zur Feldmitte hin werden sie Null. Je größer die Verschiebungen in Längsrichtungen sind, um so größer sind die dabei entstehenden Längskräfte. Sie sind an den Auflagern am größten. Wenn Verschiebungen vermieden werden sollen, müssen die Längskräfte von dem Werkstoff aufgenommen werden. Zur näheren Betrachtung stelle man sich ein kleines Teilchen des Trägers herausgeschnitten vor. An den Oberflächen des Teilchens wirken die Verschiebungen in vertikaler und horizontaler Richtung. Diese Verschiebungen verursachen Spannungen in Richtung der Oberflächen des Teilchens (Bild **108.**3).

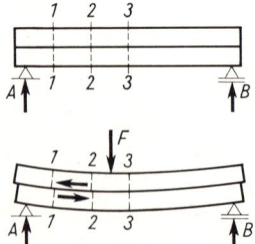

108.2 In der Längsfuge zwischen zwei aufeinanderliegenden Trägerteilen sind die Verschiebungen in Längsrichtung zu erkennen

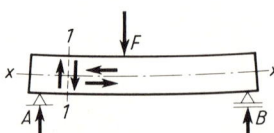

108.3 Im Schnitt 1–1 des Trägers wirken Querverschiebungen und Längsverschiebungen gleichzeitig

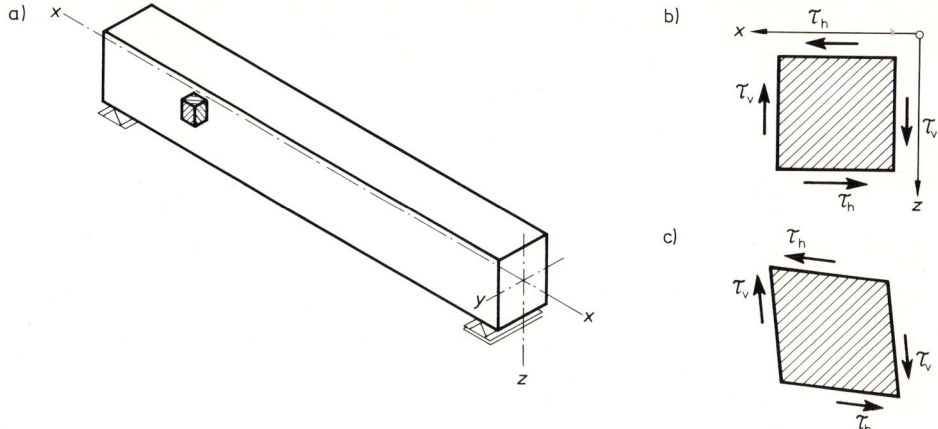

109.1 Aus einem Träger wird zur näheren Betrachtung ein kleines Teilchen herausgeschnitten
a) Kleines Teilchen im Träger
b) Vergrößerte Seitenansicht des Teilchens mit vertikalen Querschubspannungen τ_v und horizontalen Längsschubspannungen τ_h
c) Verschobenes Teilchen infolge der Wirkung von Quer- und Längsschubspannungen

Bei den Spannungen handelt es sich um Tangentialspannungen, da sie in der Schnitt-fläche liegen. Sie werden als Schubspannungen τ bezeichnet (Bild **109.**1).

Es wirken vertikal gerichtete Querschubspannungen τ_v und horizontal gerichtete Längs-schubspannungen τ_h. Auch die Längsschubspannungen sind von der Querkraft Q ab-hängig. Die außerdem wirkenden Biegespannungen σ sind zur Vereinfachung in Bild **109.**1 nicht dargestellt.

An jeder Stelle eines Trägers sind die vertikalen Querschubspannungen gleich den horizontalen Längsschubspannungen $\tau_v = \tau_h$. Diese Schubspannungen sind nicht gleich-mäßig über die Trägerlänge verteilt, ebenfalls nicht gleichmäßig über die Trägerhöhe. In der Biegespannungs-Nullinie sind sie am größten. Am unteren und oberen Trägerrand sind die Schubspannungen gleich Null.

Die Schubspannung τ kann berechnet werden mit der Formel

$$\tau = \frac{Q \cdot S}{b \cdot I} \qquad \text{in N/mm}^2 \text{ oder MN/m}^2 \tag{109.1}$$

τ = Schubspannung in der untersuchten Faser

Q = Querkraft an der untersuchten Trägerstelle in N

S = statisches Moment (Flächenmoment 1. Grades) der oberhalb der untersuchten Faser liegenden Querschnittsfläche bezogen auf die Nullinie (Bild **109.**2)

$$S = \sum A_i \cdot z_i = \sum A_1 \cdot z_1 + A_2 \cdot z_2 + A_3 \cdot z_3 + \cdots A_i \cdot z_i$$

I = Flächenmoment 2. Grades der ganzen Querschnittsfläche, bezogen auf die Biegespannungs-Nullinie in mm⁴

b = Breite des Querschnittes in der untersuchten Faser in mm

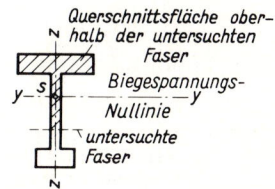

109.2 Statisches Moment (Flächenmoment 1. Grades) einer Teilfläche

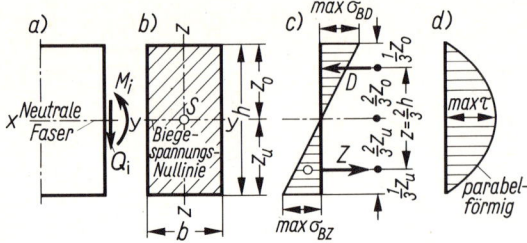

110.1 Biege- und schubbeanspruchter
Rechteckquerschnitt
a) Längsschnitt mit Querkraft und
Biegemomenten
b) Querschnitt
c) Biegespannungsbild mit max σ_{BD}
und max σ_{BZ}
d) Schubspannungsbild mit max τ

Die größte Schubspannung wirkt in der Biegespannungs-Nullinie. Aus dem Flächenmoment 2. Grades I, geteilt durch das statische Moment S, erhält man den Abstand z der resultierenden inneren Druck- und Zugkräfte (Bild **110.**1) in der Druck- und Zugzone des Querschnittes:

$$z = \frac{I}{S} \quad \text{in mm} \tag{110.1}$$

Damit kann die maximale Schubspannung in der Nullinie berechnet werden

$$\textbf{max}\, \tau = \frac{Q}{b \cdot z} \quad \text{in N/mm}^2 \tag{110.2}$$

Für Rechteckquerschnitte wird mit $z = 2/3\,h$ und $A = b \cdot h$ die maximale Schubspannung

$$\text{max}\, \tau = \frac{3}{2}\frac{Q}{A} \quad \text{in N/mm}^2 \tag{110.3}$$

5.1   Ebener Spannungszustand

In Abschnitt 1.7.4 wurde bereits der lineare Spannungszustand beschrieben. Bei üblichen biegebeanspruchten Trägern erzeugt die Gesamtwirkung der Biege- und Schubspannungen einen Spannungszustand in der Ebene. Beide Spannungen – Biegespannungen σ und Schubspannungen τ – überlagern sich zu einer Gesamtspannung. Diese Gesamtspannung kann größer als die Biegespannung allein oder als die Schubspannung allein sein. Die folgenden Betrachtungen sollen die Wirkung der Spannungen verdeutlichen.

Aus einem Träger denke man sich ein kleines Teilchen herausgeschnitten (Bild **111.**1). An den Rändern der sichtbaren Fläche (Schnittufer) werden die wirkenden Spannungen angebracht. Es sind Normalspannungen σ (Biegespannungen) und Tangentialspannungen τ (Schubspannungen).

Die längs des Trägers wirkenden Normalspannungen σ stehen im Gleichgewicht. In gleicher Weise stehen die horizontalen Schubspannungen τ_{h} und die vertikal wirkenden Schubspannungen τ_{v} miteinander im Gleichgewicht.

$$\sum H = 0 \qquad + \sigma - \sigma + \tau_{\text{h}} - \tau_{\text{h}} = 0 \tag{110.4}$$

$$\sum V = 0 \qquad\qquad\quad + \tau_{\text{v}} - \tau_{\text{v}} = 0 \tag{110.5}$$

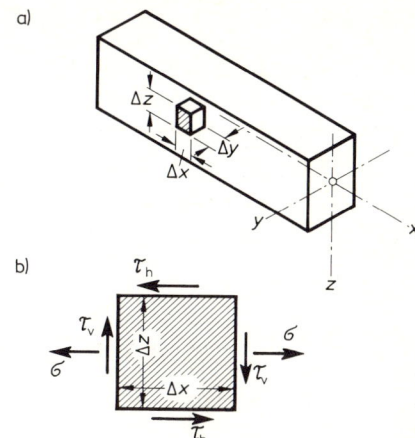

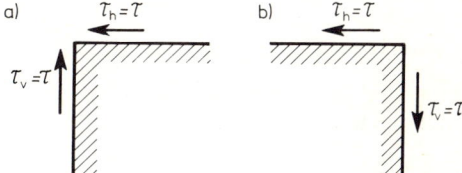

111.1   Ebener Spannungszustand bei einem Träger
a) Träger mit einem herausgeschnittenen gedachten
kleinen Teilchen
b) Fläche des herausgeschnittenen Teilchens mit den
wirkenden Spannungen

Aus diesen Bedingungen ergibt sich der Satz von der Gleichheit der zugeordneten Schubspannungen

$$\tau_h = \tau_v = \tau \qquad\qquad\qquad\qquad\qquad\qquad (111.1)$$

Die Schubspannungen in beliebigen rechtwinklig zueinander angeordneten Schnittflächen sind gleich groß und entweder gegeneinander gerichtet oder voneinander weg gerichtet (Bild **111.2**).

111.2   Zuordnung der Schubspannungen τ_h und τ_v
a) gegeneinander gerichtet
b) voneinander weg gerichtet

5.2   Hauptspannungen

Bauteile werden häufig durch Normalspannungen σ durch Schubspannungen τ gleichzeitig beansprucht. Das ist bei biegebeanspruchten Trägern der Fall. Hierbei ist das Kennen der absolut größten Spannung oft wichtig. Bei Trägern und ähnlichen Bauteilen entstehen jedoch die größten Normalspannungen und Schubspannungen nicht an derselben Stelle. Dort, wo die Normalspannungen ihren größten Wert erreichen, sind die Schubspannungen gleich Null.

Wenn eine Stelle eines Trägers gleichzeitig Normalspannungen σ und Schubspannungen τ ausgesetzt ist, stellt man sich an dieser Stelle ein kleines Teilchen herausgeschnitten vor (Bild **111.1**). Es läßt sich für jedes Teilchen eine Schnittrichtung finden, für welche die Schubspannungen τ zu Null werden und die Normalspannungen σ ihren Größtwert erreichen. Diese maximalen Normalspannungen werden als Hauptspannungen bezeichnet.

Das Teilchen wird also um einen Winkel α gedreht. Der Winkel α, für den die Schubspannungen gleich Null werden, läßt sich aus den vorhandenen Spannungen am herausgeschnittenen Teilchen berechnen.

Richtungswinkel α der Hauptspannungen

$$\tan 2\alpha = \frac{\tau}{\frac{1}{2}\sigma} = \frac{2\tau}{\sigma}$$ (112.1)

α ist der Winkel, den die größte Hauptspannung zur Waagerechten bildet (Bild **112.1**).

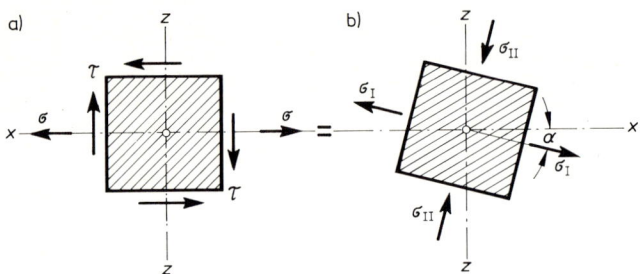

112.1   Teilchen aus einem Träger
     a) Kleines Teilchen eines Trägers mit Normalspannungen σ und Schubspannungen τ
     b) Teilchen um den Winkel α gedreht mit den Hauptspannungen σ_I und σ_II
     Zugehörige Schubspannungen $\tau = 0$

Aus den Überlegungen für den ebenen Spannungszustand entstehen die Gleichungen für die Hauptspannungen in den beiden rechtwinklig zueinander stehenden Richtungen.

Hauptspannungen

$$\sigma_\mathrm{I} = \frac{\sigma}{2} + \sqrt{\left(\frac{\sigma}{2}\right)^2 + \tau^2}$$ (112.2)

$$\sigma_\mathrm{II} = \frac{\sigma}{2} - \sqrt{\left(\frac{\sigma}{2}\right)^2 + \tau^2}$$ (112.3)

Bei den Hauptspannungen ist σ_1 der absolut größte Wert:

$$\max \sigma = \sigma_\mathrm{I}$$

Die zugehörigen Schubspannungen werden für den Fall der Normalspannung zu Null:

$$\tau = 0$$ (112.4)

σ_I hat das Vorzeichen von σ. Die Hauptspannung σ_II ist stets kleiner und kann auch ein entgegengesetztes Vorzeichen haben. σ_II wirkt rechtwinklig zu σ_I.

Für Träger mit Doppelbiegung gilt die gleiche Rechenweise. Allerdings sind die Biegespannungen aus den beiden Biegemomenten M_y und M_z zusammenzuzählen, ebenso die Schubspannungen aus den Querkräften Q_y und Q_z.

In die Gleichungen 112.2 und 112.3 sind für σ und τ also einzusetzen:

$$\sigma = \sigma_{M_y} + \sigma_{M_z} \qquad \tau = \tau_{Q_y} + \tau_{Q_z}$$ (112.5) (112.6)

Beispiel zur Erläuterung

Ein Träger wird so beansprucht, daß an einem herausgeschnitten gedachten Teilchen die Spannungen entsprechend Bild **113**.1 wirken:

$$\sigma = 100\,\text{N/mm}^2 \qquad \tau = 25\,\text{N/mm}^2$$

Die Hauptspannungen werden berechnet.

Hauptspannungen

$$\sigma_{\text{I,II}} = \frac{\sigma}{2} + \sqrt{\left(\frac{\sigma}{2}\right)^2 + \tau^2}$$

$$= \frac{100}{2} \pm \sqrt{\left(\frac{100}{2}\right)^2 + 25^2} = 50 \pm \sqrt{2500 + 625}$$

$$\sigma_{\text{I,II}} = 50 \pm 56$$

$$\sigma_{\text{I}} \quad = +106\,\text{N/mm}^2$$

$$\sigma_{\text{II}} \quad = - \quad 6\,\text{N/mm}^2$$

Die Hauptspannung σ_{I} ist größer als die Normalspannung σ_{x}.

Richtungswinkel α der Hauptspannungen:

$$\tan 2\alpha = \frac{2\tau}{\sigma} = \frac{2 \cdot 25}{100} = 0{,}50$$

$$2\alpha = 26{,}6° \qquad \alpha = 13{,}3° \approx 14°$$

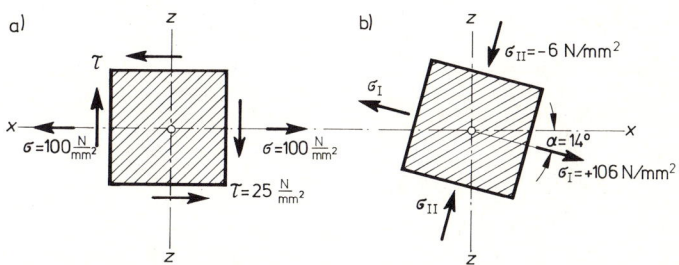

113.1   Teilchen aus einem Träger
     a) an den Schnittufern wirken die vorhandenen Spannungen $\sigma_{\text{x}} = 100\,\text{N/mm}^2$
       und $\tau = 25\,\text{N/mm}^2$
     b) an den Schnittufern sind die Hauptspannungen σ_{I} und σ_{II} angetragen.
       Schubspannungen $\tau = 0$

5.3   Vergleichsspannungen

Die Formeln für die Hauptspannungen haben sich aus der Überlegung ergeben, wie bei einem mehrachsigen Spannungszustand die größten Normalspannungen ermittel werden können. Für spröde Baustoffe (z. B. Spannbeton) wird damit das Tragverhalten recht genau erfaßt. Das Verhalten von Baustahl ist jedoch anders. Stahl ist ein zähplastischer Baustoff.

Es ist daher nach DIN 18 800 bei Beanspruchungen durch Querkraft und Biegung eine Vergleichsspannung zu berechnen. Sie ist gegenüber der Hauptspannung etwas abgeändert und vereinfacht:

$$\sigma_V = \sqrt{\sigma^2 + 3\tau^2} \tag{114.1}$$

Zusätzlich zu den bisherigen Spannungsnachweisen für max σ und max τ ist die Vergleichsspannung nachzuweisen, wenn die einzelnen Spannungen die halbe zulässige Spannung überschreiten.

5.4 Spannungsnachweise für Stahlbauteile

Für Stahlträger mit Beanspruchung durch Querkraft und Biegung ist zunächst der normale Spannungsnachweis für max σ und max τ getrennt zu führen.

$$\frac{\max \sigma}{\text{zul } \sigma} \leqq 1,0 \qquad \frac{\max \tau}{\text{zul } \tau} \leqq 1,0 \tag{114.2} \tag{114.3}$$

Wenn die einzelnen Spannungsteile aus Biegung oder Schub den halben zulässigen Wert überschreiten, ist die Vergleichsspannung nachzuweisen.

Nachweis der Vergleichspannung ist erforderlich, wenn

$$\frac{\max \sigma}{\text{zul } \sigma} > 0,5 \qquad \frac{\max \tau}{\text{zul } \tau} > 0,5 \tag{114.4} \tag{114.5}$$

Bei einfacher Beanspruchung durch Biegung und Querkraft gilt für die Vergleichsspannung

$$\sigma_V = \sqrt{\sigma^2 + 3\tau^2} \qquad \frac{\sigma_V}{\text{zul } \sigma} \leqq 1,1 \tag{114.6} \tag{114.7}$$

Die Vergleichsspannung σ_V darf die zulässige Spannung zul σ nach Tafel **21.1** um 10 % überschreiten. Für diesen Spannungsnachweis werden allerdings nicht die maximalen Spannungen eingesetzt, sondern diejenigen Spannungen, die in ihrer Überlagerung den ungünstigsten Wert ergeben. Der hierfür zutreffende Bereich ist z. B. bei I-Trägern der Übergang vom Steg zum Flansch.

Die größten Biegespannungen wirken bei üblich belasteten Einfeldträgern in Feldmitte am unteren Rand als Biegezugspannungen und am oberen Rand als Biegedruckspannungen.

Die größten Schubspannungen wirken bei Trägern mit gleichmäßig verteilter Belastung an den Auflagern und zwar im Bereich der Schwerachse der Träger.

Die größte Vergleichsspannung ergibt sich bei ungünstigster Kombination von Biegespannungen und Schubspannungen. Das ist bei Trägern mit I-Querschnitt am Übergang vom Steg zum Flansch der Fall.

Biegespannungen σ

Die Biegespannung σ am Übergang vom Steg zum Flansch bei I-Trägern wird näherungsweise aus der Verhältnisgleichung berechnet. Das ist möglich, da die Biegespannung von Null in der Schwerachse auf den maximalen Wert am Rand geradlinig anwächst (Bild **115.1**):

$$\text{vorh } \sigma : \max \sigma = \frac{s_y}{2} : \frac{h}{2}$$

Daraus ergibt sich die maßgebende vorhandene Spannung σ:

$$\mathbf{vorh\,\sigma = max\,\sigma \cdot \frac{s_y}{h}} \quad \text{in N/mm}^2 \tag{115.1}$$

Hierbei sind:

h Trägerhöhe in mm
$s_y = I_y/S_y$ Abstand zwischen Druck- und Zugmittelpunkt in mm (Bild **115**.1, zu berechnen aus den Profilwerten der Tafel **76**.1 bis **77**.2).

Diese Biegespannung darf den halben Wert der zulässigen Spannung nicht überschreiten, sonst ist die Vergleichsspannung nachzuweisen:

$$\mathbf{\frac{vorh\,\sigma}{zul\,\sigma} \leqq 0,5} \tag{115.2}$$

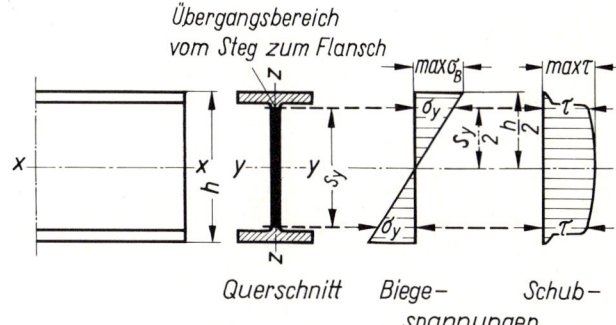

115.1   Verteilung der Biegespannungen σ_B und der
Schubspannungen τ bei
einem I-förmigen Querschnitt

Schubspannungen τ

Die Schubspannung τ am Übergang vom Flansch zum Steg wird nach Gleichung 87.1 berechnet. Für Träger mit I-Querschnitt erhält man folgende Formel:

$$\mathbf{vorh\,\tau = \frac{Q \cdot S_y}{s \cdot I_y}} \quad \text{bzw.} \quad \mathbf{vorh\,\tau = \frac{Q}{s \cdot s_y}} \quad \text{in N/mm}^2 \tag{115.3}\ \ (115.4)$$

Hierbei bedeuten:

Q Querkraft an der untersuchten Trägerstelle in N
s Stegdicke in mm (siehe Profiltafeln)
S_y statisches Moment bzw. Flächenmoment 1. Grades des halben Querschnitts um die y-Achse in mm³ (in Profiltafeln angegeben in cm³)
I_y Flächenmoment 2. Grades der ganzen Querschnittsfläche, bezogen auf die y-Achse in mm⁴ (in Profiltafeln angegeben in cm⁴)
$s_y = I_y/S_y$ Abstand zwischen Druck- und Zugmittelpunkt in mm (Bild **115**.1).

Die Schubspannung darf ohne Nachweis der Vergleichsspannung den halben Wert der zulässigen Spannung nicht überschreiten

$$\mathbf{\frac{vorh\,\tau}{zul\,\tau} \leqq 0,5} \tag{115.5}$$

Für den Nachweis der Vergleichsspannung mit Gleichung 91.1 kann anstelle der Schubspannung τ vereinfacht der Mittelwert τ_m eingesetzt werden:

$$\tau_m = \frac{Q}{A_Q} = \frac{Q}{s \cdot h_Q} \tag{116.1}$$

Die Fläche A_Q zur Aufnahme von Querkräften errechnet sich aus der Stegdicke s und der Steghöhe zwischen den Flanschmitten h_Q (Bild **116.**1).

$$A_Q = s \cdot h_Q = s \cdot \left(h - 2 \cdot \frac{t}{2} \right)$$

$$A_Q = s \cdot (h - t) \tag{116.2}$$

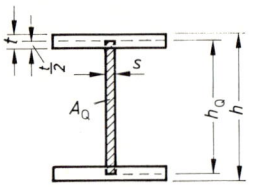

116.1   Träger mit I-Querschnitt: die Stegfläche A_Q nimmt die Querkräfte auf

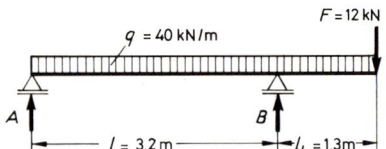

116.2   Stahlträger mit Kragarm

Beispiel zur Erläuterung

Ein IPB-Träger von $l = 3,2$ m Spannweite mit einem Kragarm von $l_k = 1,3$ m Länge hat eine gleichmäßig verteilte Belastung von $q = 40$ kN/m und an der Kragarmspitze eine Einzellast von $F = 12$ kN aufzunehmen. Der Träger ist zu bemessen aus St 37-2 für Lastfall H (Bild **116.**2).

Kragmoment

$$\min M_B = -\frac{q \cdot l_k^2}{2} - F \cdot l_k = -\frac{40 \cdot 1,3^2}{2} - 12 \cdot 1,3$$

$$= -33,8 - 15,6 = -49,4 \text{ kNm} = -4940 \text{ kNcm}$$

Querkräfte

$$Q_A = \frac{q \cdot l}{2} + \frac{M_B}{l} = \frac{40 \cdot 3,2}{2} + \frac{-49,4}{3,2}$$

$$= 64,0 - 15,4 = +48,6 \text{ kN}$$

$$Q_{Bl} = Q_A - q \cdot l = +48,6 - 40 \cdot 3,2 = -48,6 - 128,0 = -79,4 \text{ kN}$$

$$Q_{Br} = +q \cdot l_k + F = +40 \cdot 1,3 + 12 = +64,0 \text{ kN}$$

Feldmoment

$$\max M_F = Q_A^2/2 \cdot q = +48,6^2/2 \cdot 40 = +29,5 \text{ kNm}$$

Bemessung

$$\text{erf } W_y = \frac{\min M_B}{\text{zul } \sigma_{BD}} = \frac{4940}{14,0} = 353 \text{ cm}^3$$

gewählt: **IPB 180** mit $W_y = 426 \, cm^3$; $I_y = 3830 \, cm^4$;

$t = 1,4 \, cm$; $s = 0,85 \, cm$; $S_y = 241 \, cm^3$

$s_y = I_y/S_y = 3830/241 = 15,9 \, cm$

$h_Q = h - t = 18,0 - 1,4 = 16,6 \, cm$

Biegespannung am Auflager B

$$\max \sigma_B = \frac{\min M_B}{\text{vorh } W_y} = \frac{3380}{426} + \frac{1560}{426} = 7,9 + 3,7 = 11,6 \, kN/cm^2 = 116 \, N/mm^2$$

$$\text{zul } \sigma_B = 140 \, N/mm^2$$

$$\frac{\max \sigma_B}{\text{zul } \sigma_B} = \frac{116 \, N/mm^2}{140 \, N/mm^2} = 0,83 > 0,5 < 1,0$$

Schubspannung am Auflager B

$$\max \tau = \frac{Q_{B1} \cdot S_y}{s \cdot I_y} = \frac{79,4 \cdot 241}{0,85 \cdot 3850} = 5,9 \, kN/cm^2 = 59 \, N/mm^2$$

$$\text{zul } \tau = 92 \, N/mm^2$$

$$\frac{\max \tau}{\text{zul } \tau} = \frac{59 \, N/mm^2}{92 \, N/mm^2} = 0,64 > 0,5 < 1,0$$

Biegespannung und Schubspannung liegen innerhalb der zulässigen Bereiche. Da jedoch beide Spannungen jeweils größer als die Hälfte der zulässigen Spannungen sind, wird ein Nachweis der Vergleichsspannung σ_V erforderlich (vergl. Abschnitt 5.3).

Biegespannung am Übergang vom Steg zum Flansch (vergl. Bild **115**.1).

$$\sigma_y = \max \sigma_B \cdot \frac{s_y}{h} = 116 \cdot \frac{15,9}{18} = 102 \, N/mm^2$$

Schubspannung am Übergang vom Steg zum Flansch

$$\tau_m = \frac{Q_{B1}}{s \cdot (h - t)} = \frac{79,4}{0,85 \cdot (18,0 - 1,4)} = 5,6 \, kN/cm^2 = 56 \, N/mm^2$$

Vergleichsspannung

$$\sigma_V = \sqrt{\sigma_y^2 + 3\tau_m^2} = \sqrt{102^2 + 3 \cdot 56^2} = \sqrt{10404 + 9408} = 141 \, N/mm^2$$

$$\frac{\sigma_V}{\text{zul } \sigma} = \frac{141 \, N/mm^2}{140 \, N/mm^2} = 1,01 < 1,1$$

Nachweis der Durchbiegung im Feld nicht erforderlich, da $l < 5 \, m$ (s. Abschnitt 4.3.1).

Nachweis der Durchbiegung an der Kragarmspitze

$$f_q = \frac{q \cdot l_k}{24 \cdot E \cdot I} \cdot [l_k^2 \cdot (4 \cdot l + 3 \cdot l_k) - l^3]$$

$$= \frac{0,40 \cdot 130}{24 \cdot 21000 \cdot 3830} \cdot [130^2 \cdot (4 \cdot 320 + 3 \cdot 130) - 320^3]$$

$$= 0,027 \cdot [28,2 - 32,8] = -0,12 \, cm = -1,2 \, mm$$

$$f_F = \frac{F \cdot l_k^2}{3 \cdot E \cdot I} \cdot (l_k + l)$$

$$= \frac{12 \cdot 130^2}{3 \cdot 21000 \cdot 3830} \cdot (130 + 320) = 0,38 \, cm = 3,8 \, mm$$

$$\text{vorh } f = f_\text{q} + f_\text{F} = -1,2 + 3,8 = 2,6 \, \text{mm}$$

$$\text{zul } f = l_\text{k}/200 = 1300/200 = 6,5 \, \text{mm} > \text{vorh } f$$

Beispiele zur Übung

Für folgende Träger sind die Biegespannung, die Schubspannung, und falls erforderlich, die Vergleichsspannung zu berechnen. Außerdem ist die Durchbiegung nachzuweisen.

1.	IPE 240	$q = 30 \, \text{kN}$	$l = 2,0 \, \text{m}$	St 37-2	Lastfall H
2.	IPB 300	$q = 70 \, \text{kN}$	$l = 4,0 \, \text{m}$	St 37-2	Lastfall H

5.5   Spannungs- und Verformungsnachweise für Holzbauteile

Für Holzträger erfolgt der Nachweis der Schubspannung:

$$\text{bei rechteckigen Querschnitten} \qquad \max \tau = \frac{3Q}{2A} \quad \text{in N/mm}^2 \qquad (118.1)$$

$$\text{bei anderen Querschnitten} \qquad \max \tau = \frac{Q \cdot S}{b \cdot I} \quad \text{in N/mm}^2 \qquad (118.2)$$

Die maximale Schubspannung darf die zulässigen Werte der Tafel **25**.1 nicht überschreiten.

$$\frac{\max \tau}{\text{zul } \tau} \leqq 1,0 \qquad (118.3)$$

Bei Trägern mit Vollholz- oder Plattenstegen ist zusätzlich zur Biegeverformung die rechnerische Durchsenkung aus Schubverformung zu ermitteln.

Für Vollwandträger auf zwei Stützen kann diese Durchsenkung in Balkenmitte berechnet werden mit

$$f_\tau = \frac{q \cdot l^2}{8 \cdot G \cdot A_\text{St}} \qquad (118.4)$$

G Schubmodul aus Tafel **8**.1
A_St Stegfläche aus Stegdicke b und Trägerhöhe h

Andere Belastungen können auf eine stellvertretende, gleichmäßig verteilte Last q umgerechnet werden. Durchlaufträger kann man näherungsweise ebenfalls mit Gl. 118.4 berechnen. l ist die Stützweite des betrachteten Feldes.

Die gesamte Durchbiegung ist

$$\max f = f_\text{y} + f_\tau \leqq \text{zul } f \qquad (118.5)$$

f_y Durchbiegung aus Biegung $\perp$ zur y-Achse
f_τ Durchsenkung aus Schubverformung
zul f zulässige Durchbiegung nach Tafel **92**.1

Für Biegeträger mit zusammengesetztem Querschnitt sind weitere Nachweise erforderlich (siehe hierzu DIN 1052 Teil 1 und 2).

Beispiel zur Erläuterung

Ein geleimter Holzträger (Bild **119**.1) hat eine Belastung von 3,80 kN/m bei einer Spannweite von 5,10 m aufzunehmen. Die Biegespannung und die Schubspannung werden berechnet.

Lastfall H, Güteklasse II.

Weitere Nachweise für Leimfugen und Gurte sind erforderlich. Sie werden hier nicht vorgeführt.

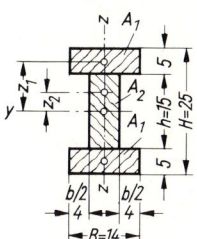

119.1   Geleimter Holzträger

Biegemoment in Feldmitte

$$\max M = \frac{q \cdot l^2}{8} = \frac{3,80 \cdot 5,10^2}{8} = 12,4 \, \text{kNm} = 1240 \, \text{kNcm} = 1240 \cdot 10^4 \, \text{Nmm}$$

Querkraft am Auflager

$$Q = \max A = \frac{q \cdot l}{2} = \frac{3,80 \cdot 5,10}{2} = 9,69 \, \text{kN}$$

Flächenmoment 2. Grades

$$I_y = \frac{B \cdot H^3}{12} - \frac{b \cdot h^3}{12} = \frac{14 \cdot 25^3}{12} - \frac{2 \cdot 4 \cdot 15^3}{12} = 18230 - 2250 = 15980 \, \text{cm}^4$$

Widerstandsmoment

$$W_y = \frac{I_y}{H/2} = \frac{15980}{25/2} = 1278 \, \text{cm}^3$$

Statisches Moment

$$S_y = S_{y1} + S_{y2} = A_1 \cdot z_1 + \frac{A_2}{2} \cdot z_2 = 14 \cdot 5 \cdot (12,5 - 2,5) + 6 \cdot \frac{15}{2} \cdot \frac{15}{4}$$

$$= 14 \cdot 5 \cdot 10 + 6 \cdot 7,5 \cdot 3,75 = 700 + 169 = 869 \, \text{cm}^3$$

Biegespannung in Feldmitte

$$\max \sigma_B = \frac{\max M}{\text{vorh } W_y} = \frac{1240}{1278} = 0,97 \, \text{kN/cm}^2 = 9,7 \, \text{N/mm}^2$$

$$\text{zul } \sigma_B = 10 \, \text{N/mm}^2$$

$$\frac{\max \sigma_B}{\text{zul } \sigma_B} = \frac{9,7 \, \text{N/mm}^2}{10 \, \text{N/mm}^2} = 0,97 < 1,0$$

Schubspannung am Auflager

$$\max \tau = \frac{\max Q \cdot S_y}{b \cdot I_y} = \frac{9,69 \cdot 869}{6 \cdot 15980} = 0,09 \, \text{kN/cm}^2 = 0,9 \, \text{N/mm}^2 = \text{zul } \tau$$

Schubspannung in der Leimfuge

$$\tau_1 = \frac{\max Q \cdot S_{y1}}{b \cdot I_y} = \frac{9,69 \cdot 700}{6 \cdot 15980} = 0,07\,\text{kN/cm}^2 = 0,7\,\text{N/mm}^2$$

zul $\tau = 0,9\,\text{N/mm}^2$

$$\frac{\tau_1}{\text{zul}\,\tau} = \frac{0,7\,\text{N/mm}^2}{0,9\,\text{N/mm}^2} = 0,78 < 1,0$$

Nachweis der Durchbiegung in Feldmitte
Biegeverformung (Gl. 90.1)

$$f_y = \frac{\max \sigma_B \cdot l^2}{h \cdot k_f} = \frac{9,7 \cdot 5,1^2}{25 \cdot 4,8} = 2,10\,\text{cm} = 21,0\,\text{mm}$$

Schubverformung (Gl. 118.4)

$$f_\tau = \frac{q \cdot l^2}{8 \cdot G \cdot A_{St}} = \frac{M}{G \cdot A_{St}} = \frac{1240 \cdot 10^4}{500 \cdot 60 \cdot 250} = 1,7\,\text{mm}$$

Gesamtverformung in Feldmitte (Gl. 118.5)

$$\max f = f_y + f_\tau = 21,0 + 1,7 = 22,7\,\text{mm}$$

Zulässige Verformung (Tafel **91.1**)

$$\text{zul}\,f = l/200 = 5100/200 = 25,5\,\text{mm}$$

$$\max f = 22,7\,\text{mm}$$

Der Träger ist mit Überhöhung herzustellen.

Beispiele zur Übung

Für nachstehende Träger sind die Biegespannung, die Schubspannung und die Durchbiegung zu berechnen.

1. Kantholz 140/180 mm $q = 2\,\text{kN/m}$ $l = 4,0\,\text{m}$ Nadelholz II
2. Kantholz 180/240 mm $q = 4\,\text{kN/m}$ $l = 3,2\,\text{m}$ Nadelholz II

5.6   Spannungsnachweise für Mauerwerk

Für Mauerwerk kann nach DIN 1053 im allgemeinen ein Schubspannungsnachweis entfallen. Das trifft dann zu, wenn die waagerechten Kräfte (z. B. Windlasten, Erddruck, Lasten aus Schrägstellung des Gebäudes) sicher in den Baugrund weitergeleitet werden können. Hierfür sind z. B. erforderlich:

- Geschoßdecken, die als steife Scheiben ausgebildet sind, (z. B. Massivdecken), bzw. statisch nachgewiesene Ringbalken
- genügend lange aussteifende Wände in Längs- und Querrichtung, die bis auf die Fundamente geführt sind.

Wenn jedoch ein Schubspannungsnachweis erforderlich ist, darf für Rechteckquerschnitte der Nachweis in nachstehende Weise geschehen.

Berechnung der Schubspannung

$$\tau = \frac{1,5\,Q}{A} \leqq \text{zul}\,\tau \qquad (121.1)$$

Zulässige Schubspannung

$$\text{zul}\,\tau = \sigma_{Z0} + 0,2 \cdot \sigma_{Dm} \leqq \max \tau \qquad (121.2)$$

Hierin bedeuten:

Q	Querkraft
A	überdrückte Querschnittsfläche
σ_{Z0}	Grundwert der zulässigen Zugspannung nach Tafel **22.1**
σ_{Dm}	mittlere zugehörige Druckspannung rechtwinklig zur Lagerfuge im ungerissenen Querschnitt A

$\max \tau = 0,010 \cdot \beta_{NSt}$ für Hohlblocksteine

$\quad\quad\quad = 0,012 \cdot \beta_{NSt}$ für Hochlochsteine und Steine mit Grifföffnungen oder Grifflöchern

$\quad\quad\quad = 0,014 \cdot \beta_{NSt}$ für Vollsteine ohne Grifföffnungen oder Grifflöcher

β_{NSt} Nennwert der Steindruckfestigkeit (Steinfestigkeitsklasse) entsprechend Tafel **19.2** bzw. **20.1**

$\max \tau = 0,30\,\text{MN/m}^2$ für Natursteinmauerwerk

Beispiel zur Erläuterung

Das Kellermauerwerk eines Wohngebäudes aus Mz 12/IIa erhält eine vertikale Belastung von $N = 110\,\text{kN}$ je m Wand (Bild **121.1**). Die horizontale Kraft aus dem Erdreich beträgt $E = 3 \cdot \text{h}^2 = 3 \cdot 2,3^2 \approx 16\,\text{kN}$ auf 1 m Wandlänge (s. Teil 1 Abschn. 4.5.3 Beispiel 2).

Druckspannung in der unteren Wandfuge

$$\text{vorh}\,\sigma_D = \frac{N}{A} = \frac{0,110}{1,0 \cdot 0,365} = 0,301\,\text{MN/m}^2$$

$$l = 4,76 + \frac{0,24}{2} + \frac{0,365}{3} = 5,00\,\text{m}$$

$$k = 1,7 - l/6 = 1,7 - 5,00/6 = 0,87$$
$$\text{(s. Abschn. 1.8.3)}$$

$$\text{zul}\,\sigma_D = k \cdot \sigma_0 = 0,87 \cdot 1,6 = 1,39\,\text{MN/m}^2$$

$$\text{vorh}\,\sigma_D < \text{zul}\,\sigma_D$$

Scherspannung in der unteren Wandfuge am aussteifenden Betonboden

$$\text{vorh}\,\tau \approx \frac{1,5 \cdot E}{A} = \frac{1,5 \cdot 0,016}{1,0 \cdot 0,365} = 0,066\,\text{MN/m}^2$$

$$\max \tau = 0,012 \cdot \beta_{NSt} = 0,012 \cdot 12 = 0,144\,\text{MN/m}^2$$

$$\sigma_{Z0} = 0,09\,\text{MN/m}^2 \text{ (nach Tafel 22.1)}$$

$$\text{zul}\,\tau = \sigma_{Z0} + 0,2 \cdot \sigma_D = 0,09 + 0,2 \cdot 0,301$$
$$= 0,150\,\text{MN/m}^2$$

$$\text{vorh}\,\tau < \text{zul}\,\tau$$

121.1 Belastung für ein Fundament unter einem Wohngebäude

6 Torsionsspannungen

Bauteile können durch Torsion beansprucht werden. Torsion ist Verdrehung; sie wird auch als Drillung bezeichnet. Torsionsbeanspruchte Bauteile werden längs ihrer Achse verdreht.

Die Torsion kann vereinfacht als reine Drillung ohne Behinderung von Längsverschiebungen der Stabfasern parallel zur Stabachse angenommen werden. Man spricht dann von zwangfreier Torsion nach Saint Venant.

Bei dieser „reinen Torsion" bleiben die Querschnitte eben, sie verwölben sich nicht.

Die Beanspruchung und das Verhalten der Bauteile ist jedoch nicht derart ideal. Damit die Berechnungen nicht noch komplizierter werden, sind diese Annahmen zulässig. Bei theoretischen Betrachtungen spielt demgegenüber noch die „Zwängungstorsion" eine Rolle. Außerdem wird unterschieden zwischen „wölbfreien Querschnitten" und „nicht wölbfreien Querschnitten". Nur in Sonderfällen sind die bei Zwängungstorsion und bei nicht wölbfreien Querschnitten entstehenden Wölbspannungen nachzuweisen.

An verschiedenen Beispielen soll gezeigt werden, wie es bei den Bauteilen zu Torsionsbeanspruchungen kommen kann.

Beispiel

Eine Decke, die am Ende mit einem Randträger verbunden ist, wird infolge ihrer Durchbiegung den Randträger verdrehen. Am Randträger wirkt ein Drehmoment. In dem Randträger entsteht eine Torsionsbeanspruchung, wenn er an seinen Auflagern durch eine Einspannung in Stützen oder Querträgern an der Verdrehung behindert wird. Der Randträger wird also durch die Decke torsionsbeansprucht; an ihm wirkt ein Torsionsmoment. Dieses Torsionsmoment m_T ist je Längeneinheit gleich dem Einspannmoment m_E der Decke (Bild **123**.1).

Das Torsionsmoment M_T an den beiden Enden eines Trägers ergibt sich aus dem Einspannungsmoment m_E je Längeneinheit multipliziert mit der Länge l_T, über die das Moment für die Einspannstelle wirksam ist. Wenn ein torsionsbeanspruchter Träger an seinen beiden Enden eingespannt ist, ergibt sich die Torsionslänge l_T aus der halben Trägerlänge:

$$l_T = l/2 \tag{122.1}$$

Das Torsionsmoment M_T am Trägerende ist gleich dem Einspannmoment M_E des Trägers in der Stütze bzw. im Querträger (Bild **123**.2)

$$M_E = m_E \cdot l/2 = M_T = m_T \cdot l/2 \tag{122.2}$$

Die vorgenannten Torsionsmomente entstehen durch Zwang, also durch Behinderung der Verformung:

Die Decke will sich durchbiegen, sie ist aber mit dem Randträger verbunden. Dieser wird sich soweit verdrehen, wie es seine eigene Steifigkeit und die Einspannung in den Stützen zulassen.

Die Torsionssteifigkeit ist wesentlich geringer als die Biegesteifigkeit. Dadurch werden die Einspannmomente stark abgemindert.

Für die Bemessung des Randträgers können diese Momente durch Einspann-Torsion meistens vernachlässigt werden. Sehr wohl sind aber die Einspannmomente in ihrer Auswirkung auf die Stützen zu berücksichtigen.

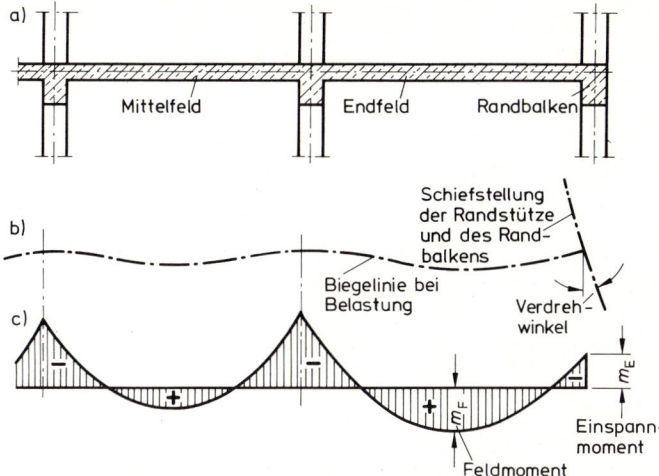

123.1   Zwang-Torsion bei einem Randbalken durch das Einspannmoment aus der Decke
a) Querschnitt durch Stahlbetondecke mit Randbalken und Stützen
b) Biegelinie und Schiefstellung des Randbalkens und der Stütze
c) Momentenfläche mit Einspannmoment m_E der Decke im Randbalken

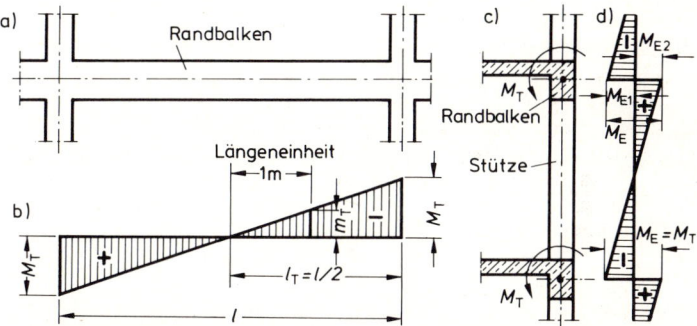

123.2   Randbalken mit Zwang-Torsion durch Einspannung der Decke
a) Ansicht des Randbalkens mit Stützen
b) Torsions-Momentenfläche mit dem Einspannmoment m_E aus der Rand-
einspannung der Decke und Torsionsmoment M_T für den Randbalken
c) Querschnitt durch Randbalken mit Decke und Stützen
d) Momentenfläche für Stützen mit $M_E = M_T$ und $M_E = M_{E1} + M_{E2}$

Beispiel

Eine Kragplatte, die in einen Randbalken eingespannt ist, beansprucht den Randbalken auf Torsion. Das Torsionsmoment m_T des Randbalkens ist gleich dem Einspannmoment m_E der Kragplatte. Gleichgewicht ist jedoch nur dann möglich, wenn die Torsionsmomente M_T an den Balkenenden von anderen Konstruktionsteilen aufgenommen und weitergeleitet werden. Ohne Aufnahme der Torsionsmomente würde die Konstruktion versagen: die Kragplatte würde herunterklappen (Bild **124**.1).

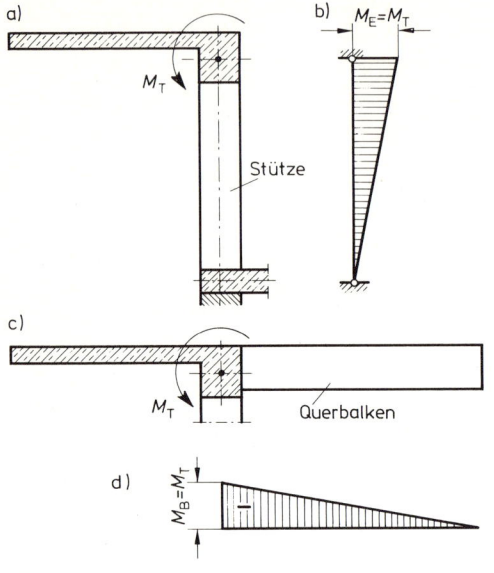

124.1 Last-Torsion bei Kragplatten
a) Kragplatte mit Einspannbalken und Stützen
b) Momentenflächen für die Stützen
c) Kragplatte mit Einspannbalken und Querbalken
d) Momentenfläche für die Querbalken

Beispiel

Torsion kann auch durch ausmittig angreifende Querkräfte entstehen. Das Torsionsmoment ergibt sich hier aus der Größe der Querkraft Q mal der Ausmitte e als Hebelarm (Bild **140.1**).

$$M_T = Q \cdot e \qquad\qquad (124.1)$$

Die Berechnung der Beanspruchung erfolgt durch Aufteilung in einzelne Beanspruchungsarten (Biegung, Schub, Torsion) und anschließende Überlagerung.

Die Aufnahme der Torsionsmomente ist nachzuweisen, wenn die Torsionsmomente für das Gleichgewicht erforderlich sind oder einen wesentlichen Teil der Beanspruchung ausmachen.

Torsionsmomente M_T allein ohne gleichzeitige Wirkung von Querkräften, Längskräften oder Biegemomenten entstehen in der Baupraxis kaum. Meistens entsteht Torsion gemeinsam mit Querkraftbiegung: alleinige Torsion ist ein theoretischer Fall. Für diese kombinierten Beanspruchungen werden vereinfachte Näherungsverfahren angewendet.

6.1   Torsionsbeanspruchung

Bei Torsion verdreht sich der Querschnitt durch unterschiedliche Dehnung der Längsfasern (Bild **125.1**). Durch diese Verdrehung des Querschnitts um den Mittelpunkt entsteht ein System schiefer Hauptdruck- und Hauptzugkräfte unter 45° und 135°. Diese Druck- und Zugkräfte laufen als Torsionskräfte schraubenförmig um den Balken herum: in der einen Richtung sind es Druckkräfte und rechtwinklig dazu sind es Zugkräfte (Bild **125.2**).

Die hierbei entstehenden Spannungen sind Schubspannungen. Sie sind an den Außenflächen am größten (Bild **125.3**).

Die Berechnung der Schubspannungen infolge Torsion geschieht auf andere Weise als die Berechnung der Schubspannungen infolge Querkraftbeanspruchung.

Einspannung des Balkens

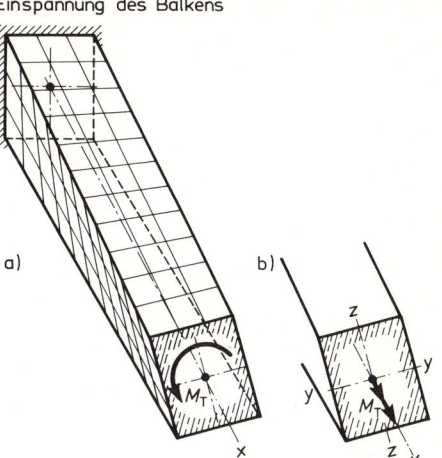

125.1   Verformungen eines Balkens infolge Torsion
         a) Darstellung des Torsionsmomentes M_T
            im Drehsinn
         b) Darstellung des Torsionsmomentes M_T
            als Vektor. Ein Torsionsmomenten-Vektor
            steht rechtwinklig auf der Querschnitts-
            fläche. Er wird mit 2 Pfeilspitzen dar-
            gestellt. Der Vektor weist in die
            Richtung, die beim Drehen einer rechtsgängigen
            Schraube entsteht:

         rechtsdrehend: (die Schraube wird angezogen)
         Schraube und Vektor drücken auf die Fläche;

         linksdrehend: (die Schraube wird gelockert)
         Schraube und Vektor ziehen an der Fläche.

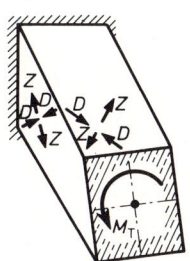

125.2   Druckkräfte und Zugkräfte
         an den Außenflächen eines
         Balkens infolge Torsion

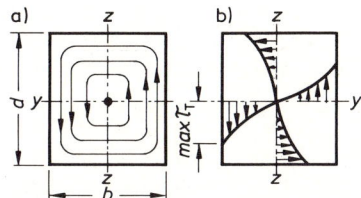

125.3   Schubspannungen infolge Torsion
         a) Querschnitt mit Darstellung des Schubflusses
         b) Querschnitt mit Torsionsspannungen in den
            Hauptachsen

Dem Torsionsmoment wirkt ein Widerstandsmoment entgegen. Die Torsionsspannung τ_T
ergibt sich aus dem Torsionsmoment M_T bezogen auf das Torsions-Widerstandsmoment

$$\tau_T = \frac{M_T}{W_T} \quad \text{oder} \quad \begin{array}{l} \text{in N/mm}^2 \text{ mit } M_T \text{ in Nmm und } W_T \text{ in mm}^3 \\ \text{in kN/cm}^2 \text{ mit } M_T \text{ in kNcm und } W_T \text{ in cm}^3 \end{array} \qquad (125.1)$$

Die Torsions-Schubspannungen werden also in ähnlicher Weise wie die Biegespannungen
berechnet. Es handelt sich aber um Schubspannungen (Tangentialspannungen) und nicht
um Normalspannungen. Sie wirken nicht wie Normalspannungen rechtwinklig zur
Querschnittsfläche. Torsionsspannungen wirken in der Querschnittsfläche.

6.2   Querschnittsformen bei Torsion

Die Größe der Torsions-Beanspruchung ist außer vom Torsionsmoment sehr stark von der Querschnittsform abhängig. Entscheidend hierbei ist jeweils, wie die Torsionskräfte durch den Stabquerschnitt fließen können (Bild **126.**1).

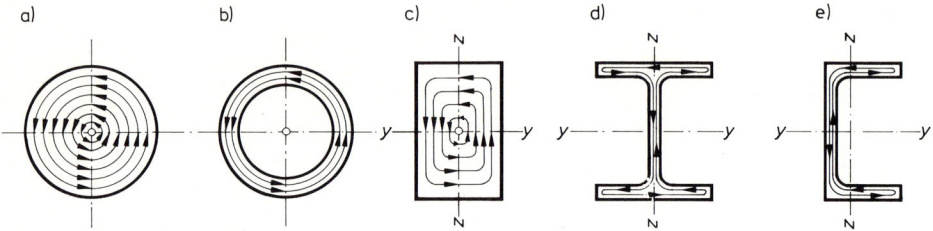

126.1   Torsionskraft-Fluß durch verschiedene Querschnittsflächen
   a) Kreisquerschnitt
   b) Kreisringquerschnitt
   c) Rechteckquerschnitt
   d) ⊏-Profil
   e) ⊥-Profil

Bei torsionsbeanspruchten Bauteilen sind infolge der stattfindenden Verformungen zwei Möglichkeiten zu unterscheiden:

1. Die Endquerschnitte des Bauteils bleiben eben, sie verwölben sich nicht; die Querschnitte sind wölbfrei.
   Zu den wölbfreien Querschnitten gehören nur wenige Querschnitte. Die wichtigsten sind Kreis, Kreisring und quadratischer Hohlquerschnitt mit gleichbleibender Wanddicke.
2. Die Endquerschnitte des Bauteils verwölben sich; die Querschnitte sind nicht-wölbfrei.
   Zu den nicht-wölbfreien Querschnitten gehören die meisten bautechnischen Querschnitte. Dieses sind insbesondere die offenen dünnwandigen Stahlbau-Profile.

Eine Reihe von Querschnitten gehören zwar zu den nicht-wölbfreien Querschnitten, bei ihnen sind jedoch die bei Torsionsbeanspruchung auftretenden Verschiebungen vernachlässigbar gering. Das ist bei Vollquerschnitten und dickwandigen Hohlquerschnitten der Fall, z. B. im Stahlbetonbau und Holzbau.

Bei nicht-wölbfreien Querschnitten können zusätzlich zu den Torsions-Schubspannungen noch Wölbspannungen auftreten (Abschnitt 6.3).

6.2.1   Runde Vollquerschnitte (Rundholz)

Die Torsionsspannungen nehmen bei Kreisquerschnitten vom Mittelpunkt zum Außenrand stetig zu. Sie haben am Umfang ihren Größtwert (Bild **127.**1).

$$\max \tau_T = \frac{M_T}{W_T} \qquad W_T = \frac{\pi}{16} \cdot d^3 \tag{126.1}$$

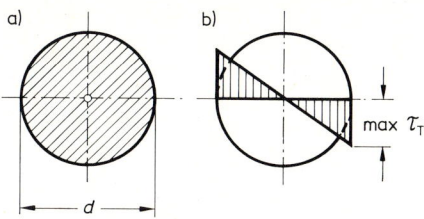

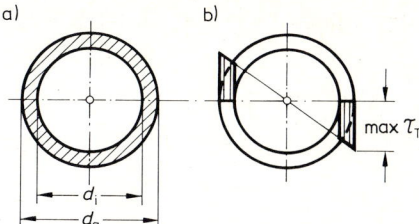

127.1   Runder Vollquerschnitt
a) Querschnitt
b) Torsionsspannungen τ_T

127.2   Runder Hohlquerschnitt
a) Querschnitt
b) Torsionsspannungen τ_T

6.2.2   Runde Hohlquerschnitte (Rohr)

Die Torsionsspannungen wirken bei Kreisring-Querschnitten nur im Bereich der Wandung zwischen Außendurchmesser d_a und Innendurchmesser d_i, und zwar zum Außenrand linear zunehmend (Bild **127.2**)

$$\max \tau_T = \frac{M_T}{W_T} \qquad W_T = \frac{\pi}{16} \cdot \frac{d_a^4 - d_i^4}{d_a} \qquad (127.1)$$

Für Stahlrohre kann das Torsions-Widerstandsmoment aus Profiltafeln entnommen werden. Es ist doppelt so groß wie das Widerstandsmoment für Biegung

$$W_T = 2\,W \qquad\qquad\qquad (127.2)$$

6.2.3   Rechteckige Vollquerschnitte (Balken)

Die Torsionsspannungen sind im Nullpunkt von Rechteck-Querschnitten gleich Null. Sie nehmen zu den Außenrändern zu, jedoch nicht stetig (Bild **127.3**). Die maximalen Torsionsspannungen ergeben sich in der Mitte der Längsseiten, also stets dort, wo der Querschnitt über den Mittelpunkt gemessen die kleinste Abmessung hat.

$$\max \tau_T = \frac{M_T}{W_T} \qquad W_T = \beta_T \cdot b^2 \cdot d \qquad (127.3)$$

Die Beiwerte β_T sind Tafel **128.**1 zu entnehmen.

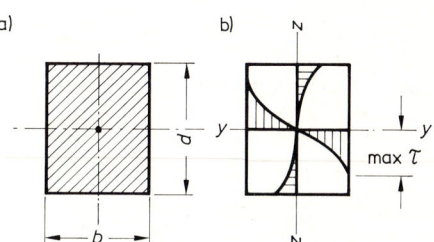

127.3   Rechteckiger Vollquerschnitt
a) Querschnitt
b) Torsionsspannungen τ_T

Tafel **128**.1   Beiwerte β_T zur **Berechnung des Torsions-Widerstandsmoments**
bei Rechteck-Querschnitten

d/b	1,0	1,25	1,5	2,0	3,0	4,0	6,0	10,0	∞
β_T	0,208	0,221	0,231	0,246	0,267	0,282	0,299	0,313	0,333

6.2.4   Dünnwandige Hohlquerschnitte (Hohlkasten)

Bei geschlossenen Hohlquerschnitten wird ein gleichmäßig umlaufender Schubabfluß $S = \tau_T \cdot t$ angenommen. Das bedeutet, daß die Torsionsspannung dort am größten ist, wo die Wanddicke t am dünnsten ist. Die Torsionsspannung ist für jede Stelle des Querschnitts zu berechnen mit

$$\tau_T = \frac{M_T}{W_T} \qquad W_T = 2 \cdot A_m \cdot t \tag{128.1}$$

t ist die jeweilige Wanddicke
A_m ist die von der Mittellinie der Wandungen eingeschlossene Fläche (Bild **128**.2).

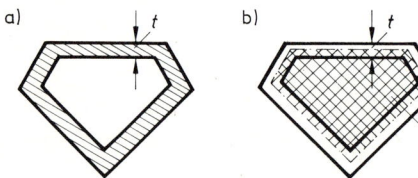

128.2   Dünnwandiger geschlossener Hohlkasten
a) Querschnitt
b) Fläche A_m, die von der Mittellinie der Wandungen eingeschlossen wird

Rechteck-Rohre und Quadrat-Rohre

Die Torsions-Widerstandsmomente W_T sind den Tafeln für Hohlprofile des Stahlbaus zu entnehmen und müssen nicht berechnet werden (siehe Tafel **79**.1 und **80**.1).

6.2.5   Dünnwandige offene Profile (Stahlprofile)

Bei offenen Querschnitten kann die Berechnung des Torsions-Widerstandsmomentes durch Zerlegen in einzelne Rechtecke von der Länge b und der Dicke t erfolgen (Bild **129**.1):

$$\tau_T = \frac{M_T}{W_T} \qquad W_T = \frac{1}{t} \cdot \sum \frac{b_i \cdot t_i^3}{3} \tag{128.2}$$

Offene Querschnitte nach Bild **129**.1 können in 2 oder 3 rechteckige Teilflächen zerlegt werden. Das Torsions-Widerstandsmoment W_T für die maximale Torsionsspannung ergibt sich in folgender Weise:

$$W_T = \frac{\beta_T}{\max t} \cdot \left(\frac{b_1 \cdot t_1^3}{3} + \frac{b_2 \cdot t_2^3}{3} + \frac{b_3 \cdot t_3^3}{3} \right) \tag{128.3}$$

Die maximale Torsionsspannung max τ_T entsteht im Bereich der maximalen Dicke max t. β_T ist ein Berichtigungswert nach Bild **129**.1 und Tafel **128**.1.

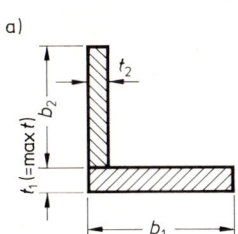 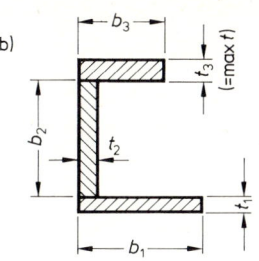 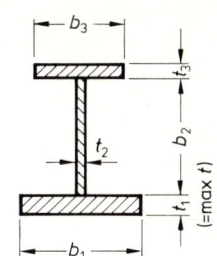

129.1 Dünnwandige offene Querschnitte
   a) L-förmiger Querschnitt mit $\beta_T = 1{,}0$
   b) Ϲ-förmiger Querschnitt mit $\beta_T = 1{,}12$
   c) I-förmiger Querschnitt mit $\beta_T = 1{,}15$

Stahlbau-Profile

Die Torsions-Widerstandsmomente W_T können den Profiltafeln nicht direkt entnommen werden (siehe Tafel **76.**1 bis **77.**2). In den Tafeln ist jedoch das Torsions-Flächenmoment 2. Grades enthalten. Aus diesem Wert kann das Torsions-Widerstandsmoment berechnet werden

$$W_T = \frac{I_T}{\max t} \tag{129.1}$$

max t ist die größte Dicke, also die Flanschdicke.

Die größte Torsionsspannung entsteht bei Stahlbau-Profilen mit I-Querschnitt stets in den Flanschen, da dort die größte Bauteildicke vorhanden ist.

$$\max \tau = M_T \cdot \max t / I_T \tag{129.2}$$

Die nachfolgenden Beispiele sollen verdeutlichen, daß offene dünnwandige Querschnitte für Torsionsbeanspruchungen ungünstig sind. Es sollten daher geschlossene Querschnitte, z. B. Hohlkästen oder Rohrprofile, angestrebt werden. Sie sind technisch günstiger und auch wesentlich wirtschaftlicher in der Anwendung.

Beispiele zur Erläuterung

1. Ein Stahlträger I260 wird durch ein Torsionsmoment $M_T = 7\,\text{kNm}$ beansprucht.

Das Torsions-Flächenmoment 2. Grades I_t und die maximale Dicke max t werden Tafel **76.**1 entnommen.

Torsions-Flächenmoment $I_T = 33{,}5\,\text{cm}^3$

maximale Dicke $\max t = 14{,}1\,\text{mm} = 1{,}41\,\text{cm}$

Querschnittfläche $A = 53{,}3\,\text{cm}^2$

Torsions-Widerstandsmoment

$$W_T = \frac{I_T}{\max t} = \frac{33{,}5}{1{,}41} = 23{,}76\,\text{cm}^3$$

Torsionsspannung

$$\tau_T = \frac{M_T}{W_T} = \frac{700\,\text{kNcm}}{23{,}76\,\text{cm}^3} = 29{,}46\,\text{kN/cm}^2 = 294{,}6\,\text{N/mm}^2$$

2. Ein IPB-Profil ist günstiger als ein I-Profil in der Aufnahme von Torsionsmomenten.

Welches IPB-Profil hat das gleiche Torsions-Widerstandsmoment wie der Träger I 260 des vorigen Beispiels?

Aus der Profiltabelle kann der Torsionswert I_T und die Flanschdicke t entnommen werden, nicht aber das Torsions-Widerstandsmoment. Es ist zu ersehen, daß die infrage kommenden Profile jeweils Flanschdicken um $t \approx 15\,\text{mm} = 1,5\,\text{cm}$ aufweisen. Damit erhält man das erforderliche Torsions-Flächenmoment:

$$\text{erf}\, I_T = W_T \cdot t \approx 23,76 \cdot 1,5 \approx 35\,\text{cm}^4$$

gewählt: **IPB 160**

Torsions-Flächenmoment	$I_T = 31,3\,\text{cm}^4$
Flanschdicke	$\max t = 13\,\text{mm} = 1,3\,\text{cm}$
Querschnittsfläche	$A = 54,3\,\text{cm}^2$

Torsions-Widerstandsmoment

$$W_T = \frac{I_T}{\max t} = \frac{31,3}{1,3} = 24,08\,\text{cm}^3$$

Torsionsspannung

$$\tau_T = \frac{M_T}{W_T} = \frac{700\,\text{kNcm}}{24,08\,\text{cm}^3} = 29,07\,\text{kN/cm}^2 = 290,7\,\text{N/mm}^2$$

3. Ein Stahlrohr hat gegen Torsionsbeanspruchung den günstigsten Querschnitt.

Es soll das erforderliche Stahlrohr ermittelt werden, welches ein gleiches Torsions-Widerstandsmoment besitzt wie die Profile I 260 oder IPB 160 der vorigen Beispiele.

Aus der Profiltafel **78.**1 kann das axiale Widerstandsmoment W für Biegung entnommen werden.

Torsions-Widerstandsmoment $W_T = 2\,W$

Biegungs-Widerstandsmoment

$$\text{erf}\, W = \frac{\text{erf}\, W_T}{2} \approx \frac{23,76}{2} = 11,88\,\text{cm}^3$$

gewählt: **Ro 76,1 × 2,9**

Biegungs-Widerstandsmoment	$W = 11,8\ \text{cm}^3$
Querschnittsfläche	$A = 6,67\,\text{cm}^2$

Torsions-Widerstandsmoment

$$W_T = 2 \cdot W = 2 \cdot 11,8 = 23,6\,\text{cm}^3$$

Torsionsspannung

$$\tau_T = \frac{M_T}{W_T} = \frac{700\,\text{kNcm}}{23,6\,\text{cm}^3} = 29,66\,\text{kN/cm}^2 = 296,6\,\text{N/mm}^2$$

4. Der Vergleich der drei verschiedenen Stahlprofile mit etwa gleichgroßer Beanspruchbarkeit durch Torsion zeigt die hervorragende Eignung des Stahlrohrs. Es besitzt die kleinste Querschnittsfläche und die geringste Außenabmessung.

Vergleichsrechnung

Stahlprofile	Torsions-Widerstandsmoment		Querschnittfläche		Außenabmessung	
	cm³	%	cm²	%	mm	%
I 260	23,76	100	53,3	100	260	100
IPB 160	24,08	101	54,3	102	160	61,5
Ro 76,1 × 2,9	23,6	99	6,67	12,5	76,1	29,3

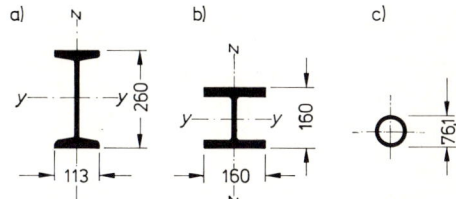

131.1 Drei unterschiedliche Profile mit gleicher
       Torsionssteifigkeit
       a) Stahlprofil I 260
       b) Stahlprofil IPB 160
       c) Stahlrohr Ro 76,1 × 2,9

6.3 Wölbspannungen

Bei Torsionsbeanspruchung nicht-wölbfreier Querschnitte können neben den Torsionsspannungen auch Wölbspannungen auftreten. Diese Wölbspannungen beanspruchen die Querschnitte zusätzlich; sie überlagern als Normalspannungen die Biegespannungen.

Wölbspannungen entstehen dann, wenn die Querschnittsverwölbung behindert wird, z. B. durch Einspannung der Endquerschnitte, durch Stirnplatten oder durch Änderung des Torsionsmoments in Längsrichtung des Bauteils.

Die Gesamt-Normalspannungen max σ ergeben sich aus der Überlagerung durch Addieren der Biegespannungen σ_B und der Wölbspannungen σ_T:

$$\max \sigma = \pm \sigma_B \pm \sigma_T \qquad (131.1)$$

Die Wölbspannung σ_T kann mit folgender Gleichung berechnet werden:

$$\sigma_T = M_w \cdot w_M / C_M \qquad (131.2)$$

Hierbei sind:

M_w Wölbbimoment.
       Dieses Wölbbimoment tritt an den mit (a) bezeichneten Stellen auf, und zwar in der Größe, wie es mit Gleichung (131.3) zu berechnen ist mit dem in Bild **132**.1 angegebenen Vorzeichen.

$$\max M_w = M_x \cdot \tanh (\lambda \cdot l)/\lambda \qquad (131.3)$$

λ Abklingfaktor, für Stahlbau-Profile nach Tafel **132**.2 bis **133**.2

w_M Faktor für den Verlauf der Hauptverwölbung, für Stahlbau-Profile nach Tafel **132**.2 bis **133**.2, für geschweißte **I**-Profile gilt:

$$w_M = \pm h \cdot b/4$$

       mit der Breite b und dem Abstand h der Flansch-Mittellinien

C_M Wölbwiderstand des Querschnitts nach Angaben der Stahlbau-Profiltafeln, z. B. Bautechnische Zahlentafeln Wendehorst/Muth.

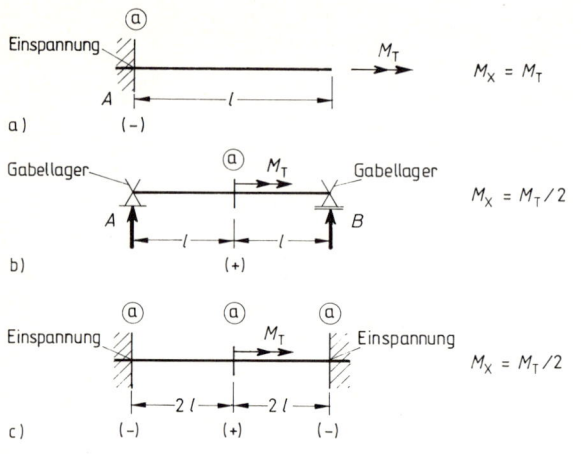

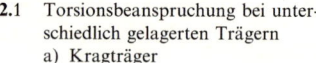

132.1 Torsionsbeanspruchung bei unterschiedlich gelagerten Trägern
a) Kragträger
b) Einfeldträger mit Gabellagerung
c) Eingespannter Einfeldträger

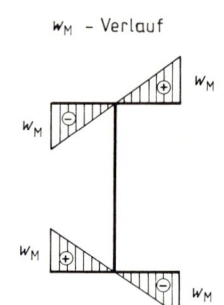

Tafel 132.1   **Wölbverformungen bei Stahlträgern**
Hauptverwölbung w_M im cm², Abklingfaktor λ in cm^{-1}

Profil-größe mm	I		IPE		IPBl		IPB		IPBv	
	w_M	λ	w_M	λ	w_M	λ	w_M	λ	w_M	λ
100	11,7	0,0479	13,0	0,0364	22,0	0,0280	22,5	0,0325	26,5	0,0515
120	16,3	0,0390	18,2	0,0275	31,8	0,0189	32,7	0,0238	37,5	0,0378
140	21,7	0,0329	24,3	0,0218	43,6	0,0144	44,8	0,0186	50,4	0,0292
160	27,8	0,0284	31,3	0,0188	57,2	0,0122	58,8	0,0159	65,2	0,0241
180	34,8	0,0249	39,1	0,0158	72,7	0,00974	74,7	0,0132	81,8	0,0198
200	42,5	0,0222	47,9	0,0144	90,0	0,00867	92,5	0,0116	100	0,0170
220	50,9	0,0201	58,0	0,0124	109	0,00754	112	0,0100	121	0,0146
240	60,1	0,0183	69,1	0,0115	131	0,00699	134	0,00902	148	0,0145
260	69.5	0,0171	—	—	154	0,00626	158	0,00796	173	0,0127
270	—	—	87,7	0,00935	—	—	—	—	—	—
280	78,8	0,0162	—	—	180	0,00553	183	0,00701	199	0,0111
300	88,7	0,0154	108	0,00785	207	0,00524	211	0,00651	233	0,0111
320/305	—	—	—	—	—	—	—	—	222	0,00892
320	99,1	0,0147	—	—	221	0,00525	225	0,00648	246	0,0108
330	—	—	127	0,00739	—	—	—	—	—	—
340	110	0,0140	—	—	235	0,00519	239	0,00636	260	0,0102
360	122	0,0135	148	0,00678	249	0,00514	253	0,00626	273	0,00974
400	147	0,0125	174	0,00635	278	0,00498	282	0,00600	301	0,00888
450	181	0,0114	207	0,00571	314	0,00476	318	0,00569	336	0,00798
500	219	0,0105	242	0,00526	350	0,00460	354	0,00544	370	0,00728
550	260	0,00936	280	0,00503	387	0,00434	391	0,00511	407	0,00666
600	305	0,00905	320	0,00474	424	0,00413	428	0,00484	442	0,00616
650	—	—	—	—	460	0,00396	464	0,00462	479	0,00571
700	—	—	—	—	497	0,00385	501	0,00447	514	0,00535
800	—	—	—	—	572	0,00355	575	0,00409	586	0,00478
900	—	—	—	—	645	0,00337	649	0,00386	657	0,00431
1000	—	—	—	—	719	0,00315	723	0,00359	731	0,00391

Tafel **133.1** **Wölbverformungen bei U-Stahl**
Hauptverwölbung w_M in cm^2,
Abklingfaktor λ in cm^{-1}

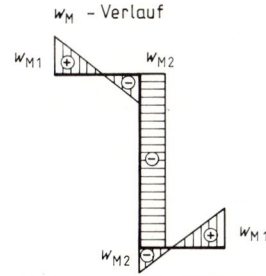

w_M – Verlauf

Profil-größe mm	U-Stahl [1]		
	w_{M1}	w_{M2}	λ
30 × 15	0,526	1,08	0,395
30	1,27	1,93	0,284
40 × 20	0,998	1,97	0,257
40	1,97	3,03	0,180
50 × 25	1,58	3,05	0,202
50	2,81	4,39	0,124
60	2,36	4,70	0,129
65	4,08	6,69	0,0895
80	5,35	9,18	0,0704
100	7,54	13,2	0,0511
120	9,71	18,0	0,0421
140	12,6	23,1	0,0348
160	15,4	29,1	0,0295
180	18,6	35,8	0,0257
200	21,9	43,2	0,0225
220	25,7	50,8	0,0205
240	29,5	59,5	0,0185
260	34,0	68,2	0,0172
280	39,1	77,5	0,0157
300	45,0	87,0	0,0144
320	43,8	95,0	0,0163
350	45,6	108	0,0144
380	53,3	119	0,0125
400	59,9	135	0,0119

[1] Die Vorzeichen für w_M kehren sich um, wenn das Profil gegenüber der Abbildung seitenverkehrt angeordnet ist.

Tafel **133.2** **Wölbverformungen bei Z-Stahl**
Hauptverwölbung w_M in cm^2,
Abklingfaktor λ in cm^{-1}

w_M – Verlauf

Profil-größe mm	Z-Stahl [1]		
	w_{M1}	w_{M2}	λ
30	2,87	1,72	0,111
40	4,31	2,30	0,0838
50	6,05	2,96	0,0674
60	7,78	3,70	0,0557
80	12,1	5,08	0,0438
100	17,0	6,80	0,0353
120	22,6	8,76	0,0296
140	29,1	10,6	0,0263
160	36,1	12,9	0,0231

Beispiel zur Erläuterung

Ein Kragträger wird durch Biegung und Torsion beansprucht. Die maximalen Biegespannungen und Torsionsspannungen wirken an der Einspannstelle (Bild **134.**1).

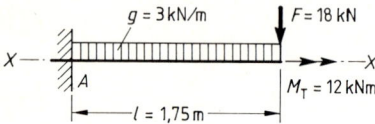

134.1   Statisches System des Kragträgers IPBv 260

Stahlträger IPBv 260

$$W_y = 2160 \, \text{cm}^3$$

$$I_T = 722 \, \text{cm}^4$$

$$\max t = 32,5 \, \text{mm}$$

$$w_M = \pm 173 \, \text{cm}^2$$

$$\lambda = 0,0127 \, \text{cm}^{-1}$$

$$C_M = 1728 \cdot 10^3 \, \text{cm}^6$$

Querkraft

$$Q_A = g \cdot l + F = 3,0 \cdot 1,75 + 18,0 = 23,25 \, \text{kN}$$

Biegemoment

$$M_A = -\left(\frac{g \cdot l^2}{2} + F \cdot l\right) = -\left(\frac{3,0 \cdot 1,75^2}{2} + 18 \cdot 1,75\right)$$

$$= -(4,6 + 31,5) = -36,1 \, \text{kNm} = -3610 \, \text{kNcm}$$

Biegespannung

$$\max \sigma_B = M_A/W_y = \pm 3610/2160$$

$$= \pm 1,67 \, \text{kN/cm}^2 = \pm 16,7 \, \text{N/mm}^2$$

Torsionsmoment

$$M_x = M_T = 12 \, \text{kNm} = 1200 \, \text{kNcm}$$

(Torsionsspannung $\tau_T = M_x/W_T = M_x \cdot \max t/I_T = 1200 \cdot 3,25/722$

$$= 5,40 \, \text{kN cm}^2 = 54 \, \text{N/mm}^2)$$

Wölbbimoment

$$M_w = -M_x \cdot \tanh(\lambda \cdot l)/\lambda$$

$$= -1200 \cdot \tanh(0,0127 \cdot 175)/0,0127$$

$$= -1200 \cdot 0,976/0,0127 = -92220 \, \text{kN cm}^2$$

Wölbspannung

$$\max \sigma_T = M_w \cdot w_M/C_M = \pm 92220 \cdot 173/1728 \cdot 10^3$$

$$= \pm 9,23 \, \text{kN/cm}^2 = \pm 92,3 \, \text{N/mm}^2$$

Gesamt-Normalspannungen (Bild **135**.1)
rechte Flansch-Außenkante unten

$\sigma_1 = -\max \sigma_B - \max \sigma_T = -1{,}67 - 9{,}23$
$\qquad = -10{,}90 \, \text{kN/cm}^2 = -109{,}0 \, \text{N/mm}^2$

linke Flansch-Außenkante unten

$\sigma_2 = -\max \sigma_B + \max \sigma_T = -1{,}67 + 9{,}23$
$\qquad = +7{,}56 \, \text{kN/cm}^2 = +75{,}6 \, \text{N/mm}^2$

rechte Flansch-Außenkante oben

$\sigma_3 = +\max \sigma_B + \max \sigma_T = +1{,}67 + 9{,}23$
$\qquad = +10{,}90 \, \text{kN/cm}^2 = +109{,}0 \, \text{N/mm}^2$

linke Flansch-Außenkante oben

$\sigma_4 = +\max \sigma_B - \max \sigma_T = +1{,}67 - 9{,}23$
$\qquad = -7{,}56 \, \text{kN/cm}^2 = -75{,}6 \, \text{N/mm}^2$

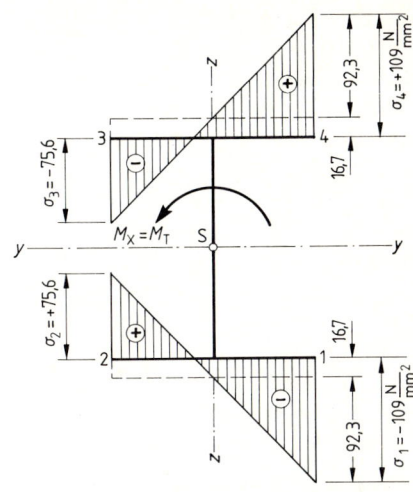

135.1   Verlauf der Normalspannungen am oberen und unteren Flansch des Trägers

Größte Gesamt-Zugspannung

$\max \sigma_Z = \sigma_3 = +109{,}0 \, \text{N/mm}^2$

Größte Gesamt-Druckspannung

$\max \sigma_D = \sigma_1 = -109{,}0 \, \text{N/mm}^2$

6.4   Spannungsnachweise

Stahlhochbau (DIN 18 801)
Für Stahlquerschnitte mit Beanspruchung durch Querkraft, Biegung und Torsion ist entsprechend DIN 18 800 (wie in Abschnitt 5.4 geschildert) zunächst der normale Spannungsnachweis für Biegung und Querkraft und Torsion getrennt zu führen:

$$\frac{\max \sigma}{\text{zul } \sigma} \le 1{,}0 \qquad \frac{\max \tau_Q}{\text{zul } \tau} \le 1{,}0 \qquad \frac{\max \tau_T}{\text{zul } \tau} \le 1{,}0 \qquad\qquad (135.1)$$

Wenn die Spannungsanteile aus Biegung oder aus Querschub + Torsionsschub den halben zulässigen Wert überschreiten, ist die Vergleichsspannung nachzuweisen.
Nachweis der Vergleichsspannung erforderlich, wenn:

$$\frac{\max \sigma}{\text{zul } \sigma} > 0{,}5 \qquad \text{oder} \qquad \frac{(\tau_Q + \tau_T)}{\text{zul } \tau} > 0{,}5 \qquad\qquad (135.2)$$

Für die Schubspannung ist die Stelle im Querschnitt zu wählen, an der sich der größte Wert für $\tau_Q + \tau_T$ durch Überlagerung ergibt. Am Querschnittsrand kann zwar die Torsionsspannung am größten sein, dort hat jedoch die Schubspannung nicht ihren Größtwert.

Die Vergleichsspannung ist nach Gleichung (136.1) zu ermitteln:

$$\sigma_V = \sqrt{\sigma^2 + 3(\tau_Q + \tau_T)^2} \qquad (136.1)$$

$$\frac{\sigma_V}{zul\,\sigma} \leq 1{,}1 \qquad (136.2)$$

Die ungünstigste Kombination von Biege- und Schubspannungen ergibt sich bei Trägern mit I-Querschnitt ebenfalls am Übergangsbereich vom Steg zum Flansch.

Beispiele zur Erläuterung

1. Eine Dachpfette aus Stahl I120 (siehe Beispiel 2 Abschnitt 4.6) erhält außer den Biegemomenten M_y und M_z ein Torsionsmoment M_T durch Lastangriff am oberen Flansch (Bild **136.1**).

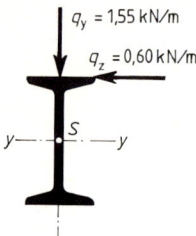

136.1   Dachpfette aus Stahl I120 mit Doppelbiegung und Torsion

Querschnittswerte $h = 120$ mm, $b = 58$ mm, $s = 5{,}1$ mm, $t = 7{,}7$ mm,
$W_y = 54{,}7$ cm³, $W_z = 7{,}41$ cm³, $A_{Qy} = 5{,}73$ cm², $I_T = 2{,}71$ cm⁴

Stützweiten $l_y = 3{,}60$ m, $l_z = l_y/3 = 3{,}60/3 = 1{,}20$ m

Biegemomente für Durchlaufträger-Endfeld

$$max\,M_y = \frac{q_y \cdot l_y^2}{11} = \frac{1{,}48 \cdot 3{,}60^2}{11} = 1{,}74 \text{ kNm} = 174 \text{ kNcm}$$

$$max\,M_z = \frac{q_z \cdot l_z^2}{11} = \frac{0{,}60 \cdot 1{,}20^2}{11} = 0{,}08 \text{ kNm} = 8 \text{ kNcm}$$

Biegespannungen

$$\sigma_{My} = \frac{M_y}{W_y} = \frac{174}{54{,}7} = 3{,}18 \text{ kN/cm}^2 = 31{,}8 \text{ N/mm}^2$$

$$\sigma_{Mz} = \frac{M_z}{W_z} = \frac{8}{7{,}41} = 1{,}08 \text{ kN/cm}^2 = 10{,}8 \text{ N/mm}^2$$

$$max\,\sigma_B = \sigma_{My} + \sigma_{Mz} = 31{,}8 + 10{,}8 = 42{,}6 \text{ N/mm}^2$$

$$zul\,\sigma_B = 160 \text{ N/mm}^2$$

$$\frac{max\,\sigma_B}{zul\,\sigma_B} = \frac{42{,}6 \text{ N/mm}^2}{160 \text{ N/mm}^2} = 0{,}27 < 0{,}5$$

Querkräfte

$$Q_y = 1{,}25 \cdot q_y \cdot l_y = 1{,}25 \cdot 1{,}48 \cdot 3{,}60 = 6{,}66 \text{ kN}$$
$$Q_z = 1{,}25 \cdot q_z \cdot l_z = 1{,}25 \cdot 0{,}60 \cdot 1{,}20 = 0{,}90 \text{ kN}$$

Schubspannungen

$$\tau_{Qy} = \frac{Q_y}{A_{Qy}} \approx \frac{Q_y}{s \cdot (h-t)} = \frac{6,66}{0,51 \cdot (12,0-0,77)}$$
$$= 1,16 \, \text{kN/cm}^2 = 11,6 \, \text{N/mm}^2$$

$$\tau_{Qz} = \frac{Q_z}{A_{Qz}} = \frac{Q_z}{t \cdot b} = \frac{0,90}{0,77 \cdot 5,8}$$
$$= 0,20 \, \text{kN/cm}^2 = 2,0 \, \text{N/mm}^2$$

Torsionsmoment

$$M_T = q_z \cdot \frac{h}{2} \cdot \frac{l_z}{2} = 0,60 \cdot \frac{0,12}{2} \cdot \frac{1,20}{2}$$
$$= 0,022 \, \text{kNm} = 2,2 \, \text{kNcm}$$

Torsionswiderstandsmoment

$$W_T = \frac{I_T}{t} = \frac{2,71}{0,77} = 3,52 \, \text{cm}^3$$

Torsionsspannung

$$\tau_T = \frac{M_T}{W_T} = \frac{2,2}{3,52} = 0,63 \, \text{kN/cm}^2 = 6,3 \, \text{N/mm}^2$$

Summe der Schub- und Torsionsspannungen

$$\text{ges}\,\tau = \tau_{Qy} + \tau_{Qz} + \tau_T = 11,6 + 2,0 + 6,3 = 19,9 \, \text{N/mm}^2$$

$$\frac{\text{ges}\,\tau}{\text{zul}\,\tau} = \frac{19,9 \, \text{N/mm}^2}{104 \, \text{N/mm}^2} = 0,19 < 0,5$$

Der Nachweis der Vergleichsspannung σ_v ist nicht erforderlich, da sowohl die Biegespannungen als auch die Schub- und Torsionsspannungen nicht größer als das 0,5fache der jeweils zulässigen Spannung sind.

2. Für den Kragträger IPBv 260 des Beispiels in Abschnitt 6.3 wird Spannungsnachweis geführt (Bild **134.**1).
Querschnittswerte: $h = 29 \, \text{cm}$, $s = 1,8 \, \text{cm}$, $t = 3,25 \, \text{cm}$, $s_y = 24,8 \, \text{cm}$
a) Größte Gesamt-Normalspannung an den Flansch-Außenkanten durch Biegung und Verwölben:

$$\max \sigma = \max \sigma_B + \max \sigma_T = +16,7 + 92,3 = 109,0 \, \text{N/mm}^2$$

$$\text{zul}\,\sigma = 160 \, \text{N/mm}^2$$

$$\frac{\max \sigma}{\text{zul}\,\sigma} = \frac{109 \, \text{N/mm}^2}{160 \, \text{N/mm}^2} = 0,68 > 0,5$$

b) Größte Normalspannung im Übergangsbereich vom Steg zum Flansch (s. Abschn. 5.4):

$$\text{vorh}\,\sigma = \max \sigma_B \cdot s_y/h = 16,7 \cdot 24,8/29,0 = 14,3 \, \text{N/mm}^2 \qquad (115.1)$$

$$\text{zul}\,\sigma = 160 \, \text{N/mm}^2$$

$$\frac{\text{vorh}\,\sigma}{\text{zul}\,\sigma} = \frac{14,3 \, \text{N/mm}^2}{160 \, \text{N/mm}^2} = 0,09 < 0,5$$

c) Größte Querschubspannung im Steg durch Querschub:

$$\max \tau_Q = Q/s \cdot s_y = 23{,}25/1{,}8 \cdot 24{,}8$$
$$= 0{,}52\,\text{kN/cm}^2 = 5{,}2\,\text{N/mm}^2$$

(115.3)

$$\text{zul}\,\tau = 92\,\text{N/mm}^2$$

$$\frac{\max \tau_Q}{\text{zul}\,\tau} = \frac{5{,}2\,\text{N/mm}^2}{92\,\text{N/mm}^2} = 0{,}06 < 0{,}5$$

d) Größte Torsionsschubspannung im Flansch durch Torsion:

$$\max \tau_T = M_x \cdot t/I_T = 1200 \cdot 3{,}25/722$$
$$= 5{,}40\,\text{kN/cm}^2 = 54\,\text{N/mm}^2$$

$$\text{zul}\,\tau = 92\,\text{N/mm}^2$$

$$\frac{\max \tau_T}{\text{zul}\,\tau} = \frac{54\,\text{N/mm}^2}{92\,\text{N/mm}^2} = 0{,}59 > 0{,}5 < 1{,}0$$

Nachweis der Vergleichsspannung erforderlich, da die Normalspannung $\max \sigma$ und auch die Schubspannung $\max \tau_T$ größer als die jeweils zulässige Spannung sind.

Ungünstigste Kombination von Normal- und Schubspannungen für Flansch-Außenseiten mit $\max \sigma$ und $\max \tau_T$. Die Querschubspannung ist an den Flansch-Außenseiten gleich Null.

e) Vergleichsspannung

$$\sigma_v = \sqrt{\max \sigma^2 + 3 \cdot \max \tau_T^2}$$
$$= \sqrt{109{,}0^2 + 3 \cdot 54{,}0^2} = \sqrt{11881 + 8748}$$
$$\sigma_v = 143{,}6\,\text{N/mm}^2$$
$$\text{zul}\,\sigma = 160\,\text{N/mm}^2$$

$$\frac{\sigma_v}{\text{zul}\,\sigma} = \frac{143{,}6\,\text{N/mm}^2}{160\,\text{N/mm}^2} = 0{,}9 < 1{,}1$$

3. Der Mast für ein Schild erhält durch Winddruck zusätzlich zur Biegebeanspruchung noch eine Torsionsbeanspruchung (Bild **139**.1).

Für den Mast ist ein Quadrat-Rohr vorgesehen:
gewählt Hohlprofil $100 \times 100 \times 4{,}0$ DIN 59410.

a) Lastermittlung

Windlast   Schild $W_1 = c_f \cdot q \cdot A = 1{,}2 \cdot 0{,}50 \cdot 1{,}5 \cdot 1{,}0$ $= 0{,}90\,\text{kN}$
Windlast   Mast $W_2 = c_f \cdot q \cdot A = 1{,}2 \cdot 0{,}50 \cdot 0{,}10 \cdot (4{,}80 + 0{,}70)$ $= 0{,}33\,\text{kN}$
Eigenlast   Schild $G_1 = $ Rahmen und Tafeln $= 0{,}50\,\text{kN}$
Eigenlast   Mast $G_2 = g \cdot h_2 = 0{,}12 \cdot (4{,}80 + 0{,}70)$ $= 0{,}66\,\text{kN}$

b) Schnittgrößen
Torsionsmoment am Mast

$$M_T = W_1 \cdot a_1 = 0{,}90 \cdot 0{,}80 = 0{,}72\,\text{kNm}$$

Biegemoment an Fundament-Oberkante

$$M_B = M_1 + M_2 = W_1 \cdot h_1 + W_2 \cdot h_2/2$$
$$= 0{,}90 \cdot 4{,}80 + 0{,}33 \cdot 5{,}50/2 = 4{,}32 + 0{,}91 = 5{,}23\,\text{kNm}$$

Druckkraft am Mastfuß

$$N = G_1 + G_2 = 0,50 + 0,66 = 1,16\,\text{kN}$$

Querkraft am Schildanschluß

$$Q = W_1 + W_2 = 0,90 + 0,33 = 1,23\,\text{kN}$$

c) Spannungsnachweis für den Mastfuß

Hohlprofil **100 × 100 × 4,0** mit

$$A = 15,2\,\text{cm}^2 \qquad\qquad I_T = 357\ \ \text{cm}^4$$

$$W_y = 46,6\,\text{cm}^3 \qquad\qquad W_T = \ \ 73,7\,\text{cm}^3$$

$$A_Q \approx A/2 = 7,6\,\text{cm}^2$$

Torsionsspannung

$$\tau_T = \frac{M_T}{W_T} = \frac{72}{73,7} = 0,98\,\text{kN/cm}^2 = 9,8\,\text{N/mm}^2$$

$$\text{zul}\,\tau = 92\,\text{N/mm}^2$$

$$\frac{\tau_T}{\text{zul}\,\tau} = \frac{9,8\,\text{N/mm}^2}{92\,\text{N/mm}^2} = 0,11 < 1,0$$

Schubspannung

$$\tau_Q = \frac{Q}{A_Q} = \frac{1,23}{15,2/2} = 0,16\,\text{kN/cm}^2 = 1,6\,\text{N/mm}^2$$

$$\text{zul}\,\tau = 92\,\text{N/mm}^2$$

$$\frac{\tau_Q}{\text{zul}\,\tau} = \frac{1,6\,\text{N/mm}^2}{92\,\text{N/mm}^2} = 0,02 < 1,0$$

Druckspannung

$$\sigma_D = \frac{N}{A} = \frac{1,16}{15,2} = 0,08\,\text{kN/cm}^2 = 0,8\,\text{N/mm}^2$$

$$\text{zul}\,\sigma = 160\,\text{N/mm}^2$$

$$\frac{\sigma_D}{\text{zul}\,\sigma} = \frac{0,8\,\text{N/mm}^2}{160\,\text{N/mm}^2} = 0,01 < 1,0$$

Biegespannung

$$\sigma_B = \frac{M_B}{W_y} = \frac{523}{46,6} = 11,22\,\text{kN/cm}^2 = 112,2\,\text{N/mm}^2$$

$$\text{zul}\,\sigma = 160\,\text{N/mm}^2$$

$$\frac{\sigma_B}{\text{zul}\,\sigma} = \frac{112,2\,\text{N/mm}^2}{160\,\text{N/mm}^2} = 0,70 > 0,5 < 1,0$$

Vergleichsspannung

$$\sigma_V = \sqrt{\sigma^2 + 3\tau^2}$$
$$= \sqrt{(0,8 + 112,2)^2 + 3 \cdot (9,8 + 1,6)^2} = \sqrt{12769 + 390}$$

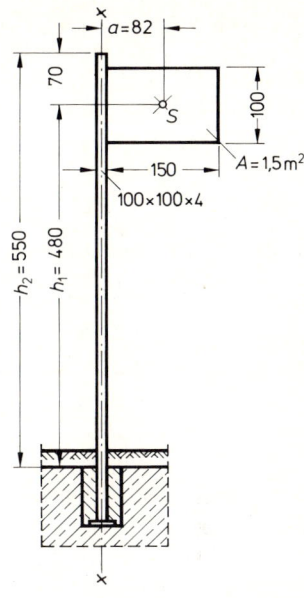

139.1   Torsionsbeanspruchter Mast

$$\sigma_V = 114{,}7 \, \text{N/mm}^2$$

$$\text{zul}\,\sigma = 160 \, \text{N/mm}^2$$

$$\frac{\sigma_V}{\text{zul}\,\sigma} = \frac{114{,}7 \, \text{N/mm}^2}{160 \, \text{N/mm}^2} = 0{,}72 < 1{,}1$$

Anmerkung

Biegespannung und Torsionsspannung haben am äußeren Rand des Hohlprofils ihren Größtwert. Die Druckspannung ist über den Querschnitt gleichmäßig verteilt. Die Schubspannung jedoch wird zum Rand hin Null. Hierfür hätte ein wesentlich geringerer Wert eingesetzt werden können. Da jedoch ihr Anteil insgesamt sehr gering ist, kann auf eine Umrechnung verzichtet werden.

Holzbauwerke (DIN 1052 Teil 1)

Bauteile aus Holz werden nur selten auf Torsion beansprucht. Da es sich bei diesen Bauteilen meistens um Rechteck-Querschnitte handelt, kann die Torsionsspannung nach Abschnitt 6.2.3 Gleichung (127.3) berechnet werden. Für den Nachweis der Torsionsspannungen sind die zulässigen Spannungen zul τ_T der Tafel **25**.1 maßgebend.

Bei gleichzeitiger Wirkung von Schubspannungen aus Torsion und Querkraft muß folgende Bedingung eingehalten werden:

$$\text{für Nadelholz:} \quad \frac{\text{vorh}\,\tau_T}{\text{zul}\,\tau_T} + \left(\frac{\text{vorh}\,\tau_Q}{\text{zul}\,\tau_Q}\right)^2 \leqq 1 \qquad (140.1)$$

$$\text{für Laubholz:} \quad \frac{\text{vorh}\,\tau_T}{\text{zul}\,\tau_T} + \frac{\text{vorh}\,\tau_Q}{\text{zul}\,\tau_Q} \leqq 1 \qquad (140.2)$$

Die anderen Spannungsnachweise für Zug-, Druck- und Biegebeanspruchung bleiben hiervon unberührt. Eine Vergleichsspannung wie im Stahlbau ist nicht nachzuweisen.

6.5   Verformungen bei Torsion

Ein Bauteil, das auf Torsion beansprucht wird, erhält in seinem Querschnitt nicht nur Torsionsspannungen sondern es verdreht sich auch. Obwohl in den Vorschriften der Nachweis der Verdrehung nicht gefordert wird, kann die Größenordnung der Verdrehung für das Verhalten des Bauteils interessieren.

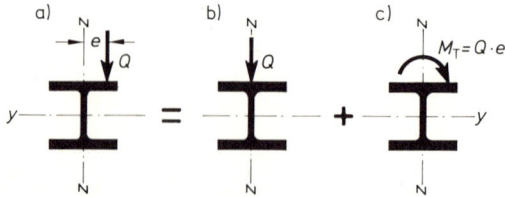

140.1 Torsionsbeanspruchter Träger
   a) Gesamtbeanspruchung durch ausmittige Querkraft Q
   b) Schub- und Biegebeanspruchung durch die in die Mitte verschobene Querkraft Q
   c) Torsionsbeanspruchung durch das Torsionsmoment $M_T = Q \cdot e$

Der Drehwinkel ϑ (theta) kann aus dem Torsionsmoment M_T, dem Gleitmodul G des Baustoffs und dem Torsions-Flächenmoment I_T berechnet werden.

$$\text{Drehwinkel } \vartheta = \frac{M_T}{G \cdot I_T} \quad \text{in } \frac{1}{mm} \quad \text{mit } \begin{array}{l} M_T \text{ in Nmm} \\ G \text{ in N/mm}^2 \text{ und } I_T \text{ in mm}^4 \end{array} \qquad (141.1)$$

Der Gleitmodul G ist für Schubbeanspruchung eine ähnliche Baustoff-Kenngröße wie der Elastizitätsmodul E für Biegebeanspruchung (siehe Tafel **8.1**).

Mit dem Drehwinkel ϑ kann man die gegenseitige Verdrehung φ_T (phi) zweier Querschnitte errechnen, die im Abstand l_T voneinander entfernt sind:

$$\begin{array}{l} \text{Torsionswinkel} \\ \text{(im Bogenmaß)} \end{array} \quad \varphi_T = \frac{M_T \cdot l_T}{G \cdot I_T} \qquad (141.2)$$

Der Torsionswinkel kann auch im Gradmaß angegeben werden (Bild **141.1**):

$$\varphi_T^0 = \frac{\varphi_T \cdot 180}{\pi} \quad \text{in Grad} \qquad (141.3)$$

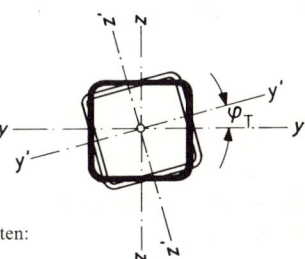

141.1 Torsionswinkel φ_T° bei torsionsbeanspruchten Querschnitten: Das Profil hat sich um den Winkel φ_T° verdreht.

Beispiel zur Erläuterung

Der Mast für ein Schild des vorigen Beispiels wird sich bei Wind verdrehen. Die Größe der Verdrehung wird berechnet.

Hohlprofil   **100 × 100 × 4,0** mit $I_T = 357\,cm^4 = 3{,}57 \cdot 10^6\,mm^4$

Gleitmodul $G = 81\,000\,N/mm^2 = 81 \cdot 10^3\,N/mm^2$

Torsionsmoment $M_T = 0{,}72\,kNm = 0{,}72 \cdot 10^6\,Nmm$

Torsionslänge $l_T = h_1 = 4{,}80\,m = 4{,}8 \cdot 10^3\,mm$

Torsionswinkel $\varphi_T = \dfrac{M_T \cdot l_T}{G \cdot I_T} = \dfrac{0{,}72 \cdot 10^6 \cdot 4{,}80 \cdot 10^3}{81 \cdot 10^3 \cdot 3{,}57 \cdot 10^6} = 0{,}012$

$\varphi_T^\circ = \dfrac{\varphi_T \cdot 180}{\pi} = \dfrac{0{,}012 \cdot 180}{3{,}14} = 0{,}7^\circ$

Torsionsmaß $f_T = \varphi_T \cdot a_1 = 0{,}012 \cdot 800 = 9{,}6\,mm$

$f_T \approx 10\,mm$

Anmerkung

Das Ergebnis besagt, daß die äußere Kante des Schildes bei starkem Winddruck durch Verdrehung des Mastes um etwa 10 mm seitlich bewegt wird. Hier hinzu kommt noch die Verformung des Schildes selbst.

7 Knickspannungen

Bei den bisherigen Festigkeitsberechnungen wurde stets ein Spannungsnachweis geführt. Damit war eine ausreichende Sicherheit nachgewiesen. Es gibt aber Bauteile, bei denen durch plötzlich sehr stark zunehmende Verformungen die Standsicherheit des Bauwerkes nicht mehr gegeben ist. Schlanke Bauteile, wie z.B. Stützen oder Wände, können seitlich ausknicken (Bild **142.**1).

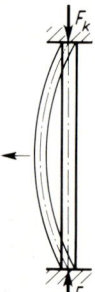

142.1   Knicken bei Stützen

7.1   Stützen aus Stahl und Holz

Eine gerade Stütze wird bei der kritischen Belastung durch eine mittig angreifende und in Achsrichtung wirkende Druckkraft F_K seitlich ausknicken, bevor die zulässige Druckspannung erreicht ist (**143.**1). Die Stütze wird um so leichter ausknicken, je elastischer und schlanker sie ist. Dies ist also abhängig vom Werkstoff und von der Schlankheit. Die Schlankheit wird bestimmt durch die Knicklänge und durch die Größe und Form des Stützenquerschnittes. Das Berechnungsverfahren für einteilige Stützen (nicht für zusammengesetzte Querschnitte) soll im folgenden gezeigt werden. Das folgende Berechnungsverfahren gilt nicht nur für Stützen, sondern allgemein für Bauteile, die durch Druckkräfte belastet werden.

Da die Druckkraft bei Stützen einschließlich Eigenlast G in Längsrichtung wirkt, bezeichnet man sie mit N (Längskraft, Normalkraft). Für die Längskräfte ohne Eigenlast kann die Bezeichnung S (Stabkraft, Schnittkraft) verwendet werden:

$$N = S + G \qquad\qquad\qquad (142.1)$$

Die Längskraft N muß immer kleiner sein als die kritische Knicklast F_K (Bild **143.**1 und **143.**2).

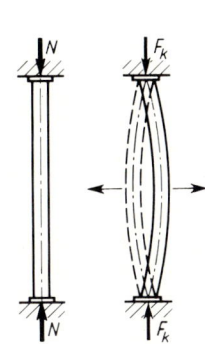

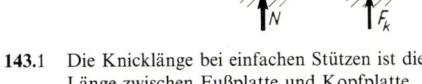

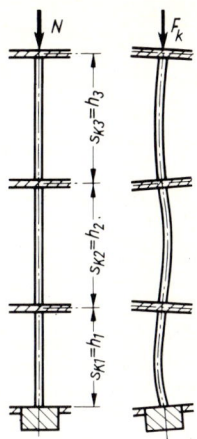

143.1   Die Knicklänge bei einfachen Stützen ist die
Länge zwischen Fußplatte und Kopfplatte

143.2   Die Knicklänge bei Geschoßstützen ist die
Geschoßhöhe, da sich das Ausknicken wellen-
förmig durch die Geschosse fortsetzen kann

7.1.1   Knicklänge

Die Länge, über die Stützen (oder Stäbe) bei Druckbelastung frei ausknicken können, bezeichnet man als Knicklänge s_K. In der Regel kann vorausgesetzt werden, daß die beiden Enden eines Stabes gegen seitliches Ausweichen gehalten sind. Eine Einspannung an den Stabenden wird nur in besonderen Fällen vorhanden sein. Die Stabenden können in allen Normalfällen als gelenkig festgehalten angesehen werden. Die Knicklänge s_K ist hierbei gleich der Stablänge s oder der Stützenhöhe h.

Nach DIN 4114 gilt für die Festlegung der Knicklänge folgendes:

1. Für einfache Stützen gilt als Knicklänge die Länge zwischen Fußplatte und Kopfplatte, wenn beide Enden gegen seitliches Verschieben festgehalten sind (Bild **143.**1).

2. Wenn Stützen in mehreren Stockwerken übereinanderstehen und wenn ihre Enden unverrückbar festgehalten sind, darf die Geschoßhöhe als Knicklänge angenommen werden (Bild **143.**2).

3. Für eingemauerte, eingeschossige Stützen in 1/2 Stein dicken Wänden gilt als Knicklänge mindestens der Abstand der Riegel, die die Stützen aussteifen (Bild **144.**1).

4. Bei Stäben in Fachwerken ist für das Ausknicken in der F a c h w e r k s e b e n e (Bild **144.**2) das Systemmaß die Knicklänge (z. B. s_{K_1}).

5. Für das Ausknicken r e c h t w i n k l i g zur F a c h w e r k s e b e n e gilt als Knicklänge (z. B. s_{K_1}) die Länge zwischen seitlichen Aussteifungen durch Pfetten, Querträger oder Querverbände (Bild **144.**2).

In besonderen Fällen sind statt gelenkiger Lagerungen auch feste Einspannungen der Stabenden möglich. Feste Einspannungen haben einen Einfluß auf die freie Knicklänge. Wenn man mit einer festen Einspannung eines Druckstabes rechnen will, muß diese Einspannung mit Sicherheit vorhanden sein. Die feste Einspannung bei einer Stütze entspricht dem eingespannten Lager bei einem Träger (Bild **144.**3). Ein Stab, bei dem ein Ende frei beweglich ist, muß am anderen Ende fest eingespannt sein.

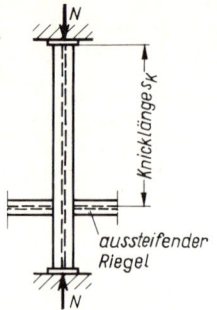

144.1 Die Knicklänge bei ausgesteiften Stützen ist in der Richtung der Aussteifung gleich dem Abstand zwischen den Aussteifungen oder zwischen Aussteifung und Fuß- bzw. Kopfplatte

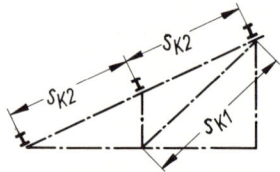

144.2 Die Knicklänge bei Fachwerkstäben für das Ausknicken in der Fachwerksebene ist das Systemmaß (s_{K1}). Die Knicklänge bei Fachwerkstäben für das Ausknicken rechtwinklig zur Fachwerksebene ist die Länge zwischen den Aussteifungen (s_{K2})

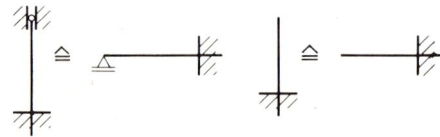

144.3 Die Einspannung einer Stütze entspricht einer Einspannung bei einem Träger

Die ersten Untersuchungen über die Lagerung und Belastbarkeit von Stützen hat Euler schon 1744 angestellt. Nach ihm werden alle vier möglichen Lagerungsfälle von Druckstäben als Eulerfälle benannt (Bild **144.**4 und Tafel **144.**5).

Die Knicklänge wird berechnet aus der Stablänge oder Stützenhöhe h und dem Beiwert β_K, der von der Lagerung abhängig ist.

$$\text{Knicklänge} \qquad s_K = \beta_K \cdot h \qquad\qquad\qquad (144.1)$$

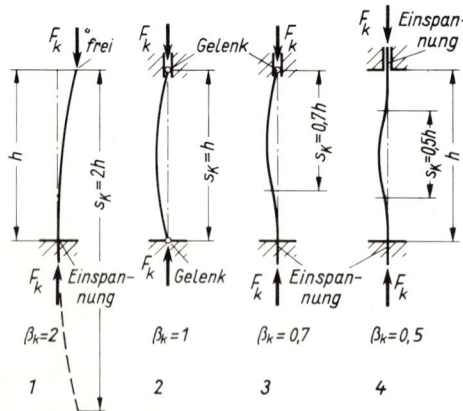

144.4 Die vier Knickfälle nach Euler (Eulerfälle)

Tafel **144.**5 **Beiwerte β_K** für Knicklängen von Stützen

Fall	Stützenfuß	Stützenkopf	β_K
1	eingespannt	frei beweglich	2,0
2	gelenkig	gelenkig	1,0
3	eingespannt	gelenkig	0,7
4	eingespannt	eingespannt	0,5

Der ungünstigste Fall ist der erste, der günstigste der vierte Eulerfall. Am häufigsten tritt der Eulerfall 2 auf. Bei Annahme des Falles 1, 3 oder 4 muß die Einspannung mit Sicherheit vorhanden sein (**144**.4), ähnlich wie bei einem Freiträger oder bei eingespannten Trägern (Teil 1, Abschn. 7.5). Die DIN 4114 hierzu: Die Wirkung einer Einspannung ist unberücksichtigt zu lassen, wenn kein genauerer Nachweis erbracht wird, von Ausnahmefällen abgesehen. Bei einfachen Stützen ist die Knicklänge die tatsächliche Höhe von Stützenfuß bis zum Stützenkopf. Bei Geschoßstützen darf die Geschoßhöhe als Knicklänge zugrunde gelegt werden, wenn die Stützen in den Decken unverrückbar festgehalten werden (Bild **143**.2).

7.1.2 Trägheitsradius

Für das Knicken eines Stabes sind außer der Belastung und der Knicklänge auch die Größe und die Form des Querschnittes von Bedeutung. Je größer ein Stabquerschnitt ist und je weiter die einzelnen Querschnittsteile von der Stabachse entfernt sind, um so größer ist die Steifigkeit gegen Knicken. Die Steifigkeit eines Stabquerschnittes wird durch das Flächenmoment 2. Grades erfaßt.

Bei der Ableitung der Biegegleichung (Abschn. 5.1) entstand der Ausdruck $\sum \Delta A \cdot z^2$. Dieser Ausdruck wurde als Flächenmoment I bezeichnet. Darin ist z der zugehörige Abstand einer jeden Teilfläche ΔA, bezogen auf die Schwerachse. Man kann statt der Summe aller Teilflächen ($\sum \Delta A$) die gesamte Querschnittsfläche A einsetzen und erhält $I = A \cdot z^2$. Mit $z^2 = I/A$ hat man ein bestimmtes Maß für das Verhältnis von Flächenmoment I zu Querschnittsfläche A gefunden. Man nennt es in diesem Zusammenhang nicht mehr z, sondern i und gibt ihm den Namen Trägheitsradius

$$i^2 = \frac{I}{A} \qquad i = \sqrt{\frac{I}{A}} \quad \text{in cm} \quad \text{mit } I \text{ in cm}^4; \quad A \text{ in cm}^2 \qquad (145.1)$$

Für eine Querschnittsfläche A mit dem Flächenmoment I_y, bezogen auf die y-Achse des Querschnittes, erhält man den Trägheitsradius

$$i_y = \sqrt{\frac{I_y}{A}} \qquad (145.2)$$

Entsprechend errechnet man mit dem Flächenmoment I_z, bezogen auf die z-Achse, den Trägheitsradius

$$i_z = \sqrt{\frac{I_z}{A}} \qquad (145.3)$$

– Der Trägheitsradius ist ein Maß für die Steifigkeit eines Querschnittes gegen Knicken.

Für die Querschnitte mit gleicher Steifigkeit rechtwinklig zur y-Achse und rechtwinklig zur z-Achse erhält man gleiche Trägheitsradien $i_y = i_z$. Man kann damit den sogenannten Trägheitskreis in den Querschnitt zeichnen (Bild **146**.1).

Für Querschnitte mit ungleicher Steifigkeit rechtwinklig zur y-Achse und rechtwinklig zur z-Achse erhält man ungleiche Trägheitsradien $i_y \neq i_z$. Man kann mit den beiden Trägheitsradien die sogenannte Trägheitsellipse zeichnen (Bild **146**.2).

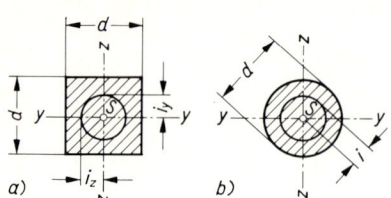

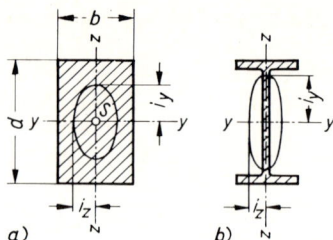

146.1 Trägheitskreis bei Querschnitten mit gleichen Trägheitsradien i_y und i_z bei gleichen Steifigkeiten bezogen auf die y-Achse und die z-Achse
a) Quadratquerschnitt mit $i_y = 0{,}289\,d$ und $i_z = 0{,}289\,d$, also $i_y = i_z$
b) Kreisquerschnitt mit $i = 0{,}25\,d$

146.2 Trägheitsellipsen bei Querschnitten mit ungleichen Trägheitsradien i_y und i_z bei ungleichen Steifigkeiten, bezogen auf die y-Achse und die z-Achse
a) Rechteckquerschnitt mit $i_y = 0{,}289\,d$ und $i_z = 0{,}289\,b$
b) I-förmiger Profilquerschnitt mit

$$i_y = \sqrt{\frac{I_y}{A}} \quad \text{und} \quad i_z = \sqrt{\frac{I_z}{A}}$$

Bei rechteckigen Querschnitten sind die Trägheitsradien i_y und i_z direkt abhängig von den Querschnittsabmessungen b und d.

$$i_y = \sqrt{\frac{I_y}{A}} = \sqrt{\frac{b \cdot d^3}{12 \cdot b \cdot d}} = \sqrt{\frac{d^2}{12}} = d \cdot \sqrt{\frac{1}{12}} = 0{,}289\,d \tag{146.1}$$

$$i_z = \sqrt{\frac{I_z}{A}} = \sqrt{\frac{d \cdot b^3}{12 \cdot d \cdot b}} = \sqrt{\frac{b^2}{12}} = b \cdot \sqrt{\frac{1}{12}} = 0{,}289\,b \tag{146.2}$$

Für genormte Querschnitte (Holz oder Stahl) ist der Trägheitsradius für die Hauptachsen angegeben in Profiltabellen (s. Tafel **73.1** und **76.1** bis **80.1**).

Beispiele zur Erläuterung

1. Für eine Holzstütze $b/h = 100/220$ mm werden die Flächenmomente I_y und I_z, sowie die Trägheitsradien i_y und i_z berechnet und mit den Tabellenwerten verglichen.

$A = 10\,\text{cm} \cdot 22\,\text{cm} = 220\,\text{cm}^2$

$$I_y = \frac{b \cdot h^3}{12} = \frac{10\,\text{cm} \cdot (22\,\text{cm})^3}{12} = 8873\,\text{cm}^4 \qquad I_z = \frac{h \cdot b^3}{12} = \frac{22\,\text{cm} \cdot (10\,\text{cm})^3}{12} = 1833\,\text{cm}^4$$

$$i_y = \sqrt{\frac{I_y}{A}} = \sqrt{\frac{8873\,\text{cm}^4}{220\,\text{cm2}}} = 6{,}35\,\text{cm} \qquad i_z = \sqrt{\frac{I_z}{A}} = \sqrt{\frac{1835\,\text{cm}^4}{220\,\text{cm}^2}} = 2{,}89\,\text{cm}$$

2. Für eine Stahlstütze I 240 werden die Trägheitsradien i_y und i_z berechnet. $A = 46{,}1\,\text{cm}^2$

$$I_y = 4250\,\text{cm}^4 \qquad\qquad I_z = 221\,\text{cm}^4$$

$$i_y = \sqrt{\frac{I_y}{A}} = \sqrt{\frac{4250}{46{,}1}} = 9{,}59\,\text{cm} \qquad i_z = \sqrt{\frac{I_z}{A}} = \sqrt{\frac{221}{46{,}1}} = 2{,}20\,\text{cm}$$

7.1.3   Schlankheitsgrad

Das Verhältnis der Knicklänge s_K zum Trägheitsradius i ist der Schlankheitsgrad λ (Lambda).

$$\text{Schlankheitsgrad} = \frac{\text{Knicklänge}}{\text{Trägheitsradius}} \qquad \lambda = \frac{s_\mathrm{K}}{i} \tag{147.1}$$

– **Der Schlankheitsgrad gibt die Knickempfindlichkeit eines Druckstabes an in Abhängigkeit von Stablänge, Lagerungsart, Querschnittsgröße und Querschnittsform.**

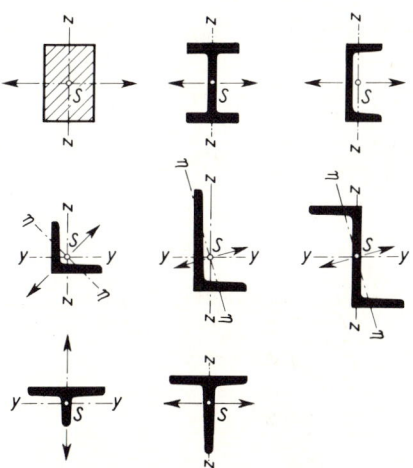

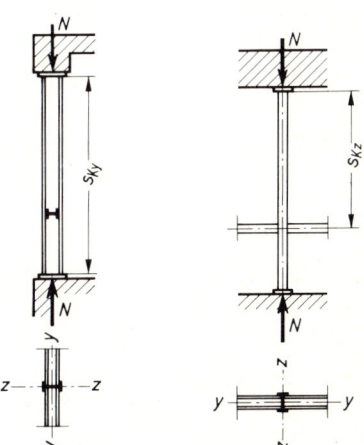

147.1   Druckstäbe knicken rechtwinklig zur
Achse mit dem geringsten Flächenmoment

147.2   Unterschiedliche Knicklängen durch
Aussteifen mit einem Zwischenriegel

Ein Druckstab wird stets rechtwinklig zur Achse des kleinsten Flächenmomentes ausknicken (Bild **147.**1). Unterschiedliche Knicklängen erhält man, wenn ein Druckstab in den Hauptachsen verschieden gehalten ist (Bild **147.**2). Dann sind die Schlankheitsgrade für beide Hauptachsen zu berechnen

$$\lambda_\mathrm{y} = \frac{s_\mathrm{Ky}}{i_\mathrm{y}} \qquad \lambda_\mathrm{z} = \frac{s_\mathrm{Kz}}{i_\mathrm{z}} \tag{147.2}$$

Der größere Schlankheitsgrad ist der maßgebende, er ist für die weitere Berechnung zugrunde zu legen. Bestimmte Grenzwerte dürfen die Schlankheitsgrade nicht überschreiten.

Tafel **148**.1   **Zulässige Schlankheitsgrade zul** λ (Höchstwerte)

Baustoff	Art der Stäbe	zul λ
Holz	einteilige Druckstäbe	150
	zusammengesetzte nichtgeleimte Druckstäbe	175
	Druckstäbe in Verbänden und Zugstäbe mit geringer Druckkraft	200
	Druckstäbe bei fliegenden Bauten	250
Stahl	einteilige Druckstäbe im Brückenbau	150
	Füllstäbe in Verbänden und Hilfsstäbe	200
	einteilige Druckstäbe im allgemeinen Stahlbau	250

7.1.4 Knickzahl

Die Knickzahl ω gibt das Verhältnis der normalen zulässigen Druckspannung des Werkstoffes zur zulässigen Knickspannung an.

$$\omega = \frac{\text{zul}\,\sigma_{\mathrm{D}}}{\text{zul}\,\sigma'_{\mathrm{D}}} \tag{148.1}$$

Bei dem Schlankheitsgrad wird die Werkstoffgüte nicht berücksichtigt. Es sind für verschiedene Werkstoffe Tabellen aufgestellt worden, aus denen die zugehörige Knickzahl ω (Omega) für den entsprechenden Schlankheitsgrad abgelesen werden kann.

Die Belastung N wird mit der Knickzahl ω vervielfacht. Damit wird der Stabilitätsnachweis, also der Nachweis der Knickspannung, auf einfache Weise geführt

$$\mathbf{vorh}\,\sigma_{\mathrm{K}} = \frac{\mathbf{vorh}\,N \cdot \omega}{\mathbf{vorh}\,A} \tag{148.2}$$

$$\frac{\text{vorh}\,\sigma_{\mathrm{K}}}{\text{zul}\,\sigma_{\mathrm{D}}} \leqq 1{,}0 \tag{148.3}$$

Die Knickzahl ω steigt mit größerer Schlankheit sehr schnell an.

Tafel **148**.2   **Knickzahlen** ω für Druckstäbe aus **Nadelholz** nach DIN 1052

λ	0	1	2	3	4	5	6	7	8	9	λ
0	1,00	1,00	1,01	1,01	1,02	1,02	1,02	1,03	1,03	1,04	0
10	1,04	1,04	1,05	1,05	1,06	1,06	1,06	1,07	1,07	1,08	10
20	1,08	1,09	1,09	1,10	1,11	1,11	1,12	1,13	1,13	1,14	20
30	1,15	1,16	1,17	1,18	1,19	1,20	1,21	1,22	1,24	1,25	30
40	1,26	1,27	1,29	1,30	1,32	1,33	1,35	1,36	1,38	1,40	40
50	1,42	1,44	1,46	1,48	1,50	1,52	1,54	1,56	1,58	1,60	50
60	1,62	1,64	1,67	1,69	1,72	1,74	1,77	1,80	1,82	1,85	60
70	1,88	1,91	1,94	1,97	2,00	2,03	2,06	2,10	2,13	2,16	70
80	2,20	2,23	2,27	2,31	2,35	2,38	2,42	2,46	2,50	2,54	80
90	2,58	2,62	2,66	2,70	2,74	2,78	2,82	2,87	2,91	2,95	90

Tafel **148**.2   Fortsetzung

λ	0	1	2	3	4	5	6	7	8	9	λ
100	3,00	3,06	3,12	3,18	3,24	3,31	3,37	3,44	3,50	3,57	100
110	3,63	3,70	3,76	3,83	3,90	3,97	4,04	4,11	4,18	4,25	110
120	4,32	4,39	4,46	4,54	4,61	4,68	4,76	4,84	4,92	4,99	120
130	5,07	5,15	5,23	5,31	5,39	5,47	5,55	5,63	5,71	5,80	130
140	5,88	5,96	6,05	6,13	6,22	6,31	6,39	6,48	6,57	6,66	140
150	6,75	6,84	6,93	7,02	7,11	7,21	7,30	7,39	7,49	7,58	150
160	7,68	7,78	7,87	7,97	8,07	8,17	8,27	8,37	8,47	8,57	160
170	8,67	8,77	8,88	8,98	9,08	9,19	9,29	9,40	9,51	9,61	170
180	9,72	9,83	9,94	10,05	10,16	10,27	10,38	10,49	10,60	10,72	180
190	10,83	10,94	11,06	11,17	11,29	11,41	11,52	11,64	11,76	11,88	190
200	12,00	12,12	12,24	12,36	12,48	12,61	12,73	12,85	12,98	13,10	200
210	13,23	13,36	13,48	13,61	13,74	13,87	14,00	14,13	14,26	14,39	210
220	14,52	14,65	14,79	14,92	15,05	15,19	15,32	15,46	15,60	15,73	220
230	15,87	16,01	16,15	16,29	16,43	16,57	16,71	16,85	16,99	17,14	230
240	17,28	17,42	17,57	17,71	17,86	18,01	18,15	18,30	18,45	18,60	240
250	18,75	–	–	–	–	–	–	–	–	–	250

Tafel **149**.1   **Knickzahlen** ω für Druckstäbe aus **Stahl St 37-2** nach DIN 4114

λ	0	1	2	3	4	5	6	7	8	9	λ
20	1,04	1,04	1,04	1,05	1,05	1,06	1,06	1,07	1,07	1,08	20
30	1,08	1,09	1,09	1,10	1,10	1,11	1,11	1,12	1,13	1,13	30
40	1,14	1,14	1,15	1,16	1,16	1,17	1,18	1,19	1,19	1,20	40
50	1,21	1,22	1,23	1,23	1,24	1,25	1,26	1,27	1,28	1,29	50
60	1,30	1,31	1,32	1,33	1,34	1,35	1,36	1,37	1,39	1,40	60
70	1,41	1,42	1,44	1,45	1,46	1,48	1,49	1,50	1,52	1,53	70
80	1,55	1,56	1,58	1,59	1,61	1,62	1,64	1,66	1,68	1,69	80
90	1,71	1,73	1,74	1,76	1,78	1,80	1,82	1,84	1,86	1,88	90
100	1,90	1,92	1,94	1,96	1,98	2,00	2,02	2,05	2,07	2,09	100
110	2,11	2,14	2,16	2,18	2,21	2,23	2,27	2,31	2,35	2,39	110
120	2,43	2,47	2,51	2,55	2,60	2,64	2,68	2,72	2,77	2,81	120
130	2,85	2,90	2,94	2,99	3,03	3,08	3,12	3,17	3,22	3,26	130
140	3,31	3,36	3,41	3,45	3,50	3,55	3,60	3,65	3,70	3,75	140
150	3,80	3,85	3,90	3,95	4,00	4,06	4,11	4,16	4,22	4,27	150
160	4,32	4,38	4,43	4,49	4,54	4,60	4,65	4,71	4,77	4,82	160
170	4,88	4,94	5,00	5,05	5,11	5,17	5,23	5,29	5,35	5,41	170
180	5,47	5,53	5,59	5,66	5,72	5,78	5,84	5,91	5,97	6,03	180
190	6,10	6,16	6,23	6,29	6,36	6,42	6,49	6,55	6,62	6,69	190
200	6,75	6,82	6,89	6,96	7,03	7,10	7,17	7,24	7,31	7,38	200
210	7,45	7,52	7,59	7,66	7,73	7,81	7,88	7,95	8,03	8,10	210
220	8,17	8,25	8,32	8,40	8,47	8,55	8,63	8,70	8,78	8,86	220
230	8,93	9,01	9,09	9,17	9,25	9,33	9,41	9,49	9,57	9,65	230
240	9,73	9,81	9,89	9,97	10,05	10,14	10,22	10,30	10,39	10,47	240
250	10,55	Zwischenwerte brauchen nicht eingeschaltet zu werden									250

Tafel **150.**1   **Knickzahlen** ω für Druckstäbe aus **Stahl St 52-3** nach DIN 4114

λ	0	1	2	3	4	5	6	7	8	9	λ
20	1,06	1,06	1,07	1,07	1,08	1,08	1,09	1,09	1,10	1,11	20
30	1,11	1,12	1,12	1,13	1,14	1,15	1,15	1,16	1,17	1,18	30
40	1,19	1,19	1,20	1,21	1,22	1,23	1,24	1,25	1,26	1,27	40
50	1,28	1,30	1,31	1,32	1,33	1,35	1,36	1,37	1,39	1,40	50
60	1,41	1,43	1,44	1,46	1,48	1,49	1,51	1,53	1,54	1,56	60
70	1,58	1,60	1,62	1,64	1,66	1,68	1,70	1,72	1,74	1,77	70
80	1,79	1,81	1,83	1,86	1,88	1,91	1,93	1,95	1,98	2,01	80
90	2,05	2,10	2,14	2,19	2,24	2,29	2,33	2,38	2,43	2,48	90
100	2,53	2,58	2,64	2,69	2,74	2,79	2,85	2,90	2,95	3,01	100
110	3,06	3,12	3,18	3,23	3,29	3,35	3,41	3,47	3,53	3,59	110
120	3,65	3,71	3,77	3,83	3,89	3,96	4,02	4,09	4,15	4,22	120
130	4,28	4,35	4,41	4,48	4,55	4,62	4,69	4,75	4,82	4,89	130
140	4,96	5,04	5,11	5,18	5,25	5,33	5,40	5,47	5,55	5,62	140
150	5,70	5,78	5,85	5,93	6,01	6,09	6,16	6,24	6,32	6,40	150
160	6,48	6,57	6,65	6,73	6,81	6,90	6,98	7,06	7,15	7,23	160
170	7,32	7,41	7,49	7,58	7,67	7,76	7,85	7,94	8,03	8,12	170
180	8,21	8,30	8,39	8,48	8,58	8,67	8,76	8,86	8,95	9,05	180
190	9,14	9,24	9,34	9,44	9,53	9,63	9,73	9,83	9,93	10,03	190
200	10,13	10,23	10,34	10,44	10,54	10,65	10,75	10,85	10,96	11,06	200
210	11,17	11,28	11,38	11,49	11,60	11,71	11,82	11,93	12,04	12,15	210
220	12,26	12,37	12,48	12,60	12,71	12,82	12,94	13,05	13,17	13,28	220
230	13,40	13,52	13,63	13,75	13,87	13,99	14,11	14,23	14,35	14,47	230
240	14,59	14,71	14,83	14,96	15,08	15,20	15,33	15,45	15,58	15,71	240
250	15,83	Zwischenwerte brauchen nicht eingeschaltet zu werden									250

Für Hohlprofile mit rundem oder rechteckigem Querschnitt gelten andere Knickzahlen ω, die zum Teil günstiger sind.

7.1.5   Spannungsnachweis

Der Rechnungsgang für das ω-Verfahren sieht wie folgt aus, wenn die Belastung N, die Stützenhöhe h und die Lagerungsart gegeben sind:

1. Werkstoffgüte wählen

2. Querschnitt schätzen oder mit Hilfstafeln bestimmen

3. Querschnittswerte (Fläche A bzw. Nutzquerschnitt A_n, Trägheitshalbmesser i) notieren bzw. errechnen

4. Knicklänge bestimmen $\qquad\qquad s_K = \beta \cdot h$

5. Schlankheitsgrade errechnen $\qquad \lambda_y = \dfrac{s_{Ky}}{i_y} \qquad \lambda_z = \dfrac{s_{Kz}}{i_z}$

6. Knickzahl ω für den größten Schlankheitsgrad max λ aufsuchen

7. Knickspannungsnachweis führen $\text{vorh}\,\sigma_{\text{K}} = \dfrac{\text{vorh}\,N \cdot \omega}{\text{vorh}\,A}$ $\dfrac{\text{vorh}\,\sigma_{\text{K}}}{\text{zul}\,\sigma_{\text{D}}} \leqq 1,0$

(Das Vorzeichen für N kann zweckmäßigerweise entfallen, es wird mit der absoluten Größe gerechnet. $|N| = N$ absolut).

8. Bei Überschreitung der zulässigen Druckspannung $\sigma_{\text{K}} > \text{zul}\,\sigma_{\text{D}}$ muß ein neuer Querschnitt gewählt werden. Die Berechnung ist zu wiederholen. Der Spannungsnachweis für den endgültigen Querschnitt schließt die Rechnung ab.

Beispiele zur Erläuterung

1. Eine Stütze hat eine Belastung von $S = -350\,\text{kN}$ aufzunehmen. Die Stützenhöhe beträgt $h = 2,80\,\text{m}$. Die Stütze ist unten und oben nicht eingespannt, aber gegen seitliches Verschieben an den Enden gehalten. Lagerung Eulerfall 2; $s_{\text{K}} = h = 2,80\,\text{m}$.

Die Bemessung und der Stabilitätsnachweis werden gezeigt. Lastfall H.

Gewählt: Stahlstütze aus St 37-2 mit $\text{zul}\,\sigma_{\text{D}} = 140\,\text{N/mm}^2 = 14,0\,\text{kN/cm}^2$

Mindestquerschnitt $\text{erf}\,A > \text{vorh}\,S/\text{zul}\,\sigma_{\text{D}} = 350/14 = 25\,\text{cm}^2$

Für das Knicken wird eine größere Querschnittsfläche erforderlich.

Gewählt: **IPB 140** mit $A = 43,0\,\text{cm}^2$ $g = 0,34\,\text{kN/m}$ $i_{\text{y}} = 5,93\,\text{cm}$ $i_{\text{z}} = 3,58\,\text{cm}$

Gesamtlast $\text{vorh}\,N = |S| + G = 350 + 2,80 \cdot 0,34 \approx 351\,\text{kN}$

Schlankheiten $\lambda_{\text{y}} = \dfrac{s_{\text{Ky}}}{i_{\text{y}}} = \dfrac{280}{5,93} = 47,2$ $\lambda_{\text{z}} = \dfrac{s_{\text{Kz}}}{i_{\text{z}}} = \dfrac{280}{3,58} = 78,2$

Knickzahlen $\omega_{\text{y}} = 1,19$ $\omega_{\text{z}} = 1,52$ (s. Tafel **149.**1)

Spannungsnachweis

$$\text{vorh}\,\sigma_{\text{Ky}} = \frac{\text{vorh}\,N \cdot \omega_{\text{y}}}{\text{vorh} \cdot A} = \frac{351 \cdot 1,19}{43,0} = 9,7\,\text{kN/cm}^2 = 97\,\text{N/mm}^2$$

$$\text{zul}\,\sigma_{\text{D}} = 140\,\text{N/mm}^2$$

$$\frac{\text{vorh}\,\sigma_{\text{Ky}}}{\text{zul}\,\sigma_{\text{D}}} = \frac{97\,\text{N/mm}^2}{140\,\text{N/mm}^2} = 0,69 < 1,0$$

$$\text{vorh}\,\sigma_{\text{Kz}} = \frac{\text{vorh}\,N \cdot \omega_{\text{z}}}{\text{vorh}\,A} = \frac{351 \cdot 1,52}{43,0} = 12,4\,\text{kN/cm}^2 = 124\,\text{N/mm}^2$$

$$\text{zul}\,\sigma_{\text{D}} = 140\,\text{N/mm}^2$$

$$\frac{\text{vorh}\,\sigma_{\text{Kz}}}{\text{zul}\,\sigma_{\text{D}}} = \frac{124\,\text{N/mm}^2}{140\,\text{N/mm}^2} = 0,89 < 1,0$$

Der Nachweis ist nur für max λ erforderlich, da die Knickspannung für den kleineren Schlankheitsgrad immer kleiner ist.

2. Eine Stahlstütze ist 3,5 m hoch und wird in einer Richtung durch einen Zwischenriegel in Stützenmitte gehalten (Bild **151.**1). St 37-2, Lastfall H.

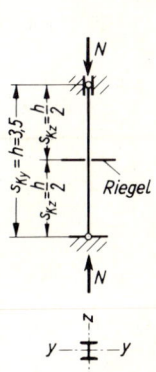

151.1   Stahlstütze mit verschiedenen Knicklängen

Belastung $\qquad S = -690\,\text{kN} \qquad s_{\text{Ky}} = h = 3{,}50\,\text{m} \qquad s_{\text{Kz}} = \dfrac{h}{2} = \dfrac{3{,}50}{2} = 1{,}75\,\text{m}$

Mindestquerschnitt $\qquad \text{erf}\,A > \text{vorh}\,S/\text{zul}\,\sigma_{\text{D}} = 690/14{,}0 = 49{,}3\,\text{cm}^2$

Gewählt: **IPB 180** mit $\qquad A = 65{,}3\,\text{cm}^2 \qquad g = 0{,}51\,\text{kN/m} \qquad i_{\text{y}} = 7{,}66\,\text{cm} \qquad i_{\text{z}} = 4{,}57\,\text{cm}$

Gesamtlast $\qquad \text{vorh}\,N = |S| + G = 690 + 3{,}5 \cdot 0{,}51 \approx 692\,\text{kN}$

Schlankheiten $\qquad \lambda_{\text{y}} = \dfrac{s_{\text{Ky}}}{i_{\text{y}}} = \dfrac{350}{7{,}66} = 45{,}7 \qquad \lambda_{\text{z}} = \dfrac{s_{\text{Kz}}}{i_{\text{z}}} = \dfrac{175}{4{,}57} = 38{,}3$

Knickzahl $\qquad \omega_{\text{y}} = 1{,}18$ für max $\lambda = \lambda_{\text{y}}$

Spannungsnachweis

$$\text{vorh}\,\sigma_{\text{K}} = \frac{\text{vorh}\,N \cdot \omega_{\text{y}}}{\text{vorh}\,A} = \frac{692 \cdot 1{,}18}{65{,}3} = 12{,}5\,\text{kN/cm}^2 = 125\,\text{N/mm}^2$$

$$\text{zul}\,\sigma_{\text{D}} = 140\,\text{N/mm}^2$$

$$\frac{\text{vorh}\,\sigma_{\text{K}}}{\text{zul}\,\sigma_{\text{D}}} = \frac{125\,\text{N/mm}^2}{140\,\text{N/mm}^2} = 0{,}89 < 1{,}0$$

Fußplatte

Die erforderliche Plattengröße ist abhängig von der Last N und der zulässigen Betondruckspannung zul σ_{Db} (s. Tafel **18**.1). Für Beton B 15 ist zul $\sigma_{\text{Db}} = 5{,}0\,\text{N/mm}^2 = 0{,}50\,\text{kN/cm}^2$.

Fußplattengröße

$$\text{erf}\,A = \frac{\text{vorh}\,N}{\text{zul}\,\sigma_{\text{Db}}} = \frac{692}{0{,}50} = 1384\,\text{cm}^2$$

$$\text{erf}\,b = \sqrt{A} = \sqrt{1384} = 37{,}2\,\text{cm}$$

Die Fußplatte kragt über die Stützenkante aus. Die Dicke t der Fußplatte kann für das Kragmoment bemessen werden. Aus der Formel

$$\sigma = \frac{M}{W} = \frac{\sigma_{\text{Db}} \cdot b \cdot \dfrac{l_{\text{ü}}^2}{2}}{b \cdot \dfrac{t^2}{6}}$$

entsteht durch Umwandlung

$$\text{erf}\,t = \sqrt{\frac{\sigma_{\text{Db}}}{\sigma_{\text{Bs}}} \cdot l_{\text{ü}}^2 \cdot \frac{6}{2}}$$

Damit erhält man bei St 37-2 im Lastfall H für eine zulässige Stahlspannung auf Biegung

von $\qquad$ zul $\sigma_{\text{Bs}} = 160\,\text{N/mm}^2$

und eine zulässige Betonspannung

von $\qquad$ zul $\sigma_{\text{Db}} = 5{,}0\,\text{N/mm}^2 \qquad$ bei Beton B 15: $\quad$ **erf $t = 0{,}31\,l_{\text{ü}}$** $\hspace{4em}$ (152.1)

und $\qquad$ zul $\sigma_{\text{Db}} = 8{,}3\,\text{N/mm}^2 \qquad$ bei Beton B 25: $\quad$ **erf $t = 0{,}40\,l_{\text{ü}}$** $\hspace{4em}$ (152.2)

Der Überstand beträgt

$$l_{\text{ü}} = \frac{b - h}{2} = \frac{372 - 180}{2} = 96\,\text{mm}$$

erforderliche Fußplattendicke

$$\text{erf } t = 0,31\, l_{ü} = 0,31 \cdot 96 = 30 \text{ mm}$$

Gewählt: Fußplatte **380/380/35 mm** (Bild **153**.1)

Die Schweißnaht zur Verbindung der Fußplatte mit der Stütze muß die volle Stützenlast aufnehmen. Bei winkelrechter Bearbeitung und genauem Abfräsen des Stützenfußes braucht nur $^1/_4$ der Stützenlast angeschlossen zu werden.

Erforderliche Schweißnahtfläche für zul $\sigma_{w} = 135\text{ N/mm}^2 = 13,5\text{ kN/cm}^2$

$$\text{erf } A_{w} = \frac{\text{vorh } N/4}{\text{zul }\sigma_{w}} = \frac{692/4}{13,5} = 12,8 \text{ cm}^2$$

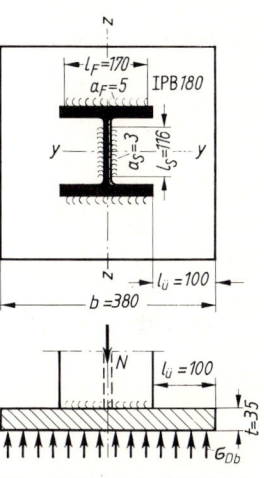

Gewählt: Schweißnahtdicke am Flansch $a_{F} = 5$ mm,
am Steg $a_{S} = 3$ mm

Schweißnahtlänge am Flansch

$$l_{F} = b - 2 \cdot a_{F} = 18,0 - 2 \cdot 0,5 = 17 \text{ cm}$$

Schweißnahtlänge am Steg

$$l_{S} = e - 2 \cdot a_{S} = 12,2 - 2 \cdot 0,3 = 11,6 \text{ cm}$$

$$\text{vorh } A_{w} = 2 \cdot (l_{F} \cdot a_{F} + l_{S} \cdot a_{S}) = 2 \cdot (17 \cdot 0,5 + 11,6 \cdot 0,3)$$
$$= 2 \cdot (8,5 + 3,48) = 23,96 \text{ cm}^2$$

$$\text{vorh } \sigma_{w} = \frac{\text{vorh } N/4}{\text{vorh } A} = \frac{692/4}{23,96} = 7,2 \text{ kN/cm}^2 = 72 \text{ N/mm}^2$$

$$\text{zul } \sigma_{w} = 135 \text{ N/mm}^2$$

$$\frac{\text{vorh } \sigma_{w}}{\text{zul } \sigma_{w}} = \frac{72 \text{ N/mm}^2}{135 \text{ N/mm}^2} = 0,53 < 1,0$$

153.1   Stützenfuß mit Fußplatte und Schweißnähten

3. Die Holzstütze eines Dachstuhles erhält aus der Pfette eine Belastung von $N = -31$ kN; $h = 2,6$ m $= s_{Ky} = s_{Kz}$ (Bild **153**.2). Holzstütze und Fußschwelle werden bemessen. Lastfall H, Güteklasse II.

Für die Kraftübertragung zwischen Stütze und Pfette ist ein Mindestquerschnitt erforderlich von erf $A = \text{vorh } N/\text{zul } \sigma_{D\perp} = 31/0,2 = 155\text{ cm}^2$.

Gewählt: Kantholz **120/160 mm** mit $A = 192\text{ cm}^2$

$$i_{y} = 4,62 \text{ cm} \qquad i_{z} = 3,46 \text{ cm}$$

Schlankheiten

$$\lambda_{y} = \frac{s_{Ky}}{i_{z}} = \frac{260}{4,62} = 56,3 \qquad \lambda_{z} = \frac{s_{Kz}}{i_{y}} = \frac{260}{3,46} = 75,1$$

Knickzahl $\qquad\qquad \omega_{z} = 2,03 \text{ für max } \lambda = \lambda_{z}$

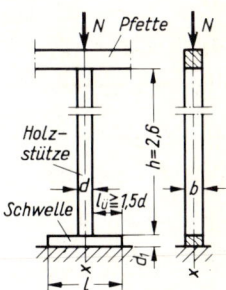

Knickspannung $\qquad \text{vorh } \sigma_{Kz} = \dfrac{\text{vorh } N \cdot \omega_{z}}{\text{vorh } A} = \dfrac{31 \cdot 2,03}{192}$

$$= 0,33 \text{ kN/cm}^2 = 3,3 \text{ N/mm}^2$$

$$\text{zul } \sigma_{D\parallel} = 8,5 \text{ N/mm}^2$$

153.2   Holzstütze für einen Dachstuhl

$$\frac{\text{vorh } \sigma_{\text{Kz}}}{\text{zul } \sigma_{\text{D}\|}} = \frac{3,3 \text{ N/mm}^2}{8,4 \text{ N/mm}^2} = 0,39 < 1,0$$

Druckspannung $\text{vorh } \sigma_{\text{D}\perp} = \dfrac{\text{vorh } N}{\text{vorh } A} = \dfrac{31}{192}$

$$= 0,16 \text{ kN/cm}^2 = 1,6 \text{ N/mm}^2$$

$$\text{zul } \sigma_{\text{D}\perp} = 2,0 \text{ N/mm}^2$$

$$\frac{\text{vorh } \sigma_{\text{D}\perp}}{\text{zul } \sigma_{\text{D}\perp}} = \frac{1,6 \text{ N/mm}^2}{2,0 \text{ N/mm}^2} = 0,80 < 1,0$$

Die erforderliche Fußschwelle erhält die gleiche Druckspannung wie die Pfette. Die Höhe der Fußschwelle ist abhängig von der Scherspannung. Querkraft $Q = N/2$

$$\tau_0 = \frac{3 \cdot Q}{2 \cdot A} = \frac{3 \cdot N/2}{2b \cdot d_1}$$

$$\text{erf } d_1 = \frac{3 N}{4 \cdot b \cdot \text{zul } \tau_0} = \frac{3 \cdot 31}{4 \cdot 16 \cdot 0,09} = 16,1 \text{ cm}$$

Gewählt: $d_1 = 18 \text{ cm}$

Die Schwelle sollte beiderseits einen Überstand haben von $l_{\text{ü}} = 1,5 \, d_1$, mindestens jedoch 10 cm.

Schwellenlänge $l = d + 2 \, l_{\text{ü}} = d + 3 \, d_1 = 12 + 3 \cdot 16,1 = 60,3 \text{ cm}$

Gewählt: Schwelle **160/180 mm** $l = 65 \text{ cm}$

Die Schwelle darf kein Zapfenloch erhalten, die Stütze ist durch Knaggen zu sichern.

4. Schalungssteifen aus Rundholz mit einem Zopfdurchmesser von mindestens ≥ 8 cm stehen unter Kanthölzern und erhalten jeweils eine Last von $N = -9 \text{ kN}$, Steifenlänge $l = 2,40$ m. Die Knickspannung wird nachgewiesen, ebenso die Flächenpressung am Kantholz.

$\text{zul } \sigma_{\text{D}\|} = 1,20 \cdot 8,5 = 10,2 \text{ N/mm}^2$ (s. Tafel **25**.1), für Lastfall H, Güteklasse II.

Knicklänge $s_{\text{K}} = l = 2,40 \text{ m}$

Schlankheitsgrad $\lambda = \dfrac{s_{\text{K}}}{i} = \dfrac{s_{\text{K}}}{d/4} = \dfrac{240}{8,0/4} = 120 \qquad \omega = 4,32$

Knickspannung $\sigma_{\text{K}} = \dfrac{\text{vorh } N \cdot \omega}{\text{vorh } A} = \dfrac{9 \cdot 4,32}{50,3} = 0,77 \text{ kN/cm}^2 = 7,7 \text{ N/mm}^2$

$$\text{zul } \sigma_{\text{D}\|} = 10,2 \text{ N/mm}^2$$

$$\frac{\sigma_{\text{K}}}{\text{zul } \sigma_{\text{D}\|}} = \frac{7,7 \text{ N/mm}^2}{10,2 \text{ N/mm}^2} = 0,75 < 1,0$$

Flächenpressung $\sigma_{\text{D}\perp} = \dfrac{\text{vorh } N}{\text{vorh } A} = \dfrac{9}{50,3} = 0,18 \text{ kN/cm}^2 = 1,8 \text{ N/mm}^2$

$$\text{zul } \sigma_{\text{D}\perp} = 2,0 \text{ N/mm}^2$$

$$\frac{\text{vorh } \sigma_{\text{D}\perp}}{\text{zul } \sigma_{\text{D}\perp}} = \frac{1,8 \text{ N/mm}^2}{2,0 \text{ N/mm}^2} = 0,9 < 1,0$$

5. Ein Baugrubenverbau mit waagerechten Bohlen, lotrechten Brusthölzern und Rundholzsteifen wird statisch nachgewiesen (Bild **155.**1). Die Auflast auf dem Erdreich wird mit $p = 5\,\text{kN/m}^2$ angenommen; Sandboden $\gamma_e = 18\,\text{kN/m}^3$ (vgl. Teil 1, Abschn. 4.4). Lastfall H, Nadelholz Güteklasse II.

Erddruckkraft (vereinfacht):

$$E = 3\,h^2 + p \cdot h/3 = 3 \cdot 2{,}2^2 + 5{,}0 \cdot 2{,}2/3 = 14{,}5 + 3{,}7 = 18{,}2\,\text{kN/m}$$

Infolge der Erddruckumlagerung beim Baugrubenverbau kann mit einer gleichmäßigen Verteilung der Erddruckkraft auf die ganze Höhe gerechnet werden. Dadurch erfolgt eine gleichgroße Belastung der Bohlen im unteren und oberen Bereich.

Berechnung der waagerechten Bohlen

Belastung

$$q_1 = \frac{E}{h} = \frac{18{,}2}{2{,}2} = 8{,}27\,\text{kN/m}^2$$

Biegemoment

$$\max M = M_\text{B} = -0{,}125 \cdot q_1 \cdot l_{1,2}{}^2 = -0{,}125 \cdot 8{,}27 \cdot 2{,}0^2$$
$$= -4{,}14\,\text{kNm/m} = -414\,\text{kNcm/m}$$

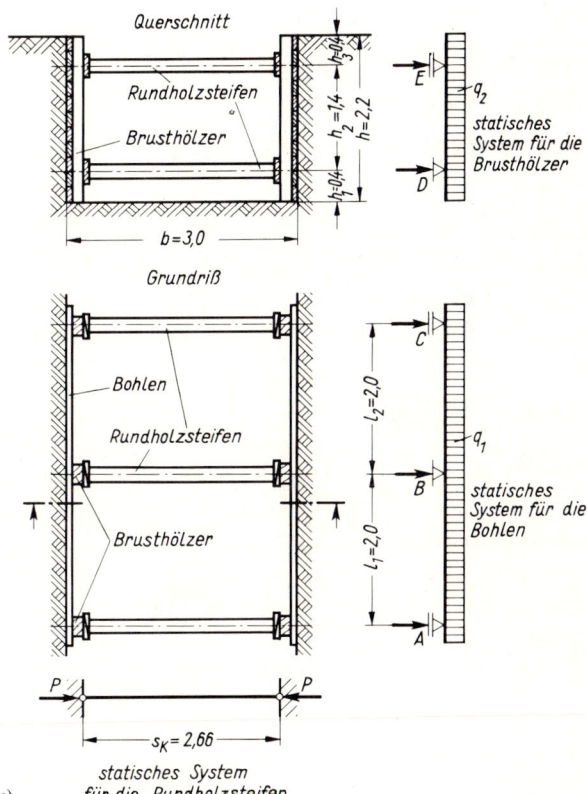

155.1 Baugruben-Verbau mit waage-
         rechten Bohlen und lotrechten
         Brusthölzern (waagerechter Verbau)

*statisches System
für die Rundholzsteifen*

Stützkraft

$$\max B = 1{,}25 \cdot q_1 \cdot l_{1,2} = 1{,}25 \cdot 8{,}27 \cdot 2{,}0 = 20{,}7 \, \text{kN/m}$$

Gewählt: **Bohlen 50 mm** dick

$$\text{vorh } W_y = \frac{b \cdot d^2}{6} = \frac{100 \cdot 5{,}0^2}{6} = 417 \, \text{cm}^3/\text{m}$$

$$\text{vorh } \sigma_B = \frac{\max M}{\text{vorh } W_y} = \frac{414}{417} = 0{,}99 \, \text{kN/cm}^2 = 9{,}9 \, \text{N/mm}^2$$

$$\text{zul } \sigma_B = 10 \, \text{N/mm}^2$$

$$\frac{\text{vorh } \sigma_B}{\text{zul } \sigma_B} = \frac{9{,}9 \, \text{N/mm}^2}{10 \, \text{N/mm}^2} = 0{,}99 < 1{,}0$$

Berechnung der lotrechten Brusthölzer
Belastung

$$q_2 = \max B = 1{,}25 \cdot q_1 \cdot l_{1,2} = 1{,}25 \cdot 8{,}27 \cdot 2{,}0 = 20{,}7 \, \text{kN/m}$$

Biegemomente

$$M_D = M_E = -\frac{q_2 \cdot h_3^2}{2} = -\frac{20{,}7 \cdot 0{,}40^2}{2} = -1{,}66 \, \text{kNm}$$

$$\max M = \frac{q_2 \cdot h_2^2}{8} + M_D = \frac{20{,}7 \cdot 1{,}4^2}{8} - 1{,}66 = 5{,}07 - 1{,}66 = 3{,}41 \, \text{kNm}$$

Stützkraft

$$\max D = \max E = \frac{q_2 \cdot h}{2} = \frac{20{,}7 \cdot 2{,}2}{2} = 22{,}8 \, \text{kN}$$

Gewählt: Kanthölzer **120/160 mm** mit $W_z = 384 \, \text{cm}^3$ (flach eingebaut)

$$\text{vorh } \sigma_B = \frac{\max M}{W_z} = \frac{341}{384} = 0{,}89 \, \text{kN/cm}^2 = 8{,}9 \, \text{N/mm}^2$$

$$\text{zul } \sigma_B = 10 \, \text{N/mm}^2$$

$$\frac{\text{vorh } \sigma_B}{\text{zul } \sigma_B} = \frac{8{,}9 \, \text{N/mm}^2}{10 \, \text{N/mm}^2} = 0{,}89 < 1{,}0$$

Berechnung der Rundholzsteifen
Belastung

$$N = \max D = q_2 \cdot \frac{h}{2} = 20{,}7 \cdot \frac{2{,}2}{2} = 22{,}8 \, \text{kN}$$

Knicklänge

$$s_K = b - 2(5 + 12) = 300 - 34 = 266 \, \text{cm}$$

Gewählt: Rundholz $\varnothing$ **160 mm** mit $A = 201 \, \text{cm}^2$ $i = 4{,}0 \, \text{cm}$

Schlankheitsgrad

$$\lambda = \frac{s_K}{i} = \frac{266}{4{,}0} = 67 \qquad \omega = 1{,}80$$

Knickspannung

$$\text{vorh}\,\sigma_K = \frac{N \cdot \omega}{A} = \frac{22,8 \cdot 1,80}{201} = 0,20\,\text{kN/cm}^2 = 2,0\,\text{N/mm}^2$$

$$\text{zul}\,\sigma_{D\|} = 1,20 \cdot 8,5\,\text{N/mm}^2 = 10,2\,\text{N/mm}^2$$

$$\frac{\text{vorh}\,\sigma_K}{\text{zul}\,\sigma_{D\|}} = \frac{2,0\,\text{N/mm}^2}{10,2\,\text{N/mm}^2} = 0,2 < 1,0$$

Flächenpressung am Brustholz (größere Eindrückungen sind zulässig)

$$\text{vorh}\,\sigma_{D\perp} = \frac{N}{A \cdot 0,8} = \frac{22,8}{201 \cdot 0,8} = 0,14\,\text{kN/cm}^2 = 1,4\,\text{N/mm}^2$$

$$\text{zul}\,\sigma_{D\perp} = 2,5\,\text{N/mm}^2 \quad (\text{s. Tafel } \mathbf{25}.1)$$

$$\frac{\text{vorh}\,\sigma_{D\perp}}{\text{zul}\,\sigma_{D\perp}} = \frac{1,4\,\text{N/mm}^2}{2,5\,\text{N/mm}^2} = 0,56 < 1,0$$

Hinweis

Es sei hier nochmals darauf hingewiesen, daß die gezeigten ω-Verfahren nur für einteilige Querschnitte gelten. Die Berechnung mehrteiliger zusammengesetzter Querschnitte ist umfangreicher. Außerdem sei vermerkt, daß bei dünnwandigen, offenen Querschnitten vor dem Ausknicken ein Verdrillen stattfinden kann. Dieses Drillknicken oder Biegedrillknicken ist bei solchen Profilen nachzuweisen. Es soll hier auf die entsprechenden Ausführungen verzichtet werden, da bei den üblichen genormten Walzprofilen des Stahlbaues diese Erscheinungen nicht auftreten. Der Nachweis ist recht schwierig.

Beispiele zur Übung

Für folgende Stützen aus Stahl oder Holz sind die erforderlichen Querschnitte zu schätzen und die Knickspannungsnachweise zu führen.

1.	$N = -\,650\,\text{kN}$	$h = 4,0\,\text{m}$	Eulerfall 2	IPB-Profil	
2.	$N = -1200\,\text{kN}$	$h = 3,0\,\text{m}$	Eulerfall 3	IPB-Profil	
3.	$N = -1160\,\text{kN}$	$h = 4,2\,\text{m}$	$s_{Ky} = h$	$s_{Kz} = h/2$	IPB-Profil
4.	$N = -\,190\,\text{kN}$	$h = 3,6\,\text{m}$	$s_{Ky} = h$	$s_{Kz} = h/3$	IPE-Profil
5.	$N = -\,\,\,11\,\text{kN}$	$h = 3,2\,\text{m}$	Eulerfall 2	Kantholz	
6.	$N = -\,\,\,23\,\text{kN}$	$h = 2,4\,\text{m}$	Eulerfall 2	Rundholz	
7.	$N = -\,\,\,21\,\text{kN}$	$h = 2,8\,\text{m}$	$s_{Ky} = h$	$s_{Kz} = 2,1\,\text{m}$	Kantholz
8.	$N = -\,\,\,16\,\text{kN}$	$h = 1,8\,\text{m}$	Eulerfall 1	Kantholz	

7.2 Stützen aus Beton

Der Nachweis der Tragfähigkeit von Betonstützen ohne Stahleinlagen ist nach den Bestimmungen der DIN 1045 „Beton und Stahlbeton; Bemessung und Ausführung" zu führen. Er ist ähnlich wie bei Stützen aus Stahl oder Holz.

Als Stützen gelten stabförmige Druckglieder mit $b \leqq 5 \cdot d$, wobei b die größere und d die kleinere Abmessung des Querschnittes ist. Druckglieder mit $b > 5 \cdot d$ gelten als Wände.

Die Abmessungen bei Vollquerschnitten aus Ortbeton müssen $\geqq 20$ cm, bei Fertigteilen $\geqq 14$ cm betragen. Bei aufgelösten Querschnitten (z.B. I-, T- und L-förmige Querschnitte) oder bei Hohlquerschnitten aus Ortbeton muß die Mindestdicke 14 cm und bei Fertigtcilen 7 cm sein.

Für den Nachweis von Stützen aus bewehrtem Beton wird auf das Buch „Stahlbetonbau – Bemessung, Konstruktion, Ausführung" [8] verwiesen.

7.2.1   Knicklänge und Schlankheit

Für den Tragfähigkeitsnachweis ist zunächst die Knicklänge s_K zu bestimmen aus

$$s_K = \beta_K \cdot h_s \tag{158.1}$$

Der Beiwert β_K wird entsprechend der Lagerung der Stütze am Fuß und am Kopf bestimmt (s. Knickfälle nach Euler). Der Schlankheitsgrad λ berechnet sich mit

$$\lambda = \frac{s_K}{i} \tag{158.2}$$

Anstelle der Knickzahl ω ist hier der Beiwert $\varkappa$ zu errechnen, durch den die zulässige Belastung bzw. die vorhandene Querschnittsfläche verringert wird. Der Beiwert $\varkappa$ berücksichtigt den Einfluß der Schlankheit auf die Tragfähigkeit der Betonstütze. Bei Stützen mit mittiger Druckkraft ist der Beiwert $\varkappa$ (Kappa)

$$\varkappa = 1 - \frac{\lambda}{140} \tag{158.3}$$

Schlankheiten von $\lambda = s_K/i > 70$ sind für Betonstützen nicht zulässig.

7.2.2   Spannungsnachweis

Als zulässige Druckspannung kann die rechnerische Betonfestigkeit β_R dividiert durch den Sicherheitsbeiwert γ angesehen werden:

$$\mathbf{zul}\,\sigma_D = \frac{\beta_R}{\gamma} \quad \text{in N/mm}^2 \tag{158.4}$$

Die Rechenwerte β_R der Betonfestigkeit und der Sicherheitsbeiwert γ sind abhängig von der Betonfestigkeitsklasse (Betongüte).

Tafel **158.1**   **Zulässige Betondruckspannungen zul σ_D**

Betonfestigkeitsklasse	zul. Betondruckspannung zul $\sigma_D = \beta_R/\gamma$ in N/mm^2
B 5	$\beta_R/\gamma = \ \ 3,5/2,1 = 1,67$
B 10	$= \ \ 7,0/2,1 = 3,33$
B 15	$= 10,5/2,1 = 5,0$
B 25	$= 17,5/2,1 = 8,33$
B 35 $\cdots$ B 55	$= 23,0/2,1 = 10,95$

Damit kann der Nachweis der Tragfähigkeit über folgende Formeln geführt werden:

$$\mathbf{vorh}\,\sigma_D = \frac{\mathbf{vorh}\,N}{\mathbf{vorh}\,A_b \cdot \varkappa} \quad \text{in N/mm}^2 \tag{158.5}$$

$$\text{zul}\,\sigma_D = \frac{\beta_R}{\gamma}$$

$$\frac{\text{vorh}\,\sigma_D}{\text{zul}\,\sigma_D} \leq 1,0$$

Hierbei sind:

vorh N vorhandene Gesamtlast aus Eigenlast G der Stütze und Nutzlast S (Stabkraft) in N

vorh A_b vorhandener Betonquerschnitt aus $b \cdot d$ in mm²

Beispiele zur Erläuterung

1. Eine Stütze aus Beton B 15 hat einen Querschnitt von $b/d = 40/30$ cm und eine Höhe von $h_s = 3,00$ m. Sie ist unten und oben als gelenkig gelagert anzusehen (Eulerfall 2). Die aufzunehmende Nutzlast beträgt $S = -360$ kN.

Wie groß ist die vorhandene Betondruckspannung?

Eigenlast der Stütze	$G = b \cdot d \cdot h \cdot \gamma_b = 0,40 \cdot 0,30 \cdot 3,0 \cdot 24,0 = 8,6$ kN
Gesamtlast der Stütze	$N = |S| + G = 360 + 8,6 = 368,6$ kN
Knicklänge	$s_K = \beta_K \cdot h_s = 1,0 \cdot 3,00 = 3,00$ m
Schlankheit	$\lambda = s_K/i = s_K/0,289 \cdot d = 3,00/0,289 \cdot 0,30$
	$= 34,6 <$ zul $\lambda = 40$
Beiwert	$\varkappa = 1 - \lambda/140 = 1 - 34,6/140$
	$= 1 - 0,25 = 0,75$

Druckspannung

$$\text{vorh } \sigma_D = \frac{\text{vorh } N}{\text{vorh } A_b \cdot \varkappa} = \frac{368,6}{40 \cdot 30 \cdot 0,75}$$

$$= 0,41 \text{ kN/cm}^2 = 4,1 \text{ N/mm}^2$$

$$\text{zul } \sigma_D = \frac{\beta_R}{\gamma} = \frac{10,5}{2,1} = 5,0 \text{ N/mm}^2$$

$$\frac{\text{vorh } \sigma_D}{\text{zul } \sigma_D} = \frac{4,1 \text{ N/mm}^2}{5,0 \text{ N/mm}^2} = 0,82 < 1,0$$

2. Eine Stütze hat eine Höhe von 2,75 m und einen Querschnitt von $b/d = 36,5/24$ cm. Die Betonfestigkeitsklasse beträgt B 25.

Wie stark darf die Stütze belastet werden?

Eigenlast der Stütze	$G = b \cdot d \cdot h \cdot \gamma_b = 0,365 \cdot 0,24 \cdot 2,75 \cdot 24,0 = 5,8$ kN
Knicklänge	$s_K = \beta_K \cdot h_s = 1,0 \cdot 2,75 = 2,75$ m
Schlankheit	$\lambda = s_K/i = s_K/0,289 \cdot d = 2,75/0,289 \cdot 0,24$
	$= 39,7 <$ zul $\lambda = 40$
Beiwert	$\varkappa = 1 - 39,7/140 = 1 - 0,284 = 0,716$
Gesamtlast	$\text{zul } N = \frac{\beta_R}{\gamma} \cdot \text{vorh } A_b \cdot \varkappa = \frac{1,75}{2,1} \cdot 36,5 \cdot 24 \cdot 0,716 = 522,7$ kN
Nutzlast	$\text{zul } S = N - G = 522,7 - 5,8 = 516,9$ kN

7.3 Wände aus Beton

Mittig belastete tragende Wände aus Beton werden wie Stützen nach DIN 1045 „Beton und Stahlbeton; Bemessung und Ausführung" berechnet (Abschn. 7.2).

Als Wände gelten solche Druckglieder, bei denen $b > 5 \cdot d$ ist, wobei die Breite b die größere und die Dicke d die kleinere Abmessung des Querschnittes ist. Druckglieder mit $b \leqq 5 \cdot d$ gelten als Stützen.

Zur Berechnung von bewehrten Wänden wird auf das Buch „Stahlbetonbau – Bemessung, Konstruktion, Ausführung" [8] verwiesen.

In Tafel **160**.1 sind die Mindestwanddicken für tragende Wände angegeben.

Tafel **160**.1 **Mindestwanddicken** für tragende Wände aus Beton

Betonfestigkeitsklasse	Herstellung	Mindestwanddicke d in cm	
		Decken über den Wänden nicht durchlaufend	durchlaufend
B 5 und B 10	Ortbeton	$\geqq 20$	$\geqq 14$
B 15 bis B 35	Ortbeton	$\geqq 14$	$\geqq 12$
	Fertigteil	$\geqq 12$	$\geqq 10$

7.3.1 Knicklänge und Schlankheit

Die Größe der Knicklänge ist abhängig von der Geschoßhöhe h_s und der Aussteifung der Wände. Sie wird berechnet aus

$$s_K = \beta_K \cdot h_s \tag{160.1}$$

Der Beiwert β_K ist entsprechend der Aussteifung der Wände (zwei-, drei- oder vierseitig gehalten) zu berechnen (Bild **160**.2).
Der Schlankheitsgrad λ wird berechnet aus

$$\lambda = \frac{s_K}{i} \tag{160.2}$$

Der Beiwert $\varkappa$ zur Verringerung der zulässigen Belastung bzw. der vorhandenen Querschnittsfläche wird ebenfalls wie bei Stützen aus Beton ermittelt

$$\varkappa = 1 - \frac{\lambda}{140} \tag{160.3}$$

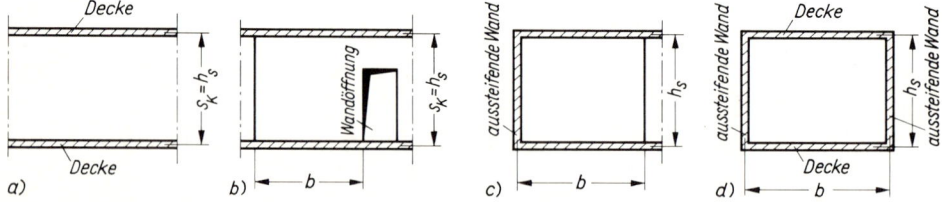

160.2   Beiwert β_K zur Bestimmung der Knicklänge s_K von unbewehrten Betonwänden: $s_K = \beta_K = h_s$
     a) und b) zweiseitig gehaltene Wand: $\beta_K = 1{,}0$

$$\text{c) dreiseitig gehaltene Wand:} \quad \beta_K = \frac{1}{1 + \left[\dfrac{h_s}{3b}\right]^2} \geqq 0{,}3 \tag{160.4}$$

$$\text{d) vierseitig gehaltene Wand:} \quad \beta_K = \frac{1}{1 + \left[\dfrac{h_s}{b}\right]^2} \text{ für } h_s \leqq 0{,}3 \qquad \beta_K = \frac{b}{2h_s} \text{ für } h_s > b \tag{160.5} \tag{160.6}$$

7.3.2   Spannungsnachweis

Mittige Belastung der Wände wird vorausgesetzt.

Schlankheiten $\lambda = s_K/i > 70$ sind für Wände aus Beton nicht zulässig.

Der Nachweis der Tragfähigkeit wird sinngemäß wie bei Betonstützen geführt mit

$$\text{vorh } \sigma_D = \frac{\text{vorh } q}{l \cdot d \cdot \varkappa} \qquad \text{in N/mm}^2 \tag{161.1}$$

$$\text{zul } \sigma_D = \frac{\beta_R}{\gamma} \tag{161.2}$$

$$\frac{\text{vorh } \sigma_D}{\text{zul } \sigma_D} \leq 1,0 \tag{161.3}$$

Beispiele zur Erläuterung

1. Eine zweiseitig gehaltene Wand von 20 cm Dicke und 2,75 m Höhe aus Beton B 10 hat eine Belastung von $p = 285$ kN/m aufzunehmen.

Wie groß ist die vorhandene Betondruckspannung?

Eigenlast der Wand $g = d \cdot h \cdot \gamma_b = 0,20 \cdot 2,75 \cdot 23,0 = 12,7$ kN je m Wand

Gesamtlast $\qquad q = p + g = 285 + 12,7 = 297,7$ kN je m Wand

Knicklänge $\qquad s_K = \beta_K \cdot h_s = 1,0 \cdot 2,75 = 2,75$ m

Schlankheit $\qquad \lambda = s_K/i = s_K/0,289 \cdot d = 2,75/0,289 \cdot 0,20$
$\qquad\qquad\qquad = 47,6 < \text{zul } \lambda = 70$

Beiwert $\qquad\qquad \varkappa = 1 - \lambda/140 = 1 - 47,6/140$
$\qquad\qquad\qquad = 1 - 0,34 = 0,66$

Druckspannung

$$\text{vorh } \sigma_D = \frac{\text{vorh } q}{l \cdot d \cdot \varkappa} = \frac{297,7}{100 \cdot 20 \cdot 0,66}$$

$$= 0,23 \text{ kN/cm}^2 = 2,3 \text{ N/mm}^2$$

$$\text{zul } \sigma_D = \beta_R/\gamma = 7,0/2,1 = 3,33 \text{ N/mm}^2$$

$$\frac{\text{vorh } \sigma_D}{\text{zul } \sigma_D} = \frac{2,3 \text{ N/mm}^2}{3,33 \text{ N/mm}^2} = 0,69 < 1,0$$

2. Eine dreiseitig gehaltene Wand von 15 cm Dicke und 1,30 m Breite sowie 3,00 m Höhe hat eine Last von $p = 653$ kN/m zu tragen.

Welche Betonfestigkeitsklasse ist für diese Wand zu wählen?

Eigenlast $\qquad\qquad g = d \cdot h \cdot \gamma_b = 0,15 \cdot 3,00 \cdot 24,0 = 10.8$ kN je m Wand

Gesamtlast $\qquad\quad \text{vorh } q = g + p = 10,8 + 653,0 = 663,8$ kN je m Wand

Beiwert $\qquad\qquad \beta_K = \dfrac{1}{1 + \left[\dfrac{h_s}{3b}\right]^2} = \dfrac{1}{1 + \left[\dfrac{3,00}{3 \cdot 1,30}\right]^2} = \dfrac{1}{1 + 0,59} = 0,63$

Knicklänge $\qquad\quad s_K = \beta_K \cdot h_s = 0,63 \cdot 3,00 = 1,89$ m

Schlankheit

$$\lambda = s_K/i = s_K/0{,}289 \cdot d = 1{,}89/0{,}289 \cdot 0{,}15$$
$$= 43{,}6 < \text{zul}\,\lambda = 70$$

Beiwert

$$\varkappa = 1 - \lambda/140 = 1 - 43{,}6/140 = 1 - 0{,}31 = 0{,}69$$

Druckspannung

$$\text{vorh}\,\sigma_D = \frac{\text{vorh}\,q}{l \cdot d \cdot \varkappa} = \frac{663{,}8}{100 \cdot 15 \cdot 0{,}69} = 0{,}64\,\text{kN/cm}^2 = 6{,}4\,\text{N/mm}^2$$

Gewählt: Beton **B 25** mit

$$\text{zul}\,\sigma_D = \beta_R/\gamma = 17{,}5/2{,}1 = 8{,}33\,\text{N/mm}^2$$

$$\frac{\text{vorh}\,\sigma_D}{\text{zul}\,\sigma_D} = \frac{6{,}4\,\text{N/mm}^2}{8{,}33\,\text{N/mm}^2} = 0{,}77 < 1{,}0$$

7.4 Mauerwerk

Für Bemessung und Ausführung von Bauten und Bauteilen aus Mauerwerk gilt DIN 1053. Die zulässigen Spannungen für Mauerwerk sind abhängig von:
- Steinfestigkeitsklasse und Mörtelgruppe
- Art des Mauerwerks (Rezeptmauerwerk RM, Mauerwerk nach Eignungsprüfung EM, bewehrtes Mauerwerk)
- Bemessungsverfahren (vereinfachtes Verfahren oder genaueres Verfahren).

Die Grundwerte der zulässigen Spannungen sind in Abschnitt 1.8.3 in den Tafeln **19**.2 bis **20**.2 angegeben.

Bei der Bemessung von Mauerwerk und beim Nachweis der Standsicherheit müssen folgende Voraussetzungen erfüllt sein, wenn das vereinfachte Verfahren nach DIN 1053 Teil 1 angewendet werden soll:
- Gebäudehöhe über Gelände nicht mehr als 20 m. Als Gebäudehöhe darf bei geneigten Dächern das Mittel von First- und Traufhöhe gelten.
- Stützweite der aufliegenden Decken nicht mehr als 6 m, sofern nicht die Biegemomente aus der Deckenverdrehung am Auflager durch konstruktive Maßnahmen begrenzt werden, z. B. durch Zentrierleisten.
  Bei zweiachsig gespannten Decken ist *l* die kürzere Stützweite.
- Die Angaben der Tafel **163**.1 (entsprechend DIN 1053 Teil 1 Tabelle 1) sind zu beachten.

Deckeneinspannungen oder Ausmittigkeiten der Belastung brauchen beim vereinfachten Verfahren nicht nachgewiesen zu werden.

7.4.1 Druckbeanspruchung

Die Bemessung von Mauerwerk ist für den Gebrauchszustand durchzuführen. Bei Anwendung des vereinfachten Verfahrens ist nachzuweisen, daß die zulässigen Druckspannungen nicht überschritten werden; und zwar auf der Grundlage einer linearen Spannungsverteilung und unter Ausschluß von Zugspannungen:

$$\text{zul}\,\sigma_D = k \cdot \sigma_0$$

Hierbei bedeuten:

σ_0 Grundwerte der zulässigen Druckspannung nach Tafel **19**.2, **20**.1 bzw. **20**.2

k Abminderungsfaktor:
  – Wände als Zwischenauflager: $k = k_1 \cdot k_2$
  – Wände als einseitiges Auflager: $k = k_1 \cdot k_2$ oder $k = k_1 \cdot k_3$
     der kleinere Wert ist maßgebend

k_1 Faktor zur Erhöhung des Sicherheitsbeiwertes bei Pfeilern und kurzen Wänden:
  $k_1 = 1{,}0$ für Wände
  $k_1 = 0{,}8$ für Pfeiler und „kurze Wände", deren Querschnitte aus weniger als zwei ungeteilten
      Steinen bestehen oder deren Querschnittsflächen kleiner als $0{,}10\,\text{m}^2$ sind

k_2 Faktor zur Berücksichtigung der Traglastminderung bei Knickgefahr:
  $k_2 = 1{,}0$ für $h_{\text{K}}/d \leq 10$

  $k_2 = \dfrac{25 - h_{\text{K}}/d}{15}$ für $h_{\text{K}}/d > 10$ bis 25 mit h_{K} als Knicklänge

k_3 Faktor zur Berücksichtigung der Traglastminderung bei Verdrehungen am Endauflager von
  Decken
  $k_3 = 1{,}0$ für $l \leq 4{,}20\,\text{m}$
  $k_3 = 1{,}7 - l/6$ für $l > 4{,}20\,\text{m}$ bis $6{,}00\,\text{m}$
  mit l als Deckenstützweite in m

Tafel **163**.1   **Begrenzung der Geschoßhöhen und der Verkehrslasten** bei Anwendung des vereinfachten
          Verfahrens (nach DIN 1053 Teil 1)

	Bauteil	Voraussetzungen		
		d mm	h_{s}	p kN/m^2
1	Innenwände	≥ 115 < 240	$\leq 2{,}75\,\text{m}$	
2		≥ 240	–	≤ 5
3	einschalige Außenwände	≥ 175[1] < 240	$\leq 2{,}75\,\text{m}$	
4		≥ 240	$\leq 12 \cdot d$	
5	Tragschale zweischaliger Außenwände und zweischalige Haustrennwände	≥ 115[2] < 175[2]	$\leq 2{,}75\,\text{m}$	≤ 3[3]
6		≥ 175 < 240		≤ 5
7		≥ 240	$\leq 12 \cdot d$	

[1]) Bei eingeschossigen Garagen und vergleichbaren Bauwerken, die nicht zum dauernden Aufenthalt
    von Menschen vorgesehen sind, auch $d \geq 115\,\text{mm}$ zulässig.
[2]) Geschoßanzahl maximal zwei Vollgeschosse zuzüglich ausgebautes Dachgeschoß; aussteifende
    Querwände im Abstand $\leq 4{,}50\,\text{m}$ bzw. Randabstand von einer Öffnung $\leq 2{,}0\,\text{m}$.
[3]) Einschließlich Zuschlag für nichttragende innere Trennwände.

7.4.2   Knickbeanspruchung

Beim Nachweis der Knicksicherheit nach dem vereinfachten Verfahren berücksichtigen die Faktoren k_2 und k_3 die ungewollten Ausmitten und die Biegemomente aus Auflagerverdrehungen der Decken. Dabei wird vorausgesetzt, daß in halber Geschoßhöhe nur noch Biegemomente aus Windlasten auftreten (s. Abschnitt Windlasten).

Bei Wirkung größerer horizontaler Lasten oder bei Einleitung vertikaler Lasten mit größerer planmäßiger Ausmitte ist ein genauerer Knicksicherheitsnachweis nach DIN 1053 Teil 2 zu führen. Ein Versatz der Wandachsen infolge einer Änderung der Wanddicken gilt dann nicht als größere Ausmitte, wenn der Querschnitt der dickeren Wand den Querschnitt der dünneren Wand umschreibt.

Knicklänge

Die Knicklänge h_K von Wänden ist in Abhängigkeit von der lichten Geschoßhöhe h_s wie folgt in Rechnung zu stellen:

a) Für zweiseitig gehaltene Wände gilt im allgemeinen:

$$h_K = h_s$$

Bei Plattendecken und anderen flächig aufgelagerten Massivdecken darf wegen Einspannung der Wand in den Decken die Knicklänge abgemindert werden auf:

$$h_K = \beta \cdot h_s$$

Ohne genaueren Nachweis kann für den Knickbeiwert β angenommen werden:

$\beta = 0{,}75$ für Wanddicken $d \leq 17{,}5\,\text{cm}$

$\beta = 0{,}90$ für Wanddicken $d > 17{,}5\,\text{cm}$ bis $25\,\text{cm}$

$\beta = 1{,}00$ für Wanddicken $d > 25\,\text{cm}$

Die Auflagertiefe a auf den Wänden der Dicke d muß mindestens betragen:

$a \geq 17{,}5\,\text{cm}$ bei $d \geq 24\,\text{cm}$

$a = d$ $\qquad$ bei $d < 24\,\text{cm}$

b) Für drei- und vierseitig gehaltene Wände gilt im allgemeinen:

$$h_K = \beta \cdot h_s$$

Ohne genaueren Nachweis kann für Wände mit einer lichten Geschoßhöhe $h_s \leq 3{,}50\,\text{m}$ der Knickbeiwert β nach Bild **164**.1 der Tafel **165**.1 entnommen werden. Mit einem ungünstigeren Faktor β als bei einer zweiseitig gehaltenen Wand braucht nicht gerechnet zu werden.

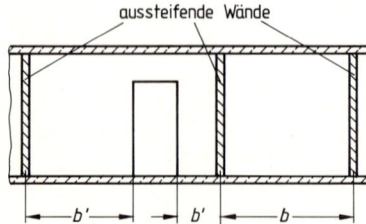

164.1
Aussteifung einer Wand durch Querwände;
Darstellung der Abmessungen b und b' [DIN 1053 Teil 1 Bild 2]

Tafel **165.**1   **Knickbeiwert β zur Bestimmung der Knicklänge $h_K = h_s$ von drei- und vierseitig gehaltenen** Wänden entsprechend Bild **164.**1 [DIN 1053 Teil 1]

dreiseitig gehaltene Wand			b'	β	b	vierseitig gehaltene Wand			
Wanddicke in mm			m		m	Wanddicke in mm			
240	175	115				115	175	240	300
			0,65	0,35	2,00				
			0,75	0,40	2,25				
			0,85	0,45	2,50				
			0,95	0,50	2,80				
			1,05	0,55	3,10				
			1,15	0,60	3,40	$b \le 3,45$ m			
			1,25	0,65	3,80				
			1,40	0,70	4,30				
			1,60	0,75	4,80	$b \le 5,25$ m			
	$b' \le 1,75$ m		1,85	0,80	5,60				
			2,20	0,85	6,60				
	$b' \le 2,60$ m		2,80	0,90	8,40	$b \le 7,20$ m			
	$b' \le 3,60$ m					$b \le 9,00$ m			

Tafel **165.**2   **Mindestdicken und Höchstabstände aussteifender Wände** (nach DIN 1053, Ausgabe 11.74)

	1		*2*	*3*	*4*	*5*
	Dicke der auszusteifenden tragenden Wand		Geschoß-höhe	Aussteifende Wand		
				im 1. bis 4. Voll-geschoß von oben	im 5. und 6. Voll-geschoß von oben	Abstand
	cm		m	Dicke cm	Dicke cm	m
1	$\ge 11,5$	$< 17,5$	$\le 3,25$	$\ge 11,5$	$\ge 17,5$	$\le 4,50$
2	$\ge 17,5$	< 24				$\le 6,00$
3	≥ 24	< 30	$\le 3,50$			$\le 8,00$
4	≥ 30		$\le 5,00$			

Windlasten

Der Einfluß der Windlast rechtwinklig zur Wandebene darf beim Spannungsnachweis nach dem vereinfachten Verfahren in der Regel vernachlässigt werden, wenn ausreichende horizontale Halterungen der Wände vorhanden sind (DIN 1053 Teil 1 Abschnitt 6.3). Als solche Halterungen gelten z. B.:

– Geschoßdecken mit Scheibenwirkung

– statisch nachgewiesene Ringbalken in jedem Geschoß

– Begrenzung der zulässigen Geschoßhöhen nach Tafel **163**.1

Unabhängig davon ist die räumliche Steifigkeit sicherzustellen (Abschn. 9).

7.4.3   Erddruck

Der genaue Nachweis der Kelleraußenwände auf Erddruck darf entfallen, wenn nachstehende Bedingungen erfüllt sind.

– Lichte Höhe der Kellerwand $h_s \leq 2,60$ m, Wanddicke $d \geq 24$ cm.

– Die Kellerdecke wirkt als Scheibe und kann die aus dem Erddruck entstehenden Kräfte aufnehmen.

– Im Einflußbereich des Erddrucks auf die Kellerwände ist die Verkehrslast auf der Geländeoberfläche $p \leq 5$ kN/m², die Geländeoberfläche steigt nicht an, die Anschütthöhe ist nicht größer als die Wandhöhe: $h_e \leq h_s$.

– Die Auflast N_0 der Kellerwand unterhalb der Kellerdecke liegt innerhalb folgender Grenzen:

$$\max N_0 \geq N_0 \leq \min N_0$$

Hierbei sind: $N_0 = 0,45 \cdot d \cdot \sigma_0$
              $\min N_0$ nach Tafel **166**.1
              h_s lichte Höhe der Kellerwand
              h_e Höhe der Anschüttung
              d Wanddicke
              σ_0 zulässige Druckspannung nach Tafel **19**.2, **20**.1 und **20**.2.

Tafel **166**.1   **Mindestlast min N_0 für Kellerwände** ohne rechnerischen Nachweis (DIN 1053 Teil 1)

Wanddicke	min N_0 in kNm bei einer Höhe der Anschüttung h_e			
d in mm	1,0 m	1,5 m	2,0 m	2,5 m
240	6	20	45	75
300	3	15	30	50
365	0	10	25	40
490	0	5	15	30

Zwischenwerte sind geradlinig zu interpolieren.

Wenn die dem Erddruck ausgesetzte Kellerwand durch Querwände oder statisch nachgewiesene Bauteile im Abstand b ausgesteift ist, so daß eine zweiachsige Lastabtragung in der Wand stattfinden kann, gelten für N_0 folgende Mindestwerte:

$$N_0 \geqq 0{,}5\,\text{min}\,N_0 \qquad \text{für } b \leqq h_\text{s}$$

$$N_0 \geqq \text{min}\,N_0 \qquad \text{für } b \geqq 2\,h_\text{s}$$

Zwischenwerte sind geradlinig einzuschalten.

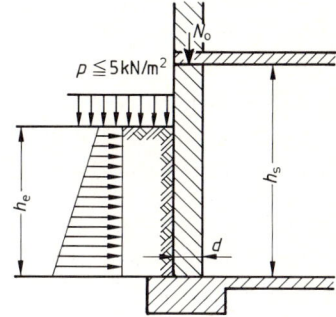

167.1   Lastannahmen für Kellerwände

7.4.4   Mindestdicken

Für die erforderlichen Mindestdicken gelten außer den Anforderungen, die sich aus Gründen der Standsicherheit, der Bauphysik oder des Brandschutzes ergeben, allgemein folgende Festlegungen der DIN 1053 Teil 1:

Mauerwerk aus künstlichen Steinen:

tragende Innen- und Außenwände:	$d \geqq 11{,}5\,\text{cm}$
tragende Pfeiler:	$b \times d \geqq 11{,}5\,\text{cm} \times 36{,}5\,\text{cm}$
	bzw. $b \times d \geqq 17{,}5\,\text{cm} \times 24\,\text{cm}$

Kellerwände
ohne Nachweis des Erddruckes: $d \geqq 24\,\text{cm}$
aussteifende Wände: $d \geqq 11{,}5\,\text{cm}$ und
     $d \geqq 1/3$ der Dicke der
          auszusteifenden Wand

geputzte einschalige Außenwände: $d \geqq 24\,\text{cm}$
einschaliges Verblendmauerwerk: $d \geqq 31\,\text{cm}$
zweischaliges Verblendmauerwerk: $d \geqq 11{,}5\,\text{cm}$ für tragende Innenschale

Mauerwerk aus natürlichen Steinen
tragende Wände: $d \geqq 24\,\text{cm}$,
     Mindestquerschnitt $0{,}1\,\text{m}^2$

Zusätzlich sind die Anforderungen zu beachten, die sich aus den Tafeln **163**.1 und **165**.1 ergeben.

7.4.5   Aussparungen und Schlitze

Schlitze und Aussparungen, bei denen die Grenzwerte nach Tafel **169**.1 eingehalten werden, dürfen ohne Berücksichtigung bei der Bemessung des Mauerwerks ausgeführt werden (DIN 1053 Teil 1 Abschnitt 8.3).

Vertikale Schlitze und Aussparungen sind auch dann ohne Nachweis zulässig, wenn die Querschnittsschwächung, bezogen auf 1 m Wandlänge, nicht mehr als 6 % beträgt und die

Wand nicht drei- oder vierseitig gehalten gerechnet ist. Restwanddicke und Mindestabstand müssen Tafel **169**.1 entsprechen.

Alle anderen Schlitze und Aussparungen sind bei der Bemessung des Mauerwerks zu berücksichtigen.

Beispiele zur Erläuterung

1. Kellermauerwerk von 30 cm Dicke aus Llb 6–9 in Mörtelgruppe IIa wird durch eine Auflast aus dem Gebäude von $n_0 = 49$ kN/m belastet. Die Belastung beträgt einschließlich Eigenlast $n_w = 58$ kN/m $= 0{,}058$ MN/m. Es wirkt Erddruck von 2,3 m Anschüttungshöhe. Auf dem waagerechten Gelände wirkt soll eine Verkehrslast von 5 kN/m^2 angesetzt werden. Die lichte Geschoßhöhe beträgt $h_s = 2{,}58$ m.

Überprüfung des erforderlichen Nachweises auf Erddruck:

erforderliche Auflast nach Tafel **166**.1 für Mauerwerk $d = 30$ cm

$$\min n_0 = 30 + \frac{0{,}3}{0{,}5} \cdot (50 - 30) = 42 \text{ kN/m}$$

$$\text{vorh } n_0 = 49 \text{ kN/m} > \min n_0$$

zulässige Auflast

$$\max n_0 = 0{,}45 \cdot d \cdot \sigma_0$$
$$= 0{,}45 \cdot 0{,}30 \cdot 1{,}0 = 0{,}135 \text{ MN/m} = 135 \text{ kN/m}$$

$$\text{vorh } n_0 = 49 \text{ kN/m} < \max n_0$$

Der Nachweis auf Erddruck kann entfallen.

Bemessung der Wand mit dem vereinfachten Verfahren:

Knickhöhe

$$h_K = h_s = 2{,}58 \text{ m}$$
$$h_K/d = 2{,}58/0{,}30 = 8{,}6 < 10$$

Abminderungsfaktoren

$$k_1 = 1{,}0 \text{ für Wände}$$
$$k_2 = 1{,}0 \text{ für } h_K/d < 10$$
$$k_3 = 1{,}7 - l/6 = 1{,}7 - 5{,}00/6 = 0{,}87 \text{ für } l = 5{,}00 \text{ m}$$
$$k \ = k_1 \cdot k_3 = 1{,}0 \cdot 0{,}87 = 0{,}87$$

zulässige Druckspannung

$$\text{zul } \sigma_D = k \cdot \sigma_0 = 0{,}87 \cdot 1{,}0 = 0{,}87 \text{ MN/m}^2$$

vorhandene Druckspannung

$$\text{vorh } \sigma_0 = n_w/d = 0{,}058/0{,}30 = 0{,}19 \text{ MN/m}^2 < \text{zul } \sigma_D$$

2. Ein Mauerpfeiler 24/36,5 cm erhält bei einer Höhe $h = 2{,}88$ m eine Belastung von 150 kN. Wie groß ist die vorhandene Druckspannung, welche Mauerwerksgüte ist erforderlich?

Eigenlast

$$G = d \cdot b \cdot h \cdot \gamma = 0{,}24 \cdot 0{,}365 \cdot 2{,}88 \cdot 22{,}0 = 5{,}6 \text{ kN}$$

Tafel **169.1**   **Schlitze und Aussparungen**, die in tragenden Wänden ohne Nachweis zulässig sind (nach DIN 1053 Teil 1)

1	2	3	4	5	6	7	8	9	10
Wanddicke	Horizontale und schräge Schlitze[1] nachträglich hergestellt		Vertikale Schlitze und Aussparungen nachträglich hergestellt			Vertikale Schlitze und Aussparungen in gemauertem Verband			
	Schlitzlänge		Tiefe[4]	Einzelschlitzbreite[5]	Abstand der Schlitze und Aussparungen von Öffnungen	Breite[5]	Restwanddicke	Mindestabstand der Schlitze und Aussparungen	
								von Öffnungen	untereinander
	unbeschränkt Tiefe in mm[3]	≦1,25 m lang[2] Tiefe in mm							≧Schlitzbreite
mm			mm	mm	mm	mm	mm	mm	
≧115	–	–	≦10	≦100	≧115	–	–	≥115	≧2fache Schlitzbreite bzw. ≧365 mm
≧175	0	≦25	≦30	≦100		≦260	≧115		
≧240	≦15	≦25	≦30	≦150		≦385	≧115		
≧300	≦20	≦30	≦30	≦200		≦385	≧175		
≧365	≦20	≦30	≦30	≦200		≦385	≧240		

[1] Horizontale und schräge Schlitze sind nur zulässig in einem Bereich ≦0,4 m ober- oder unterhalb der Rohdecke sowie jeweils an einer Wandseite. Sie sind nicht zulässig bei Langlochziegeln.

[2] Mindestabstand in Längsrichtung von Öffnungen ≧490 mm, vom nächsten Horizontalschlitz zweifache Schlitzlänge.

[3] Die Tiefe darf um 10 mm erhöht werden, wenn Werkzeuge verwendet werden, mit denen die Tiefe genau eingehalten werden kann. Bei Verwendung solcher Werkzeuge dürfen auch in Wänden ≧240 mm gegenüberliegende Schlitze mit jeweils 10 mm Tiefe ausgeführt werden.

[4] Schlitze, die bis maximal 1 m über den Fußboden reichen, dürfen bei Wanddicken ≧240 mm Tiefe und 120 mm Breite ausgeführt werden.

[5] Die Gesamtbreite von Schlitzen nach Spalte 5 und Spalte 7 darf je 2 m Wandlänge die Maße in Spalte 7 nicht überschreiten. Bei geringeren Wandlängen als 2 m sind die Werte in Spalte 7 proportional zur Wandlänge zu verringern.

Gesamtlast

$$N = |S| + G = 150 + 5.6 = 155.6 \, \text{kN}$$

Druckspannung

$$\text{vorh } \sigma_D = \frac{\text{vorh } N}{\text{vorh } A} = \frac{155.6}{24 \cdot 36.5} = 0.18 \, \text{kN/cm}^2 = 1.8 \, \text{N/mm}^2$$

Schlankheit $h_K/d = 2.88/0.24$
$$= 12 > 10$$

Abminderungsfaktoren

$$k_1 = 0.8 \quad \text{für Pfeiler}$$

$$k_2 = \frac{25 - h_K/d}{15} = \frac{25 - 12}{15} = 0.87$$

$$k_3 = 1.0 \quad \text{für Mittelauflager Unterzug}$$
$$k = k_1 \cdot k_2 = 0.8 \cdot 0.87 = 0.69$$

Gewählt: **KMz 28/III** mit $\sigma_0 = 3.0 \, \text{MN/m}^2$

$$\text{zul } \sigma_D = k \cdot \sigma_0 = 0.69 \cdot 3.0 = 2.07 \, \text{MN/m}^2$$
$$\text{vorh } \sigma_D < \text{zul } \sigma_D$$

3. Eine tragende Wand $d = 17.5$ cm ist nicht ausgesteift. Die Nutzlast beträgt $S = -120$ kN je m Wand; $h_k = 2.60$ m. Endauflager für Decke mit $l = 5.50$ m. Welche Mauerwerksgüte mit Leichtmörtel ist erforderlich?

Eigenlast

$$G = d \cdot b \cdot h \cdot \gamma = 0.175 \cdot 1.00 \cdot 2.60 \cdot 18.0 = 8.2 \, \text{kN}$$

Gesamtlast

$$N = |S| + G = 120 + 8.2 = 128.2 \, \text{kN}$$

Druckspannung

$$\text{vorh } \sigma_D = \frac{\text{vorh } N}{\text{vorh } A} = \frac{128.2}{17.5 \cdot 100} = 0.073 \, \text{kN/cm}^2 = 0.73 \, \text{N/mm}^2$$

Schlankheit

$$h_k/d = 260/17.5 = 14.9$$

Gewählt: **Mz 20/III** mit zul $\sigma_D = 2.2 \, \text{N/mm}^2$

Abminderungsfaktoren

$$k_1 = 1.0 \quad \text{für Wände}$$

$$k_2 = \frac{25 - h_K/d}{15} = \frac{25 - 14.9}{15} = 0.67$$

$$k_3 = 1.7 - l/6 = 1.7 - 5.50/6 = 0.78$$
$$k = k_1 \cdot k_2 = 1.0 \cdot 0.67 = 0.67$$

Gewählt: Vbl 12 und LM 36 mit $\sigma_0 = 1.1 \, \text{MN/m}^2$

$$\text{zul } \sigma_D = k \cdot \sigma_0 = 0.67 \cdot 1.1 = 0.74 \, \text{MN/m}^2$$

$$\text{vorh } \sigma_D < \text{zul } \sigma_D$$

8 Spannungen bei Längskraft mit Biegung

Verschiedene Bauteile werden nicht nur durch Längskräfte (Zug, Druck) oder nur durch Biegung beansprucht. Häufig treten beide Beanspruchungen gleichzeitig auf.

8.1 Zug und Biegung

Zugspannungen und Biegespannungen sind Normalspannungen, die in gleicher Richtung rechtwinklig auf die Querschnittsfläche wirken. Da sie gleichgerichtet sind, kann man sie durch Addieren zusammenfassen (Bild **171**.1). Die Formel für die Gesamtspannung aus Normalkraft und Biegemoment lautet demnach

$$\sigma_{NB} = \frac{N}{A} \pm \frac{M}{W} \qquad \text{in N/mm}^2 \text{ oder MN/m}^2 \tag{171.1}$$

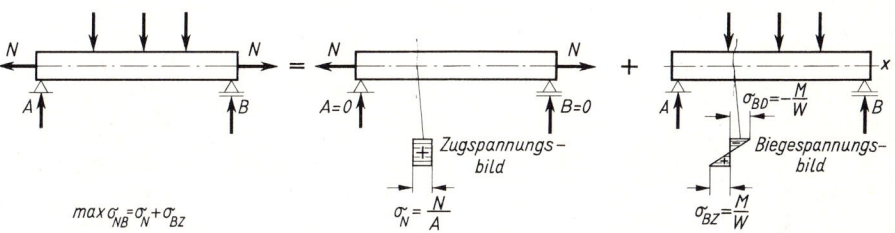

171.1 Die Gesamtspannung bei Zug und Biegung

Ein Biegemoment muß aber nicht nur infolge einer Belastung durch Querkräfte wie bei einem Träger entstehen. Auch ausmittig angreifende Längskräfte erzeugen Biegemomente. Das Biegemoment wächst mit der Kraft N und mit der Ausmitte e des Kraftangriffs vom Querschnittsschwerpunkt (Bild **171**.2).

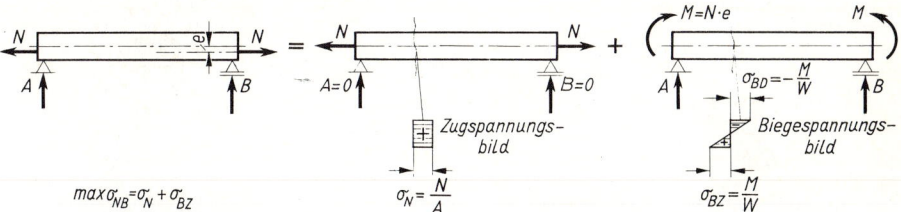

171.2 Eine ausmittige Längskraft kann ersetzt werden durch eine mittige Längskraft und ein Moment aus Längskraft mal Ausmitte e

$$M = N \cdot e \qquad\qquad\qquad\qquad\qquad\qquad (172.1)$$

Auch hier gilt für die Gesamtspannung

$$\sigma_{NB} = \frac{N}{A} \pm \frac{M}{W} \qquad \frac{\sigma_{BN}}{\text{zul}\,\sigma_Z} \leqq 1,0 \qquad\qquad (172.2)\ (172.3)$$

Die Zugspannungen aus N/A werden durch die Biegezugspannung aus $+M/W$ vergrößert, oder durch die Biegedruckspannung aus $-M/W$ verkleinert. Es können sogar dadurch Druckspannungen entstehen.

Beispiel zur Erläuterung

Ein 4,4 m langer Träger IPB 160 hat außer der gleichmäßig verteilten Belastung $q = 8$ kN/m eine mittig wirkende Längskraft von $N = +300$ kN aufzunehmen (Bild **172.1**). Die Biegezug- und Biegedruckspannungen werden nachgewiesen. Lastfall H, St 37-2.

$$\text{IPB 160} \qquad A = 54,3\,\text{cm}^2 \qquad W_y = 311\,\text{cm}^3$$

172.1   Träger mit Zug und Biegung

Biegemoment

$$M = \frac{q \cdot l^2}{8} = \frac{8 \cdot 4,4^2}{8} = 19,36\,\text{kNm} = 1936\,\text{kNcm}$$

Spannung am Zugrand

$$\text{vorh}\,\sigma_{NB} = \frac{N}{A} + \frac{M}{W} = \frac{300}{54,3} + \frac{1936}{311} = 5,52 + 6,23 = 11,75\,\text{kN/cm}^2 = 117,5\,\text{N/mm}^2$$

$$\text{zul}\,\sigma_Z = 160\,\text{N/mm}^2$$

$$\frac{\text{vorh}\,\sigma_{NB}}{\text{zul}\,\sigma_Z} = \frac{117,5\,\text{N/mm}^2}{160\,\text{N/mm}^2} = 0,73 < 1,0$$

Spannung am Druckrand

$$\text{vorh}\,\sigma_{NB} = \frac{N}{A} - \frac{M}{W} = \frac{300}{54,3} - \frac{1936}{311} = 5,52 - 6,23 = -0,71\,\text{kN/cm}^2 = -7,1\,\text{N/mm}^2$$

$$\text{zul}\,\sigma_D = 140\,\text{N/mm}^2$$

$$\frac{\text{vorh}\,\sigma_{NB}}{\text{zul}\,\sigma_D} = \frac{7,1\,\text{N/mm}^2}{140\,\text{N/mm}^2} = 0,05 < 1,0$$

Beispiele zur Übung

1. Ein Träger mit gleichmäßig verteilter Belastung und mittig wirkender Längskraft entsprechend Erläuterungsbeispiel ist zu berechnen, jedoch mit $l = 3,0$ m, $q = 39$ kN/m, $N = 140$ kN, IPB 200.

2. Wie vor, jedoch mit $l = 5,0$ m, $q = 13,5$ kN/m, $N = 50$ kN, I 260.

8.1.1   Zug und Biegung bei Stahl

Der Spannungsnachweis bei Stahlbauteilen, die auf Zug und Biegung beansprucht sind, erfolgt mit den maßgebenden (geschwächten) Querschnittswerten, also unter Berücksichtigung des Abzuges aller Querschnittsschwächungen.

$$\sigma_{NB} = \frac{N}{A - \Delta A} + \frac{M}{W_Z} \quad \text{mit} \quad W_Z = \frac{I - \Delta I}{e_Z} \qquad \frac{\sigma_{NB}}{\text{zul}\,\sigma_Z} \leqq 1{,}0 \qquad (173.1)$$

ΔA ist die Summe der Flächen aller in die ungünstigste Rißlinie fallender Querschnittsschwächungen, z. B. Löcher für Bohrungen

ΔI ist die Summe der Trägheitsmomente aller in die ungünstigste Rißlinie fallender Querschnittsschwächungen der Zuggurtflächen, bezogen auf die Schwerachse des ungeschwächten Querschnitts. Zu den Gurtflächen gehören nur die abstehenden Querschnittsteile, wie Gurtplatten oder Flansche von Walzträgern.

e_Z ist der Abstand der Randfaser am Zugrand von der Schwerachse des ungeschwächten Querschnitts.

W_Z maßgebendes Widerstandsmoment für die Zugspannung

Beispiele zur Erläuterung

1. Ein Stahlträger IPE 270 wird durch eine mittig wirkende Längskraft von $N = 50\,\text{kN}$ und zwei in den Drittelpunkten wirkenden Stützenlasten von $F = 20\,\text{kN}$ belastet. Ständige Last $g = 1{,}5\,\text{kN/m}$. Lastfall H, St 37-2.

Die Querschnittsschwächung im Steg und im oberen Flansch durch je 2 Bohrlöcher $\varnothing\,17\,\text{mm}$ sind zu berücksichtigen (Bild **173**.1).

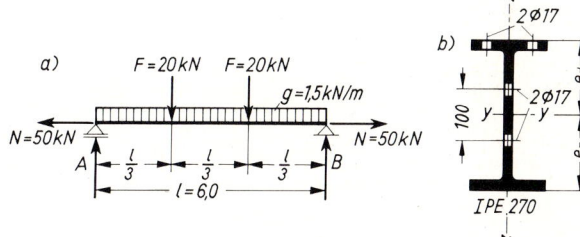

173.1   Stahlträger mit Normal- und Querkräften
a) Statisches System
b) Querschnitt mit Bohrungen

Querschnittswerte

IPE 270 $A = 45{,}9\,\text{cm}^2$ $\Delta A = 2 \cdot 1{,}7 \cdot (0{,}66 + 1{,}02) = 5{,}7\,\text{cm}^2$

$\qquad\quad I = 5790\,\text{cm}^4$ $\Delta I = 1{,}7 \cdot 0{,}66 \cdot \left(\dfrac{10{,}0}{2}\right)^2 + 2 \cdot 1{,}7 \cdot 1{,}02 \cdot (13{,}5 - 0{,}51)^2$

$\qquad\qquad\quad = 28 + 585 = 613\,\text{cm}^4$

$$W_Z = \frac{I - \Delta I}{e_Z} = \frac{5790 - 613}{27/2} = 383\,\text{cm}^3$$

Biegemoment

$$M = \frac{g \cdot l^2}{8} + \frac{F \cdot l}{3} = \frac{1{,}5 \cdot 6{,}0^2}{8} + \frac{20 \cdot 6{,}0}{6} = 6{,}75 + 40{,}00 = 46{,}75\,\text{kNm} = 4675\,\text{kNcm}$$

Spannungsnachweis

$$\sigma_{NB} = \frac{N}{A - \Delta A} + \frac{M}{W_Z} = \frac{50}{45{,}9 - 5{,}7} + \frac{4675}{383} = 1{,}24 + 12{,}21$$

$$= 13{,}45\,\text{kN/cm}^2 = 134{,}5\,\text{N/mm}^2$$

$\text{zul}\,\sigma_Z = 160\,\text{N/mm}^2$

$$\frac{\sigma_{NB}}{\text{zul}\,\sigma_Z} = \frac{134{,}5\,\text{N/mm}^2}{160\,\text{N/mm}^2} = 0{,}84 < 1{,}0$$

Durchbiegung

$$\text{vorh } \sigma_B = \sigma_g + \sigma_F = \frac{M_g}{W_Z} + \frac{M_F}{W_Z} = \frac{675}{383} + \frac{4000}{383}$$

$$= 1{,}76 + 10{,}44 = 12{,}20\,\text{kN/cm}^2 = 122{,}0\,\text{N/mm}^2$$

$$\text{vorh } f = \frac{\sigma_g \cdot l^2}{h \cdot k_f} + \frac{\sigma_F \cdot l^2}{h \cdot k_f} = \frac{17{,}6 \cdot 6{,}0^2}{27 \cdot 101} + \frac{104{,}4 \cdot 6{,}0^2}{27 \cdot 99}$$

$$= 0{,}23 + 1{,}41 = 1{,}64\,\text{cm}$$

$$\text{zul } f = \frac{l}{300} = \frac{600}{300} = 2{,}0\,\text{cm} > \text{vorh } f$$

2. Ein Zugstab aus einem Stahlprofil ⌶200 erhält eine ausmittige Zugkraft von $N = 250\,\text{kN}$ (Bild **174**.1). Die Ausmitte beträgt $e = 3{,}5\,\text{cm}$. Die Querschnittsschwächung im Steg durch 2 Bohrungen von $d_1 = 21\,\text{mm}$ in einer Rißlinie ist zu berücksichtigen. Die Spannungen werden nachgewiesen. Lastfall H, St 37-2.

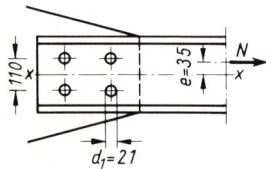

174.1   Zugstab mit ausmittiger Längskraft

Querschnittswerte

⌶**200** $A = 32{,}2\,\text{cm}^2$ $\Delta A = 2 \cdot d_1 \cdot s = 2 \cdot 2{,}1 \cdot 0{,}85 = 3{,}6\,\text{cm}^2$ $W_y = 191\,\text{cm}^3$

$$I = 1910\,\text{cm}^4$$

$$\Delta I = 2{,}1 \cdot 0{,}85 \cdot \left(\frac{11{,}0}{2}\right)^2 = 54\,\text{cm}^4$$

$$W_Z = \frac{I - \Delta I}{e_Z} = \frac{1910 - 54}{20/2} = 186\,\text{cm}^3$$

Biegemoment

$$M = N \cdot e = 250 \cdot 3{,}5 = 875\,\text{kNcm}$$

Spannungsnachweis

$$\sigma_{NB} = \frac{N}{A - \Delta A} + \frac{M}{W_Z} = \frac{250}{32{,}2 - 3{,}6} + \frac{875}{186} = 8{,}74 + 4{,}70$$

$$= 13{,}44\,\text{kN/cm}^2 = 134{,}4\,\text{N/mm}^2$$

$$\text{zul } \sigma_{BZ} = 160\,\text{N/mm}^2$$

$$\frac{\sigma_{NB}}{\text{zul } \sigma_{BZ}} = \frac{134{,}4\,\text{N/mm}^2}{160\,\text{N/mm}^2} = 0{,}84 < 1{,}0$$

Anmerkung: Für die Berechnung des Widerstandsmomentes W_Z können Querschnittsschwächungen im Steg wegen ihrer geringen Auswirkung unberücksichtigt bleiben.

Beispiele zur Übung

1. Ein Zugstab erhält eine ausmittige Zugkraft und ist entsprechend Erläuterungsbeispiel 2 zu berechnen, jedoch mit $N = 300\,\text{kN}$, $e = 4\,\text{cm}$, 2 ∅ 17 mm, ⌶300.

2. Wie vor, jedoch mit $N = 170\,\text{kN}$, $e = 7\,\text{cm}$, 2 ∅ 21 mm, I 240.

8.1.2   Zug und Biegung bei Holz

Für Zugstäbe aus Holz, die planmäßig ausmittig oder zusätzlich quer zur Stabachse beansprucht werden, ist nachzuweisen, daß die größten im Stab auftretenden Spannungen der Wert $\text{zul}\,\sigma_{Z\parallel}$ nicht überschreiten.

$$\sigma_{NB} = \frac{N}{A_n} + \frac{\text{zul}\,\sigma_{Z\parallel}}{\text{zul}\,\sigma_B} \cdot \frac{M}{W_n} \qquad \frac{\sigma_{NB}}{\text{zul}\,\sigma_{Z\parallel}} \leqq 1{,}0 \qquad (175.1)$$

Hierbei ist M das Biegemoment und W_n das Widerstandsmoment des geschwächten Querschnitts bezogen auf die Achse des ungeschwächten Querschnitts.

Beispiel zur Erläuterung

Ein Holzbalken 140/180 mm erhält eine Längskraft von $N = 80\,\text{kN}$ und eine Einzellast in Feldmitte durch eine Holzstütze von $F = 5\,\text{kN}$. Die Querschnittsschwächung für das Zapfenloch beträgt 40/60 mm (Bild **175.1**). Lastfall H, Nadelholz II.

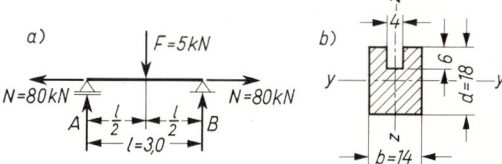

175.1 Holzträger mit Normal-
und Querkräften
a) Statisches System
b) Querschnitt mit Zapfenloch

$$A = 252\,\text{cm}^2 \quad \Delta A = 24\,\text{cm}^2 \quad A_n = 228\,\text{cm}^2 \quad W = 756\,\text{cm}^3 \quad I = 6801\,\text{cm}^4$$

$$W_n = \frac{I - \Delta I}{e_z} = \frac{6801 - 4 \cdot 6^3/12 - 4 \cdot 6 \cdot (9-3)^2}{18/2} = \frac{6801 - 72 - 864}{9} = 652\,\text{cm}^3$$

Biegemoment

$$M = \frac{g \cdot l^2}{8} + \frac{F \cdot l}{4} = \frac{0{,}15 \cdot 3{,}0^2}{8} + \frac{5{,}0 \cdot 3{,}0}{4}$$

$$= 0{,}17 + 3{,}75 = 3{,}92\,\text{kNm} = 392\,\text{kNcm}$$

Spannungsnachweis

$$\sigma_{NB} = \frac{N}{A_n} + \frac{\text{zul}\,\sigma_{Z\parallel}}{\text{zul}\,\sigma_B} \cdot \frac{M}{W_n} = \frac{80}{228} + \frac{0{,}85}{1{,}00} \cdot \frac{392}{652}$$

$$= 0{,}35 + 0{,}85 \cdot 0{,}60 = 0{,}86\,\text{kN/cm}^2$$

$$= 8{,}6\,\text{N/mm}^2 \approx \text{zul}\,\sigma_Z = 8{,}5\,\text{N/mm}^2$$

Durchbiegung

$$\text{vorh}\,f \approx \frac{M/W_n \cdot l^2}{h \cdot k_f} = \frac{6{,}0 \cdot 3{,}0^2}{18 \cdot 6{,}0} = 0{,}5\,\text{cm}$$

$$\text{zul}\,f = \frac{l}{300} = \frac{300}{300} = 1{,}0\,\text{cm} > \text{vorh}\,f$$

8.2   Druck und Biegung

Bei Biegung und Druck gelten die gleichen Überlegungen wie bei Zug und Biegung. Es ist gleichgültig, ob das Biegemoment durch quer zur Stabachse angreifende Kräfte entsteht oder durch einen ausmittigen Angriff der Längskräfte.

$$\sigma_{NB} = \frac{N}{A} \pm \frac{M}{W} \quad \text{in N/mm}^2 \text{ oder MN/m}^2 \tag{176.1}$$

Die größten Spannungen erhält man aus der Überlagerung der Normaldruckspannung mit der Biegedruckspannung.

Da aber die Druckkraft auch hier ein Knicken hervorrufen kann, ist der Knickbeiwert ω zu berücksichtigen. Er wird über den Schlankheitsgrad wie bisher ermittelt.

Die Schnittgrößen N und M werden zweckmäßigerweise ohne Vorzeichen mit ihrem absoluten Betrag verwendet, z. B. $|N|$ und $|M|$, (sprich: N absolut, M absolut).

8.2.1   Druck und Biegung bei Stahl

Der einfache Spannungsnachweis ist für Bauteile aus Stahl zunächst zu führen mit

$$\sigma_{NB} = \frac{|N|}{A} + \frac{|M|}{W} \qquad \frac{\sigma_{NB}}{\text{zul }\sigma_D} \leqq 1{,}0 \tag{176.2} \tag{176.3}$$

(σ_{NB} = gesamte bzw. maximale Biegedruckspannung)

Die Formeln für den zusätzlichen Spannungsnachweis gegen Knicken lauten für Stahl

$$\sigma_K = \frac{|N| \cdot \omega}{A} + 0{,}9 \cdot \frac{|M|}{W_D} \qquad \frac{\sigma_K}{\text{zul }\sigma_D} \leqq 1{,}0 \tag{176.4} \tag{176.5}$$

und außerdem

$$\sigma_K = \frac{|N| \cdot \omega}{A} + \frac{300 + 2\,\lambda}{1000} \cdot \frac{|M|}{W_Z} \qquad \frac{\sigma_K}{\text{zul }\sigma_D} \leqq 1{,}0 \tag{176.6} \tag{176.7}$$

Der letzte Nachweis ist nur notwendig, wenn der Schwerpunkt dem Biegedruckrand näher liegt als dem Biegezugrand. W_D und W_Z sind die Widerstandsmomente, bezogen auf den Biegedruck- bzw. Biegezugrand des Querschnittes. λ und ω gelten für das Knicken in der Momentenebene.

Beispiele zur Erläuterung

1. Eine Hallenstütze IPE hat eine vertikale Last von $N = -320\,\text{kN}$ und in den Drittelpunkten horizontale Lasten von $H = 11\,\text{kN}$ aufzunehmen. Die Höhe beträgt $h = 3{,}60\,\text{m}$; Lagerung Eulerfall 2. Die Stütze wird bemessen (Bild **177**.1). Lastfall H, St 37-2.

IPE 300 mit $A = 53{,}8\,\text{cm}^2$ $W_y = 557\,\text{cm}^3$ $i_y = 12{,}5\,\text{cm}$ $i_z = 3{,}35\,\text{cm}$

$$\lambda_y = \frac{s_{Ky}}{i_y} = \frac{360}{12{,}5} = 28{,}8 \qquad \omega_y = 1{,}08$$

$$\lambda_z = \frac{s_{Kz}}{i_z} = \frac{120}{3{,}35} = 35{,}8 \qquad \omega_z = 1{,}11$$

Biegemoment

$$|M| = H \cdot \frac{h}{3} = 11 \cdot \frac{3,6}{3} = 13,2 \, \text{kNm} = 1320 \, \text{kNcm}$$

Spannungsnachweis

$$\text{vorh} \, \sigma_{\text{Kz}} = \frac{|N| \cdot \omega_z}{A} = \frac{320 \cdot 1,11}{53,8} = 6,6 \, \text{kN/cm}^2$$

$$= 66 \, \text{N/mm}^2 < \text{zul} \, \sigma_D = 140 \, \text{N/mm}^2$$

$$\text{vorh} \, \sigma_{\text{NB}} = \frac{|N|}{A} + \frac{|M|}{W} = \frac{320}{53,8} + \frac{1320}{557} = 5,95 + 2,37$$

$$= 8,32 \, \text{kN/cm}^2 = 83,2 \, \text{N/mm}^2$$

$$\text{zul} \, \sigma_D = 140 \, \text{N/mm}^2$$

$$\frac{\text{vorh} \, \sigma_{\text{NB}}}{\text{zul} \, \sigma_D} = \frac{83,2 \, \text{N/mm}^2}{140 \, \text{N/mm}^2} = 0,59 < 1,0$$

177.1 Stahlstütze mit horizontalen Lasten aus Zwischenträgern

$$\text{vorh} \, \sigma_{\text{Ky}} = \frac{|N| \cdot \omega_y}{A} + 0,9 \cdot \frac{|M|}{W} = 5,95 \cdot 1,08 + 0,9 \cdot 2,37 = 6,43 + 2,13$$

$$= 8,56 \, \text{kN/cm}^2 = 85,6 \, \text{N/mm}^2$$

$$\text{zul} \, \sigma_D = 140 \, \text{N/mm}^2$$

$$\frac{\text{vorh} \, \sigma_{\text{Ky}}}{\text{zul} \, \sigma_D} = \frac{85,6 \, \text{N/mm}^2}{140 \, \text{N/mm}^2} = 0,61 < 1,0$$

2. Eine Stütze IPB 360 erhält aus einer Konsole eine ausmittige Belastung von $N = -250$ kN. Ausmitte $e = 30$ cm, Knicklänge $s_{\text{Ky}} = s_{\text{Kz}} = 8,90$ m. Der Spannungsnachweis wird geführt (Bild **177.2**). Lastfall H, St 37-2.

IPB 360 mit $A = 181 \, \text{cm}^2$ $W_y = 2400 \, \text{cm}^3$ $i_y = 15,5 \, \text{cm}$ $i_z = 7,49 \, \text{cm}$

$$\lambda_y = \frac{s_{\text{Ky}}}{i_y} = \frac{890}{15,5} = 57,4 \qquad \omega_y = 1,27$$

$$\lambda_z = \frac{s_{\text{Kz}}}{i_z} = \frac{890}{7,49} = 118,8 \qquad \omega_z = 2,39$$

Spannungsnachweis

$$\text{vorh} \, \sigma_{\text{Ky}} = \frac{|N| \cdot \omega_z}{A} = \frac{250 \cdot 2,39}{181} = 3,3 \, \text{kN/cm}^2$$

$$= 33 \, \text{N/mm}^2 < \text{zul} \, \sigma_D = 140 \, \text{N/mm}^2$$

$$\text{vorh} \, \sigma_{\text{NB}} = \frac{|N|}{A} + \frac{|M_y|}{W_y} = \frac{250}{181} + \frac{250 \cdot 30}{2400} = 1,38 + 3,13$$

177.2 Stahlstütze mit Konsole

$$= 4,51 \, \text{kN/cm}^2 = 45,1 \, \text{N/mm}^2$$

$$\text{zul} \, \sigma_D = 140 \, \text{N/mm}^2$$

$$\frac{\text{vorh} \, \sigma_{\text{NB}}}{\text{zul} \, \sigma_D} = \frac{45,1 \, \text{N/mm}^2}{140 \, \text{N/mm}^2} = 0,32 < 1,0$$

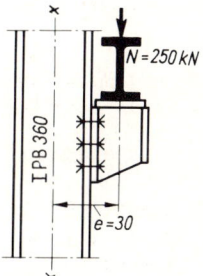

$$\text{vorh } \sigma_{Ky} = \frac{|N| \cdot \omega_y}{A} + 0.9 \cdot \frac{|M_y|}{W_y} = 1.38 \cdot 1.27 + 0.9 \cdot 3.13 = 1.75 + 2.82$$

$$= 4.57 \, \text{kN/cm}^2 = 45.7 \, \text{N/mm}^2$$

$$\text{zul } \sigma_D = 140 \, \text{N/mm}^2$$

$$\frac{\text{vorh } \sigma_{Ky}}{\text{zul } \sigma_D} = \frac{45.7 \, \text{N/mm}^2}{140 \, \text{N/mm}^2} = 0.33 < 1.0$$

Beispiele zur Übung

1. Eine Hallenstütze entsprechend Erläuterungsbeisp. 1 ist zu bemessen, jedoch mit $N = -400$ kN, $H = -20$ kN, $h = 4.2$ m, Eulerfall 2, IPE 400.

2. Eine Stütze mit Konsole entsprechend Erläuterungsbeisp. 2 ist zu berechnen, jedoch mit $N = -300$ kN, $e = 25$ cm, $s_{Ky} = s_{Kz} = 7.0$ m, IPB 300.

8.2.2 Druck und Biegung bei Holz

Für Bauteile aus Holz ist außer dem einfachen Nachweis (Gl. 178.1) auch der zusätzliche Nachweis gegen Knicken nach Gleichung 178.3 zu führen:

$$\sigma_{NB} = \frac{|N|}{A_n} + \frac{\text{zul } \sigma_{D\parallel}}{\text{zul } \sigma_B} \cdot \frac{|M|}{W_n} \qquad \frac{\sigma_{NB}}{\text{zul } \sigma_{D\parallel}} \leqq 1.0 \qquad (178.1) \ (178.2)$$

$$\sigma_{K} = \frac{|N| \cdot \omega}{A} + \frac{\text{zul } \sigma_{D\parallel}}{\text{zul } \sigma_B} \cdot \frac{|M|}{W} \qquad \frac{\sigma_{K}}{\text{zul } \sigma_{D\parallel}} \leqq 1.0 \qquad (178.3) \ (178.4)$$

Das gilt nach DIN 1052 für Stäbe, die erheblich ausmittig durch eine Druckkraft oder die neben einer mittigen Druckkraft von einem Biegemoment beansprucht werden. Für ω ist hierbei ohne Rücksicht auf die Richtung der Ausbiegung stets der größte Wert einzusetzen. A_n ist der Nutzquerschnitt und W_n ist das Widerstandsmoment des Nutzquerschnittes, bezogen auf die Hauptachse des ungeschwächten Querschnittes.

Die Knicklänge s_K der Sparren von Kehlbalkendächern darf für das Knicken in der Systemebene näherungsweise angenommen werden mit

$$s_K = 0.8 \, l_s \qquad \text{bei verschieblichen Kehlbalkendächern,}$$
$$\text{wenn } l_{s1} < 0.7 \, l_s$$
$$l_{s1} > 0.3 \, l_s, \text{ sonst gilt } s_K = l_s$$
$$s_K = l_{s1} \text{ bzw. } l_{s2} \quad \text{bei unverschieblichen Kehlbalkendächern.}$$

Für das Knicken aus der Systemebene ist der Abstand der Queraussteifung maßgebend. Dachlatten gelten als Queraussteifung unter folgenden Voraussetzungen (siehe auch Abschn. 9.4.2):

– Breite des Sparren mindestens 40 mm
– Sparrenabstand höchstens 1,25 m
– Querschnittshöhe zu Querschnittsbreite nicht mehr als 4 : 1
– Anschluß der Sparren an einen Verband (Windrispen).

Beispiele zur Erläuterung

1. Ein Dachträger aus Holz erhält außer einer Druckkraft von $N = -80$ kN eine Querbelastung von $q = 8.5$ kN/m. Die Länge beträgt $l = 2.10$ m (Bild **179**.1). Das Profil wird bemessen. Lastfall H, Nadelholz Güteklasse II.

Biegemoment

$$\max M = \frac{q \cdot l^2}{8} = \frac{8,5 \cdot 2,10^2}{8} = 4,69 \,\text{kNm} = 469 \,\text{kNcm}$$

Knicklängen

$$s_{Ky} = s_{Kz} = l = 2,10 \,\text{m}$$

179.1   Holzträger mit Längsdruck und Querbelastung

Gewählt: Kantholz **140/200 mm** mit $A = 280 \,\text{cm}^2$

$$W_y = 933 \,\text{cm}^3, \quad i_y = 5,77 \,\text{cm}, \quad i_z = 4,04 \,\text{cm}$$

$$\lambda_y = \frac{s_{Ky}}{i_y} = \frac{210}{5,77} = 36,4 \quad \omega_y = 1,21 \qquad \lambda_z = \frac{s_{Kz}}{i_z} = \frac{210}{4,04} = 52,0 \quad \omega_z = 1,46$$

Spannungsnachweis

$$\sigma_{NB} = \frac{|N|}{A_n} + \frac{\text{zul}\,\sigma_{D\parallel}}{\text{zul}\,\sigma_B} \cdot \frac{|M|}{W_n} = \frac{80}{280} + \frac{0,85}{1,00} \cdot \frac{469}{933} = 0,29 + 0,43$$

$$= 0,72 \,\text{kN/cm}^2 = 7,2 \,\text{N/mm}$$

$$\text{zul}\,\sigma_{D\parallel} = 8,5 \,\text{N/mm}^2$$

$$\frac{\sigma_{NB}}{\text{zul}\,\sigma_{D\parallel}} = \frac{7,2 \,\text{N/mm}^2}{8,5 \,\text{N/mm}^2} = 0,85 < 1,0$$

$$\sigma_{Ky} = \frac{|N| \cdot \omega_z}{A} + \frac{\text{zul}\,\sigma_{D\parallel}}{\text{zul}\,\sigma_B} \cdot \frac{|M|}{W} = 0,29 \cdot 1,46 + \frac{0,85}{1,00} \cdot \frac{469}{933} = 0,42 + 0,43$$

$$= 0,85 \,\text{kN/cm}^2 = 8,5 \,\text{N/mm}^2$$

$$\text{zul}\,\sigma_{D\parallel} = 8,5 \,\text{N/mm}^2$$

$$\frac{\sigma_{Ky}}{\text{zul}\,\sigma_{D\parallel}} = \frac{8,5 \,\text{N/mm}^2}{8,5 \,\text{N/mm}^2} = 1,0$$

Durchbiegung

$$\text{vorh}\,\sigma_B = \frac{|M|}{W} = \frac{469}{933} = 0,50 \,\text{kN/cm}^2 = 5,0 \,\text{N/mm}^2$$

$$\text{vorh}\,f = \frac{\text{vorh}\,\sigma_B \cdot l^2}{h \cdot k_f} = \frac{5,0 \cdot 2,10^2}{20 \cdot 4,8} = 0,23 \,\text{cm}$$

$$\text{zul}\,f = \frac{l}{300} = \frac{210}{300} = 0,70 \,\text{cm} > \text{vorh}\,f$$

2. Die Sparren eines Sparrendaches (Bild **180.**1) werden auf Druck und Biegung beansprucht. Die Bemessung erfolgt für die ungünstigen Schnittgrößen (vgl. Teil 1, Abschn. 6.10.4). Lastfall HZ, da die Schnittgrößen mit voller Schneelast und voller Windlast berechnet wurden. Nadelholz Güteklasse II.

Normalkräfte in den Sparrenfußpunkten (Bild **180.**1c)

$$N_A = -4,09 \,\text{kN} \qquad N_B = -5,02 \,\text{kN}$$

Normalkräfte in Sparrenmitte (Bild **180.**1c)

$$N_1 = -2,85 \,\text{kN} \qquad N_2 = -3,78 \,\text{kN}$$

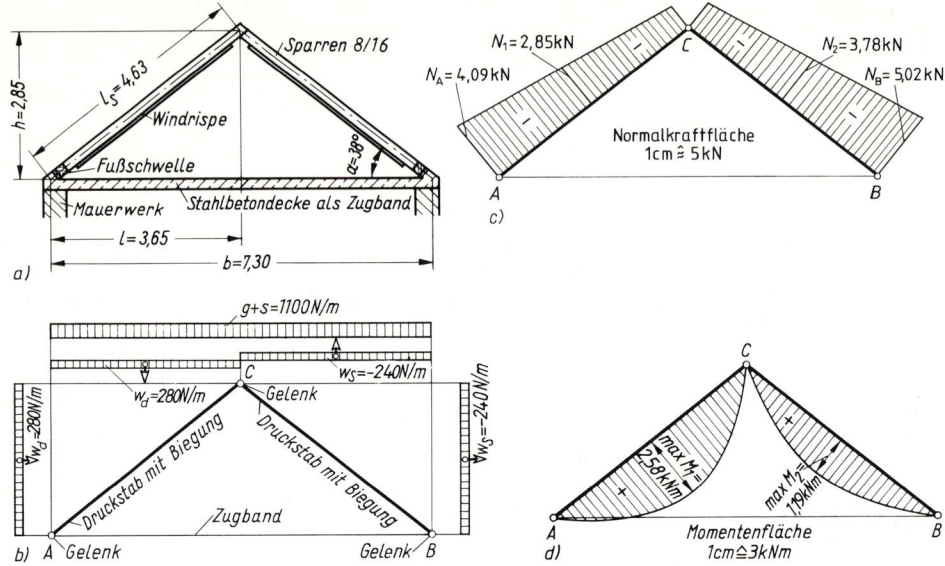

180.1 Einfaches Sparrendach
a) System des Daches
b) Statisches System der Sparren mit Belastung
c) Normalkräfte für die Sparren
d) Momentenfläche für die Sparren

Biegemoment in Sparrenmitte (Bild **180.**1 d)

$$\max M_1 = 2{,}58 \, \text{kNm} \qquad \max M_2 = 1{,}19 \, \text{kNm}$$

Gewählt: Sparren **80/160** mm mit $A = 128 \, \text{cm}^2$

$$W_y = 341 \, \text{cm}^3 \qquad i_y = 4{,}62 \, \text{cm} \qquad i_z = 2{,}31 \, \text{cm} \qquad s_{Ky} = l_s = 463 \, \text{cm}$$

$$\lambda_y = s_{Ky}/i_y = 463/4{,}62 = 100{,}2 < 150 \qquad \omega_y = 3{,}00 \qquad s_{Kz} = 32 \, \text{cm}$$

Spannungsnachweis

$$\sigma_{NB} = \frac{|N_1|}{A_n} + \frac{\text{zul } \sigma_{D\parallel}}{\text{zul } \sigma_B} \cdot \frac{|M_{y1}|}{W_{yn}} = \frac{2{,}85}{128} + \frac{0{,}85}{1{,}00} \cdot \frac{258}{341} = 0{,}02 + 0{,}64$$

$$= 0{,}66 \, \text{kN/cm}^2 = 6{,}6 \, \text{N/mm}^2$$

$$\text{zul } \sigma_{D\parallel} = 1{,}25 \cdot 8{,}5 \, \text{N/mm}^2 = 10{,}6 \, \text{N/mm}^2$$

$$\frac{\sigma_{NB}}{\text{zul } \sigma_{D\parallel}} = \frac{6{,}6 \, \text{N/mm}^2}{10{,}6 \, \text{N/mm}^2} = 0{,}62 < 1{,}0$$

$$\sigma_{Ky} = \frac{|N_2| \cdot \omega_y}{A} + \frac{\text{zul } \sigma_{D\parallel}}{\text{zul } \sigma_B} \cdot \frac{|M_{y2}|}{W_y} = \frac{3{,}78 \cdot 3{,}00}{128} + \frac{0{,}85}{1{,}00} \cdot \frac{119}{341} = 0{,}09 + 0{,}30$$

$$= 0{,}39 \, \text{kN/cm}^2 = 3{,}9 \, \text{N/mm}^2$$

$$\text{zul } \sigma_{D\parallel} = 1{,}25 \cdot 8{,}5 \, \text{N/mm}^2 = 10{,}2 \, \text{N/mm}^2$$

$$\frac{\sigma_{Ky}}{\text{zul } \sigma_{D\parallel}} = \frac{3{,}9 \, \text{N/mm}^2}{10{,}6 \, \text{N/mm}^2} = 0{,}37 < 1{,}0$$

Durchbiegung

$$\text{vorh}\,\sigma_B = \frac{\max M_1}{W_y} = \frac{258}{341} = 0,76\,\text{kN/cm}^2 = 7,6\,\text{N/mm}^2$$

$$\text{vorh}\,f = \frac{\text{vorh}\,\sigma_B \cdot l_s^2}{h \cdot k_f} = \frac{7,6 \cdot 4,63^2}{16 \cdot 4,8}$$

$$\text{zul}\,f = \frac{l_s}{200} = \frac{463}{200} = 2,32\,\text{cm} > \text{vorh}\,f$$

3. Die Sparren eines Kehlbalkendachs werden durch Normalkräfte und Biegemomente beansprucht (Bild **181.**1a bis c). Die Bemessung erfolgt für Druck und Biegung. Seitliche Aussteifung der Sparren durch Dachlatten und Windrispen. Die Schnittgrößen ergeben sich aus der Berechnung die in Teil 1, Abschn. 7.7 Beispiel 1 für die Lastkombination aus $g + s + w/2$ durchgeführt wurde. Lastfall H, Nadelholz Güteklasse II.

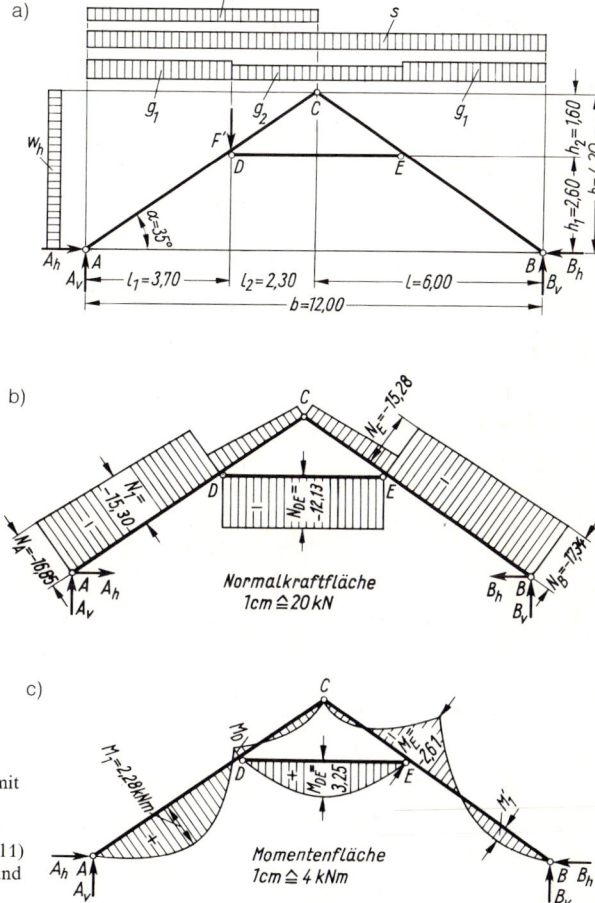

181.1 Verschiebliches Kehlbalkendach
   a) statisches System des Daches mit
      Belastung (wie **223.**1 Teil 1)
   b) Normalkraftfläche für Sparren
      und Kehlbalken (wie **227.**2 Teil 1)
   c) Momentenfläche für Sparren und
      Kehlbalken (wie **227.**1 Teil 1)

Schnittgrößen

$$N_\mathrm{E} = -15{,}28\,\mathrm{kN} \qquad M_\mathrm{E} = -2{,}61\,\mathrm{kNm} \qquad N_1 = -15{,}30\,\mathrm{kN} \qquad M_1 = 2{,}28\,\mathrm{kNm}$$

Bemessung

Gewählt: Sparren **100/180 mm** mit $A = 180\,\mathrm{cm}^2 \qquad W_\mathrm{y} = 540\,\mathrm{cm}^3 \qquad i_\mathrm{y} = 5{,}20\,\mathrm{cm}$

$$A_\mathrm{n} \approx 150\,\mathrm{cm}^2 \qquad W_\mathrm{yn} \approx 480\,\mathrm{cm}^3$$

$$l_{\mathrm{s}1} = l_1/\cos\alpha = 3{,}70/0{,}8192 = 4{,}52\,\mathrm{m}$$

$$l_\mathrm{s} = l/\cos\alpha = 6{,}00/0{,}8192 = 7{,}32\,\mathrm{m}$$

$$l_{\mathrm{s}1}/l_\mathrm{s} = 4{,}52/7{,}32 = 0{,}62 < 0{,}7$$

$$s_\mathrm{Ky} = 0{,}8 \cdot l_\mathrm{s} = 0{,}8 \cdot 732 = 586\,\mathrm{cm} \qquad s_\mathrm{Kz} \approx 30\,\mathrm{cm}$$

$$\lambda_\mathrm{y} = s_\mathrm{Ky}/i_\mathrm{y} = 586/5{,}20 = 113 < 150 \qquad \omega_\mathrm{y} = 3{,}83$$

Spannungsnachweis

$$\sigma_\mathrm{NB} = \frac{|N_\mathrm{E}|}{A_\mathrm{n}} + \frac{\mathrm{zul}\,\sigma_{\mathrm{D}\parallel}}{\mathrm{zul}\,\sigma_\mathrm{B}} \cdot \frac{|M_\mathrm{E}|}{W_\mathrm{yn}} = \frac{15{,}28}{150} + \frac{0{,}85}{1{,}00} \cdot \frac{261}{480} = 0{,}10 + 0{,}46$$

$$= 0{,}56\,\mathrm{kN/cm}^2 = 5{,}6\,\mathrm{N/mm}^2$$

$$\mathrm{zul}\,\sigma_{\mathrm{D}\parallel} = 8{,}5\,\mathrm{N/mm}^2$$

$$\frac{\sigma_\mathrm{NB}}{\mathrm{zul}\,\sigma_{\mathrm{D}\parallel}} = \frac{5{,}6\,\mathrm{N/mm}^2}{8{,}5\,\mathrm{N/mm}^2} = 0{,}66 < 1{,}0$$

$$\sigma_\mathrm{Ky} = \frac{|N_1| \cdot \omega_\mathrm{y}}{A} + \frac{\mathrm{zul}\,\sigma_{\mathrm{D}\parallel}}{\mathrm{zul}\,\sigma_\mathrm{B}} \cdot \frac{|M_1|}{W_\mathrm{y}} = \frac{15{,}30 \cdot 3{,}83}{180} + \frac{0{,}85}{1{,}00} \cdot \frac{228}{540} = 0{,}33 + 0{,}36$$

$$= 0{,}69\,\mathrm{kN/cm}^2 = 6{,}9\,\mathrm{N/mm}^2$$

$$\mathrm{zul}\,\sigma_{\mathrm{D}\parallel} = 8{,}5\,\mathrm{N/mm}^2$$

$$\frac{\sigma_\mathrm{Ky}}{\mathrm{zul}\,\sigma_{\mathrm{D}\parallel}} = \frac{6{,}9\,\mathrm{N/mm}^2}{8{,}5\,\mathrm{N/mm}^2} = 0{,}81 < 1{,}0$$

Durchbiegung

$$\mathrm{vorh}\,\sigma_\mathrm{B} = \frac{\max M_1}{W_\mathrm{y}} = \frac{228}{540} = 0{,}42\,\mathrm{kN/cm}^2 = 4{,}2\,\mathrm{N/mm}^2$$

$$l_\mathrm{s} = \frac{l_1}{\cos\alpha} = \frac{3{,}70}{0{,}8192} = 4{,}52\,\mathrm{m}$$

$$\mathrm{vorh}\,f = \frac{\mathrm{vorh}\,\sigma_\mathrm{B} \cdot l_\mathrm{s}^2}{h \cdot k_\mathrm{f}} = \frac{4{,}2 \cdot 4{,}52^2}{18 \cdot 4{,}8} = 0{,}99\,\mathrm{cm}$$

$$\mathrm{zul}\,f = \frac{l_\mathrm{s}}{200} = \frac{452}{200} = 2{,}26\,\mathrm{cm} > \mathrm{vorh}\,f$$

4. Die Kehlbalken des Kehlbalkendaches werden bemessen (Bild **181.**1 a bis c). Die seitliche Aussteifung erfolgt durch eine geschlossene Bretterlage für den Spitzboden. Die Schnittgrößen wurden in Teil 1 Abschn. 7.7 Beispiel 1 berechnet. Lastfall H, Nadelholz Güteklasse II.

Schnittgrößen

$$N_\mathrm{DE} = -12{,}13\,\mathrm{kN} \qquad M_\mathrm{DE} = 3{,}25\,\mathrm{kNm}$$

Bemessung

Gewählt: Kantholz **100/180 mm** mit $A = 180\,\text{cm}^2$ $W_y = 540\,\text{cm}^3$ $i_y = 5,20\,\text{cm}$

$$s_{Ky} = 2\,l_2 = 2 \cdot 230 = 460\,\text{cm} \qquad\qquad s_{Kz} = 0$$

$$\lambda_y = s_{Ky}/i_y = 460/5,20 = 88,5 < 150 \qquad\qquad \omega_y = 2,52$$

Spannungsnachweis

$$\sigma_{Ky} = \frac{|N_{DE}| \cdot \omega_y}{A} + \frac{\text{zul}\,\sigma_{D\parallel}}{\text{zul}\,\sigma_B} \cdot \frac{|M_{DE}|}{W_y} = \frac{12,13 \cdot 2,52}{180} + \frac{0,85}{1,00} \cdot \frac{325}{540} = 0,17 + 0,51$$

$$= 0,68\,\text{kN/cm}^2 = 6,8\,\text{N/mm}^2$$

$$\text{zul}\,\sigma_{D\parallel} = 8,5\,\text{N/mm}^2$$

$$\frac{\sigma_{Ky}}{\text{zul}\,\sigma_{D\parallel}} = \frac{6,8\,\text{N/mm}^2}{8,5\,\text{N/mm}^2} = 0,80 < 1,0$$

Durchbiegung

$$\text{vorh}\,\sigma_B = \frac{\max M_{DE}}{W_y} = \frac{325}{540} = 0,60\,\text{kN/cm}^2 = 6,0\,\text{N/mm}^2$$

$$l = 2 \cdot l_2 = 2 \cdot 2,30 = 4,60\,\text{m}$$

$$\text{vorh}\,f = \frac{\text{vorh}\,\sigma_B \cdot l^2}{h \cdot k_f} = \frac{6,0 \cdot 4,60^2}{18 \cdot 4,8} = 1,47\,\text{cm}$$

$$\text{zul}\,f = \frac{l}{200} = \frac{460}{200} = 2,30\,\text{cm} > \text{vorh}\,f$$

5. Der Anschluß der Kehlbalken an die Sparren wird als Nagelverbindung ausgeführt und nachgewiesen (Bild **183**.1).

Normalkraft

$$N = N_{DE} = -12,13\,\text{kN}$$

Querkraft

$$Q = Q_D = 2,83\,\text{kN}$$

Anschlußkraft

183.1 Kehlbalkenanschluß an Sparren als Nagelverbindung

$$F = \sqrt{N^2 + Q^2} = \sqrt{12,13^2 + 2,83^2} = \sqrt{155,1} = 12,46\,\text{kN}$$

Spannung Seitenlaschen (s. Abschn. 3.2.2)

$$\text{vorh}\,\sigma_D = \frac{1,5 \cdot F}{2 \cdot A_n} = \frac{1,5 \cdot 12,46}{2 \cdot 3,0\,(18 - 3 \cdot 0,46)} = 0,19\,\text{kN/cm}^2$$

$$= 1,9\,\text{N/mm}^2 < \text{zul}\,\sigma_{D\ast} = 2,0 \cdots 8,5\,\text{N/mm}^2 \text{ (s. Tafel } \mathbf{26}.1)$$

Nagelverbindung

Gewählt: **10 Nägel 46 · 130** je Seite in $r = 3$ Reihen

$$\text{zul}\,N_1 = 0,725\,\text{kN (ohne Vorbohrung nach Tafel } \mathbf{56}.1)$$

$$\text{zul}\,F = m \cdot n \cdot \text{zul}\,N_1 = 2 \cdot 10 \cdot 0,725$$

$$= 14,50\,\text{kN} > \text{vorh}\,F = 12,46\,\text{kN}$$

6. Die Sparren des Kehlbalkendaches werden für die Lastkombination $g + s/2 + w$ bemessen (Bild **184.**1). Die Schnittgrößen ergeben sich aus der Berechnung Teil 1 Abschnitt 7.7 Beispiel 2.

Diese Lastkombination $g + s/2 + w$ ergibt zwar kleinere Normalkräfte, dafür aber größere Biegemomente gegenüber der Lastkombination $g + s + w/2$ (vergl. Beispiel 3). Es gilt der Lastfall H, da nicht mit der Vollast für Schnee gerechnet wird.

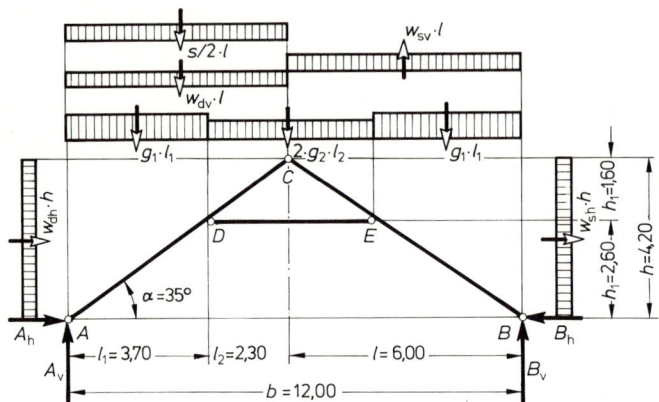

184.1   Statisches System des verschieblichen Kehlbalkendaches mit Belastung $g + s/2 + w$

Schnittgrößen

$$N_E = -11,39\,\text{kN} \qquad M_E = -4,26\,\text{kNm} \qquad N_1 = -12,23\,\text{kN} \qquad M_1 = +3,06\,\text{kNm}$$

Bemessung

Gewählt: Sparren **100/180 mm** mit $A = 180\,\text{cm}^2$ $W_y = 540\,\text{cm}^3$ $i_y = 5,20\,\text{cm}$

$$A_n \approx 150\,\text{cm}^2 \quad W_{yn} \approx 480\,\text{cm}^3$$

$$s_{Ky} = l_{s1} = l_1/\cos\alpha = 370/0,8192 = 452\,\text{cm} \qquad s_{Kz} \approx 30\,\text{cm}$$

$$\lambda_y = s_{Ky}/i_y = 452/520 = 86,9 < 150 \qquad \omega_y = 2,46$$

Spannungsnachweis

$$\sigma_{NB} = \frac{|N_E|}{A_n} + \frac{\text{zul}\,\sigma_{D\parallel}}{\text{zul}\,\sigma_B} \cdot \frac{|M_E|}{W_{yn}} = \frac{11,39}{150} + \frac{0,85}{1,10} \cdot \frac{426}{480} = 0,08 + 0,75$$

$$= 0,83\,\text{kN/cm}^2 = 8,3\,\text{N/mm}^2$$

$$\text{zul}\,\sigma_{D\parallel} = 8,5\,\text{N/mm}^2$$

$$\frac{\sigma_{NB}}{\text{zul}\,\sigma_{D\parallel}} = \frac{8,3\,\text{N/mm}^2}{8,5\,\text{N/mm}^2} = 0,98 < 1,0$$

$$\sigma_{Ky} = \frac{|N_1| \cdot \omega_y}{A} + \frac{\text{zul}\,\sigma_{D\parallel}}{\text{zul}\,\sigma_B} \cdot \frac{|M_1|}{W_y} = \frac{12,23}{180} + \frac{0,85}{1,10} \cdot \frac{306}{540} = 0,07 + 0,48$$

$$= 0,55\,\text{kN/cm}^2 = 5,5\,\text{N/mm}^2$$

$$\text{zul}\,\sigma_{D\parallel} = 8,5\,\text{N/mm}^2$$

$$\frac{\sigma_{Ky}}{\text{zul}\,\sigma_{D\parallel}} = \frac{5,5\,\text{N/mm}^2}{8,5\,\text{N/mm}^2} = 0,65 < 1,0$$

Durchbiegung

$$\text{vorh}\,\sigma_B = \frac{|M_1|}{W_y} = \frac{306}{540} = 0,57\,\text{kN/cm}^2 = 5,7\,\text{N/mm}^2$$

$$\text{vorh}\,f = \frac{\text{vorh}\,\sigma_B \cdot l_{s1}^2}{h \cdot k_f} = \frac{5,7 \cdot 4,52^2}{18 \cdot 4,8} = 1,35\,\text{cm}$$

$$\text{zul}\,f = \frac{l_{s1}}{300} = \frac{452}{300} = 1,51\,\text{cm} > \text{vorh}\,f$$

Anmerkung:

Die in Beispiel 3 durchgeführte Bemessung ergab für den gleichen Sparrenquerschnitt eine geringere Spannung und eine kleinere Durchbiegung.

Anschluß Sparrenfuß

Ein Beispiel für den Anschluß des Sparren an die Aufkantung der Stahlbetondecke ist in Bild **185**.1 dargestellt.

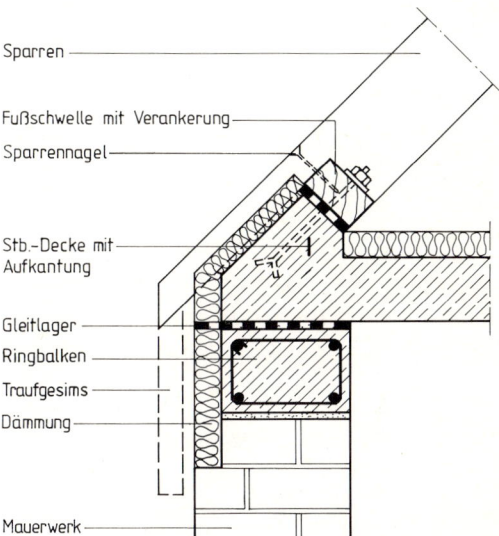

185.1 Sparrendach auf Stahlbetondecke
mit Aufkantung

Beispiele zur Übung

1. Das Holzprofil eines Daches entsprechend dem vorstehenden Erläuterungsbeispiel 1 ist zu bemessen, jedoch mit $N = -100\,\text{kN}$, $q = 12\,\text{kN/m}$, $l = 1,80\,\text{m}$. Lastfall H, Nadelholz Güteklasse II.

2. Das Holzprofil eines Daches entsprechend dem vorstehenden Erläuterungsbeispiel 1 ist zu bemessen, jedoch mit $N = -200\,\text{kN}$, $q = 19\,\text{kN/m}$, $l = 2,20\,\text{m}$. Lastfall HZ, Nadelholz Güteklasse II.

8.3　Längskraft und zweiachsige Biegung

Bei verschiedenen Bauteilen besteht die Möglichkeit, daß eine Längskraft außerhalb der beiden Hauptachsen angreift. Die Ausmitte e_z in Richtung der z-Achse erzeugt ein zusätzliches Biegemoment $M_y = N \cdot e_z$.

Die Ausmitte e_y in Richtung der y-Achse ruft das Biegemoment $M_z = N \cdot e_y$ zusätzlich hervor. Im Querschnitt wirken eine Längskraft und zweiachsige Biegung (Doppelbiegung) (Bild **186**.1). Die Spannungsermittlung erfolgt wiederum durch Überlagerung

$$\sigma_{NB} = \frac{N}{A} \pm \frac{M_y}{W_y} \pm \frac{M_z}{W_z} \quad \text{in N/mm}^2 \text{ oder MN/m}^2 \qquad (186.1)$$

186.1　Zweiachsige Ausmitte e_y und e_z einer Längskraft

8.3.1　Druck und zweiachsige Biegung bei Stahl

Für Bauteile aus Stahl sagt DIN 4114:

Liegt der Angriffspunkt der Druckkraft nicht auf einer Hauptachse des Querschnittes oder sind außer einer mittigen Druckkraft noch Angriffsmomente M_y und M_z wirksam, so ist in die Formeln die auf die Minimumachse bezogene Knickzahl einzusetzen und an Stelle der Randspannungen $M/W_{D(Druck)}$ und $M/W_{Z(Zug)}$ die bei gleichzeitiger Wirkung von M_y und M_z auftretende größte Biegedruck- bzw. Biegezugspannung.

Das bedeutet für den Spannungsnachweis

$$\sigma_{K1} = \frac{|N| \cdot \max \omega}{A} + 0,9 \cdot \left(\frac{|M_y|}{W_{D,y}} + \frac{|M_z|}{W_{D,z}} \right) \qquad \frac{\sigma_{K1}}{\text{zul } \sigma_D} \leqq 1,0 \quad (186.2)\ (186.3)$$

$$\sigma_{K2} = \frac{|N| \cdot \max \omega}{A} + \frac{300 + 2\lambda}{1000} \cdot \left(\frac{|M_y|}{W_{Z,y}} + \frac{|M_z|}{W_{Z,z}} \right) \frac{\sigma_{K2}}{\text{zul } \sigma_D} \leqq 1,0 \quad (186.4)\ (186.5)$$

Der letzte Nachweis ist nur erforderlich, wenn bei unsymmetrischen Querschnitten der Schwerpunkt dem Biegedruckrand näherliegt.

Beispiele zur Erläuterung

1. Eine Stahlstütze IPB 360 erhält eine Druckkraft von $N = -250\,\text{kN}$ mit den Ausmitten $e_y = 8\,\text{cm}$, $e_z = 30\,\text{cm}$ (Bild **187**.1). Knicklänge $s_{Ky} = s_{Kz} = 8,90\,\text{m}$ (Erläuterungsbeispiel 2, Abschn. 8.2.1). Der Spannungsnachweis wird geführt. Lastfall H, St 37-2.

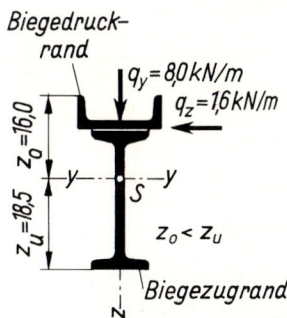

187.1   Stahlstütze mit zweiachsiger Ausmittigkeit aus Konsole

IPB 360 mit $A = 181\,\text{cm}^2$

$$W_y = 2400\,\text{cm}^2 \qquad W_z = 676\,\text{cm}^3 \qquad i_y = 15,5\,\text{cm} \qquad i_z = 7,49\,\text{cm}$$

$$\lambda_y = \frac{s_{Ky}}{i_y} = \frac{890}{15,5} = 57,4 \qquad \omega_y = 1,27$$

$$\lambda_z = \frac{s_{Kz}}{i_z} = \frac{890}{7,49} = 118,8 \qquad \omega_z = 2,39$$

Spannungsnachweis

$$\sigma_{NB} = \frac{|N|}{A} + \frac{|M_y|}{W_y} + \frac{|M_z|}{W_z} = \frac{250}{181} + \frac{250 \cdot 30}{2400} + \frac{250 \cdot 8}{676} = 1,38 + 3,13 + 2,96$$
$$= 7,47\,\text{kN/cm}^2 = 74,7\,\text{N/mm}^2$$

$$\text{zul}\,\sigma_D = 140\,\text{N/mm}^2$$

$$\frac{\sigma_{NB}}{\text{zul}\,\sigma_D} = \frac{74,7\,\text{N/mm}^2}{140\,\text{N/mm}^2} = 0,53 < 1,0$$

$$\sigma_K = \frac{|N| \cdot \max \omega}{A} + 0,9 \cdot \left(\frac{|M_y|}{W_y} + \frac{|M_z|}{W_z}\right) = \frac{250 \cdot 2,39}{181} + 0,9 \cdot \left(\frac{250 \cdot 30}{2400} + \frac{250 \cdot 8}{676}\right)$$
$$= 1,38 \cdot 2,39 + 0,9 \cdot (3,13 + 2,96) = 3,30 + 5,48$$
$$= 8,78\,\text{kN/cm}^2 = 87,8\,\text{N/mm}^2$$

$$\text{zul}\,\sigma_D = 140\,\text{N/mm}^2$$

$$\frac{\sigma_K}{\text{zul}\,\sigma_D} = \frac{87,8\,\text{N/mm}^2}{140\,\text{N/mm}^2} = 0,63 < 1,0$$

2. Die Randpfette eines Daches (s. Teil 1, Abschn. 3.2.2, Übungsbeispiel 5) aus zwei zusammengesetzten Profilen I 280 und ⸦160 (Bild **187**.2) erhält eine Druckkraft von $N = -105\,\text{kN}$. Die Spannweite und Knicklänge beträgt 3,60 m; vertikale Belastung $q_y = 8,0\,\text{kN/m}$, horizontale Belastung $q_z = 1,6\,\text{kN/m}$ am oberen Flansch (nur $W_z/2$ ansetzen). Lastfall H, St 37-2.

187.2   Randpfette eines Daches mit Längskraft und zweiachsiger Biegung

$$A = 85\,\text{cm}^2 \qquad W_y = 650\,\text{cm}^3 \qquad W_z = \frac{161}{2} = 80,5\,\text{cm}^3$$

$$i_y = 11,9\,\text{cm} \qquad i_z = 3,89\,\text{cm}$$

$$\max M_y = \frac{q_y \cdot l_y^2}{8} = \frac{8,0 \cdot 3,6^2}{8} = 13,0\,\text{kNm} = 1300\,\text{kNcm}$$

$$\max M_z = \frac{q_z \cdot l_z^2}{8} = \frac{1,6 \cdot 3,6^2}{8} = 2,6\,\text{kNm} = 260\,\text{kNcm}$$

$$\lambda_y = \frac{s_{Ky}}{i_y} = \frac{360}{11,9} = 30,3 \qquad \omega_y = 1,08$$

$$\lambda_z = \frac{s_{Kz}}{i_z} = \frac{360}{3,89} = 92,5 \qquad \omega_z = 1,75$$

Spannungsnachweis

$$\sigma_{NB} = \frac{|N|}{A} + \frac{|M_y|}{W_y} + \frac{|M_z|}{W_z} = \frac{105}{85} + \frac{1300}{650} + \frac{260}{80,5} = 1,24 + 2,00 + 3,23$$

$$= 6,47\,\text{kN/cm}^2 = 64,7\,\text{N/mm}^2$$

$$\text{zul}\,\sigma_D = 140\,\text{N/mm}^2$$

$$\frac{\sigma_{NB}}{\text{zul}\,\sigma_D} = \frac{64,7\,\text{N/mm}^2}{140\,\text{N/mm}^2} = 0,46 < 1,0$$

$$\sigma_{K1} = \frac{|N| \cdot \max\omega}{A} + 0,9 \cdot \left(\frac{|M_y|}{W_y} + \frac{|M_z|}{W_z}\right) = 1,24 \cdot 1,75 + 0,9 \cdot (2,00 + 3,23)$$

$$= 2,17 + 4,71 = 6,88\,\text{kN/cm}^2 = 68,8\,\text{N/mm}^2$$

$$\text{zul}\,\sigma_D = 140\,\text{N/mm}^2$$

$$\frac{\sigma_{K1}}{\text{zul}\,\sigma_D} = \frac{68,8\,\text{N/mm}^2}{140\,\text{N/mm}^2} = 0,49 < 1,0$$

$$\sigma_{K2} = \frac{|N| \cdot \max\omega}{A} + \frac{300 + 2\lambda}{1000} \cdot \left(\frac{|M_y|}{W_y} + \frac{|M_z|}{W_z}\right)$$

$$= 1,24 \cdot 1,75 + \frac{300 + 2 \cdot 92,5}{1000} \cdot (2,00 + 3,23)$$

$$= 2,17 + 0,485 \cdot 5,23 = 4,71\,\text{kN/cm}^2 = 47,1\,\text{N/mm}^2$$

$$\text{zul}\,\sigma_D = 140\,\text{N/mm}^2$$

$$\frac{\sigma_{K2}}{\text{zul}\,\sigma_D} = \frac{47,1\,\text{N/mm}^2}{140\,\text{N/mm}^2} = 0,34 < 1,0$$

8.3.2   Druck und zweiachsige Biegung bei Holz

Bei einem Angriff der Druckkraft außerhalb der Hauptachsen des Querschnittes oder bei Biegemomenten M_y und M_z mit einer mittigen Druckkraft sind die beiden Spannungsnachweise erforderlich:

$$\sigma_{NB} = \frac{|N|}{A_n} + \frac{zul\,\sigma_{D\|}}{zul\,\sigma_B} \cdot \left(\frac{|M_y|}{W_{yn}} + \frac{|M_z|}{W_{zn}}\right) \qquad \frac{\sigma_{NB}}{zul\,\sigma_{D\|}} \leqq 1{,}0 \qquad (189.1)\ (189.2)$$

$$\sigma_K = \frac{|N| \cdot max\,\omega}{A} + \frac{zul\,\sigma_{D\|}}{zul\,\sigma_B} \cdot \left(\frac{|M_y|}{W_y} + \frac{|M_z|}{W_z}\right) \qquad \frac{\sigma_K}{zul\,\sigma_{D\|}} \leqq 1{,}0 \qquad (189.3)\ (189.4)$$

Beispiel zur Erläuterung

Eine Holzpfette **180/240 mm** erhält außer Doppelbiegung durch die vertikale Belastung $q_y = 8{,}0\,kN/m$ und die horizontale Belastung $q_z = 1{,}6\,kN/m$ eine Druckkraft von $N = -15\,kN$. Spannweiten und Knicklängen: $l_y = s_{Ky} = 2{,}40\,m$, $l_z = s_{Kz} = 4{,}00\,m$ (**150.1**). Die Spannungen werden nachgewiesen. Schwächung durch Kopfbandanschluß auf 180/220 mm. Lastfall H, Nadelholz II.

189.1   Holzpfette mit Druck und
 zweiachsiger Biegung

$$A = 432\,cm^2 \qquad A_n = 396\,cm^2 \qquad W_y = W_{yn} = 1728\,cm^3 \qquad W_z = 1296\,cm^3$$

$$W_{zn} = 1188\,cm^3 \qquad i_y = 6{,}93\,cm \qquad i_z = 5{,}20\,cm$$

$$max\,M_y = q_y \cdot l_y^2/8 = 8{,}0 \cdot 2{,}40^2/8 = 5{,}76\,kNm = 576\,kNcm$$

$$max\,M_z = q_z \cdot l_z^2/8 = 1{,}6 \cdot 4{,}00^2/8 = 3{,}20\,kNm = 320\,kNcm$$

$$\lambda_y = \frac{s_{Ky}}{i_y} = \frac{240}{6{,}93} = 34{,}6 \qquad \omega_y = 1{,}20$$

$$\lambda_z = \frac{s_{Kz}}{i_z} = \frac{400}{5{,}20} = 76{,}9 \qquad \omega_z = 2{,}10$$

Spannungsnachweis

$$\sigma_{NB} = \frac{|N|}{A_n} + \frac{zul\,\sigma_{D\|}}{zul\,\sigma_B} \cdot \left(\frac{|M_y|}{W_{yn}} + \frac{|M_z|}{W_{zn}}\right) = \frac{15}{396} + \frac{8{,}5}{10{,}0} \cdot \left(\frac{576}{1728} + \frac{320}{1188}\right)$$

$$= 0{,}04 + 0{,}85 \cdot (0{,}33 + 0{,}27) = 0{,}55\,kN/cm^2 = 5{,}5\,N/mm^2$$

$$zul\,\sigma_{D\|} = 8{,}5\,N/mm^2$$

$$\frac{\sigma_{NB}}{zul\,\sigma_{D\|}} = \frac{5{,}5\,N/mm^2}{8{,}5\,N/mm^2} = 0{,}65 < 1{,}0$$

$$\sigma_K = \frac{|N| \cdot max\,\omega}{A} + \frac{zul\,\sigma_{D\|}}{zul\,\sigma_B} \cdot \left(\frac{|M_y|}{W_y} + \frac{|M_z|}{W_z}\right) = \frac{15 \cdot 2{,}10}{432} + \frac{8{,}5}{10{,}0} \cdot \left(\frac{576}{1728} + \frac{320}{1296}\right)$$

$$= 0{,}07 + 0{,}85 \cdot (0{,}33 + 0{,}25) = 0{,}56\,kN/cm^2 = 5{,}6\,N/mm^2$$

$$zul\,\sigma_{D\|} = 8{,}5\,N/mm^2$$

$$\frac{\sigma_K}{zul\,\sigma_{D\|}} = \frac{5{,}6\,N/mm^2}{8{,}5\,N/mm^2} = 0{,}66 < 1{,}0$$

Durchbiegung

$$\text{vorh}\, f_y = \frac{\text{vorh}\,\sigma_{By} \cdot l_y^2}{h_y \cdot k_f} = \frac{3,3 \cdot 2,4^2}{24 \cdot 4,8} = 0,17\,\text{cm}$$

$$\text{vorh}\, f_z = \frac{\text{vorh}\,\sigma_{Bz} \cdot l_z^2}{h_z \cdot k_f} = \frac{2,7 \cdot 4,0^2}{18 \cdot 4,8} = 0,50\,\text{cm}$$

$$\max f = \sqrt{f_y^2 + f_z^2} = \sqrt{0,17^2 + 0,50^2} = 0,53\,\text{cm}$$

$$\text{zul}\, f = \frac{l_z}{200} = \frac{400}{200} = 2,0\,\text{cm} > \max f$$

8.4   Ausmittiger Druck bei versagender Zugzone

Bei ausmittig angreifender Längskraft erfolgt die Spannungsverteilung im Querschnitt nicht gleichmäßig sondern ungleichmäßig. Die Verteilung der Spannungen ist um so ungleichmäßiger, je größer die Ausmittigkeit des Lastangriffs ist. Infolge einer ausmittigen Druckkraft können im Querschnitt sogar Zugspannungen auftreten. Hierbei kommt es darauf an, ob der Baustoff des Querschnitts imstande ist, Zugspannungen aufzunehmen. Das gilt auch für die Grenzzone zwischen zwei verschiedenen Baustoffen.

Bei Bauteilen aus Mauerwerk oder unbewehrtem Beton sowie zwischen Fundamenten und Baugrund versagt die Zugzone: es können nur Druckspannungen übertragen werden. Hierfür müssen die Druckspannungen unter Ausschluß von Zugspannungen berechnet werden.

Ein Lastangriff, der auf einer der Hauptachsen des Querschnitts wirkt, wird als einachsig ausmittig bezeichnet. Je nach Größe der Ausmittigkeit und Art der Spannungsverteilung werden vier Fälle unterschieden:

- Fall 1: geringe Ausmitte;
  es entstehen nur Druckspannungen;
  die Spannungsverteilung ist trapezförmig.
- Fall 2: mäßige Ausmitte;
  an einem Querschnittsrand werden die Spannungen Null;
  die Spannungsverteilung ist dreieckförmig.
- Fall 3: große Ausmitte;
  in einem Querschnittsteil entstehen Zugspannungen, die bei versagender Zugzone nicht aufgenommen werden können;
  im anderen Querschnittsteil ist die Spannungsverteilung dreieckförmig.
- Fall 4: größtzulässige Ausmitte;
  nur im halben Querschnittsteil herrschen Druckspannungen mit dreieckförmiger Spannungsverteilung;
  die andere Querschnittshälfte ist „versagende Zugzone".

Lasten können nicht nur einachsig ausmittig sondern auch zweiachsig ausmittig angreifen. Im folgenden werden die Spannungsverteilungen bei Rechteckquerschnitten behandelt.

Hinweis:

Bei Berechnungen werden für die Schnittgrößen M, N und R_v jeweils die absoluten Werte $|M|$, $|N|$ und $|R_v|$ ohne Vorzeichen eingesetzt.

8.4.1 Geringe einachsige Ausmitte

Fall 1: Ausmitte $e_y < b_y/6$, Randabstand $c > b_y/3$ (Bild 191.1)
Eine Druckkraft, die mit ihrem Angriffspunkt im mittleren Drittel des Querschnitts verbleibt, hat eine geringe Ausmitte und verursacht im Querschnitt nur Druckspannungen. Die Ausmitte beträgt hierbei weniger als 1/6 des Querschnittsabmessung:

Ausmitte $e_y < b_y/6$, Randabstand $c > b_y/3$.

Die Spannungen können wie bisher berechnet werden.
Randspannungen

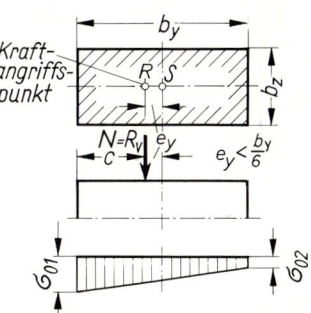

$$\sigma_1 = \frac{|N|}{A} + \frac{|M|}{W} \qquad \sigma_2 = \frac{|N|}{A} - \frac{|M|}{W}$$

$$(191.1)$$

191.1   Spannungsverteilung bei geringer Ausmitte $e_y < b_y/6$ (Fall 1)

Da das Biegemoment M gleich der Resultierenden aller vertikalen Kräfte R_v mal ihrer Ausmitte e_y ist und das Widerstandsmoment eines Rechteckquerschnitts mit $W = b_y^2 \cdot b_z/6$ angegeben werden kann, erhält Gleichung 151.1 folgende Form:
Randspannungen

$$\sigma_{01} = \frac{|R_v|}{A} + \frac{|R_v| \cdot 6\,e_y}{b_y^2 \cdot b_z} \qquad \sigma_{02} = \frac{|R_v|}{A} - \frac{|R_v| \cdot 6\,e_y}{b_y^2 \cdot b_z} \qquad (191.2)$$

Die Spannungsverteilung ist trapezförmig. Die Randspannung ist an jenem Querschnittsrand, der der Resultierenden näher liegt, größer als am gegenüberliegenden Rand.

8.4.2 Mäßige einachsige Ausmitte

Fall 2: Ausmitte $e_y = b_y/6$, Randabstand $c = b_y/3$ (Bild 191.2)
Als mäßige Ausmitte kann bezeichnet werden, wenn die Ausmitte gleich einem Sechstel der Querschnittsabmessung beträgt. Hierbei wird die Druckspannung an jenem Querschnittsrand, der dem Kraftangriffspunkt gegenüberliegt, gleich Null. Mit der Ausmitte $e_y = b_y/6$ wird die größte Randspannung σ_{01}:

$$\sigma_{01} = \frac{2\,|R_v|}{b_y \cdot b_z} \qquad \sigma_{02} = 0 \qquad (191.3)$$

191.2   Spannungsverteilung bei Ausmitte $e_y = b_y/6$ (Fall 2)

8.4.3 Große einachsige Ausmitte

Fall 3: Ausmitte $e_y > b_y/6$, Randabstand $c < b_y/3$ (Bild 192.1)

Bei größerer Ausmitte als 1/6 der Querschnittsbreite entstehen am gegenüberliegenden Rand bei einem zugfesten Werkstoff Zugspannungen. Wenn der Werkstoff nicht in der Lage ist, diese Zugspannungen aufzunehmen, kann man mit „versagender Zugzone" rechnen. Man sagt auch, es wird mit „klaffender Fuge" gerechnet. Das normalerweise entstehende positive Spannungsbild kann nicht einfach weggelassen werden. Die Spannungsverteilung ist aus den Gleichgewichtsbedingungen zu bestimmen. Der Druckspannungskeil hat der angreifenden Kraft das Gleichgewicht zu halten. Der Schwerpunkt des Druckspannungskeils muß in der Wirkungslinie der Kraft liegen (Bild **192.1**). Der Inhalt des Spannungskeiles entspricht der gesamten Reaktionskraft, die gleichgroß der angreifenden Kraft sein muß (Bild **192.2**).

Aus der Bedingung, daß der Inhalt des Druckspannungskörpers gleich der Auflast R_v sein muß, ergibt sich die Kraft $R_v = \sigma \cdot 3c \cdot b_z \cdot \frac{1}{2}$. Man kann damit die größte Druckspannung am Rand berechnen.

$$\text{Randspannung} \quad \sigma_{01} = \frac{2|R_v|}{3 b_z \cdot c} \qquad \sigma_{02} = 0 \qquad\qquad (192.1)$$

Die Ausmitte e_y darf nicht größer als $b_y/3$ werden, der Randabstand c muß mindestens $b_y/6$ sein. Die 1,5fache Sicherheit ist sonst nicht gewährleistet.

$$\text{Randabstand} \quad c \geqq b_y/6 \qquad\qquad (192.2)$$

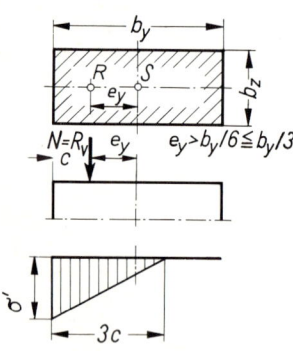

192.1 Spannungsverteilung bei großer Ausmitte $e_y > b_y/6 \leqq b_y/3$ (Fall 3)

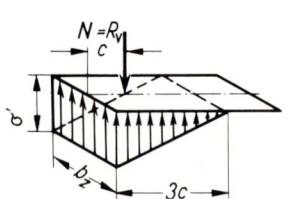

192.2 Druckspannungskeil bei klaffender Fuge

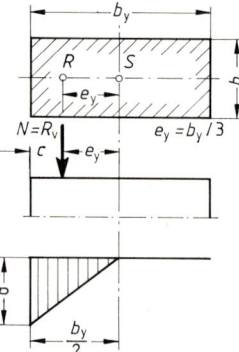

192.3 Spannungsverteilung bei größtzulässiger Ausmitte $e_y = b_y/3$ (Fall 4)

8.4.4 Größtzulässige einachsige Ausmitte

Fall 4: Ausmitte $e_y = b_y/3$, Randabstand $c = b_y/6$ (Bild 192.3)

Bei diesem Sonderfall wirken nur im halben Querschnitt Druckspannungen. In der anderen Hälfte des Querschnitts würden Zugspannungen herrschen, die bei versagender Zugzone jedoch nicht aufgenommen werden können (Bild **192.**3). Die über den halben Querschnitt dreieckförmig verteilte Druckspannung hat am Rand folgende Größe

$$\sigma_{01} = \frac{4\,|R_{\mathrm{v}}|}{b_{\mathrm{y}} \cdot b_{\mathrm{z}}} \qquad \sigma_{02} = 0 \tag{193.1}$$

Bei dieser Ausmitte $e_{\mathrm{y}} = b_{\mathrm{y}}/3$ und einem Randabstand $c = b_{\mathrm{y}}/6$ ist der Grenzfall der Standsicherheit erreicht. Die Sicherheit ist 1,5fach (siehe auch Teil 1 Abschn. 5.1).

Hinweis:

Die vorgenannten Formeln gelten nur bei Annahme linearer Spannungsverteilung. Diese Annahme ist eine Vereinfachung und trifft nicht immer zu. Für einfache Verhältnisse ist diese Berechnung aber hinreichend genau und zulässig.

8.4.5   Zusammenstellung der Randspannungen

Die Randspannungen bei rechteckigen Querschnitten, die mit einachsiger Ausmittigkeit belastet werden und keine Zugspannungen aufnehmen können, werden nachfolgend in Tafel **193.**1 zusammengestellt.

Tafel **193.**1   Randspannungen rechteckiger Querschnitte bei einachsiger Ausmittigkeit ohne Aufnahme von Zugspannungen

Fall	Belastungs- u. Spannungsbild	Randabstand Ausmitte der resultierenden Kraft		Randspannungen
1		$c > b_{\mathrm{y}}/3$	$e_{\mathrm{y}} < b_{\mathrm{y}}/6$	$\sigma_{01} = \dfrac{\|R_{\mathrm{v}}\|}{b_{\mathrm{y}} \cdot b_{\mathrm{z}}} \cdot \left(1 + \dfrac{6\,e_{\mathrm{y}}}{b_{\mathrm{y}}}\right)$ $\sigma_{02} = \dfrac{\|R_{\mathrm{v}}\|}{b_{\mathrm{y}} \cdot b_{\mathrm{z}}} \cdot \left(1 - \dfrac{6\,e_{\mathrm{y}}}{b_{\mathrm{y}}}\right)$
2		$c = b_{\mathrm{y}}/3$	$e_{\mathrm{y}} = b_{\mathrm{y}}/6$	$\sigma_{01} = \dfrac{2\,\|R_{\mathrm{v}}\|}{b_{\mathrm{y}} \cdot b_{\mathrm{z}}}$ $\sigma_{02} = 0$

Tafel **193**.1 (Fortsetzung)

Fall	Belastungs- u. Spannungsbild	Randabstand Ausmitte der resultierenden Kraft	Randspannungen
3		$c < b_y/3 \qquad e_y > b_y/6$ $> b_y/6 \qquad < b_y/3$	$\sigma_{01} = \dfrac{2\,|R_v|}{3\,b_z \cdot c}$ $\sigma_{02} = 0$
4		$c = b_y/6 \qquad e_y = b_y/3$	$\sigma_{01} = \dfrac{4\,|R_v|}{b_y \cdot b_z}$ $\sigma_{02} = 0$

8.4.6 Fundamente mit einachsiger Ausmitte

Für die nachfolgend beschriebene vereinfachte Berechnung der Bodenpressung unter Fundamenten müssen bestimmte Voraussetzungen gegeben sein. Diese Voraussetzungen wurden in Abschnitt 1.8.1 bei der Angabe der zulässigen Bodenpressung genannt (siehe auch Tafeln **15**.1 und **16**.2).

Bei ausmittigem Lastangriff ist für die Ermittlung der rechnerisch maßgebenden Bodenpressung σ_{0r} die wirkliche Fundamentfläche A auf eine Teilfläche A' zu verkleinern. Der Lastangriffspunkt R soll der Schwerpunkt dieser Teilfläche sein (DIN 1054 Abschn. 4.2).

Für rechteckige Fundamente mit einachsig ausmittigem Lastangriff ergibt sich daraus:

Teilfläche

$$A' = b_y' \cdot b_z \qquad \text{mit} \qquad b_y' = b_y - 2\,e_y \tag{194.1}$$

Rechnerisch maßgebende Bodenpressung

$$\sigma_{0r} = \frac{|R_v|}{A'} \qquad \sigma_{0r} = \frac{|R_v|}{b_y' \cdot b_z} \tag{194.2}$$

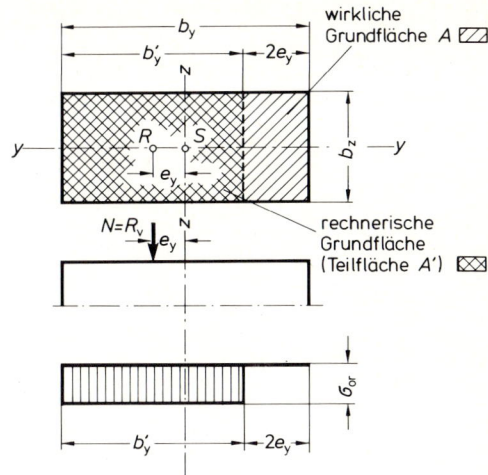

195.1 Gleichmäßig verteilte Bodenpressung
auf der Teilfläche A' bei geringer
einachsiger Ausmitte e_y

Diese rechnerische Bodenpressung darf nicht größer sein als die zulässige Bodenpressung
nach Tafel **15.**1 oder **16.**2 für die kleinere Breite b'_y oder b_z.

$$\frac{\sigma_{0r}}{\text{zul } \sigma_0} \leqq 1,0 \tag{195.1}$$

Folgende Zusatzbedingungen sind einzuhalten:

– Die resultierende Kraft R_v aus den ständigen Lasten muß innerhalb des mittleren
  Drittels der Sohlfläche liegen mit $e_y \leqq b_y/6$.
  Damit entsteht keine klaffende Fuge, es herrscht Fall 1 oder Fall 2.
– Die resultierende Kraft R_v aus der Gesamtlast darf ein Klaffen der Sohlfuge höchstens
  bis zu ihrem Schwerpunkt verursachen mit $e_y \leqq b_y/3$.
  Hierfür sind also Fall 3 und Fall 4 zulässig.

Beispiele zur Erläuterung

1. Eine Gartenmauer ist dem Winddruck ausgesetzt. Kippsicherheit
und Bodenpressung werden untersucht (Bild **195.**2).

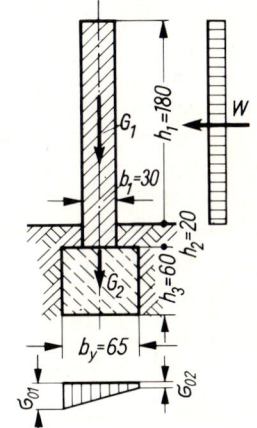

Eigenlast der Wand $\qquad G_1 = 0,30 \cdot 2,00 \cdot 1,00 \cdot 20 = 12 \,\text{kN}$

Eigenlast des Fundamentes $\quad G_2 = 0,65 \cdot 0,60 \cdot 1,00 \cdot 23 = 9 \,\text{kN}$

$$\overline{ R_v = 21 \,\text{kN}}$$

Winddruck

$$W = c_f \cdot q \cdot h_1 \cdot l = 1,2 \cdot 0,5 \cdot 1,8 \cdot 1,0 = 1,08 \,\text{kN}$$

(s. Teil 1, Abschn. 4.2.2)

Untersuchung Fuge zwischen Wand und Fundament

Standmoment

195.2 Bodenpressung für eine Gartenmauer mit Winddruck

$$|M_S| = G_1 \cdot b_1/2 = 12 \cdot 0,30/2 = 1,80 \,\text{kNm}$$

Kippmoment

$$|M_K| = W \cdot \left(\frac{h_1}{2} + h_2\right) = 1{,}08 \cdot \left(\frac{1{,}80}{2} + 0{,}20\right) = 1{,}19\,\text{kNm}$$

Kippsicherheit

$$\eta_K = |M_S|/|M_K| = 1{,}80/1{,}19 = 1{,}51 > 1{,}50$$

Untersuchung Fundamentsohle

Moment

$$|M| = W \cdot \left(\frac{h_1}{2} + h_2 + h_3\right) = 1{,}08 \cdot \left(\frac{1{,}80}{2} + 0{,}20 + 0{,}60\right) = 1{,}08 \cdot 1{,}70 = 1{,}84\,\text{kNm}$$

Ausmitte

$$e_y = \frac{|M|}{|R_v|} = \frac{1{,}84}{21} = 0{,}088\,\text{m} \qquad \frac{b_y}{6} = 0{,}108\,\text{m} \qquad e_y < \frac{b_y}{6}$$

verkleinerte Fundamentbreite

$$b'_y = b_y - 2\,e_y = 0{,}65 - 2 \cdot 0{,}088 = 0{,}47\,\text{m}$$

rechnerisch maßgebende Bodenpressung

$$\sigma_{0r} = \frac{|R_v|}{b'_y \cdot b_z} = \frac{21}{0{,}47 \cdot 1{,}00} = 44{,}7\,\text{kN/m}^2$$

zulässige Bodenpressung für 0,80 m Einbindetiefe bei fettem Ton:

$$\text{zul}\,\sigma_0 = 90 + \frac{0{,}30}{0{,}50} \cdot (110 - 90) = 102\,\text{kN/m}^2$$

Spannungsvergleich

$$\frac{\sigma_{0r}}{\text{zul}\,\sigma_0} = \frac{44{,}7\,\text{kN/m}^2}{102\,\text{kN/m}^2} = 0{,}44 < 1{,}0$$

2. Eine Grenzwand steht einseitig auf einem Fundament (Bild **196.**1). Die maximale Kantenpressung infolge der ausmittigen Belastung wird nachgewiesen. Die rechnerisch maßgebende Bodenpressung wird der zulässigen Bodenpressung gegenüber gestellt.

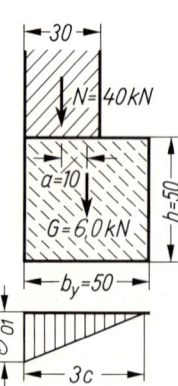

Belastung

$$|N| = N_g + N_p = 26{,}0 + 14{,}0 = 40{,}0\,\text{kN}$$

Fundament-Eigenlast

$$G = 0{,}50 \cdot 0{,}50 \cdot 1{,}00 \cdot 24 = 6{,}0\,\text{kN}$$

Gesamtlast

$$|R_v| = |N| + G = 40{,}0 + 6{,}0 = 46{,}0\,\text{kN}$$

196.1   Bodenpressung für eine einseitig angeordnete Grenzwand

Moment

$$|M| = |N| \cdot a = 40{,}0 \cdot \left(\frac{0{,}50}{2} - \frac{0{,}30}{2}\right) = 40{,}0 \cdot 0{,}10 = 4{,}0 \, \text{kNm}$$

Ausmitte

$$e_y = \frac{|M|}{|R_v|} = \frac{4{,}0}{46{,}0} = 0{,}087 \, \text{m}$$

Randabstand

$$c = \frac{b_y}{2} - e_y = \frac{0{,}50}{2} - 0{,}087 = 0{,}163 \, \text{m} > \frac{b_y}{6} = \frac{0{,}50}{6} = 0{,}083 \, \text{m}$$

Moment aus ständiger Last

$$M_g = N_g \cdot a = 26{,}0 \cdot 0{,}10 = 2{,}6 \, \text{kNm}$$

Ausmitte bei ständiger Last

$$e_g = \frac{M_g}{N_g + G} = \frac{2{,}6}{26{,}0 + 6{,}0} = 0{,}081 \, \text{m}$$

Randabstand

$$c = \frac{b_y}{2} - e_y = \frac{0{,}50}{2} - 0{,}081 = 0{,}169 \, \text{m} > \frac{b_y}{3} = \frac{0{,}50}{3} = 0{,}167 \, \text{m}$$

verkleinerte Fundamentbreite

$$b_y' = b_y - 2\,e_y = 0{,}50 - 2 \cdot 0{,}087 = 0{,}326 \, \text{m}$$

rechnerisch maßgebende Bodenpressung

$$\sigma_{0r} = \frac{|R_v|}{b_y' \cdot b_z} = \frac{46{,}0}{0{,}326 \cdot 1{,}00} = 141 \, \text{kN/m}^2$$

zulässige Bodenpressung bei nichtbindigem Boden für 0,75 m Einbindetiefe unter Kellerfußboden (s. Tafel **17.1** bei kleinen Bauwerken):

$$\text{zul}\,\sigma_0 = 150 \, \text{kN/m}^2$$

Spannungsvergleich

$$\frac{\sigma_{0r}}{\text{zul}\,\sigma_0} = \frac{141 \, \text{kN/m}^2}{150 \, \text{kN/m}^2} = 0{,}94 < 1{,}0$$

Beispiele zur Übung

1. Eine Gartenmauer ist dem Winddruck ausgesetzt. Die Kippsicherheit und die Bodenpressung sollen untersucht werden wie in Erläuterungsbeisp. 1; jedoch $h_1 = 2{,}10$ m, $h_2 = 0{,}30$ m, $h_3 = 0{,}60$ m, $b_1 = 0{,}365$ m, $b_2 = 0{,}80$ m, $w = 0{,}60 \, \text{kN/m}^2$.

2. Eine Grenzwand steht einseitig auf einem Fundament. Die rechnerisch maßgebende Bodenpressung infolge der ausmittigen Belastung ist nachzuweisen wie in Erläuterungsbeisp. 2; jedoch Wanddicke 36,5 cm, $b = 55$ cm, $h = 40$ cm, $N = 120$ kN.

3. Wie Beispiel 2, jedoch Wanddicke 36,5 cm, $b = 70$ cm, $h = 50$ cm, $N = 130$ kN mit $a = 12$ cm.

8.4.7   Zweiachsige Ausmitte bei Rechteckquerschnitten

Bei zweiachsiger Ausmitte wirkt die Resultierende auf keiner der beiden Hauptachsen des Querschnittes (**198.1**). Solange bei geringen Ausmitten keine Zugspannungen an einer Querschnittskante oder -ecke entstehen, kann mit der bekannten Formel gerechnet werden

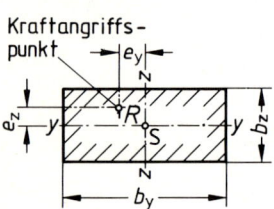

$$\sigma = \frac{N}{A} \pm \frac{M_y}{W_y} \pm \frac{M_z}{W_z} \qquad (198.1)$$

in N/mm² oder MN/m²

198.1 Zweiachsige Ausmitte des
Lastangriffspunktes

Bei größeren Ausmitten entstehen nicht nur Druckspannungen, sondern auch Zugspannungen. In diesem Fall muß geklärt werden, ob diese Zugspannungen vom Querschnitt aufgenommen werden können. Wenn keine Zugspannungen aufgenommen werden können, ist nachzuweisen, daß die resultierende Kraft im Kern angreift. Dieses trifft zu, wenn folgende Bedingung erfüllt ist (siehe auch Teil 1 Abschn. 5.1):

$$\left(\frac{e_y}{b_y}\right)^2 + \left(\frac{e_z}{b_z}\right)^2 \leq \frac{1}{9} \qquad (198.2)$$

Zur Berechnung der Eckspannung sind verschliedene Verfahren entwickelt worden, da die Spannung nicht einfach durch Addieren der einzelnen Teilspannungen berechnet werden kann. Ein zweckmäßig anzuwendendes Verfahren bietet Gleichung 198.3 mit den Beiwerten μ der Tafel **199.2**.

Eckspannung:

$$\max \sigma = \frac{\mu \cdot |R_v|}{b_y \cdot b_z} \qquad (198.3)$$

8.4.8   Fundamente mit zweiachsiger Ausmitte

Zur Berechnung der Bodenpressung unter Fundamenten wird bei zweiachsig ausmittigem Lastangriff die angreifende Last ebenfalls auf eine verkleinerte Teilfläche A' bezogen. Die rechnerisch maßgebende Bodenpressung σ_{0r} bezogen auf die Teilfläche A' darf nicht größer sein als die zulässige Bodenpressung zul σ_0 der Tafeln **15**.1 bzw. **16**.2. Die Teilfläche A' errechnet sich bei zweiachsiger Ausmitte wie folgt:

$$\text{Teilfläche } A' = b'_y \cdot b'_z \qquad \begin{array}{l} \text{mit } b'_y = b_y - 2\,e_y \\ \text{und } b'_z = b_z - 2\,e_z \end{array} \qquad (198.4)$$

Die rechnerisch maßgebende Bodenpressung wird wie bisher berechnet:

$$\sigma_{0r} = \frac{|R_v|}{A'} = \frac{|R_v|}{b'_y \cdot b'_z} \qquad \frac{\sigma_{0r}}{\text{zul } \sigma_0} \leq 1,0 \qquad (198.5)\ (198.6)$$

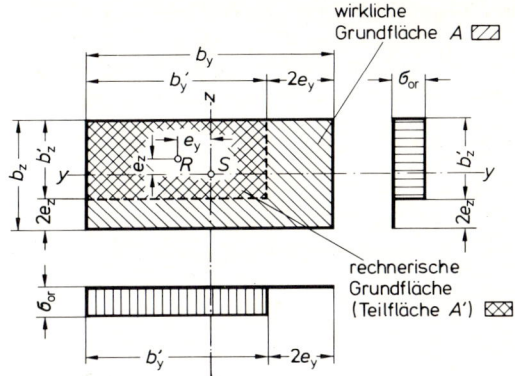

199.1 Gleichmäßig verteilte Bodenpressung auf der Teilfläche A' bei geringen zweiachsigen Ausmitten e_y und e_z

Tafel 199.2 Beiwerte μ für maximale Eckspannung rechteckiger Querschnitte bei zweiachsiger Ausmittigkeit ohne Aufnahme von Zugspannungen

e_z/b_z	0,00	0,02	0,04	0,06	0,08	0,10	0,12	0,14	0,16	0,18	0,20	0,22	0,24	0,26	0,28	0,30	0,32
0,32	3,70	3,93	4,17	4,43	4,70	4,99											
0,30	3,33	3,54	3,75	3,98	4,23	4,49	4,78	5,09	5,43								
0,28	3,03	3,22	3,41	3,62	3,84	4,08	4,35	4,63	4,94	5,28	5,66						
0,26	2,78	2,95	3,13	3,32	3,52	3,74	3,98	4,24	4,53	4,84	5,19	5,57					
0,24	2,56	2,72	2,88	3,06	3,25	3,46	3,68	3,92	4,18	4,47	4,79	5,15	5,55				
0,22	2,38	2,53	2,68	2,84	3,02	3,20	3,41	3,64	3,88	4,15	4,44	4,77	5,15	5,57			
0,20	2,22	2,36	2,50	2,66	2,82	2,99	3,18	3,39	3,62	3,86	4,14	4,44	4,79	5,19	5,66		
0,18	2,08	2,21	2,35	2,49	2,64	2,80	2,98	3,17	3,38	3,61	3,86	4,15	4,47	4,84	5,28		
0,16	1,96	2,08	2,21	2,34	2,48	2,63	2,80	2,97	3,17	3,38	3,62	3,88	4,18	4,53	4,94	5,43	
0,14	1,84	1,96	2,08	2,21	2,34	2,48	2,63	2,79	2,97	3,17	3,39	3,64	3,92	4,24	4,63	5,09	
0,12	1,72	1,84	1,96	2,08	2,21	2,34	2,48	2,63	2,80	2,98	3,18	3,41	3,68	3,98	4,35	4,78	
0,10	1,60	1,72	1,84	1,96	2,08	2,20	2,34	2,48	2,63	2,80	2,99	3,20	3,46	3,74	4,08	4,49	4,99
0,08	1,48	1,60	1,72	1,84	1,96	2,08	2,21	2,34	2,48	2,64	2,82	3,02	3,25	3,52	3,84	4,23	4,70
0,06	1,36	1,48	1,60	1,72	1,84	1,96	2,08	2,21	2,34	2,49	2,66	2,84	3,06	3,32	3,62	3,98	4,43
0,04	1,24	1,36	1,48	1,60	1,72	1,84	1,96	2,08	2,21	2,35	2,50	2,68	2,88	3,13	3,41	3,75	4,17
0,02	1,12	1,24	1,36	1,48	1,60	1,72	1,84	1,96	2,08	2,21	2,36	2,53	2,72	2,95	3,22	3,54	3,93
0,00	1,00	1,12	1,24	1,36	1,48	1,60	1,72	1,84	1,96	2,08	2,22	2,38	2,56	2,78	3,03	3,33	3,70

Ausmittigkeit e_z/b_z (vertikal) — Ausmittigkeit $e_y/b_y \longrightarrow$

Erläuterungen zur Tafel **199.**2:

μ-Werte unterhalb der Staffellinie:

Die resultierende Kraft wirkt innerhalb des Kerns entsprechend Gleichung 156.2.

μ-Werte oberhalb der Staffellinie:

Die resultierende Kraft wirkt außerhalb des Kerns. Es wird mit klaffender Fuge gerechnet. Mindestens die Hälfte der Fläche $b_y \cdot b_z$ ist an der Druckübertragung beteiligt, im Grenzfall geht die Nullinie durch den Schwerpunkt S der Grundfläche A.

Beispiel zur Erläuterung

Ein 0,80 m hohes Stahlbeton-Fundament auf nichtbindigem Boden mit den Abmessungen $b_y/b_z = 1,50/2,00$ m, erhält außer einer mitttigen Stützenlast von $N = 380$ kN zusätzliche Biegemomente durch die Stützeneinspannung von $M_y = 154$ kNm und $M_z = 39,5$ kNm (Bild **200**.1). Die maximale Eckpressung wird nachgewiesen und der zulässigen gegenübergestellt.

Fundament-Eigenlast

$$G = b_y \cdot b_z \cdot h \cdot \gamma = 2,0 \cdot 1,5 \cdot 0,8 \cdot 25 = 60 \text{ kN}$$

Gesamtlast

$$|R_v| = |N| + G = 380 + 60 = 440 \text{ kN}$$

Aus der Formel $M = |R_v| \cdot e$ errechnen sich die Ausmitten

$$e_y = M_z/|R_v| = 39,5/440 = 0,09 \text{ m}$$

$$e_z = M_y/|R_v| = 154/440 = 0,35 \text{ m}$$

Damit berechnet man die Verhältnisse der Ausmitten zu den Fundamentabmessungen

$$e_y/b_y = 0,09/1,50 = 0,06 \qquad e_z/b_z = 0,35/2,00 = 0,175$$

$$(e_y/b_y)^2 + (e_z/b_z)^2 = 0,06^2 + 0,175^2 = 0,035 < 1/9$$

Teilfläche A' für die rechnerische Bodenpressung:

$$A' = b'_y \cdot b'_z = (b_y - 2 e_y) \cdot (b_z - 2 e_z)$$
$$= (1,50 - 2 \cdot 0,09) \cdot (2,00 - 2 \cdot 0,35) = 1,32 \cdot 1,30 = 1,72 \text{ m}^2$$

Rechnerisch maßgebende Bodenpressung

$$\sigma_{0r} = \frac{|R_v|}{A'} = \frac{440}{1,72} = 256 \text{ kN/m}^2$$

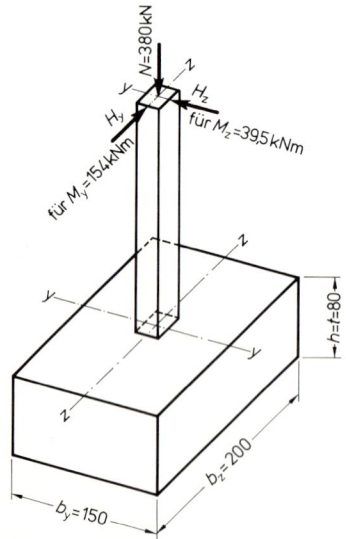

200.1   Fundament mit eingespannter Stütze

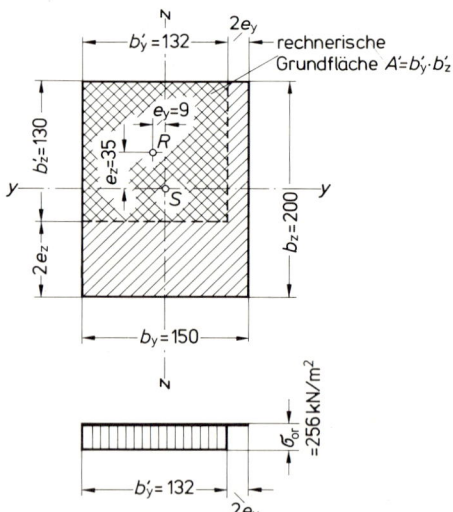

200.2   Ausmittiger Lastangriff bei rechteckigem Stützen-fundament mit rechnerisch maßgebender Boden-pressung σ_{0r} unter der rechnerischen Grundfläche A'

Die zulässige Bodenpressung liegt nach Tafel **15.**1 für eine Einbindetiefe $t = 0,8$ m und eine Fundament-breite $b'_z = 1,3$ m über $300\,\text{kN/m}^2$. Sie ist damit höher als die rechnerisch maßgebende Bodenpressung von $256\,\text{kN/m}^2$.

Die Ermittlung des zulässigen Wertes aus Tafel **15.**1 durch Interpolieren soll dennoch gezeigt werden.

Tabellenwerte der zulässigen Bodenpressung:

Breite b bzw. b' in m

		1,0	1,5
Einbinde-tiefe t in m	0,5	300	330
	1,0	370	360

1. Schritt:

Interpolierte Werte für die Breite $b'_z = 1,3$ m

		1,0	1,3	1,5
Einbinde-tiefe t in m	0,5	300	**318**	330
	1,0	370	**364**	360

$$300 + (330 - 300) \cdot \frac{1,3 - 1,0}{1,5 - 1,0} = 318$$

$$370 - (370 - 360) \cdot \frac{1,3 - 1,0}{1,5 - 1,0} = 364$$

2. Schritt

Interpolierter Wert für die Einbindtiefe $t = 0,8$ m

	1,3
0,5	318
0,8	**345**
1,0	364

$$318 + (364 - 318) \cdot \frac{0,8 - 0,5}{1,0 - 0,5} = 345$$

Die zulässige Bodenpressung beträgt

$$\text{zul}\,\sigma = 345\,\text{kN/m}^2$$

Spannungsvergleich

$$\frac{\sigma_{0r}}{\text{zul}\,\sigma} = \frac{256\,\text{kN/m}^2}{345\,\text{kN/m}^2} = 0,74 < 1,0$$

9 Stabilität von Bauteilen und Bauwerken

Bei schlanken und dünnwandigen hohen Bauteilen aus Stahl und Holz können Verformungen auftreten, die die Stabilität gefährden, bevor die zulässigen Spannungen erreicht sind. Für diese Bauteile kann es erforderlich werden, zusätzlich zu den Spannungsnachweisen auch Stabilitätsnachweise zu führen. Die Einflüsse auf die Stabilität der Bauteile werden bei den drei Stabilitätsfällen geklärt:

– Knicken → Knicksicherheitsnachweis
– Kippen → Kippsicherheitsnachweis
– Beulen → Beulsicherheitsnachweis

Bei den drei Stabilitätsfällen wird untersucht, ob durch Instabilitäten die Standsicherheit gefährdet wird.

9.1 Knicksicherheitsnachweis

Infolge einer Druckbelastung können schlanke Bauteile plötzlich ausweichen; es besteht die Gefahr des Knickens (Bild **202.**1). Das Knicken von einteiligen Druckgliedern wurde bereits in Abschnitt 7 behandelt.

Bei dünnwandigen, offenen Querschnitten kann die Stabilität auch durch Biegedrillknicken gefährdet werden. Hierfür sind besondere Nachweise erforderlich. Die Berechnung mehrteiliger Druckstäbe, die miteinander verbunden sind (z. B. durch Bindebleche bei Stahlstützen), erfordert ebenfalls besondere Berechnungsverfahren, auf die hier nicht eingegangen werden soll.

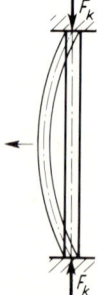

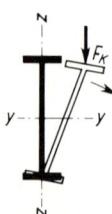

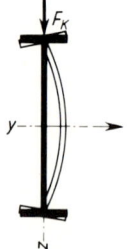

202.1 Knicken bei Stützen

202.2 Kippen bei Trägern (seitliches Ausweichen des Druckgurtes)

202.3 Beulen bei Trägern (seitliches Ausbeulen hoher, dünner Stege)

9.2 Kippsicherheitsnachweis

Bei Trägern mit großer Steghöhe, bei schlanken Trägern oder bei unsymmetrischen Trägerquerschnitten kann der Druckgurt seitlich ausweichen, der Träger kippt (Bild **202**.2). Das kann geschehen, bevor die zulässigen Biegespannungen oder Schubspannungen erreicht werden. Dadurch kann die Standsicherheit gefährdet werden. Daher ist bei derartigen Trägern zur Untersuchung ausreichender Stabilität ein Kippsicherheitsnachweis zu führen.

9.2.1 Stahlträger mit I-Querschnitt

Für Stahlträger mit I-Querschnitt ist ein genauer Kippsicherheitsnachweis in DIN 4114 Abschnitt 15 bzw. in DIN 18 800 beschrieben. In den meisten Fällen genügt jedoch der einfache Kippsicherheitsnachweis nach DIN 4114 Abschnitt 15.4. Hierbei wird der Druckgurt des Trägers als Knickstab mit Biegeknickung senkrecht zur z-Achse aufgefaßt. Dazu heißt es in der Norm:

Ist der Druckgurt des Trägers in einzelnen Punkten, deren Entfernung s beträgt, seitlich unverschieblich festgehalten (Bild **203**.1) und ist der auf die Stegachse bezogene Hauptträgheitshalbmesser i_z des Gurtquerschnittes A_G gleich oder größer als $s/40$, so darf der Nachweis der Kippsicherheit entfallen.

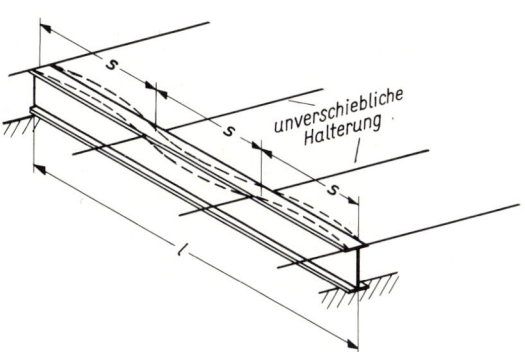

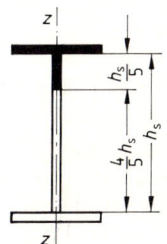

203.2 Der Druckgurt wird mit 1/5 des anschließenden Stegquerschnitts als Knickstab aufgefaßt (dunkel angelegte Fläche A_G)

203.1 Aussteifung des Druckgurtes gegen seitliches Ausweichen durch unverschiebliche Halterungen (Querträger, Verbände u.ä.)

Es gelten folgende Bezeichnungen:

s Entfernung der Punkte, in denen der Druckgurt seitlich unverschieblich festgehalten wird

$A_G = A_{\text{Druckgurt}} + 1/5\, A_{\text{Steg}}$ (Bild **203**.2)
   Der Druckgurt wird mit 1/5 des anschließenden Stegquerschnitts als Knickstab betrachtet (Knickquerschnitt)

$i_{zG} = \sqrt{I_{zG}/A_G}$
   i_{zG} ist der Trägheitshalbmesser des Knickquerschnitts bezogen auf die z-Achse nach Tafel **76**.1 bis **77**.2

Bei der Kippsicherheit von Stahlträgern sind zwei Fälle zu unterscheiden:

Fall 1: $i_{zG} \geqq s/40$: Stabilitätsnachweis kann entfallen

Fall 2: $i_{zG} < s/40$: Stabilitätsnachweis erforderlich

Beim Fall 2 wird der einfache Kippsicherheitsnachweis wie der Knicknachweis unter Berücksichtigung der Schlankheit λ und der Knickzahl ω des Querschnitts A_G durchgeführt (s. Abschnitt 7).

$\lambda = s/i_{zG}$ (Schlankheitsgrad des Querschnitt A_G)
ω Knickzahl nach Tafel **149.**1 bzw. **150.**1.

Biegedruckrandspannung:

$$\text{zul}\,\sigma_K' = \frac{1{,}14 \cdot \text{zul}\,\sigma_D}{\omega} \tag{204.1}$$

$$\frac{\text{vorh}\,\sigma_B}{\text{zul}\,\sigma_K'} \leqq 1{,}0 \tag{204.2}$$

Der Wert 1,14 entspricht der Knickzahl für den Schlankheitsgrad $\lambda = 40$ für St 37-2. Ist der gedrückte Gurt bei Deckenträgern durch die Deckenplatte wirksam gegen seitliches Ausweichen gehalten oder verhindern die Aussteifungen durch Längsverbände o.ä. in Abständen $s < 40\,i_z$ ein seitliches Ausweichen, dann ist ein Nachweis der Kippsicherheit nicht erforderlich. Der Trägheitshalbmesser i_{zG} des Gurtquerschnittes kann Tafel **76.**1 bis **77.**2 entnommen werden.

In der DIN 18 800 Teil 1 „Stahlbauten, Bemessung und Konstruktion" wird bei den zulässigen Spannungen für Biegung unterschieden:

1. Biegung mit ausgesteiftem Druckgurt für zul σ Zeile 2 Tafel **23.**1

2. Nachweis auf Knicken und Kippen erforderlich für zul σ_D Zeile 1 Tafel **23.**1

Die zulässigen Biegespannungen im Fall 1 sind größer als im Fall 2.

Beispiele zur Erläuterung

1. Ein Stahlträger IPE 330 mit einer Länge von $l = 5{,}40$ m hat außer der ständigen Last $g = 3$ kN/m in den Drittelpunkten Einzellasten von $F = 40$ kN aus Querträgern aufzunehmen (Bild **204.**1). Der Druckgurt des Trägers wird auch dort gegen seitliches Ausweichen gehalten. Die Biegespannung, Schubspannung, Kippspannung und Durchbiegung werden nachgewiesen. Lastfall H, St 37-2.

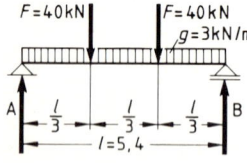

204.1   Stahlträger mit 2 Querträgern zur seitlichen Aussteifung

Schnittgrößen

$$\max M = M_g + M_F = \frac{g \cdot l^2}{8} + \frac{F \cdot l}{3} = \frac{3{,}0 \cdot 5{,}4^2}{8} + \frac{40 \cdot 5{,}4}{3}$$

$$= 10{,}9 + 72{,}0 = 82{,}9\,\text{kNm} = 8290\,\text{kNcm}$$

$$\max Q = A = \frac{g \cdot l}{2} + F = \frac{3{,}0 \cdot 5{,}4}{2} + 40{,}0 = 8{,}1 + 40{,}0 = 48{,}1\,\text{kN}$$

Querschnittswerte für IPE 330

$$W_y = 713 \, \text{cm}^3 \qquad i_z = 3{,}55 \, \text{cm} \qquad i_{zG} = 4{,}02 \, \text{cm} \qquad s = 0{,}75 \, \text{cm} \qquad s_y = 29{,}3 \, \text{cm}$$

Biegespannung

$$\text{vorh} \, \sigma_B = \frac{M_g}{W_y} + \frac{M_F}{W_y} = \frac{1090}{713} + \frac{7200}{713} = 1{,}53 + 10{,}10$$

$$= 11{,}63 \, \text{kN/cm}^2 = 116{,}3 \, \text{N/mm}^2$$

$$\text{zul} \, \sigma_{BD} = 140 \, \text{N/mm}^2$$

$$\frac{\text{vorh} \, \sigma_B}{\text{zul} \, \sigma_{BD}} = \frac{116{,}3}{140} = 0{,}83 < 1{,}0$$

Durchbiegung

$$\max f = f_g + f_F = \frac{\sigma_g \cdot l^2}{h \cdot k_g} + \frac{\sigma_F \cdot l^2}{h \cdot k_F} = \frac{15{,}3 \cdot 5{,}4^2}{33{,}0 \cdot 101} + \frac{101{,}0 \cdot 5{,}4^2}{33{,}0 \cdot 99}$$

$$= 0{,}13 + 0{,}90 = 1{,}03 \, \text{cm}$$

$$\text{zul} \, f = \frac{l}{300} = \frac{540}{300} = 1{,}80 \, \text{cm} > \text{vorh} \, f$$

Schubspannung

$$\max \tau = \frac{Q}{s \cdot s_y} = \frac{48{,}1}{0{,}75 \cdot 29{,}3} = 2{,}19 \, \text{kN/cm}^2 = 21{,}9 \, \text{N/mm}^2$$

$$\text{zul} \, \tau = 90 \, \text{N/mm}^2$$

$$\frac{\max \tau}{\text{zul} \, \tau} = \frac{21{,}9}{90} = 0{,}24 < 0{,}5$$

Stabilitätsnachweis gegen Kippen

$$s = \frac{l}{3} = \frac{540}{3} = 180 \, \text{cm} \qquad \lambda = \frac{s}{i_{zG}} = \frac{180}{4{,}02} = 44{,}8 > 40, \text{ also Stabilitätsnachweis erforderlich}$$

$$\omega = 1{,}17 \text{ nach Tafel } \textbf{149}.1$$

$$\text{zul} \, \sigma_K' = \frac{1{,}14 \cdot \text{zul} \, \sigma_D}{\omega} = \frac{1{,}14 \cdot 140}{1{,}17} = 136{,}4 \, \text{N/mm}^2$$

$$\text{vorh} \, \sigma_B = 116{,}3 \, \text{N/mm}^2$$

$$\frac{\text{vorh} \, \sigma_B}{\text{zul} \, \sigma_K'} = \frac{116{,}3}{136{,}4} = 0{,}85 < 1{,}0$$

2. Der Druckgurt eines Stahlträgers IPB 140 mit einer gleichmäßig verteilten Belastung von $q = 2{,}5 \, \text{kN/m}$ ist gegen seitliches Ausweichen nicht gehalten. $l = 5{,}2 \, \text{m}$. Die erforderlichen Nachweise werden geführt. Lastfall H, St 37-2.

Schnittgrößen

$$\max M = \frac{q \cdot l^2}{8} = \frac{2{,}5 \cdot 5{,}2^2}{8} = 8{,}45 \, \text{kNm} = 845 \, \text{kNcm}$$

$$\max Q = A = \frac{q \cdot l}{2} = \frac{2{,}5 \cdot 5{,}2}{2} = 6{,}5 \, \text{kN}$$

Biegespannung

$$\text{vorh}\,\sigma_B = \frac{\max M}{\text{vorh}\,W_y} = \frac{845}{216} = 3,91\,\text{kN/cm}^2 = 39,1\,\text{N/mm}^2$$

$$\text{zul}\,\sigma_{BD} = 140\,\text{N/mm}^2$$

$$\frac{\text{vorh}\,\sigma_B}{\text{zul}\,\sigma_{BD}} = \frac{39,1}{140} = 0,28 < 0,5$$

Durchbiegung

$$\max f = \frac{\sigma_B \cdot l^2}{h \cdot k_f} = \frac{39,1 \cdot 5,2^2}{14 \cdot 101} = 0,75\,\text{cm}$$

$$\text{zul}\,f = \frac{l}{300} = 1,73\,\text{cm} > \text{vorh}\,f$$

Schubspannung

$$\text{vorh}\,\tau = \frac{Q}{s \cdot s_y} = \frac{6,5}{0,70 \cdot 12,3} = 0,76\,\text{kN/cm}^2 = 7,6\,\text{N/mm}^2$$

$$\text{zul}\,\tau = 90\,\text{N/mm}^2$$

$$\frac{\text{vorh}\,\tau}{\text{zul}\,\tau} = \frac{7,6}{90} = 0,08 < 0,5$$

Stabilitätsnachweis gegen Kippen

$$s = l = 5,2\,\text{m} \qquad \lambda = \frac{s}{i_{zG}} = \frac{520}{3,80} = 136,8 > 40 \qquad \omega = 3,16$$

$$\text{zul}\,\sigma_K' = \frac{1,14 \cdot \text{zul}\,\sigma_D}{\omega} = \frac{1,14 \cdot 140}{3,16} = 50,5\,\text{N/mm}^2$$

$$\text{vorh}\,\sigma_B = 39,1\,\text{N/mm}^2$$

$$\frac{\text{vorh}\,\sigma_B}{\text{zul}\,\sigma_K'} = \frac{39,1}{50,5} = 0,77 < 1,0$$

Beispiele zur Übung

Die Nachweise der Biegespannung, Schubspannung, Kippspannung und Durchbiegung sind für folgende Träger zu führen:

1. IPB 300 $l = 3,50\,\text{m}$ $s = l$ $q = 60\,\text{kN/m}$
2. IPE 450 $l = 5,50\,\text{m}$ $s = l/5$ $q = 30\,\text{kN/m}$

9.2.2   Stahlträger mit U-, Z- und L-Querschnitt

Bei Stahlträgern mit Querschnitten ohne lotrechte Symmetrieachse kann während einer Biegebeanspruchung sehr leicht ein seitliches Ausweichen stattfinden. Das ist z. B. bei U-, Z- oder L-Profilen der Fall. Hierbei können sowohl der Druckgurt als auch der Zuggurt seitlich ausweichen, so daß sich der gesamte Querschnitt verdrillt (Bild **207**.1).

Für die praktische Arbeit sind ⌶-Profile von besonderem Interesse. Das Verhalten dieser Querschnitte soll deshalb näher erläutert werden.

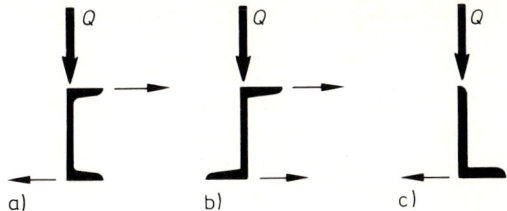

207.1 Querschnitte ohne lotrechte Symmetrieachse weichen bei lotrechter Belastung
seitlich aus
a) ⊏-Profil,
b) ⌐-Profil,
c) L-Profil

⊏-Profile werden auch dann noch verdreht bzw. verdrillt, wenn die Lastebene in die
Stegebene verlegt wird (Bild **207**.2). Dieses Drillen bewirken die waagerechten Schubkräfte
in den Flanschen. Verlegt man jedoch die Lastebene noch weiter seitlich neben das Profil,
dann wird die Drehwirkung immer kleiner. Die waagerechten Schubkräfte in den Flanschen
werden zu Null: das Profil wird nicht mehr verdrillt. Schiebt man die Lastebene seitlich über
einen Punkt hinweg, findet ein Verdrillen nach der anderen Richtung statt. Der Punkt, bei
dem die Drillung zu Null wird, ist der sogenannte Schubmittelpunkt *M* (Bild **207**.3).

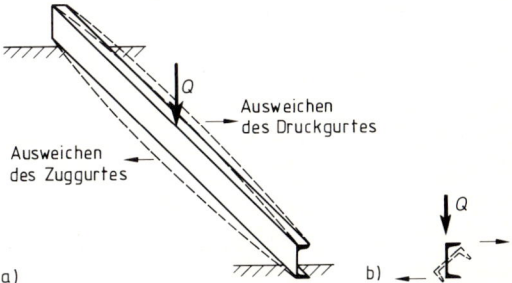

207.2 Ein lotrecht belastetes ⊏-Profil wird sich
nicht nur nach unten durchbiegen: es
wird auch seitlich ausweichen.
a) der Druckgurt eines ⊏-Profils weicht
in die Richtung des abstehenden
Flansches aus, der Zuggurt
entgegengesetzt
b) das ⊏-Profil wird verdrillt, also auf
Torsion beansprucht

Der Schubmittelpunkt *M* hat vom Schwerpunkt *S* des Querschnitts den Abstand y_M. Dieses
Maß ist in Profiltabellen angegeben (Bild **207**.3).

Querkräfte, die nicht durch den Schubmittelpunkt gehen, verursachen ein Drillmoment.
Das Drillmoment ist ein Torsionsmoment

$$M_T = Q \cdot e \qquad\qquad (207.1)$$

Die Ausmitte *e* ist der Abstand der Lastebene vom Schubmittelpunkt *M*.

207.3 ⊏-Profil mit Schwerpunkt *S* und Schubmittelpunkt *M* sowie Abstand y_M
a) Wirkungslinie der Belastung im
Schwerpunkt, daher $e = y_M$:
Torsionsmoment $M_T = Q \cdot y_M$
b) Belastung auf Stegkante, daher $e = y_M - e_z$:
Torsionsmoment $M_T = Q \cdot (y_M - e_z)$
c) Wirkungslinie der Belastung im Schubmittelpunkt *M*, daher $e = 0$:
Torsionsmoment $M_T = 0$

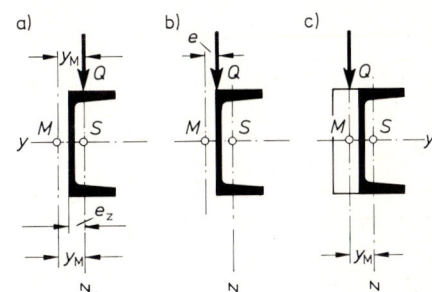

Die Torsionsspannungen werden in gleicher Weise wie bei anderen torsionsbeanspruchten Querschnitten bestimmt.

$$\tau_T = \frac{M_T}{W_T} \qquad \text{in N/mm}^2 \tag{208.1}$$

Mit dem Torsionswert I_T und der Flanschdicke t erhält man für $W_T = I_T/t$ und $M_T = Q \cdot e$ die Berechnungsformel für die Torsionsspannung

$$\tau_T = \frac{t}{I_T} \cdot Q \cdot e \qquad \text{in N/mm}^2 \tag{208.2}$$

Diese Torsionsspannung (Drillspannung) wird mit der Biegespannung σ und der Schubspannung τ_Q zur Vergleichsspannung σ_V umgerechnet:

$$\sigma_V = \sqrt{\sigma^2 + 3\,(\tau_Q + \tau_T)^2} \tag{208.3}$$

$$\frac{\sigma_V}{\text{zul}\,\sigma} \leqq 1,1 \tag{208.4}$$

Der Spannungsnachweis ist der gleiche wie in Abschnitt 6.4.

Beispiel zur Erläuterung

Ein Stahlträger aus einem Stahlprofil ⊏180 hat eine lotrechte Belastung von $q = 5\,\text{kN/m}$ zu tragen. Trägerlänge $l = 4,5\,\text{m}$ (Bild **208.1**).

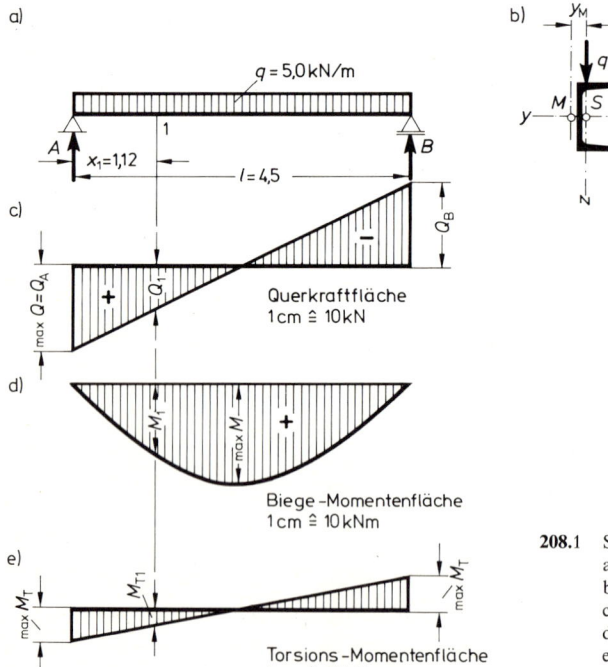

208.1 Stahlträger mit ⊏-Querschnitt
a) Statisches System mit Belastung
b) Querschnitt
c) Querkraftfläche
d) Biege-Momentenfläche
e) Torsions-Momentenfläche (ähnlich wie Querkraftfläche)

Der Spannungsnachweis wird geführt.

Stahlprofil **⌷180,** $A = 28{,}0\,\text{cm}^2,$ $W_y = 150\,\text{cm}^3$

$A_Q = 13{,}5\,\text{cm}^2,$ $I_T = 9{,}55\,\text{cm}^4$

$t = 1{,}1\,\text{cm},$ $y_m = 3{,}75\,\text{cm}$

Schnittgrößen (Bild **208.**1)

Biegemoment in Feldmitte

$$\max M = \frac{q \cdot l^2}{8} = \frac{5{,}0 \cdot 4{,}5^2}{8} = 12{,}66\,\text{kNm} = 1266\,\text{kNcm}$$

Querkräfte an den Auflagern

$$\max Q = \frac{q \cdot l}{2} = \frac{5{,}0 \cdot 4{,}5}{2} = 11{,}25\,\text{kN}$$

Torsionsmomente an den Auflagern

$$\max M_T = Q \cdot e = Q \cdot y_m = 11{,}25 \cdot 3{,}75 = 42\,\text{kNcm}$$

Spannungsnachweis

Biegespannung in Feldmitte

$$\max \sigma_B = \frac{\max M}{W_y} = \frac{1266}{150} = 8{,}44\,\text{kN/cm}^2 = 84{,}4\,\text{N/mm}^2$$

$$\text{zul}\,\sigma = 160\,\text{N/mm}^2$$

$$\frac{\max \sigma_B}{\text{zul}\,\sigma} = \frac{84{,}4\,\text{N/mm}^2}{160\,\text{N/mm}^2} = 0{,}53 > 0{,}5 < 1{,}0$$

Schubspannung am Auflager

$$\tau_Q = \frac{\max Q}{A_Q} = \frac{11{,}25}{13{,}5} = 0{,}83\,\text{kN/cm}^2 = 8{,}3\,\text{N/mm}^2$$

$$\text{zul}\,\tau = 92\,\text{N/mm}^2$$

$$\frac{\tau_Q}{\text{zul}\,\tau} = \frac{8{,}3\,\text{N/mm}^2}{92\,\text{N/mm}^2} = 0{,}09 < 1{,}0$$

Torsionsspannung am Auflager

$$\tau_T = \frac{t}{I_T} \cdot M_T = \frac{1{,}1}{9{,}55} \cdot 42 = 4{,}84\,\text{kN/cm}^2 = 48{,}4\,\text{N/mm}^2$$

$$\text{zul}\,\tau = 92\,\text{N/mm}^2$$

$$\frac{\tau_T}{\text{zul}\,\tau} = \frac{48{,}4\,\text{N/mm}^2}{92\,\text{N/mm}^2} = 0{,}53 > 0{,}5 < 1{,}0$$

Vergleichsspannung im Feld bei x_1

In Feldmitte wirken nur Biegespannungen, die Schub- und Torsionsspannungen sind dort Null.
An den Auflagern wirken nur Schub- und Torsionsspannungen, die Biegespannungen sind dort Null.
Es wird eine Schnittstelle bei $x_1 - l/4 = 1{,}12\,\text{m}$ untersucht.

Biegemoment

$$M_1 = \frac{q \cdot x}{2} \cdot (l - x) = \frac{5,0 \cdot 1,12}{2} \cdot (4,5 - 1,12) = 9,46 \, \text{kNm} = 946 \, \text{kNcm}$$

Biegespannung an der Flanschaußenseite

$$\sigma_1 = \frac{M_1}{W_y} = \frac{946}{150} = 6,31 \, \text{kN/cm}^2 = 63,1 \, \text{N/mm}^2$$

Biegespannung am Übergangsbereich zwischen Flansch und Steg

$$\sigma_1' = \sigma_1 \cdot \frac{s_y}{h} = 63,1 \cdot \frac{15,1}{18} = 52,9 \, \text{N/mm}^2$$

Querkraft

$$Q_1 = \max Q - q \cdot x_1 = 11,25 - 5,0 \cdot 1,12 = 5,65 \, \text{kN}$$

Schubspannung an der Flanschaußenseite

$$\tau_{Q_1} = 0$$

Schubspannung am Übergangsbereich

$$\tau_{Q1}' = \frac{Q_1}{A_Q} = \frac{5,65}{13,5} = 0,42 \, \text{kN/cm}^2 = 4,2 \, \text{N/mm}^2$$

Torsionsmoment

$$M_{T1} = Q_1 \cdot y_M = 5,65 \cdot 3,75 = 21 \, \text{kNcm}$$

Torsionsspannung an der Flanschaußenseite

$$\tau_{T1} = \frac{t}{I_T} \cdot M_{T1} = \frac{1,1}{9,55} \cdot 21 = 2,42 \, \text{kN/cm}^2 = 24,2 \, \text{N/mm}^2$$

Torsionsspannung am Übergangsbereich im Steg

$$\tau_{T1}' = \frac{s}{I_T} \cdot M_{T1} = \frac{0,8}{9,55} \cdot 21 = 1,76 \, \text{kN/cm}^2 = 17,6 \, \text{N/mm}^2$$

Vergleichsspannung Flanschaußenkante

$$\sigma_{V1} = \sqrt{\sigma_1^2 + 3 \, (\tau_{Q1} + \tau_{T1})^2}$$
$$= \sqrt{63,1^2 + 3 \, (0 + 24,2)^2} = \sqrt{3982 + 1757} = 75,8 \, \text{N/mm}^2$$

$$\frac{\sigma_{V1}}{\text{zul} \, \sigma} = \frac{75,8 \, \text{N/mm}^2}{160 \, \text{N/mm}^2} = 0,47 < 1,1$$

Vergleichsspannung am Übergangsbereich

$$\sigma_{V1}' = \sqrt{\sigma_1'^2 + 3 \, (\tau_{Q1}' + \tau_{T1}')^2}$$
$$= \sqrt{52,9^2 + 3 \, (4,2 + 17,6)^2} = \sqrt{2798 + 1426} = 65,0 \, \text{N/mm}^2$$

$$\frac{\sigma_{V1}'}{\text{zul} \, \sigma} = \frac{65,0 \, \text{N/mm}^2}{160 \, \text{N/mm}^2} = 0,41 < 1,0$$

Die Vergleichsspannungen einschließlich Schub und Torsion sind kleiner als die zulässige Biegespannung. Die Drillsicherheit ist damit nachgewiesen. Die Berechnung zeigt außerdem, daß in diesem Beispiel beide Vergleichsspannungen kleiner als die maximale Biegespannung sind.

9.2.3 Holzträger mit I-Querschnitt oder Kasten-Querschnitt

Biegebeanspruchte Bauteile aus Holz müssen gegen seitliches Ausweichen gesichert sein.

Bei Biegung von hohen und schmalen Holzträgern kann der Druckgurt seitlich ausweichen, bevor die zulässige Biegespannung erreicht ist. Daher muß der Druckgurt gegen seitliches Ausweichen gesichert sein.

Nach DIN 1052 darf ein komplizierter Nachweis des Kippens oder Verdrillens entfallen. Dazu muß der Druckgurt eines Vollwandträgers in einzelnen Punkten im Abstand s seitlich unverschieblich festgehalten sein. Zwischen den Halterungen darf der Druckgurt nicht ausknicken.

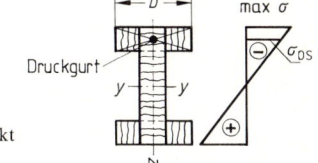

211.1 Holzträger mit I-Querschnitt
Druckgurt mit Biegedruckspannung σ_{DS} im Schwerpunkt des Druckgurtes

Die Sicherheit ist ausreichend, wenn die vorhandene Biegedruckspannung σ_{DS} im Schwerpunkt des Druckgurtes, dividiert durch den Knickbeiwert ω_{40} nicht größer als die zulässige Knickspannung zul$\sigma_{K'}$ ist (Bild **211**.1):

$$\frac{\text{vorh } \sigma_{DS}/\omega_{40}}{\text{zul } \sigma_{K'}} \leq 1{,}0 \tag{211.1}$$

Die zulässige Knickspannung ergibt sich aus der zulässigen Biegedruckspannung dividiert durch die zugehörige Knickzahl ω für den Schlankheitsgrad des gedrückten Gurtes:

$$\text{zul } \sigma_{K'} = \text{zul } \sigma_{D\parallel}/\omega \tag{211.2}$$

Hierbei sind:

ω_{40} = Knickzahl für Schlankheitsgrad $\lambda = 40$
ω_{40} = 1,26 für Nadelholz
 1,25 für Laubholz (Eiche, Buche, Teak)
 1,03 für Brettschichtholz
ω = Knickzahl für Schlankheitsgrad des gedrückten Gurtes $\lambda = s/i_{zG}$
s = Abstand der seitlichen Aussteifung
i_z = 0,289 b Trägheitshalbmesser des gedrückten Gurtquerschnittes bezogen auf die z-Achse

Dieser Nachweis gleicht dem Kippsicherheitsnachweis bei Stahlträgern (s. Abschn. 9.2.1).

9.2.4 Holzträger mit Rechteckquerschnitt

Für Träger mit rechteckigem Querschnitt, die im Abstand s seitlich unverschieblich gehalten sind, kann ein vereinfachter Kippnachweis in folgender Weise geführt werden (Bild **212**.1):

$$\text{vorh } \sigma_B = M_y/W_y \tag{211.3}$$

$$\text{zul } \sigma_{Ki} = \text{zul } \sigma_B \cdot 1{,}1 \cdot k_B \tag{211.4}$$

$$\frac{\text{vorh } \sigma_B}{\text{zul } \sigma_{Ki}} \leq 1{,}0 \tag{211.5}$$

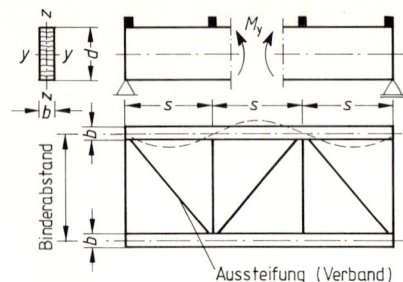

212.1   Holzbinder mit Rechteckquerschnitt b/d bei Biegebeanspruchung durch M_y mit Aussteifungen im Abstand s durch einen Horizontalverband

Hierbei sind:

$k_B =$ Kippbeiwert

$k_B = 1{,}0$	für $\lambda_B \leqq 0{,}75$	(212.1)
$k_B = 1{,}56 - 0{,}75 \cdot \lambda_B$	für $\lambda_B > 0{,}75$ bis $1{,}4$	(212.2)
$k_B = 1/\lambda_B^2$	für $\lambda_B > 1{,}4$	(212.3)

$\lambda_B =$ Kippschlankheitsgrad

$$\lambda_B = \varkappa_B \cdot \sqrt{s \cdot d/b^2} \qquad\qquad\qquad (212.4)$$

$\varkappa_B = 0{,}05905$ für Vollholz, Nadelholz II

$\varkappa_B = 0{,}05464$ für Brettschichtholz II

$\varkappa_B = 0{,}06165$ für Brettschichtholz I

Beispiel zur Erläuterung

Hallen-Dachbinder aus Brettschichtholz I werden durch gleichmäßig verteilte Belastung $q = g + p = 13{,}0\,\text{kN/m}$ belastet. Der folgende Rechengang zeigt die Bemessung.

a) Statisches System: Einfeldbalken

Binderlänge	$l_B = 18{,}0\,\text{m}$
Stützweite	$l = 17{,}67\,\text{m}$
Binderabstand	$a_B = 5{,}0\,\text{m}$
Binderquerschnitt	$b/d = 16/120\,\text{cm}$
Abstand der Abstützungen	$s = 4{,}46\,\text{m}$ (Bild **212.2**)

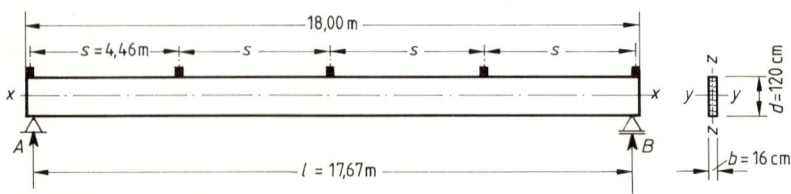

212.2   Holzträger mit Rechteckquerschnitt $d/b < 10$ mit Aussteifungen im Abstand s

b) Schnittgrößen

$$A = B = q \cdot l/2 = 13{,}0 \cdot 17{,}67/2 = 114{,}9 \, \text{kN}$$

$$\max M_y = q \cdot l^2/8 = 13{,}0 \cdot 17{,}67^2/8 = 507{,}4 \, \text{kNm}$$

$$Q'_A = A - q \cdot (t_A + d)/2 = 114{,}9 - 13{,}0 \cdot (0{,}33 + 1{,}20)/2$$
$$= 114{,}9 - 9{,}9 = 105{,}0 \, \text{kN}$$

c) Querschnittswerte

$$A_0 = b \cdot d = 16 \cdot 120 = 1920 \, \text{cm}^2$$

$$W_y = b \cdot d^2/6 = 16 \cdot 120^2/6 = 38400 \, \text{cm}^3$$

$$I_y = b \cdot d^2/12 = 16 \cdot 120^3/12 = 2304000 \, \text{cm}^4$$

d) Schubspannungsnachweis

$$\text{vorh} \, \tau_Q = 1{,}5 \cdot Q'_A/A_0 = 1{,}5 \cdot 105{,}0/1920 = 0{,}082 \, \text{kN/cm}^2 = 0{,}82 \, \text{N/mm}^2$$

$$\text{zul} \, \tau_Q = 1{,}2 \, \text{N/mm}^2$$

$$\frac{\text{vorh} \, \tau_Q}{\text{zul} \, \tau_Q} = \frac{0{,}82}{1{,}2} = 0{,}68 < 1{,}0$$

e) Biegespannungsnachweis

$$\text{vorh} \, \sigma_B = \max M_y/W_y = 50740/38400 = 1{,}32 \, \text{kN/cm}^2 = 13{,}2 \, \text{N/mm}^2$$

$$\text{zul} \, \sigma_B = 14{,}0 \, \text{N/mm}^2$$

$$\frac{\text{vorh} \, \sigma_B}{\text{zul} \, \sigma_B} = \frac{13{,}2}{14{,}0} = 0{,}94 < 1{,}0$$

f) Durchbiegungsnachweis

$$f_y = \frac{\sigma_B \cdot l^2}{d \cdot k_f} = \frac{13{,}2 \cdot 17{,}67^2}{120 \cdot 4{,}8} = 7{,}2 \, \text{cm} = 72 \, \text{mm}$$

$$f_\tau = \frac{M_y}{G \cdot b \cdot d} = \frac{50740 \cdot 10^6}{500 \cdot 160 \cdot 1200} = 5 \, \text{mm}$$

$$\text{vorh} \, f = f_y + f_\tau = 72 + 5 = 77 \, \text{mm}$$

$$\text{zul} \, f = l/200 = 18000/200 = 90 \, \text{mm}$$

Überhöhung

$$\text{gew} \, f = 100 \, \text{mm}$$

g) Nachweis der Auflagerpressung

Auflagerlänge $l_A = 30 \, \text{cm}$

$$\text{vorh} \, \sigma_{D\perp} = A/b \cdot l_A = 115{,}2/16 \cdot 30 = 0{,}24 \, \text{kN/cm}^2 = 2{,}4 \, \text{N/mm}^2$$

$$\text{zul} \, \sigma_{D\perp} = 2{,}5 \, \text{N/mm}^2$$

$$\frac{\text{vorh} \, \sigma_{D\perp}}{\text{zul} \, \sigma_{D\perp}} = \frac{2{,}4}{2{,}5} = 0{,}96 < 1{,}0$$

h) Kippsicherheitsnachweis

$$\text{zul} \, \sigma_{Ki} = \text{zul} \, \sigma_B/(1{,}1 \cdot k_B)$$

$$\lambda_B = \varkappa_B \cdot \sqrt{s \cdot d/b^2} = 0{,}06165 \cdot \sqrt{446 \cdot 120/16^2} = 0{,}89$$

$$k_B = 1{,}56 - 0{,}75 \cdot \lambda_B = 1{,}56 - 0{,}75 \cdot 0{,}89 = 0{,}89$$

$$\text{zul}\,\sigma_{Ki} = \text{zul}\,\sigma_B \cdot 1{,}1 \cdot k_B = 14{,}0 \cdot 1{,}1 \cdot 0{,}89 = 13{,}7\,\text{N/mm}^2$$

$$\text{vorh}\,\sigma_B = 13{,}2\,\text{N/mm}^2$$

$$\frac{\text{vorh}\,\sigma_B}{\text{zul}\,\sigma_{Ki}} = \frac{13{,}2}{13{,}7} = 0{,}96 < 1{,}0$$

Hinweis:

Die Bemessung der Hallen-Stützen und der erforderlichen Verbände zeigen die Beispiele in Abschnitt 9.4.2.

9.3 Beulsicherheitsnachweis

Bei Trägern mit sehr hohen dünnen Stegblechen (z. B. zusammengesetzte Stahlträger), können die Stegbleche ausbeulen (Bild **202.**3). Ebenso besteht bei Flansch-Enden gedrückter Bauteile und bei dünnen Platten oder Schalen die Gefahr des Beulens.

Gefährdete Stegbleche hoher Stahlträger werden daher durch Quer- und Längssteifen in einzelne rechteckige beulsichere Felder unterteilt (Bild **214.**1).

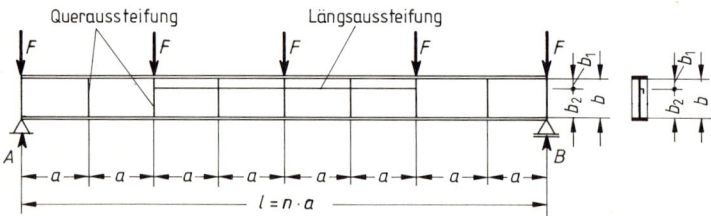

214.1 Stahlblechträger mit Quer- und Längsaussteifungen zur Unterteilung in Beulfelder $a \cdot b$ bzw. $a \cdot b_1$ und $a \cdot b_2$

Die Beulsicherheit der einzelnen Felder eines gefährdeten Trägers ist in bestimmten Fällen nachzuweisen, entsprechend der DASt-Richtlinie 012.

In folgenden Fällen sind Beulsicherheitsnachweise nicht erforderlich:

a) Für Platten, die nicht als tragende Konstruktionsteile notwendig sind und bei deren Ausbeulen noch ausreichende Tragfähigkeit vorhanden ist,

b) für vollständig einbetonierte Platten,

c) für allseitig gelenkig und unverschieblich gelagerte Rechteckplatten aus Stahl St 37 und St 52, die gleichzeitig folgende Bedingungen erfüllen:
   – Beanspruchung im Lastfall H nur durch achsparallele Normalspannungen σ_x mit dem Randspannungsverhältnis ψ (psi) und der größten Drucknormalspannung $\sigma_1 \leqq \max \sigma_1$ und durch Schubspannungen $\tau \leqq \max \tau$ nach Tafel **215.**1. In anderen Fällen dürfen $\max \sigma_1$ und $\max \tau$ im gleichen Verhältnis erhöht werden wie die entsprechenden zulässigen Spannungen beim allgemeinen Spannungsnachweis.
   – Seitenverhältnis $\alpha = a/b \geqq 0{,}7$.
   – vorhandenes Breiten-Dicken-Verhältnis vorh $(b/t) < \max (b/t)$ nach Tafel **215.**1.

d) für Stege von Walzprofilen nach DIN 1025 und DIN 1026 aus Stahl St 37 und St 52 mit $\alpha = a/b \geqq 0{,}7$, die nur durch achsparallele Normalspannungen σ_x und durch Schubspannungen τ beansprucht werden und die zusätzlich eine der beiden folgenden Bedingungen erfüllen, entweder $\psi \leqq 0$ und gleichzeitig vorhandene Vergleichsspannung

$\sigma_v = \sqrt{\sigma_x^2 + 3\,\tau^2} < \text{zul}\,\sigma$ (Tafel **23**.1 Zeile 2)

oder $\psi \leqq -1$.

Tafel **215**.1 gibt die größten zulässigen Spannungen in N/mm² für Lastfall H an, sowie das größte zulässige Breiten-Dicken-Verhältnis max (b/t) für Platten ohne Beulsicherheitsnachweis.

Tafel **215**.1   **Platten ohne Beulsicherheitsnachweis** im Stahlbau (DASt-Richtlinie 012) [14]

Beanspruchung	ψ	St 37			St 52		
		$\max \sigma_1$	$\max \tau$	$\max \dfrac{b}{t}$	$\max \sigma_1$	$\max \tau$	$\max \dfrac{b}{t}$
τ, σ_1; $a=\alpha\cdot b$; $\psi\cdot\sigma_1$	1	140 140 36	0 7,7 90	40 39 62	210 210 54	0 11 135	33 32 51
τ, σ_1; $a=\alpha\cdot b$; $\psi\cdot\sigma_1$	0,5	140 140 47	0 33 90	51 46 63	210 210 71	0 50 135	42 38 51
τ, σ_1; $a=\alpha\cdot b$; $\psi\cdot\sigma_1$	0	140 140 63	0 49 90	68 55 64	210 210 94	0 74 135	56 45 52
τ, σ_1; $a=\alpha\cdot b$; $\psi\cdot\sigma_1$	$-0,5$	140 140 73	0 62 90	98 65 67	210 210 109	0 93 135	80 53 54
τ, σ_1; $a=\alpha\cdot b$; $\psi\cdot\sigma_1$	$-1,0$	140 140 63	9 67 90	143 71 72	210 210 95	0 100 135	117 58 58
τ; b		0	90	78	0	135	64

Unabhängig von der Klärung der Beulsicherheit müssen die allgemeinen Spannungsnachweise sowie ggf. andere Stabilitätsnachweise geführt werden.

Zweckmäßigerweise ist die Konstruktion so zu wählen, daß ein Beulsicherheitsnachweis nicht erforderlich wird. Bei Konstruktionen, die nicht stark belastet oder nicht sehr weit gespannt sind, ist dieses im allgemeinen möglich. Der Beulsicherheitsnachweis wird deshalb hier nicht behandelt.

9.4   Aussteifungen für Bauteile und Bauwerke

Tragwerke müssen in drei Richtungen stabil sein:
– vertikal in Haupttragrichtung für Eigenlast, Schnee und Nutzlasten,
– horizontal in Querrichtung und
– horizontal in Längsrichtung gegen Wind und andere horizontale Kräfte, z. B. aus Kranbetrieb (Bild **216**.1).

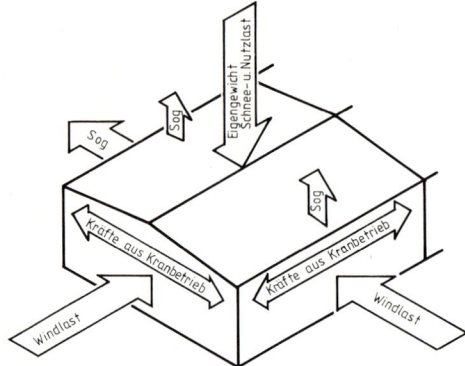

216.1   Schematische Darstellung der einwirkenden Lasten und Kräfte auf das Bauwerk [10]

Zur Sicherheit der Stabilität sind erforderlichenfalls die einzelnen Bauteile und das gesamte Bauwerk auszusteifen. Als Aussteifungen dienen im allgemeinen Verbände, Rahmen und Scheiben.

In Längsrichtung sorgen horizontale oder geneigte Dachverbände, horizontale Deckenscheiben und lotrechte Wandverbände oder Wandscheiben (z. B. massive Wände) für eine Aussteifung der Bauteile. Sie sichern erforderlichenfalls auch die Stabilität des gesamten Tragwerks. Zur Aussteifung können auch lotrechte Rahmen verwendet werden.

In Querrichtung erfolgt die Aussteifung ebenfalls durch Verbände oder Scheiben. Bei Rahmentragwerken, wie z. B. bei Hallen, geschieht die horizontale Stabilisierung durch die Rahmen des Haupttragwerks selbst.

Verbände sollten so angeordnet werden, daß die einzelnen Stäbe möglichst nur auf Zug beansprucht sind. In Wandfeldern mit Verbänden wird ein freier Durchgang behindert, Tor-, Tür- und Fensteröffnungen sind nicht möglich (Bild **217**.1 a). Für Wandfelder mit Öffnungen können Fachwerkrahmen (Bild **217**.1 b) oder Vollwandrahmen zweckmäßig sein (Bild **217**.1 c).

9.4.1   Aussteifungen im Stahlbau

Aussteifungen für Stahlhochbauten sind nach DIN 18 801 so zu bemessen, daß sie die auf das Tragwerk wirkenden Lasten (z. B. Wind) ableiten und das Bauwerk sowie seine Teile gegen Ausweichen (Instabilitäten) sichern. Dabei sind Herstell-Ungenauigkeiten (Imperfektionen), wie z. B. Stützenschiefstellungen, in angemessener Weise zu berücksichtigen.

Die günstigste Lösung bei Dächern und Wänden ist ein Verband aus Winkel-Profilen oder Rundstählen. Aussteifungen von Hallen durch Rahmen und Verbände zeigt Bild **217**.1 a bis c [10].

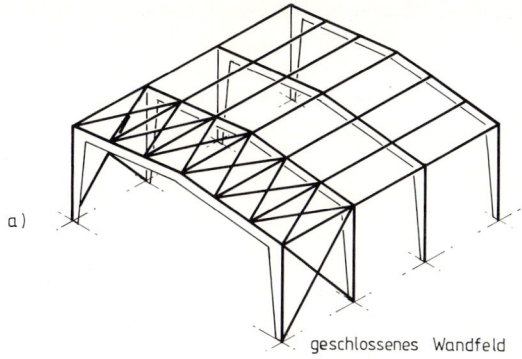

a)

geschlossenes Wandfeld

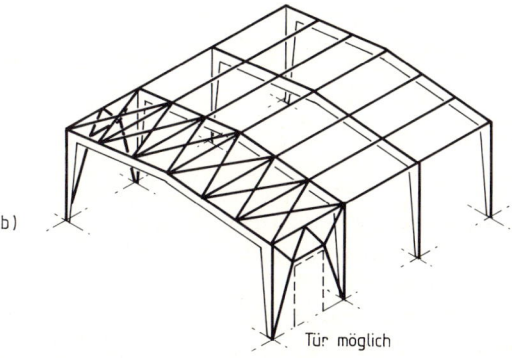

b)

Tür möglich

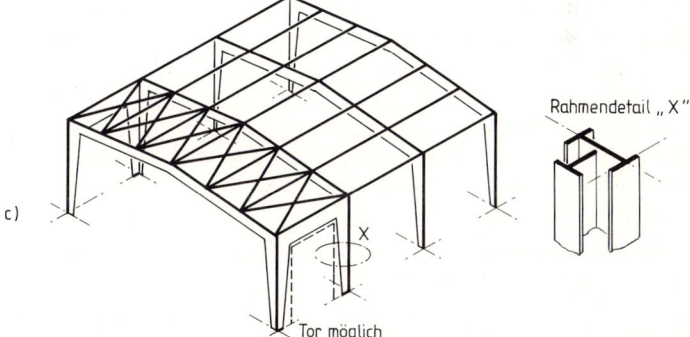

c)

X

Tor möglich

Rahmendetail „X"

217.1   Stabilisierung von Stahlhallen in Längsrichtung durch Verbände zwischen
zwei Rahmen in Dach- und Wandebene [10]
a) Längsverband in Dach- und Wandebene
b) Längsverband in Dachebene und Fachwerkrahmen im Wandfeld für eine
kleinere Türöffnung
c) Längsverband in Dachebene und Vollwandrahmen im Wandfeld für eine
größere Toröffnung

Scheiben aus Trapezblechen, Riffelblechen, Beton, Stahlbeton, Stahlsteindecken oder Mauerwerk können aussteifende Aufgaben wie Verbände übernehmen.

Für Aussteifungen einzelner Bauteile können insbesondere bei Druck- oder Biegebeanspruchung besondere Nachweise gegen Knicken, Kippen oder Beulen erforderlich werden (s. Bild 203.1). Zur Aussteifung von Binderobergurten dürfen auch Holzpfetten herangezogen werden.

Einzelheiten zum Nachweis der Aussteifungen sind in DIN 4114 festgelegt.

9.4.2   Aussteifungen im Holzbau

Auf die räumliche Aussteifung der Bauteile und ihre Stabilität ist entsprechend DIN 1052 besonders zu achten. Die bei Versagen oder Ausfall eines Bauteiles auftretenden Folgen für die Standsicherheit der Gesamtkonstruktion sind zu berücksichtigen und gegebenenfalls durch geeignete Maßnahmen einzugrenzen.

Bei Abbund und Montage sind alle Teile eines Tragwerkes so zusammenzufügen, daß kein Teil durch Zwängungen unzulässig beansprucht wird. Sonstige Lastzustände, die rechnerisch nicht berücksichtigt sind, dürfen nicht auftreten.

Scheiben zur Aussteifung

Decken-, Dach- und Wandscheiben aus Platten oder Tafeln dürfen für die Weiterleitung von waagerechten Lasten und Windlasten in Scheibenebene herangezogen werden. Sie sind an die auszusteifenden Konstruktionsteile entsprechend anzuschließen. Für Scheiben ohne rechnerischen Nachweis gilt Tafel 218.1. Die kleinste Seitenlänge muß mindestens 1 m betragen. Für Scheibensysteme mit Seitenverhältnissen $h_s/l_s \geqq 0,25$ darf ein Durchbiegungsnachweis entfallen. Daher soll die Scheibenhöhe h_s mindestens 1/4 der Stützweite l_s betragen. Der Nagelabstand ist nach Tafel 218.1 gleichbleibend einzuhalten.

Tafel 218.1   **Scheiben zur Aussteifung im Holzbau** ohne Nachweis; Ausführungsbedingungen nach DIN 1052

Gleichmäßig verteilte Horizontallast q_h	Scheibenstützweite l_s	Mindestdicken der Platten		Erforderlicher Nagelabstand e für Nageldurchmesser 3,4 mm [1]) bei einer Scheibenhöhe h_s			
		Flachpreßplatten	Bau-Furniersperrholz	$\geqq 0,25\,l_s$	$\geqq 0,50\,l_s$	$\geqq 0,75\,l_s$	$1,0\,l_s$
kN/m	m	mm	mm	mm	mm	mm	mm
$\leqq 2,5$	$\leqq 25$	19	12	60	120	180	200
$\leqq 3,5$	$\leqq 30$	22	12	40	90	130	180

[1])   Bei Verwendung anderer Nageldurchmesser bis 4,2 mm ist der erforderliche Nagelabstand e im Verhältnis der zulässigen Nagelbelastungen umzurechnen; der Nagelabstand darf 200 mm nicht überschreiten.

Abstützung durch Dachlatten und Schalung

Dachlatten dürfen für die seitliche Stützung von knickgefährdeten Sparren und von Fachwerk-Obergurten angesehen werden, wenn folgende Bedingungen erfüllt sind (nach DIN 1052 Teil 1):

– Sparren- oder Obergurtbreite mindestens 40 mm Breite,
– Dachspannweite höchstens 15 m,
– Sparren- bzw. Binderabstand höchstens 1,25 m,
– Sparrenbreite mindestens 1/4 der Sparrenhöhe.

Dachschalungen aus Einzelbrettern rechtwinklig zu den auszusteifenden Gurten dürfen zur seitlichen Abstützung von Dachbindern herangezogen werden. Bedingungen hierfür sind nach DIN 1052 Teil 1:

– ständige Last für Dachbinder weniger als 50 % der Gesamtlast,
– Obergurtbreite mindestens 40 mm,
– Breite der Einzelbretter mindestens 120 mm,
– mindestens 2 Nägel je Brett und Gurt entsprechend DIN 1052 Teil 2,
– Binderabstand höchstens 1,25 m,
– Binderspannweite höchstens 12,5 m,
– Länge der Dachfläche mindestens das 0,8fache der Binderspannweite, höchstens jedoch 25 m,
– Brettstöße mindestens um 2 Binderabstände versetzen,
– Stoßbreite höchstens 1 m.

Nachweis für Aussteifungen

Biegeträger sowie Druckgurte von Fachwerkträgern müssen gegen seitliches Ausweichen gesichert sein. Ein erforderlicher Kippsicherheitsnachweis ist entsprechend Abschnitt 9.2.3 oder 9.2.4 zu führen. Wenn keine Einzelabstützungen gegen feste Punkte oder durch Stäbe, Halbrahmen oder dergleichen vorgenommen werden, müssen Aussteifungsträger, -scheiben oder -verbände angeordnet werden.

Druckgurte von Fachwerkträgern und Trägern mit Rechteckquerschnitt

Zur Bemessung der Aussteifungskonstruktion ist für den vereinfachten Nachweis eine gleichmäßig verteilte Seitenlast q_s rechtwinklig zur Trägerebene nach beiden Richtungen wirkend in folgender Größe anzunehmen:

Seitenlast für Druckgurte von Fachwerkträgern:

$$q_s = \frac{m \cdot N_{Gurt}}{30 \cdot l} \tag{219.1}$$

Seitenlast für Biegeträger mit Rechteckquerschnitt $d/b \leqq 10$:

$$q_s = \frac{m \cdot \max M}{350 \cdot l \cdot b} \tag{219.2}$$

Hierin bedeuten:

m Anzahl der auszusteifenden Druckgurte je Verband
N_{Gurt} mittlere Gurtkraft für den ungünstigsten Lastfall
$\max M$ maximales Biegemoment des Einzelträgers aus lotrechter Last
l Stützweite bzw. Länge des auf Druck beanspruchten Bereichs des Druckgurtes
b Trägerbreite

Maßgebende Seitenlast

Bei Seitenlasten q_s, die nach Gleichung 219.1 bzw. 219.2 kleiner als die halbe Windlast sind, kann der Windverband ohne weiteren Nachweis zur Aufnahme dieser Seitenlast herangezogen werden. Andernfalls sind darüber hinausgehende Seitenlasten durch besondere Aussteifungsverbände aufzunehmen oder der Windverband ist zusätzlich für diese Seitenlasten zu bemessen.

Beispiele zur Erläuterung

1. Dachverband

Der Dachverband übernimmt die Aussteifung der Dachbinder (siehe Bild **212**.2 und Beispiel in Abschnitt 9.2.4), sichert die seitliche Stabilität des gesamten Daches und überträgt die Windkräfte, die auf die Querwand wirken, in den Wandverband. Der Stabilitätsnachweis wird geführt.

Den Hallengrundriß mit dem Dachverband und die Ansicht des Längswandverbandes zeigt Bild **220**.1, die isometrische Darstellung Bild **220**.2.

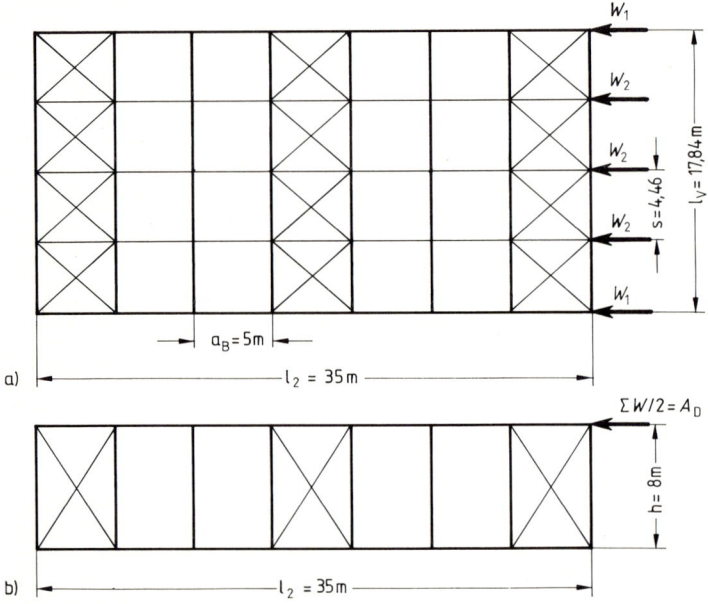

220.1   Halle mit Parallelbindern aus Brettschichtholz auf Holzstützen (Detailpunkte s. Bild **223**.1).
   a) Grundriß der Halle mit Dachverband
   b) Längsansicht mit Wandverband

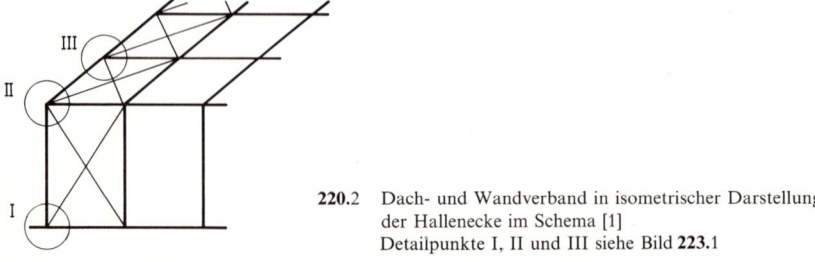

220.2   Dach- und Wandverband in isometrischer Darstellung der Hallenecke im Schema [1]
Detailpunkte I, II und III siehe Bild **223**.1

Binderquerschnitt $b/d = 18/120\,\text{cm}$ aus Brettschichtholz NH I

Binderlänge $l_B = 18{,}0\,\text{m}$ Binderspannweite $l_1 = 17{,}72\,\text{m}$

Binderabstand $a_B = 5{,}0\,\text{m}$ Gebäudehöhe $h = 8{,}0\,\text{m}$

Anzahl der Binder: 8

Feldweite der Verbände $s = \left(18{,}0 - 2 \cdot \dfrac{0{,}14}{2}\right)/4 = 4{,}465\,\text{m}$

Anzahl der Verbände im Dach: 3

Anzahl der Verbände in Längswänden: je 3

vorh. Biegemoment der Dachbinder max $M_y = 510{,}2\,\text{kNm}$

a) Windlast $w = c_p \cdot q \cdot h/2 = 1{,}3 \cdot 0{,}5 \cdot 8{,}0/2 = 2{,}6\,\text{kN/m}$

b) Seitenlast q_s für Aussteifung des Binderobergurtes für $d/b = 120/18 = 6{,}7 < 10$:

$$q_s = \frac{m \cdot \max M}{350 \cdot l \cdot b} = \frac{8/3 \cdot 510{,}2}{350 \cdot 17{,}72 \cdot 0{,}18} = 1{,}22\,\text{kN/m}$$

$$\frac{q_s}{w} = \frac{1{,}22}{2{,}6} = 0{,}47 < 0{,}5$$

Maßgebend für die Bemessung des Verbandes ist die Windlast. Ein besonderer Nachweis für die Aussteifungskonstruktion der Dachbinder ist nicht erforderlich.

c) Statisches System des Dachverbandes (Bild **221.1**)

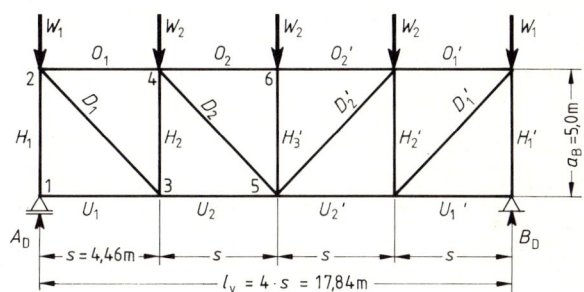

221.1 Fachwerkträger mit Zugdiagonalen als statisches System des Dachverbandes mit Lasten F aus Wind

d) Knotenlasten

$$W_2 = w \cdot l_1 \cdot \frac{1}{n} = 2{,}6 \cdot 18{,}0 \cdot \frac{1}{4} = 11{,}7\,\text{kN}$$

$$W_1 = 11{,}7/2 = 5{,}9\,\text{kN}$$

e) Auflagerkräfte

$$A_D = B_D = \frac{w \cdot l_B}{2} = \frac{2{,}6 \cdot 18{,}0}{2} = 23{,}4\,\text{kN}$$

f) Neigung der Diagonalstäbe

$$\tan\alpha = a_B/s = 5{,}0/4{,}46 = 1{,}1211 \qquad \alpha = 48{,}3°$$

$$\sin\alpha = 0{,}7463 \qquad \cos\alpha = 0{,}6657$$

g) Schnittgrößen der Stäbe (nach Schnittverfahren)

Knoten 1

$$H_1 = -A_D = -23{,}4\,\text{kN}$$

$$U_1 = 0$$

Knoten 2 (Bild **222.**1)

$$\sum H_x = 0 = H_1 - W_1 - D_1 \cdot \sin\alpha$$

$$D_1 = \frac{H_1 - W_1}{\sin\alpha} = \frac{23{,}4 - 5{,}9}{0{,}7463} = +23{,}5\,\text{kN}$$

$$\sum H_y = 0 = O_1 - D_1 \cdot \cos\alpha$$

$$O_1 = -D_1 \cdot \cos\alpha = -23{,}5 \cdot 0{,}6657 = -15{,}6\,\text{kN}$$

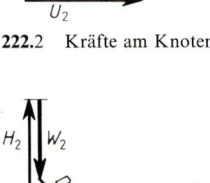

222.1   Kräfte am Knoten 2

Knoten 3 (Bild **222.**2)

$$\sum H_x = 0 = H_2 - D_1 \cdot \sin\alpha$$

$$H_2 = -D_1 \cdot \sin\alpha = -23{,}5 \cdot 0{,}7463 = -17{,}5\,\text{kN}$$

$$\sum H_y = 0 = U_2 - D_1 \cdot \cos\alpha$$

$$U_2 = D_1 \cdot \cos\alpha = +23{,}5 \cdot 0{,}6657 = +15{,}6\,\text{kN}$$

222.2   Kräfte am Knoten 3

Knoten 4 (Bild **222.**3)

$$\sum H_x = 0 = H_2 - W_2 - D_2 \cdot \sin\alpha$$

$$D_2 = \frac{H_2 - W_2}{\sin\alpha} = \frac{+17{,}5 - 11{,}7}{0{,}7463} = +7{,}8\,\text{kN}$$

$$\sum H_y = 0 = O_1 - O_2 + D_2 \cdot \cos\alpha$$

$$O_2 = O_1 + D_2 \cdot \cos\alpha = -15{,}6 - 7{,}8 \cdot 0{,}6657 = -20{,}8\,\text{kN}$$

222.3   Kräfte am Knoten 4

Knoten 5

$$D_2' = D_2 = +7{,}8\,\text{kN}$$

$$U_2' = U_2 = +15{,}6\,\text{kN}$$

$$H_x = -W_2 = -11{,}7\,\text{kN}$$

h) Nachweis des Druckgurtes für O_1 und O_2

  Auf die Bemessung der Gurte wird hier verzichtet.

i) Horizontalstäbe = Rähme

$$\max F = H_1 = -23{,}4\,\text{kN}$$

gewählt Kantholz **140/140 mm** NH II

$$A = 14 \cdot 14 = 196\,\text{cm}^2$$

Knicklänge

$$s_K = a_B = 5{,}0\,\text{m}$$

$$i = 0{,}289 \cdot 14 = 4{,}05\,\text{cm}$$

$$\lambda = s_K/i = 500/4{,}05 = 123$$

$$\text{zul}\,\lambda = 200 > 123$$

$$\omega = 4{,}54$$

Spannungsnachweis

$$\text{vorh}\,\sigma_{D\parallel} = \frac{V_1}{A} = \frac{23,4}{196} = 0,119\,\text{kN/cm}^2 = 1,19\,\text{N/mm}^2$$

$$\text{zul}\,\sigma_K = \frac{\text{zul}\,\sigma_D}{\omega} = \frac{8,5}{4,54} = 1,87\,\text{N/mm}^2$$

$$\frac{\text{vorh}\,\sigma_{D\parallel}}{\text{zul}\,\sigma_K} = \frac{1,19}{1,87} = 0,64 < 1,0$$

j) Diagonalstäbe = Zugstangen

$$\max F = D_1 = +23,5\,\text{kN}$$

$$\text{zul}\,\sigma_Z = 160\,\text{N/mm}^2 \text{ für St 37 Lastfall H}$$

$$\text{erf}\,d_s = \sqrt{\frac{D_1 \cdot 4}{\text{zul}\,\sigma_Z \cdot \pi}} = \sqrt{\frac{23\,500 \cdot 4}{160 \cdot \pi}} = 13,7\,\text{mm}$$

gewählt: Rundstahl St 37 $\varnothing$ 16 mm

k) Zur Weiterleitung der Auflagerkräfte A_D und B_D bis ins Fundament ist die Anordnung von Vertikalverbänden erforderlich (Bild **220.**1 und **220.**2).
Die Knotenpunktausbildung zeigt Bild **223.**1 im Detail.

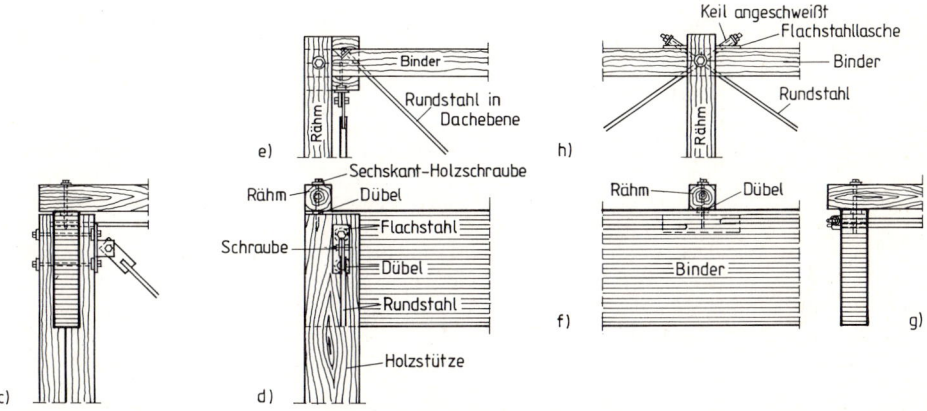

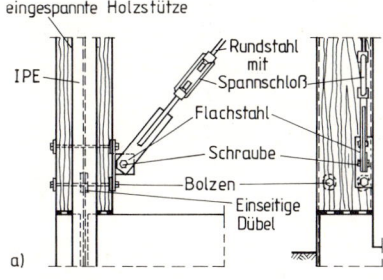

a) Fußpunkt der Eckstütze mit Anschluß des Wandverbandes, Längsansicht, Punkt I
b) wie vor, Queransicht, Punkt I
c) Traufpunkt der Eckstütze mit Anschluß des Wand- und Dachverbandes, Längsansicht, Punkt II
d) wie vor, Queransicht, Punkt II
e) wie vor, Draufsicht, Punkt II
f) Anschluß Dachverband an Binder, Queransicht, Punkt III
g) wie vor, Querschnitt, Punkt III
h) wie vor, Draufsicht, Punkt III

223.1   Detailpunkte mit Anschluß der Dach- und Wandverbände bei einer Halle mit Parallelbindern aus Brettschichtholz auf Holzstützen (vergl. Bild **220.**2) [1]

2. Wandverband

Der Wandverband soll die Aussteifung der Halle in Längsrichtung sichern (Bild **220.**1 b). In Querrichtung wird die Stabilität durch die Einspannung der Stützen gewährleistet (Bild **223.**1 a).

a) Statisches System des Wandverbandes (Bild **224.**1)

Neigung des Diagonalstabes

$$\tan \alpha_w = h/a_B = 8,0/5,0 = 1,600$$

$$\alpha_w = 58°$$

$$\sin \alpha_w = 0,848$$

$$\cos \alpha_w = 0,530$$

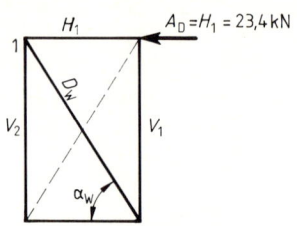

224.1   Statisches System
des Wandverbandes

b) Stabkraft Diagonalstab

$$\cos \alpha_w = H_1/D_w$$

$$D_w = H_1/\cos \alpha_w = 23,4/0,530 = +44,2 \text{ kN}$$

c) Bemessung Diagonalstab = Zugstange

$$\max F = D_w = +44,2 \text{ kN}$$

$$\text{zul } \sigma_Z = 160 \text{ N/mm}^2 \text{ für St 37 Lastfall H}$$

$$\text{erf } d_s = \sqrt{\frac{D_w \cdot 4}{\text{zul } \sigma_Z \cdot \pi}} = \sqrt{\frac{44\,200 \cdot 4}{160 \cdot \pi}} = 18,8 \text{ mm}$$

gewählt: Rundstahl St 37 ∅ **20 mm**

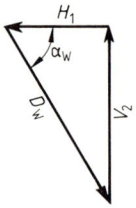

224.2   Kräfte am Knoten 1

d) Vertikalkraft für Stütze

$$\tan \alpha_w = V_2/H_1$$

$$V_2 = H_1 \cdot \tan \alpha_w = 23,4 \cdot 1,600 = 37,4 \text{ kN}$$

Diese Wanddruckkraft ist bei der Bemessung der Stütze zusätzlich zu berücksichtigen.

e) Anschluß Diagonalstab/Stütze (Bild **223.**1 a)

Flachstahl St 37 ⊡ **10 × 60 mm** $\text{zul } \sigma_Z = 160 \text{ N/mm}^2$

$\text{zul } \sigma_l = 280 \text{ N/mm}^2$

Schraube SL 5,6 M 20 $\text{zul } \tau_a = 168 \text{ N/mm}^2$

Verbindung einschnittig mit einer Schraube

Abscheren Schraube:

$$\text{vorh } \tau_a = \frac{D_w}{A_a} = \frac{44\,200}{20^2 \cdot \pi/4} = 141 \text{ N/mm}^2$$

$$\frac{\text{vorh } \tau_a}{\text{zul } \tau_a} = \frac{141}{168} = 0,84 < 1,0$$

Lochleibung Flachstahl:

$$\text{vorh } \tau_l = \frac{D_w}{d \cdot t} = \frac{44\,200}{20 \cdot 10} = 221 \text{ N/mm}^2$$

$$\frac{\text{vorh } \sigma_l}{\text{zul } \sigma_l} = \frac{221}{280} = 0,79 < 1,0$$

Zugspannung Flachstahl:

$$\text{vorh}\,\sigma_z = \frac{D_w}{A_n} = \frac{44\,200}{(60-21)\cdot 10} = 113\,\text{N/mm}^2$$

$$\frac{\text{vorh}\,\sigma_z}{\text{zul}\,\sigma_z} = \frac{113}{160} = 0{,}71 < 1{,}0$$

Beanspruchung Bolzen 2 M 20:

$$\text{vorh}\,\sigma_z = \frac{H_1}{A_s} = \frac{23{,}4}{2{,}45} = 9{,}6\,\text{kN/cm}^2 = 96\,\text{N/mm}^2$$

$$\text{vorh}\,\tau_a = \frac{V_2}{2\cdot A_a} = \frac{37\,400}{2\cdot 20^2\cdot \pi/4} = 60\,\text{N/mm}^2$$

$$\text{vorh}\,\sigma = \sqrt{\sigma_z^2 + \tau_a^2} = \sqrt{96^2 + 60^2} = 113\,\text{N/mm}^2$$

$$\frac{\text{vorh}\,\sigma}{\text{zul}\,\sigma_z} = \frac{113}{150} = 0{,}75 < 1{,}0$$

Nachweis Schweißnaht Zugstange/Flachstahl:

gewählt: doppelte Kehlnaht $a = 6\,\text{mm}$, $l = 60\,\text{mm}$

$$\text{vorh}\,\tau_\parallel = \frac{D_w}{2\cdot a\cdot l} = \frac{44\,200}{2\cdot 6\cdot 60} = 61\,\text{N/mm}^2$$

$$\frac{\text{vorh}\,\tau_\parallel}{\text{zul}\,\tau_\parallel} = \frac{61}{135} = 0{,}45 < 1{,}0$$

3. Hallen-Stützen

Die Hallen-Stützen unter den Dachbindern des Beispiels in Abschnitt 9.2.4 werden bemessen. Die Stützen werden zur Stabilisierung der Halle in Querrichtung mit Hilfe je eines Stahlträgers IPE 300 in das Stahlbetonfundament eingespannt (Bild **223.**1 a). Die Stabilität in Hallen-Längsrichtung wird durch den Wandverband sichergestellt (Bild **220.**1 b und **220.**2).

a) Statisches System

Beanspruchung durch Druck und Biegung

Knicklängen

$$s_{\text{Ky}1} = 2\cdot h_1 = 2\cdot 3{,}50 = 7{,}00\,\text{m}$$

$$s_{\text{Kz}1} = 0{,}7\cdot h_1 = 0{,}7\cdot 3{,}50 = 2{,}45\,\text{m}$$

$$s_{\text{Ky}2} = 2\cdot h_2 = 2\cdot 3{,}30 = 6{,}60\,\text{m}$$

$$s_{\text{Kz}2} = 0{,}7\cdot h_2 = 0{,}7\cdot 3{,}30 = 2{,}31\,\text{m}$$

b) Belastung und Biegemoment

Auflagerkraft aus Dachbinder (Beispiel Abschnitt 9.2.4)

$$A = 115{,}2\,\text{kN}$$

Winddruckkraft aus Wandverband (Beispiel 2)

$$V_2 = 37{,}4\,\text{kN}$$

225.1 Statisches System der Stützen
Bereich $h_1 = 3{,}6\,\text{m}$: Stahl IPE 300
Bereich $h_2 = 3{,}2\,\text{m}$: Holz $2\cdot 160/300\,\text{mm}$

Vertikale Belastung

$$|N| = G + A + V_2 = 0{,}3\cdot 8{,}0 + 115{,}2 + 37{,}4 = 155{,}0\,\text{kN}$$

Wind auf Längswand

$$w = c_{\mathrm{p}} \cdot q = 1{,}3 \cdot 0{,}5 = 0{,}65 \, \mathrm{kN/m^2}$$

Winddruck je Stütze

$$w_{\mathrm{D}} = w \cdot a_{\mathrm{B}} = 0{,}65 \cdot 5{,}0 = 3{,}25 \, \mathrm{kN/m}$$

$$W_1 = w \cdot a_{\mathrm{B}} \cdot (h_2 + d) = 0{,}65 \cdot 5{,}0 \cdot (3{,}3 + 1{,}2) = 14{,}6 \, \mathrm{kN}$$

$$W_2 = w \cdot a_{\mathrm{B}} \cdot d = 0{,}65 \cdot 5{,}0 \cdot 1{,}2 = 3{,}9 \, \mathrm{kN}$$

Biegemoment für Stahlstütze

$$|M_{\mathrm{y}1}| = w_{\mathrm{D}} \cdot h_1^2/2 + W_1 \cdot h_1 = 3{,}25 \cdot 3{,}5^2/2 + 14{,}6 \cdot 3{,}5$$

$$= 19{,}9 + 51{,}1 = 71{,}0 \, \mathrm{kNm}$$

Biegemoment für Holzstütze

$$|M_{\mathrm{y}2}| = w_{\mathrm{D}} \cdot h_2^2/2 + w_2 \cdot h_2 = 3{,}25 \cdot 3{,}3^2/2 + 3{,}9 \cdot 3{,}3$$

$$= 17{,}7 + 12{,}9 = 30{,}6 \, \mathrm{kNm}$$

c) Spannungsnachweis Stahlstütze (unterer Teil $h_1 = 3{,}5\,\mathrm{m}$)
Stütze gewählt **IPE 300**, St 37, Lastfall HZ

$$A = 53{,}8 \, \mathrm{cm^2} \qquad W_{\mathrm{y}} = 557 \, \mathrm{cm^3}, \qquad W_{\mathrm{z}} = 80{,}5 \, \mathrm{cm^3}$$

$$i_{\mathrm{y}} = 12{,}5 \, \mathrm{cm}, \qquad i_{\mathrm{z}} = 3{,}35 \, \mathrm{cm}$$

$$\lambda_{\mathrm{y}1} = s_{\mathrm{Ky}1}/i_{\mathrm{y}} = 700/12{,}5 = 56, \qquad \omega_{\mathrm{y}} = 1{,}26$$

$$\lambda_{\mathrm{z}} = s_{\mathrm{Kz}1}/i_{\mathrm{z}} = 245/3{,}35 = 73, \qquad \omega_{\mathrm{z}} = 1{,}45$$

$$\text{vorh } \sigma_{\mathrm{Ky}1} = \frac{|N| \cdot \omega_{\mathrm{y}}}{A} + 0{,}9 \cdot \frac{|M_{\mathrm{y}1}|}{W_{\mathrm{y}}} = \frac{155{,}0 \cdot 1{,}26}{53{,}8} + 0{,}9 \cdot \frac{7100}{557}$$

$$= 3{,}6 + 11{,}5 = 15{,}1 \, \mathrm{kN/cm^2} = 151 \, \mathrm{N/mm^2}$$

$$\frac{\text{vorh } \sigma_{\mathrm{Ky}1}}{\text{zul } \sigma_{\mathrm{K}}} = \frac{151}{160} = 0{,}94 < 1{,}0$$

$$\text{vorh } \sigma_{\mathrm{Kz}1} = \frac{|N| \cdot \omega_{\mathrm{z}}}{A} = \frac{155{,}0 \cdot 1{,}45}{53{,}8} = 4{,}2 \, \mathrm{kN/cm^2} = 42 \, \mathrm{N/mm^2}$$

$$\frac{\text{vorh } \sigma_{\mathrm{Kz}1}}{\text{zul } \sigma_{\mathrm{K}}} = \frac{42}{160} = 0{,}26 < 1{,}0$$

$$\text{vorh } \sigma_{\mathrm{NB}} = \frac{|N|}{A} + \frac{|M_{\mathrm{y}1}|}{W_{\mathrm{yn}}} = \frac{155{,}0}{53{,}8} + \frac{7100}{557}$$

$$= 2{,}9 + 12{,}7 = 15{,}6 \, \mathrm{kN/cm^2} = 156 \, \mathrm{N/mm^2}$$

$$\frac{\text{vorh } \sigma_{\mathrm{NB}}}{\text{zul } \sigma_{\mathrm{B}}} = \frac{156}{180} = 0{,}87 < 1{,}0$$

d) Spannungsnachweis Holzstütze (oberer Teil $h_2 = 3{,}3\,\mathrm{m}$)
Querschnitt gewählt $2 \cdot$ **160/300 mm**

$$A = 2 \cdot 16 \cdot 30 = 960 \, \mathrm{cm^2}, \qquad W_{\mathrm{y}} = 2 \cdot 2400 = 4800 \, \mathrm{cm^3}, \qquad i_{\mathrm{y}} = 8{,}66 \, \mathrm{cm}$$

$$A_{\mathrm{n}} \approx 800 \, \mathrm{cm^2}, \qquad W_{\mathrm{yn}} \approx 4500 \, \mathrm{cm^3}, \qquad W_{\mathrm{z}} = 1280 \, \mathrm{cm^3}, \qquad i_{\mathrm{z}} = 4{,}62 \, \mathrm{cm}$$

$$\lambda_{y2} = s_{Ky2}/i_y = 660/8{,}66 = 76 \qquad \omega_y = 2{,}06$$

$$\lambda_{z2} = s_{Kz}/i_z = 231/4{,}62 = 50 \qquad \omega_z = 1{,}42$$

$$\text{vorh } \sigma_{NB} = \frac{|N|}{A_n} + \frac{\text{zul } \sigma_{D\|}}{\text{zul } \sigma_B} \cdot \frac{|M_{y2}|}{W_{yn}}$$

$$= \frac{155{,}0}{800} + \frac{11{,}0}{13{,}0} \cdot \frac{3060}{4500} = 0{,}19 + 0{,}58$$

$$= 0{,}77 \,\text{kN/cm}^2 = 7{,}7 \,\text{N/mm}^2$$

$$\frac{\text{vorh } \sigma_{NB}}{\text{zul } \sigma_{D\|}} = \frac{7{,}7}{11{,}0} = 0{,}70 < 1{,}0$$

$$\text{vorh } \sigma_{Ky2} = \frac{|N| \cdot \omega_y}{A} + \frac{\text{zul } \sigma_{D\|}}{\text{zul } \sigma_B} \cdot \frac{M_y}{W_y}$$

$$= \frac{155{,}0 \cdot 2{,}06}{960} + \frac{11{,}0}{13{,}0} \cdot \frac{3060}{4800} = 0{,}33 + 0{,}54$$

$$= 0{,}87 \,\text{kN/cm}^2 = 8{,}7 \,\text{N/mm}^2$$

$$\frac{\text{vorh } \sigma_{Ky2}}{\text{zul } \sigma_{D\|}} = \frac{8{,}7}{11{,}0} = 0{,}79 < 1{,}0$$

$$\text{vorh } \sigma_{Kz2} = \frac{|N| \cdot \omega_z}{A} = \frac{155{,}0 \cdot 1{,}42}{960} = 0{,}23 \,\text{kN/cm}^2 = 2{,}3 \,\text{N/mm}^2$$

$$\frac{\text{vorh } \sigma_{Kz2}}{\text{zul } \sigma_{D\|}} = \frac{2{,}3}{11{,}0} = 0{,}21 < 1{,}0$$

e) Anschluß Holzstütze/Stahlstütze

Einseitige Ringkeildübel Typ A 126 · 30 mit zul $N_1 = 20$ kN

$$\text{erf } n = \frac{\text{vorh } N}{\text{zul } N_1} = \frac{155{,}0}{20{,}0} = 7{,}75$$

gew $n = 8$ Stück mit M 12 SL 5.6

erf $e_{d\|} = 250$ mm

Bolzen auf Abscheren

$$\text{vorh } \tau_a = \frac{\text{vorh } N}{\text{vorh } A_a} = \frac{155{,}0}{2 \cdot 8 \cdot 1{,}2^2 \cdot \pi/4} = 12{,}3 \,\text{kN/cm}^2 = 123 \,\text{N/mm}^2$$

$$\frac{\text{vorh } \tau_a}{\text{zul } \tau_a} = \frac{123}{168} = 0{,}73 < 1{,}0$$

Lochleibungsspannung

$$\text{vorh } \sigma_1 = \frac{N}{n \cdot d \cdot \min t} = \frac{155{,}0}{8 \cdot 1{,}2 \cdot 0{,}71}$$

$$= 22{,}7 \,\text{kN/cm}^2 = 227 \,\text{N/mm}^2$$

$$\frac{\text{vorh } \sigma_1}{\text{zul } \sigma_1} = \frac{227}{280} = 0{,}81 < 1{,}0$$

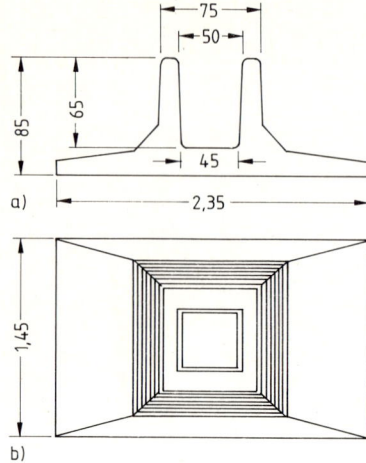

228.1   Stahlbeton-Fertigteil-Köcher-Fundament
aus B 35 mit zul $M = 95{,}0\,\text{kNm}$
a) Längsschnitt
b) Grundriß

f) **Einspannung der Stahlstütze im Fundament**

Schnittgrößen an Einspannstelle (siehe Absatz b)

$$M_{y1} = 71{,}0\,\text{kNm}$$

$$N = 155{,}0\,\text{kN}$$

gewählt: Stahlbeton-Fertigteil-Köcherfundament (Bild **228.**1)

$$b_y/b_z/d_x = 235/145/85\,\text{cm aus B 35}$$

Zulässiges Einspannmoment entsprechend Typenberechnung

$$\text{zul}\,M_y = 95{,}0\,\text{kNm}$$

$$\frac{\text{vorh}\,M_{y1}}{\text{zul}\,M_y} = \frac{71{,}0}{95{,}0} = 0{,}75 < 1{,}0$$

Schnittgrößen an Fundamentsohle

$$M_{y0} = w_D \cdot h' \cdot \left(\frac{b}{2} + d_x\right) + W_2 \cdot (h' + d_x)$$

$$= 3{,}25 \cdot 6{,}8 \cdot \left(\frac{6{,}8}{2} + 0{,}85\right) + 3{,}9 \cdot (6{,}8 + 0{,}25)$$

$$= 93{,}9 + 29{,}8 = 123{,}7\,\text{kNm}$$

$$N_0 = N + G_F = 155{,}0 + 8{,}0 = 163{,}0\,\text{kN}$$

Ausmitte

$$e_y = M_{y0}/N_0 = 123{,}7/163{,}0 = 0{,}76\,\text{m}$$

$$b_y/6 = 2{,}35/6 = 0{,}39\,\text{cm}$$

$$b_y/3 = 2{,}35/3 = 0{,}78\,\text{cm} \qquad e_y < b_y/3$$

Randabstand

$$c = b_y/2 - e_y = 2{,}35/2 - 0{,}76 = 0{,}41\,\text{m}$$

Teilbreite

$$b_y' = b_y - 2\,e_y = 2,35 - 2 \cdot 0,76 = 1,20\,\text{m}$$

Teilfläche

$$A' = b_y' \cdot b_z = 1,20 \cdot 1,45 = 1,74\,\text{m}^2$$

Rechnerisch maßgebende Bodenpressung

$$\sigma_{0r} = \frac{N_0}{A'} = \frac{163,0}{1,74} = 93,7\,\text{kN/m}^2$$

Zulässige Bodenpressung entsprechend Tafel **15**.1 und **16**.2 für Einbindetiefe $t = 0,85\,\text{m}$ bei allen Bodenarten größer als die rechnerisch maßgebende Bodenpressung.

Zusammenfassung

Über den Dachverband Beispiel 1, den Wandverband Beispiel 2 und die Standsicherheit der Hallenstützen Beispiel 3 ist die Stabilität der gesamten Halle nachgewiesen.

9.4.3 Aussteifungen im Massivbau

Bei üblichen Massivbauten ist ein Nachweis der Gesamtstabilität im allgemeinen nicht erforderlich. Die Konstruktion eines Gebäudes besteht im wesentlichen aus den sich in horizontaler Richtung erstreckenden Decken und Balken sowie den vertikal gerichteten Wänden und Stützen. Die großflächigen Bauteile wie Decken und Wände gelten als scheibenförmige Aussteifungen und sichern die Gesamtstabilität. Scheiben wirken aussteifend wie es auch Verbände oder Fachwerke tun (Bild **229**.1).

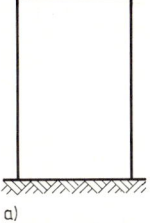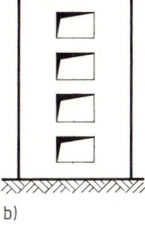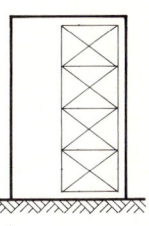

229.1 Vertikale Scheiben zur
   Aussteifung (nach Mann) [5]
   a) geschlossene Scheibe
      (massive Wand)
   b) gegliederte Scheibe
      (Wand mit Fensteröffnungen)
   c) Fachwerk
      (Wand mit Verband)

a)   b)   c)

Ein Bauwerk gilt als ausgesteift, wenn jede einzelne Geschoßdecke des Gebäudes gegen Verschieben in beiden horizontalen Richtungen (y-Achse und z-Achse) und gegen Verdrehen um die vertikale Bauwerksachse (x-Achse) gesichert ist.

Im Hinblick auf die Gesamtstabilität eines Gebäudes sind zwei Tragwerksarten zu unterscheiden:

– Ausgesteiftes Tragwerk:
  die horizontalen Kräfte (z. B. Windlasten) werden über die Decken durch vertikale Bauteile (z. B. Wände) in den Baugrund abgeleitet; das System ist unverschieblich.

– Verschiebliches Tragwerk:
  die horizontalen Kräfte werden über biegesteife Anschlüsse zwischen Wänden und Decken bzw. zwischen Stützen und Balken in Form eines rahmenartigen Tragwerks in den Baugrund abgeleitet.

Der Aussteifung dienen alle tragenden und aussteifende Wände entsprechend den Tafeln **160**.1 bis **169**.1. Bei geraden Wänden ist die Aussteifung dann gegeben, wenn mindestens drei aussteifende Wände vorhanden sind, deren Wandmittellinien sich im Grundriß nicht in einem Punkt schneiden (Bild **230**.1).

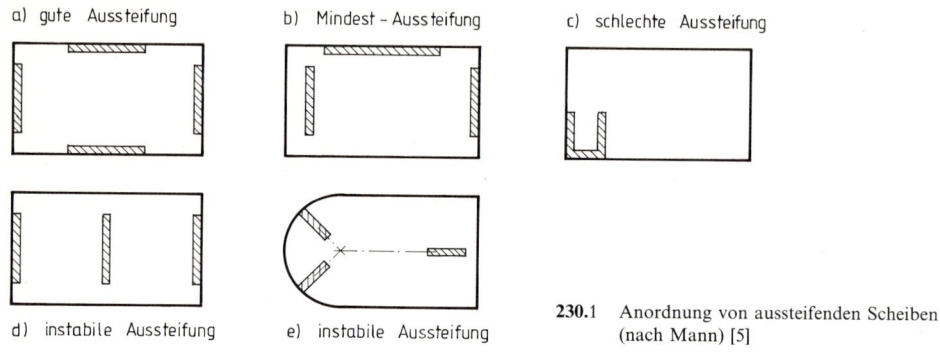

a) gute Aussteifung   b) Mindest - Aussteifung   c) schlechte Aussteifung

d) instabile Aussteifung   e) instabile Aussteifung

230.1 Anordnung von aussteifenden Scheiben (nach Mann) [5]

Räumliche Steifigkeit im Mauerwerksbau

DIN 1053 ,,Mauerwerk, Berechnung und Ausführung'' trifft für die räumliche Steifigkeit in Abschnitt 6.4 folgende Festlegungen:

Alle horizontale Kräfte, z.B. Windlasten, Erddruck, Lasten aus Schrägstellung des Gebäudes, müssen sicher in den Baugrund weitergeleitet werden können. Auf einen rechnerischen Nachweis der räumlichen Steifigkeit darf verzichtet werden, wenn die Geschoßdecken als steife Scheiben ausgebildet sind bzw. statisch nachgewiesene Ringbalken vorliegen und wenn in Längs- und Querrichtung des Gebäudes eine offensichtlich ausreichende Anzahl von genügend langen aussteifenden Wänden vorhanden ist, die ohne größere Schwächungen und ohne Versprünge bis auf die Fundamente geführt sind (Abschn. 5.6).

Nachweis der Gesamtstabilität

Ein Nachweis der Gesamtstabilität ist nicht erforderlich, wenn angenommen werden kann:
- die Wände besitzen in Aussteifungsrichtung aufgrund der Scheibenwirkung eine hohe Steifigkeit,
- die Decken wirken in horizontaler Richtung als steife Scheibe, was bei Stahlbetondecken stets der Fall ist.

Ein Nachweis der Gesamtstabilität ist stets erforderlich, wenn folgende Bedingungen zutreffen:
- die Decken wirken in Aussteifungsrichtung nicht als Scheibe oder besitzen keine ausreichende Steifigkeit;
- die Wände oder Stützen besitzen keine Steifigkeit, sie müssen mit den Decken oder Balken durch Einspannung rahmenartig verbunden werden.

Der Nachweis der Gesamtstabilität eines Gebäudes erfordert einen hohen Rechenaufwand. Es sei hiermit auf weiterführende Literatur verwiesen [5, 13].

10   Temperaturdehnungen, Schwinden, Kriechen

Temperaturänderungen oder Schwinden und Kriechen verschiedener Baustoffe können in den Bauteilen wesentliche Längenänderungen hervorrufen. Diese Längenänderungen sind an sich nicht schädlich. Sie können sich aber schädlich auswirken, wenn sie behindert werden. Dies kann beim Verbinden unterschiedlicher *Baustoffe* in einem Baukörper der Fall sein. Das Verbinden verschiedener *Bauteile* miteinander kann ebenfalls diese Längenänderungen behindern. In diesen Bauteilen entstehen dann Zwängungen und schließlich Spannungen durch diesen Zwang. Auch bei statisch unbestimmt gelagerten Bauteilen (Durchlaufträger, Rahmen) können dadurch zusätzliche Spannungen entstehen. Diese Spannungen sind dann zu berechnen.

10.1   Temperaturdehnungen

Temperaturänderungen können langsam oder schnell vonstatten gehen. Die Auswirkungen sind unterschiedlich.

Bei jahreszeitlichen Änderungen der Temperaturen kann ein gleichmäßiges Erwärmen oder Abkühlen der Bauteile angenommen werden. Die Bauteile wollen sich verlängern oder verkürzen: es entstehen Längenänderungen. Werden diese Längenänderungen behindert, herrschen in den Bauteilen Druck- und Zugspannungen.

Bei kurzfristigen Temperaturänderungen (z. B. Sonneneinstrahlung, Gewitterregen) kommt es zu ungleichmäßigen Temperaturdehnungen. Die Bauteile wollen sich verwölben: es entstehen gekrümmte Verformungen. Werden diese Verwölbungen behindert, herrschen in den Bauteilen Biegespannungen.

10.1.1   Längenänderungen durch Temperaturunterschiede

Unter dem Einfluß von Temperaturerhöhungen dehnen sich die Körper nach allen Seiten aus. Versuche haben gezeigt, daß die Längenzunahme Δl proportional zur Temperaturerhöhung ΔT und zur ursprünglichen Länge l_0 ist. Die Proportionalitäts-Konstante, bezogen auf einen Temperaturunterschied von 1 Kelvin und auf die ursprüngliche Länge l_0 bei 0 °Celsius, nennt man Temperaturdehnzahl oder Wärmedehnzahl α_T. Ihre Größe ist von der Art des Werkstoffes abhängig.

Wird ein Bauteil um die Temperaturdifferenz ΔT (gemessen in der Einheit Kelvin K) gleichmäßig erwärmt oder abgekühlt, so wird sich dieses Bauteil verlängern oder verkürzen.

$$\Delta l = \pm \, \alpha_T \cdot \Delta T \cdot l_0 \quad \text{in mm} \tag{231.1}$$

10.1.2 Wärmedehnzahlen

Dehnungen, die von Temperaturänderungen abhängig sind, können gemessen werden in mm/m je Kelvin, also in mm/(m · K) (vergl. Abschn. 1.4). Dies ist auch die Einheit der Wärmedehnzahl α_T. In Tafel 232.1 sind die Wärmedehnzahlen für einige Baustoffe zwischen 0 °C und 100 °C angegeben. Anstelle der Einheit $\dfrac{mm}{mm \cdot K}$ wird auch $\dfrac{1}{K}$ oder K^{-1} verwendet.

Tafel **232**.1 **Wärmedehnzahlen** α_T für verschiedene Baustoffe

Baustoff	Wärmedehnzahl α_T	
	in mm/(m · K)	in mm/(mm · K)
Beton		
Normalbeton, Stahlbeton	0,010	$1,0 \cdot 10^{-5}$
Leichtbeton, Stahlleichtbeton	0,008	$0,8 \cdot 10^{-5}$
Mauerwerk aus		
Porenbetonsteinen	0,008	$0,8 \cdot 10^{-5}$
Kalksandsteinen	0,008	$0,8 \cdot 10^{-5}$
Leichtbetonsteinen (Naturbims)	0,010	$1,0 \cdot 10^{-5}$
Leichtbetonsteinen (Blähton)	0,008	$0,8 \cdot 10^{-5}$
Ziegelsteinen	0,006	$0,6 \cdot 10^{-5}$
Metalle		
Aluminium	0,024	$2,4 \cdot 10^{-5}$
Kupfer	0,017	$1,7 \cdot 10^{-5}$
Stahl	0,012	$1,2 \cdot 10^{-5}$
Zink	0,026	$2,6 \cdot 10^{-5}$
Holz, in Faserrichtung	0,009	$0,9 \cdot 10^{-5}$
quer zur Faser	0,050	$5,0 \cdot 10^{-5}$
Glas	0,009	$0,9 \cdot 10^{-5}$
Kunststoff PVC	0,080	$8,0 \cdot 10^{-5}$

10.1.3 Nachweis der Temperaturspannungen

Wird das Bauteil an der Längenänderung vollkommen gehindert, so entsteht in ihm eine Spannung.

Temperaturspannung

$$\sigma_T = \pm\, \alpha_T \cdot \Delta T \cdot E$$

σ_T in N/mm²

ΔT in K (Kelvin) E in N/mm²   (232.1)

Die dabei auftretende innere Kraft ist eine Längskraft.

Längskraft

$$N_T = \pm\, \sigma_T \cdot A$$

N_T in N A in mm²   (232.2)

Im Beton- und Stahlbetonbau ist entsprechend DIN 1045 Abschn. 16.5 der Einfluß von Temperaturschwankungen durch Witterungseinflüsse zu berücksichtigen, wenn dadurch beträchtliche Spannungen hervorgerufen werden. Es ist dann mit Temperaturänderungen von ± 15 Kelvin zu rechnen.

Im Mauerwerksbau ist nach DIN 1053 bei baulichen Anlagen der Einfluß von Temperaturänderungen dann zu berücksichtigen, wenn dadurch Schäden entstehen können.

Im Stahlbau werden ungeschützte Stahlbauten und Kranbahnen im Freien (DIN 120) in besonderen Fällen für Temperaturschwankungen berechnet. Die Grenzen der Temperaturschwankungen sind mit − 25 und + 45 °C anzunehmen. Der Temperaturunterschied beträgt bei einer Temperatur von + 10 °C bei der Aufstellung für den Festigkeitsnachweis ± 35 Kelvin. Bei ungleichmäßigen Erwärmungen einzelner Teile wird im allgemeinen ein Temperaturunterschied von 15 Kelvin angenommen.

Im Holzbau können nach DIN 1052 Temperaturänderungen immer vernachlässigt werden.

In Mischbauweisen kann sich die unterschiedliche Wärmedehnung der verwendeten Baustoffe rißfördernd auswirken (z. B. Ziegelmauerwerk neben Stahlbetonstützen).

Auch bei Bauteilen aus verschiedenen Stoffen sind die unterschiedlichen Dehnungen bei Temperaturdifferenzen zu bedenken. Z. B. ist Glas in Holzrahmen unproblematisch (gleiche Wärmedehnzahl). Aluminiumrahmen hingegen dehnen sich etwa 2,7mal so stark aus. Glasbausteine in Stahlrahmen, die in Ziegelmauerwerk eingesetzt sind, brauchen Ausdehnungsmöglichkeiten (vergl. Tafel **232**.1).

Bei der Verbindung unterschiedlicher Stoffe können bei gegenseitig behinderter Längenänderung erhebliche Spannungen entstehen (z. B. Kupfer- oder Aluminiumleitungen auf Betonflächen bei Fußbodenheizungen o. ä.).

Beispiele zur Erläuterung

1. Ein Flachstahl □ 80 · 8 von 3 m Länge ist einer Temperaturerhöhung von 60 Kelvin ausgesetzt.

a) Welche Länge hat der Stab nach der Temperaturerhöhung?

b) Welche Spannung tritt auf, wenn der Stab an der Dehnung gehindert wird?

c) Welcher Druckkraft entspricht die vorhandene Spannung?

zu a) $\qquad \Delta l = \alpha_T \cdot \Delta T \cdot l_0 = 0,000012 \cdot 60 \cdot 3000 = 2,16 \, \text{mm} \approx 2,2 \, \text{mm}$

$\qquad\qquad l = l_0 + \Delta l = 3000 + 2,2 = 3002,2 \, \text{mm}$

zu b) $\qquad \sigma_T = \alpha_T \cdot \Delta T \cdot E$

oder $\qquad \sigma_T = \varepsilon \cdot E = \dfrac{\Delta l}{l_0} \cdot E = \dfrac{2,16}{3000} \cdot 210000 = 151,2 \, \text{N/mm}^2$

zu c) $\qquad N_T = \sigma_T \cdot A = 151,2 \cdot 80 \cdot 8 = 96768 \, \text{N} = 96,8 \, \text{kN}$

2. Eine Stahlbetondecke aus Beton B15 wird im Sommer bei 25 °C hergestellt; Deckenlänge 12 m.

a) Welche Verkürzung wird bei Abkühlung auf − 10 °C die Decke erfahren, wenn das Auflager-Mauerwerk nachgibt?

b) Wie groß sind die Spannungen in der Decke, wenn das Mauerwerk eine Verkürzung der Decke verhindern würde? Elastizitätsmodul des Betons $E_b = 26000 \, \text{N/mm}^2$.

c) Wie groß wären die von 1 m Mauerwerk dann aufzunehmenden Kräfte? Deckendicke $d = 14$ cm.

zu a) $\Delta l = \alpha_T \cdot \Delta T \cdot l_0 = 0,00001 \cdot 35 \cdot 12000 = 4,2 \, \text{mm}$

zu b) $\sigma_T = \dfrac{\Delta l}{l_0} \cdot E = \dfrac{4,2}{12000} \cdot 26000 = 9,1 \, \text{N/mm}^2 = 0,91 \, \text{kN/cm}^2$

zu c) $N_T = \sigma_T \cdot A = 0,91 \cdot 14 \cdot 100 = 1274 \, \text{kN}$

3. Ein Stahlbetondach hat in Abständen von 30 m Dehnfugen. Die Temperaturänderung beträgt 40 Kelvin. Die Wärmedehnzahl $\alpha_T = 0,00001 \, \text{mm/(mm} \cdot \text{K)}$ ist für den Beton und für die Stahleinlagen im Beton etwa gleich. Wie groß ist die gesamte Längenänderung?

$$\Delta l = \alpha_T \cdot \Delta T \cdot l_0 = 0,00001 \cdot 40 \cdot 30000 = 12 \, \text{mm}$$

4. Ein Kranbahnträger IPB 300 hat über mehrere Felder eine Gesamtlänge von 28 m. An den Enden ist der Träger mit der übrigen Konstruktion fest verbunden. Es ist mit einem Temperaturunterschied von ± 35 Kelvin zu rechnen.

a) Wie groß ist die Druckspannung beim Erwärmen und die Zugspannung beim Abkühlen?

b) Welcher Normalkraft entspricht diese Spannung?

zu a) $\sigma_T = \pm \alpha_T \cdot \Delta T \cdot E = \pm 0,000012 \cdot 35 \cdot 210000 = \pm 88,2 \, \text{N/mm}^2 = \pm 8,82 \, \text{kN/cm}^2$

zu b) $N_T = \pm \sigma_T \cdot A = \pm 8,82 \cdot 149 = \pm 1314 \, \text{kN}$

Beispiele zur Übung

1. Ein Stahlbandmaß von 25 m Länge wird von 20 °C auf 40 °C durch Sonneneinstrahlung erwärmt. Wie groß ist die Verlängerung?

2. Eine Stützmauer aus Beton wird bei 15 °C hergestellt. Im Winter sinkt die Temperatur auf -20 °C. In Abständen von 10 m sind Dehnungsfugen von 12 mm Breite angeordnet. Welche Breiten haben die Fugen im Winter?

3. Ein kurzer Träger IPB 200 ist fest mit seinen Auflagern verbunden (2 feste Auflager). Wie groß sind die seitlichen Druckkräfte, die der Träger auf die Auflager ausübt, wenn er um 50 K erwärmt wird?

4. Durch einen Brand wird eine 12 m weit gespannte Stahlkonstruktion um 150 K erwärmt. Um wieviel mm verlängert sie sich?

10.1.4   Ungleichmäßige Temperaturbeanspruchungen

Bauteile können ungleichmäßigen Temperaturbeaufschlagungen ausgesetzt sein. Sie werden z. B. von oben stärker erwärmt als an der Unterseite (Betonplatte auf Erdreich). Andere Bauteile kühlen nach oben ab und werden von unten erwärmt (Dachdecken). Die hierbei innerhalb des Bauteils entstehenden Temperaturdifferenzen ΔT bewirken ein Verwölben; es entsteht eine Biegeverformung.

Ein frei aufliegender Träger (Bild **235**.1) mit der Dicke d und der Länge l erhält durch eine Temperaturdifferenz ΔT zwischen Ober- und Unterseite ein Formänderungsmaß f:

Formänderungsmaß $f = \alpha_T \cdot \dfrac{\Delta T}{d} \cdot \dfrac{l^2}{8}$ in mm mit α_T in $\dfrac{\text{mm}}{\text{m} \cdot \text{K}}$ (234.1)

ΔT in K, l in m, d in m

Beispiel zur Erläuterung

1. Eine 18 cm dicke **Stahlbetondachdecke** ist rechtwinklig zur Haupttragrichtung 12,0 m breit. Sie wird an der Unterseite auf $+22$ °C erwärmt, während an der Oberseite noch eine Temperatur von 8 °C herrscht (Bild **235**.2). Temperaturdehnzahl $\alpha_T = 0,010 \, \text{mm/(m} \cdot \text{K)}$.

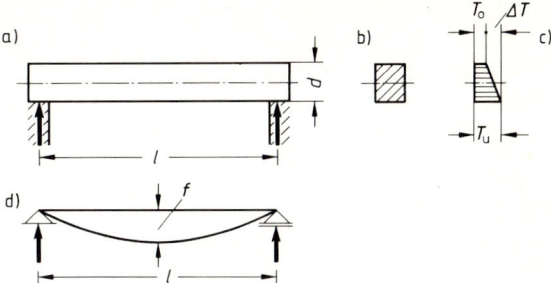

235.1 Träger mit ungleichmäßiger
 Temperaturbeanspruchung
 a) Ansicht des Trägers im
  unverformten Zustand
 b) Querschnitt
 c) Temperaturdifferenz
  $\Delta T = T_u - T_o$
 d) statisches System mit
  Verformung f

Die Verformung wird berechnet.

$$f = \alpha_T \cdot \frac{\Delta T}{d} \cdot \frac{l^2}{8} = 0{,}010 \cdot \frac{22 - 8}{0{,}18} \cdot \frac{12{,}0^2}{8} = 14\ \text{mm}$$

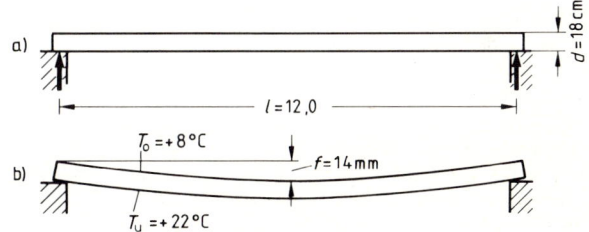

235.2 Stahlbetondachdecke
 a) unverformter Zustand
 b) verformter Zustand bei 14 Kelvin Temperaturdifferenz:
  Risse an den Wandaußenseiten und Abplatzungen an den
  Auflagerinnenseiten sind zu erwarten

2. Ein Betonboden in einem Industriegelände liegt auf einer Kiestragschicht und wird von oben durch Sonneneinstrahlung erwärmt. Die Temperaturleitfähigkeit des Betons führt zu einem Temperaturabfall von 0,9 Kelvin je 1 cm Betonboden.

Plattendicke 22 cm, Fugenabstand 5,5 m, Temperaturdifferenz in der Betonplatte $\Delta T = 22 \cdot 0{,}9 = 19{,}8\ \text{K} \approx 20\ \text{K}$ (Bild **235.3**).

Die Verformung beträgt

$$f = \alpha_T \cdot \frac{\Delta T}{d} \cdot \frac{l^2}{8} = 0{,}010 \cdot \frac{20}{0{,}22} \cdot \frac{5{,}5^2}{8} = 3{,}4\ \text{mm}$$

235.3 Betonboden auf Kiestragschicht mit
 Erwärmung durch Sonneneinstrahlung:
 durch die entstehende Verformung wird
 die Tragschicht besonders stark im
 Bereich der FugEn beansprucht

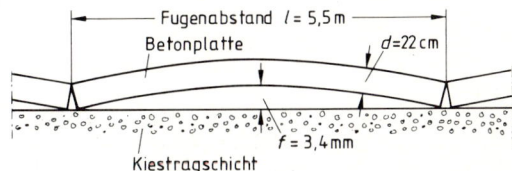

10.2 Schwinden

Unter Schwinden versteht man die Eigenart eines Baustoffes, sein Volumen beim Austrocknen zu verringern. Das Gegenteil des Schwindens ist das Quellen.

10.2.1 Längenänderungen durch Schwinden

Bauteile aus manchen Baustoffen werden vor dem Austrocknen eingebaut. Dies geschieht häufig dann, wenn diese Baustoffe sehr langsam austrocknen. Die dabei entstehende Längenänderung kann aus dem Schwindmaß ε_s des Baustoffs berechnet werden. Das Schwindmaß ε_s kann wie eine Dehnung in mm je m angegeben werden.

Die Längenänderungen Δl_s durch Schwinden wird berechnet aus dem Schwindmaß ε_s und der ursprünglichen Länge l_0:

Längenänderung durch Schwinden

$$\Delta l_s = \varepsilon_s \cdot l_0 \quad \text{in mm} \tag{236.1}$$

10.2.2 Schwindmaße

Das Schwindmaß ε_s wird für die Baustoffe in den Normen meist als Endschwindmaß angegeben. Das bedeutet, daß das gesamte Schwinden erst nach langer Zeit bei erfolgtem Austrocknen eintreten wird.

Tafel **236**.1   **Schwindmaße** ε_s für verschiedene Baustoffe

Beton [1])	Grundschwindmaße ε_s in mm/m Konsistenzbereich des Frischbetons		
	KS	KP	KR
im Wasser	+0,08	+0,10	+0,13
in sehr feuchter Luft	−0,10	−0,13	−0,16
im Freien	−0,26	−0,32	−0,40
in trockener Luft	−0,37	−0,46	−0,58
Mauerwerk aus	Endschwindmaße ε_s in mm/m		
Porenbetonstein	−0,2		
Kalksandstein	−0,2		
Leichtbetonstein	−0,2		
Bimsbetonstein (Naturbims)	−0,4		
Ziegelstein	0	(−0,1 bis +0,2 möglich)	
Holz	mittlere Schwind- und Quellmaße ε_s in mm/m		
	Nadelholz		Eiche und Buche
tangential zum Jahresring	± 2,4 [2])		± 4,0 [2])
radial zum Jahresring	± 1,2 [2])		± 2,0 [2])
in Faserrichtung	± 0,1		± 0,1

[1]) Die zeitliche Entwicklung des Schwindens ist abhängig von den temperaturbeeinflußten Erhärtungsbedingungen, der Bauteildicke und der Bauteilform (DIN 4227).

[2]) ε_s für Änderung der Holzfeuchte um 1 % des Darrgewichtes

Die + Werte zeigen ein Quellen, die − Werte ein Schwinden (Verkürzen) an.

Die Längenzunahme beim Quellen ist nur bei Wasseraufnahme möglich.

10.2.3   Nachweis des Schwindens

In Bauteilen aus noch schwindenden Baustoffen entstehen Zugspannungen, wenn diese Verkürzungen durch die Verbindung mit anderen Bauteilen behindert werden. Die Schwindspannung kann berechnet werden.

Schwindspannung

$$\sigma_s = \varepsilon_s \cdot E \cdot 10^{-3} \qquad \text{in N/mm}^2 \text{ mit } \varepsilon_s \text{ in mm/m} \qquad (237.1)$$
$$E \text{ in N/mm}^2$$

Die Schwindspannung wird jedoch kaum in dieser Größe entstehen, da eine vollständige Behinderung der Verkürzung selten vorhanden ist.

Im Beton- und Stahlbetonbau kann bei der Berechnung der Tragwerke im allgemeinen ein Nachweis des Schwindens entfallen (DIN 1045, 16.4).

Im Mauerwerksbau treten bei Nichtbeachtung der Formänderungseigenschaften des Mauerwerks Risse auf. Sie können in ungünstigen Fällen auch die Standsicherheit beeinträchtigen. Diese Schäden sind durch Abstimmung von Materialeigenschaften und Konstruktion weitgehend vermeidbar (DIN 1053, Teil 1, Abschnitt 7.3). Die Beispiele in Abschnitt 10.4 erläutern den rechnerischen Nachweis von Schwindverformungen.

Im Holzbau braucht Schwinden oder Quellen in Faserrichtung nur in Sonderfällen berücksichtigt zu werden. Bei Verarbeitung zu trockenen Holzes müssen ggf. Quellmaße berücksichtigt werden.

Beispiele zur Erläuterung siehe Abschnitt 10.4.

10.3   Kriechen

Mit Kriechen bezeichnet man die zusätzlich bleibende Verformung eines Baustoffs unter dauernder Belastung. Bei wirkender Druckbeanspruchung entsteht also eine Verkürzung des Bauteils.

10.3.1   Längenänderungen durch Kriechen

Die Größe der Längenänderung kann wie beim Schwinden berechnet werden, wenn anstelle des Schwindmaßes mit dem Kriechmaß ε_k gerechnet wird. Auch dieses Kriechmaß kann in mm je m angegeben werden.

Die Längenänderung Δl_k durch Kriechen ist zu berechnen aus dem Kriechmaß ε_k und der ursprünglichen Länge l_0 des Bauteils:

Längenänderung durch Kriechen

$$\Delta l = \varepsilon_k \cdot l_0 \qquad \text{in mm} \qquad (237.2)$$

10.3.2   Kriechmaße

Das Kriechen muß im allgemeinen nicht nachgewiesen werden. Im Mauerwerksbau kann es jedoch Bedeutung haben. Die folgenden Erläuterungen sollen sich daher nur auf Mauerwerk beziehen. In DIN 1053 sind für verschiedene Mauerwerksarten Rechenwerte für die Endkriechzahl φ (Phi) angegeben. Damit kann das Kriechmaß mit der wirkenden Spannung σ und dem Elastizitätsmodul E berechnet werden.

Kriechmaß

$$\varepsilon_k = \varphi \cdot \frac{\sigma}{E} \cdot 10^3 \qquad\qquad \text{in mm/m} \qquad\qquad\qquad (238.1)$$
$$\text{mit } \sigma \text{ in N/mm}^2, \ E \text{ in N/mm}^2$$

Tafel **238**.1   **Endkriechzahl** φ_∞ für Mauerwerk aus verschiedenen Steinen (DIN 1053 Teil 2)

Mauerwerk aus	Endkriechzahl φ_∞ für Steinfestigkeit	
	2 bis 6	12 bis 60
Porenbetonstein Kalksandstein Leichtbetonstein Bimsbetonstein	2,0	1,5
Ziegelstein	0,75	

10.3.3   Nachweis des Kriechens

Im Mauerwerksbau kann der Nachweis des Kriechens wichtig sein (s. Abschnitt 10.3.2). Dies gilt besonders für mehrgeschossige Gebäude, deren Innen- und Außenwände z. B. aus verschiedenen Materialien hergestellt werden sollen.

Durch Kriechen können in diesen Bauteilen keine Spannungen entstehen. Im Gegenteil: das Kriechen ist eine Folge wirkender Spannungen, unter denen die kriechenden Baustoffe verformt werden. Die rißverursachende Wirkung des Kriechens ist jedoch zu beachten, wenn angrenzende Baustoffe sich bei Druckbeanspruchung nicht in gleichem Maße verkürzen. Der nächste Abschnitt soll die Auswirkung der Gesamtverformung aus Temperaturdifferenzen, Schwinden und Kriechen verdeutlichen.

10.4   Nachweis der Verformungen

Temperaturdifferenzen, Schwinden und Kriechen verursachen in den Bauteilen oder an den Verbindungsstellen Spannungen und Verformungen. Viel wichtiger als ein Nachweis der Spannungen ist es, die entstehenden Verformungen zu berücksichtigen. Das wird in der Praxis zu wenig getan. Es ist möglich, durch richtige Auswahl der Baustoffe und durch fachgerechte Ausführung die Bildung von Rissen weitgehend zu vermeiden (DIN 1053, Teil 1, Abschn. 7.3).

Es sind zu unterscheiden:

Längsverformungen in vertikaler und horizontaler Richtung,

Biegeverformungen mit Verdrehungen an den Auflagern.

Die Verformungen müssen in Grenzen gehalten werden, damit keine Schäden entstehen. Das Berechnen der Verformungen ist auf genaue Weise nicht möglich. Es genügt aber, in näherungsweisen Berechnungen die Größenordnung der Verformungen abzuschätzen.

Die DIN 18530 „Massive Deckenkonstruktionen für Dächer Planung und Ausführung" ist zu beachten.

10.4.1 Längsverformungen in vertikaler Richtung

In vertikaler Richtung ergibt sich die Gesamtverformung von Mauerwerk aus der Summe der unbehinderten Längsdehnungen durch Druckbeanspruchung, Temperaturdifferenzen, Schwinden und Kriechen.

$$\mathbf{ges}\,\varepsilon = \varepsilon_D + \varepsilon_T + \varepsilon_s + \varepsilon_k \qquad \text{in mm/m} \qquad (239.1)$$

Hierbei sind im einzelnen:

Dehnung bei Druckbeanspruchung:

$$\varepsilon_D = \frac{\sigma_D}{E} \cdot 10^3 \qquad\qquad \text{in mm/m mit } \sigma_D \text{ in N/mm}^2$$
$$E \text{ in N/mm}^2 \text{ (s. Tafel 8.1)} \qquad (239.2)$$

Dehnung durch Temperaturdifferenzen:

$$\varepsilon_T = \pm\,\alpha_T \cdot \Delta T \qquad\qquad \text{in mm/m mit } \Delta T \text{ in K}$$
$$\alpha_T \text{ in mm/(m} \cdot \text{K) (s. Tafel 232.1)} \quad (239.3)$$

Dehnung durch Schwinden: Werte ε_s für Schwindmaße enthält Tafel **236**.1
Dehnung durch Kriechen:

$$\varepsilon_k = \varphi \cdot \frac{\sigma_D}{E} \cdot 10^3 \qquad\qquad \text{in mm/m mit } \sigma_D \text{ in N/mm}^2$$
$$E \text{ in N/mm}^2 \text{ (s. Tafel 8.1)} \qquad (239.4)$$

Die Dehnungen durch Druckbeanspruchung im elastischen Bereich und durch Kriechen können zusammengefaßt werden zu

$$\varepsilon_{D+k} = (1 + \varphi) \cdot \frac{\sigma_D}{E} \cdot 10^3 \qquad \text{in mm/m} \qquad (239.5)$$

Zulässige vertikale Dehnungsdifferenzen

Als Anhaltswert kann angenommen werden, daß keine Rißgefahr besteht, wenn die Differenz gegenüber dem nicht oder weniger verformten Bauteil beträgt

$$\Delta\varepsilon_v \leq \mathbf{0{,}30}\,\text{mm/m} \qquad\qquad (239.6)$$

Höhendifferenz

Die Verformungen in vertikaler Richtung können sich in Höhendifferenzen auswirken. Sie entstehen bei verschiedenen Bauteilen, z. B. zwischen Außen- und Innenmauerwerk.

Die Höhendifferenz Δh wird berechnet aus der Dehnungsdifferenz $\Delta \varepsilon$ und der Bauteilhöhe h

$$\Delta h = \Delta \varepsilon \cdot h \qquad \text{in mm}$$

Das nachfolgende Beispiel zeigt die Anwendung und die aus den Ergebnissen zu ziehenden Folgerungen.

Beispiel zur Erläuterung

Ein dreigeschossiges Gebäude mit einer Höhe $h = 8,0$ m (s. Bild **241**.1) erhält gemauerte Wände mit folgenden Beeinflussungen und technischen Werten:

Einflüsse und Auswirkungen	Außenmauerwerk aus Ziegelsteinen Mz 12, MG II a	Innenmauerwerk aus Kalksandsteinen KSL 12, MG II a
Druckspannung	$\sigma_a = -0,2\,\text{N/mm}^2$	$\sigma_i = -0,4\,\text{N/mm}^2$
Temperaturdifferenz	$\Delta T = +20\,\text{K}$	$\Delta T = 0$
Wärmedehnzahl	$\alpha_T = 0,006\,\text{mm/(m}\cdot\text{K)}$	$\alpha_T = 0,008\,\text{mm/(m}\cdot\text{K)}$
Elastizitätsmodul	$E = 6000\,\text{N/mm}^2$	$E = 6000\,\text{N/mm}^2$
Endschwindmaß	$\varepsilon_s = +0,100\,\text{mm/m}$	$\varepsilon_s = -0,200\,\text{mm/m}$
Endkriechzahl	$\varphi_\infty = 0,75$	$\varphi_\infty = 1,5$
Temperaturdehnung	$\varepsilon_T = +\alpha_T \cdot \Delta T = +0,006 \cdot 20$ $= +0,12\,\text{mm/m}$	$\varepsilon_T = 0$
Schwinden	$\varepsilon_s = +0,10\,\text{mm/m}$	$\varepsilon_s = -0,20\,\text{mm/m}$
Druck und Kriechen	$\varepsilon_{\odot+k} = (1+\varphi_\infty)\cdot\dfrac{\sigma}{E}\cdot 10^3$ $= (1+0,75)\cdot\dfrac{-0,2}{6000}\cdot 10^3$ $= -0,06\,\text{mm/m}$	$\varepsilon_{\odot+k} = (1+\varphi_\infty)\cdot\dfrac{\sigma}{E}\cdot 10^3$ $= (1+1,5)\cdot\dfrac{-0,4}{6000}\cdot 10^3$ $= -0,17\,\text{mm/m}$
Gesamtdehnung	ges $\varepsilon_a = \varepsilon_D + \varepsilon_T + \varepsilon_s + \varepsilon_k$ $= +0,16\,\text{mm/m}$	ges $\varepsilon_i = \varepsilon_D + \varepsilon_T + \varepsilon_s + \varepsilon_k$ $= -0,37\,\text{mm/m}$
Dehnungsdifferenz zwischen Außen- und Innenmauerwerk in vertikaler Richtung	**vorh $\Delta\varepsilon_v$** = ges ε_a − ges ε_i = $+0,16 + 0,37 = $ **0,43 mm/m** zul $\Delta\varepsilon_v = 0,30\,\text{mm/m}$ (s. Gleichung 239.6)	
Höhendifferenz zwischen Außen- und Innenmauerwerk für die gesamte Gebäudehöhe $h = 8,0$ m	$\Delta h = \Delta\varepsilon_v \cdot h = 0,43 \cdot 8,0 = 3,44\,\text{mm} \approx$ **3,5 mm**	

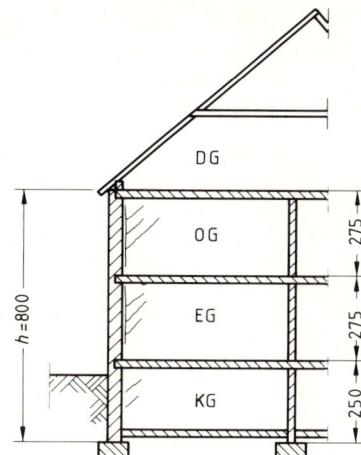

241.1   Risse in den Innenwänden durch unterschiedliche
          Dehnungen zwischen Außen- und Innenmauerwerk

Die errechnete Dehnungsdifferenz mit $\Delta\varepsilon_v = 0,43\,\text{mm/m}$ ist wesentlich größer als der Anhaltswert für Rißfreiheit mit $\Delta\varepsilon_v = 0,30\,\text{mm/m}$. Daher werden Risse zwischen Außen- und Innenmauerwerk oder im Innenmauerwerk zwangsläufig entstehen (Bild **241**.1).

Das Beispiel zeigt, daß trotz geringer statischer Beanspruchung des Mauerwerks (vorh $\sigma_D = -0,4\,\text{N/mm}^2 < \sigma_0 = -1,6\,\text{mm}$) durch Verformungen Risse entstehen können.

Mögliche Maßnahmen zur Verringerung der Rißgefahr:

– bessere Lastverteilung,
– günstigere Auswahl der Wandbaustoffe,
– Wärmedämmung an der Außenseite des Gebäudes,
– Bewegungsfugen.

(Siehe K. Wesche, Baustoffe für tragende Bauteile).

10.4.2   Längsverformungen in horizontaler Richtung

In horizontaler Richtung werden Längsverformungen häufig bei Dachdecken kritisch. Hier sind im wesentlichen Temperaturdifferenzen und Schwinden von Bedeutung.

Dachdecken und die unter ihnen angeordneten Wände sind unterschiedlichen Einflüssen ausgesetzt. Wenn sich Dachdecken auf den Wänden nicht frei bewegen können, zwingen sie diese zur Verformung. Um Schäden zu vermeiden, müssen die Verformungen der Dachdecke oder die Dehnungsdifferenzen zwischen Dachdecke und Wänden begrenzt werden. Auch die Dehnungsdifferenz zwischen den Wänden und der darunterliegenden Decke kann bedeutungsvoll sein.

Bei mehrgeschossigen Gebäuden wird die Herstelltemperatur der Dachdecke kaum von der Temperatur der Geschoßdecke darunter abweichen. Dies ist bei eingeschossigen nicht unterkellerten Gebäuden anders. Auch das Schwinden der beiden Decken ist wegen des unterschiedlichen Austrocknungsverhaltens voneinander stark abweichend.

Die Dehnungsdifferenzen $\Delta\varepsilon$ zwischen Dachdecke und Wänden sind für die Herstellung der Dachdecke im Sommer oder Winter zu berechnen. Sie sind außerdem im Sommer- und Winterzustand jeweils anders.

Dehnungsdifferenz zwischen Dachdecke und Wänden

$$\Delta\varepsilon = \varepsilon_{sD} + \alpha_{TD} \cdot (T_D - T_{0D}) - \varepsilon_{sW} - \alpha_{TW} \cdot (T_W - T_{0W}) \tag{242.1}$$

Hierbei sind:

ε_{sD} und ε_{sW} Schwindmaße für Dachdecke und Wände
α_{TD} und α_{TW} Wärmedehnzahlen für Dachdecke und Wände
T_{0D} Temperatur der Dachdecke 3 Tage nach der Herstellung
T_{0W} Temperatur der Wände bei Herstellung
T_W Temperatur der Wände im späteren Zustand
T_D Temperatur der Dachdecke im späteren Zustand

Die Dehnungsdifferenzen $\Delta\varepsilon$ zwischen Wänden und Fundamentplatte bei eingeschossigen Gebäuden sind ebenfalls für die Herstellungszeitpunkte Sommer oder Winter und für die Nutzungszustände im Sommer oder Winter zu berechnen.

Dehnungsdifferenz zwischen Fundamentplatte und Wänden

$$\Delta\varepsilon = \varepsilon_{sF} + \alpha_{TF} \cdot (T_F - T_{0F}) - \varepsilon_{sW} - \alpha_{TW} \cdot (T_W - T_{0W}) \tag{242.2}$$

Hierbei sind

ε_{sF} und ε_{sW} Schwindmaße für Fundamentplatte und Wände
α_{TF} und α_{TW} Wärmedehnzahlen für Fundamentplatte und Wände
T_{0F} Temperatur der Fundamentplatte 3 Tage nach der Herstellung
T_{0W} Temperatur der Wände bei Herstellung
T_W Temperatur der Wände im späteren Zustand
T_F Temperatur der Fundamentplatte im späteren Zustand

Zulässige horizontale Dehnungsdifferenz

Als größte Dehnungsdifferenz zwischen Dachdecke und Wänden darf bei fester Auflagerung nach DIN 18530 angenommen werden

$$\text{zul } \Delta\varepsilon = \Delta\varepsilon_T + \Delta\varepsilon_s \leq -0{,}4 \text{ mm/m bei Verkürzung} \tag{242.3}$$
$$\leq +0{,}2 \text{ mm/m bei Verlängerung}$$

Längendifferenz

Die Verformungen in horizontaler Richtung können Längendifferenzen bewirken, z. B. zwischen Dachdecke und Wänden oder zwischen Wänden und Fundamentplatte.

Die Längendifferenz Δl wird berechnet aus der Dehnungsdifferenz $\Delta\varepsilon$ und der Bauteillänge l.

$$\Delta l = \Delta\varepsilon \cdot l \qquad \text{in mm} \tag{242.4}$$

Hierbei ist l die größte wirksame Länge, über die horizontale Verformungen stattfinden können (vom steifen Kern des Gebäudes bis zur Mitte des Außenmauerwerkes).

Zulässiger Verschiebewinkel

Die Längsverformung einer Dachdecke wird die Wände schräg stellen, wenn die Dachdecke mit den Wänden fest verbunden ist (Bild **243**.1).

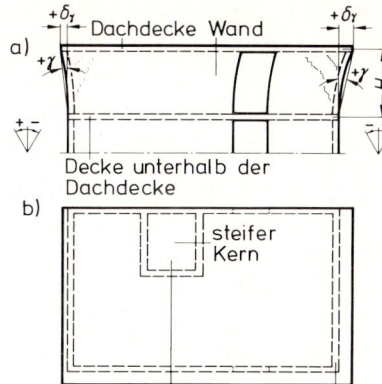

243.1 Längsverformung einer Dachdecke gegenüber
der darunterliegenden Geschoßdecke
mit Schrägstellung der Wände
a) Ansicht Außenwand
b) Draufsicht Dachdecke

Aus dem Verhältnis der horizontalen Längenänderung Δl und der Höhe h, in der die Schrägstellung der Wände erfolgt, kann der Verschiebewinkel γ berechnet werden

$$\textbf{vorh}\,\gamma = \frac{\Delta l}{h} \qquad\qquad (243.1)$$

Ein zulässiger Wert von $\text{zul}\,\gamma = \pm 1/2500$ nach DIN 18530 gilt bei fester Auflagerung der Dachdecke auf unbewehrten Wänden.

$$\text{zul}\,\gamma = \pm\frac{1}{2500} \qquad \frac{\text{vorh}\,\gamma}{\text{zul}\,\gamma} \leq 1{,}0 \qquad\qquad (243.2)$$

Beispiele zur Erläuterung

1. Ein mehrgeschossiges Wohngebäude mit 2,75 m Geschoßhöhe, 16 cm dicken Stahlbetondecken aus Beton der Konsistenz KP mit Fließmittel und Kalksandsteinmauerwerk ist folgenden Temperaturen ausgesetzt:

$$T_0 = +30\,°C \text{ im Sommer;} \qquad\qquad T_0 = +\ 5\,°C \text{ im Winter}$$
$$T_W = +25\,°C \text{ im Sommer;} \qquad\qquad T_W = +20\,°C \text{ im Winter}$$
$$T_D = +30\,°C \text{ im Sommer;} \qquad\qquad T_D = +15\,°C \text{ im Winter}$$

Schwindmaße $\varepsilon_{sD} = -0{,}460\,\text{mm/m}$ (Tafel **236**.1)
$$\varepsilon = -0{,}200\,\text{mm/m}$$

Wärmedehnzahlen

$$\alpha_{TD} = 0{,}010\,\text{mm/(m}\cdot\text{K)} \text{ (Tafel \textbf{232}.1)}$$
$$\alpha_{TW} = 0{,}008\,\text{mm/(m}\cdot\text{K)}$$

1.1 Dehnungsdifferenzen zwischen Dachdecke und Wänden bei Herstellung der Dachdecke im Sommer

Zustand im Sommer:

$$\Delta\varepsilon = \varepsilon_{sD} + \alpha_{TD}\cdot(T_D - T_{0D}) - \varepsilon_{sW} - \varepsilon_{TW}\cdot(T_W - T_{0W})$$
$$= -0{,}460 + 0{,}010\cdot(30-30) + 0{,}200 - 0{,}008\cdot(25-30)$$
$$= -0{,}460 \pm 0 \qquad\qquad\qquad + 0{,}200 + 0{,}040 = \mathbf{-0{,}220\,mm/m}$$

Zustand im Winter:

$$\Delta\varepsilon = \varepsilon_{sD} + \alpha_{TD} \cdot (T_D - T_{0D}) - \varepsilon_{sW} - \alpha_{TW} \cdot (T_W - T_{0W})$$
$$= -0{,}460 + 0{,}010 \cdot (15 - 30) + 0{,}200 - 0{,}008 \cdot (20 - 30)$$
$$= -0{,}460 - 0{,}150 \qquad\qquad + 0{,}200 + 0{,}080 = \mathbf{-0{,}330\,mm/m}$$

1.2 Dehnungsdifferenzen zwischen Dachdecke und Wänden bei Herstellung der Dachdecke im Winter

Zustand im Sommer:

$$\Delta\varepsilon = \varepsilon_{sD} + \alpha_{TD} \cdot (T_D - T_{0D}) - \varepsilon_{sW} - \alpha_{TW} \cdot (T_W - T_{0W})$$
$$= -0{,}460 + 0{,}010 \cdot (30 - 5) + 0{,}200 - 0{,}008 \cdot (25 - 5)$$
$$= -0{,}460 + 0{,}250 \qquad\qquad + 0{,}200 - 0{,}160 = \mathbf{-0{,}170\,mm/m}$$

Zustand im Winter:

$$\Delta\varepsilon = \varepsilon_{sD} + \alpha_{TD} \cdot (T_D - T_{0D}) - \varepsilon_{sW} - \alpha_{TW} \cdot (T_W - T_{0W})$$
$$= -0{,}460 + 0{,}010 \cdot (15 - 5) + 0{,}200 - 0{,}008 \cdot (20 - 5)$$
$$= -0{,}460 + 0{,}100 \qquad\qquad + 0{,}200 - 0{,}120 = \mathbf{-0{,}280\,mm/m}$$

Die ungünstigste Dehnungsdifferenz entsteht für den Zustand im Winter, wenn das Gebäude im Sommer hergestellt würde: vorh $\Delta\varepsilon = -0{,}330$ mm/m.

Diese Verkürzung ist nach Gleichung 174.2 noch zulässig:

$$\text{vorh } \Delta\varepsilon = -0{,}330\,\text{mm/m}$$
$$\text{zul } \Delta\varepsilon = -0{,}400\,\text{mm/m}$$

1.3 Verschiebewinkel für die Außenwände

Längenänderung der Dachdecke über die wirksame Länge vom steifen Kern des Gebäudes bis zur Mitte des Außenmauerwerk $l = 12{,}0$ m für den Verschiebewinkel.

Zustand im Sommer:

$$\Delta l = \alpha_{TD} \cdot (T_D - T_W) \cdot l = 0{,}010 \cdot (30 - 25) \cdot 12{,}0 = +0{,}6\,\text{mm}$$

Zustand im Winter:

$$\Delta l = \alpha_{TD} \cdot (T_D - T_W) \cdot l = 0{,}010 \cdot (15 - 20) \cdot 12{,}0 = -0{,}6\,\text{mm}$$

rechnerischer Verschiebewinkel:

$$\text{vorh } \gamma = \frac{\Delta l}{h} = \frac{\pm 0{,}6}{2{,}75 \cdot 1000} = \pm\frac{1}{4583} \qquad\qquad \text{(Gl. 243.1)}$$

$$\text{zul } \gamma = \pm\frac{1}{2500}$$

$$\frac{\text{vorh } \gamma}{\text{zul } \gamma} < 1{,}0$$

1.4 Beurteilung

Diese Konstruktion ist bei fachgerechter Ausführung rißsicher, da weder die Dehnungsdifferenzen zwischen Mauerwerk und Dachdecke, noch der rechnerische Verschiebewinkel für das Außenmauerwerk zu groß sind.

2. Ein eingeschossiges Wohngebäude mit 3,00 m Geschoßhöhe, 18 cm dicker Stahlbetondachdecke aus Beton der Konsistenz KR, Ziegelmauerwerk und 15 cm dicker Stahlbetonfundamentplatte hat Temperaturen und Schwindmaße wie im vorigen Beispiel zu ertragen.

Temperaturen der Fundamentplatte

$$T_F = +15\,°C \text{ im Sommer}, \quad T_F = +10\,°C \text{ im Winter}$$

Wärmedehnzahl der Wände $\alpha_{TW} = 0,006\,\text{mm}/(\text{m} \cdot \text{K})$ (Tafel **232**.1)

Schwindmaße der Fundamentplatte ε_{sF}, der Wände ε_{sW} und der Dachdecke ε_{sD}

$$\varepsilon_{sF} = -0,100\,\text{mm/m (geschätzt nach Tafel } \mathbf{236}.1)$$
$$\varepsilon_{sW} = \pm 0$$
$$\varepsilon_{sD} = -0,580\,\text{mm/m}$$

2.1 Dehnungsdifferenzen zwischen Dachdecke und Wänden sowie Wänden und Fundamentplatte bei Herstellung des Gebäudes im **Sommer**.

2.1.1 Zustand im Sommer:

Dehnungsdifferenz Dachdecke/Wände

$$\Delta\varepsilon = \varepsilon_{sD} + \alpha_{TD} \cdot (T_D - T_{0D}) - \varepsilon_{sW} - \alpha_{TW} \cdot (T_W - T_{0W})$$
$$= -0,580 + 0,010 \cdot (30 - 30) \pm 0,0 - 0,006 \cdot (25 - 30)$$
$$= -0,580 + 0,0 \qquad\qquad \pm 0,0 + 0,030 = \mathbf{-0,550\,mm/m}$$

Dehnungsdifferenz Fundamentplatte/Wände

$$\Delta\varepsilon = \varepsilon_{sF} + \alpha_{TF} \cdot (T_F - T_{0F}) - \varepsilon_{sW} - \alpha_{TW} \cdot (T_W - T_{0W})$$
$$= -0,160 + 0,010 \cdot (15 - 30) - 0 - 0,006 \cdot (25 - 30)$$
$$= -0,160 - 0,150 \qquad\qquad - 0 + 0,030 = \mathbf{-0,280\,mm/m}$$

2.1.2 Zustand im Winter:

Dehnungsdifferenz Dachdecke/Wände

$$\Delta\varepsilon = \varepsilon_{sD} + \alpha_{TD} \cdot (T_D - T_{0D}) - \varepsilon_{sW} - \alpha_{TW} \cdot (T_W - T_{0W})$$
$$= -0,580 + 0,010 \cdot (15 - 30) \pm 0,0 - 0,006 \cdot (20 - 30)$$
$$= -0,580 - 0,150 \qquad\qquad \pm 0,0 + 0,060 = \mathbf{-0,650\,mm/m}$$

Dehnungsdifferenz Fundamentplatte/Wände

$$\Delta\varepsilon = \varepsilon_{sF} + \alpha_{TE} \cdot (T_F - T_{0F}) - \varepsilon_{sW} - \alpha_{TW} \cdot (T_W - T_{0W})$$
$$= -0,160 + 0,010 \cdot (15 - 30) \pm 0,0 - 0,006 \cdot (20 - 30)$$
$$= -0,160 - 0,150 \qquad\qquad \pm 0,0 + 0,060 = \mathbf{-0,250\,mm/m}$$

2.2 Dehnungsdifferenzen zwischen Dachdecke und Wänden sowie Wänden und Fundamentplatte bei Herstellung des Gebäudes im **Winter**:

2.2.1 Zustand im Sommer:

Dehnungsdifferenz Dachdecke/Wände

$$\Delta\varepsilon = \varepsilon_{sD} + \alpha_{TD} \cdot (T_D - T_{0D}) - \varepsilon_{sW} - \alpha_{TW} \cdot (T_W - T_{0W})$$
$$= -0,580 + 0,0100 \cdot (30 - 5) \pm 0,0 - 0,006 \cdot (25 - 5)$$
$$= -0,580 + 0,250 \qquad\qquad \pm 0,0 - 0,120 = \mathbf{-0,450\,mm/m}$$

Dehnungsdifferenz Fundamentplatte/Wände

$$\Delta\varepsilon = \varepsilon_{sF} + \alpha_{TF} \cdot (T_F - T_{0F}) - \varepsilon_{sW} - \alpha_{TW} \cdot (T_W - T_{0W})$$
$$= -0,160 + 0,010 \cdot (15 - 5) + 0,0 - 0,006 \cdot (25 - 5)$$
$$= -0,160 + 0,100 \qquad\qquad + 0,0 - 0,120 = \mathbf{-0,180\,mm/m}$$

2.2.2 Zustand im Winter:

Dehnungsdifferenz Dachdecke/Wände

$$\Delta\varepsilon = \varepsilon_{sD} + \alpha_{TD} \cdot (T_D - T_{0D}) - \varepsilon_{sW} - \alpha_{TW} \cdot (T_W - T_{0W})$$
$$= -0{,}580 + 0{,}010 \cdot (15 - 5) \pm 0{,}0 - 0{,}006 \cdot (20 - 5)$$
$$= -0{,}580 + 0{,}100 \qquad \pm 0{,}0 - 0{,}090 = \mathbf{-0{,}570\,mm/m}$$

Dehnungsdifferenz Fundamentplatte/Wände

$$\Delta\varepsilon = \varepsilon_{sF} + \alpha_{TF} \cdot (T_F - T_{0F}) - \varepsilon_{sW} - \alpha_{TW} \cdot (T_W - T_{0W})$$
$$= -0{,}160 + 0{,}010 \cdot (10 - 5) \pm 0{,}0 - 0{,}006 \cdot (20 - 5)$$
$$= -0{,}160 + 0{,}050 \qquad \pm 0{,}0 - 0{,}090 = \mathbf{-0{,}220\,mm/m}$$

Die ungünstigste Dehnungsdifferenz entsteht für den Zustand im Winter, wenn das Gebäude im Sommer hergestellt würde: vorh $\Delta\varepsilon = -0{,}590$ mm/m.

Diese Verkürzung ist nach Gleichung 174.2 nicht mehr zulässig:

$$\text{vorh}\,\Delta\varepsilon = -0{,}650\,mm/m$$
$$\text{zul}\,\Delta\varepsilon = -0{,}400\,mm/m$$

Auch bei der Herstellung im Winter ist der spätere Zustand im Winter nicht zulässig, da

$$\text{vorh}\,\Delta\varepsilon = -0{,}570\,mm/m.$$

2.3 Verschiebewinkel für das Außenmauerwerk

Dehnungsdifferenz zwischen Dachdecke und Fundamentplatte im Sommer

$$\Delta\varepsilon = \varepsilon_{sD} - \varepsilon_{sF} + \alpha_T \cdot (T_D - T_F)$$
$$= -0{,}580 + 0{,}100 + 0{,}010\,(30 - 15)$$
$$= -0{,}580 + 0{,}100 + 0{,}150 = \mathbf{-0{,}330\,mm/m}$$

Dehnungsdifferenz zwischen Dachdecke und Fundamentplatte im Winter

$$\Delta\varepsilon = \varepsilon_{sD} - \varepsilon_{sF} + \alpha_T \cdot (T_D - T_F)$$
$$= -0{,}580 + 0{,}100 + 0{,}010 \cdot (15 - 10)$$
$$= -0{,}580 + 0{,}100 + 0{,}050 = \mathbf{-0{,}430\,mm/m}$$

Längenänderung über die größte wirksame Länge $l = 6{,}0$ m
(zwischen Kern des Gebäudes bis zur Mitte des Außenmauerwerks)

$$\Delta l = \Delta\varepsilon \cdot l = -0{,}430 \cdot 6{,}0 = -2{,}6\,mm$$

Verschiebewinkel für die Außenwände bei einer Geschoßhöhe von $h = 3{,}00$ m

$$\text{vorh}\,\gamma = \frac{\Delta l}{h} = \frac{-2{,}6}{3{,}00 \cdot 1000} = -\frac{1}{1154}$$

$$\text{zul}\,\gamma = \frac{1}{2500} \qquad \frac{\text{vorh}\,\gamma}{\text{zul}\,\gamma} > 1{,}0$$

2.4 Beurteilung

Die Konstruktion ist aus zwei Gründen nicht rißsicher:
die Dehnungsdifferenzen zwischen Dachdecke und Außenwänden sind zu groß, der Verschiebewinkel für die Außenwände zwischen Dachdecke und Fundamentplatte ist ebenfalls zu groß.

Die Dachdecke ist auf Gleitlager zu legen, damit die Bewegungen der Dachdecke möglich sind.
Das Außenmauerwerk ist durch einen Stahlbetonringbalken unter den Auflagern der Dachdecke zu sichern.

11 Statische Berechnung

Die statische Berechnung ist ein Nachweis für Standsicherheit und Gebrauchsfähigkeit der tragenden Konstruktion. Durch sie wird die Tragfähigkeit und Standsicherheit sämtlicher statisch beanspruchter Bauteile eines zu erstellenden Bauwerkes rechnungsmäßig nachgewiesen.

Für das geplante Gebäude wird vom Architekten zunächst ein Vorentwurf angefertigt. Dieser erfaßt die zeichnerische Lösung der wesentlichsten Teile der Bauaufgabe. Wenn der Bauherr mit der Lösung einverstanden ist, folgen die Verhandlungen mit den behördlichen Stellen über die Genehmigungsfähigkeit. Nun beginnt die Arbeit an der statischen Berechnung. Im Zuge der Festigkeitsberechnung werden die Abmessungen der statisch beanspruchten Bauteile festgelegt, und die Standsicherheit des gesamten Bauwerks wird nachgewiesen. Nach dieser statischen Berechnung werden die Ausführungszeichnungen mit allen für die Herstellung des Bauwerks erforderlichen Maßen und Angaben angefertigt.

Statische Berechnungen sind aufzustellen für alle neuen genehmigungspflichtigen baulichen Anlagen über und unter der Erde und für die Herstellung oder Veränderung von tragenden Bauteilen bei bestehenden baulichen Anlagen.

11.1 Angaben der statischen Berechnung

Die statische Berechnung und die erforderlichen Zeichnungen sind i. allg. der zuständigen Bauaufsichtsbehörde in zweifacher Ausführung zur Genehmigung einzureichen. Es müssen alle erforderlichen Angaben gemacht werden: Kennzeichnung, Nutzungszweck, Beschreibung, Lage, Größe sowie Konstruktion des Bauwerkes. Genannt werden außerdem die maßgebenden Bauvorschriften, die verwendete Fachliteratur, die Quelle für außergewöhnliche Formeln, die vorgesehenen Baustoffe mit den zulässigen Spannungen, der vorhandene Baugrund mit den zulässigen Bodenpressungen.

Bei umfangreichen Berechnungen ist ein Inhaltsverzeichnis zweckmäßig. Die einzelnen Bauteile werden in der Reihenfolge berechnet, die der Lastenübertragung von oben bis zum Baugrund entspricht. Die Berechnung wird unterschrieben vom Bearbeiter und vom Bauherrn.

11.2 Form der statischen Berechnung

Zweckmäßig wird die statische Berechnung auf pausfähigem Papier handschriftlich oder mit Schreibmaschine geschrieben, wenn nicht eine Berechnung mit dem Computer durchgeführt wird. Es soll das DIN-Format A4 verwendet werden. Das Schriftfeld ist

≈ 12 cm breit zu wählen, so daß der linke Seitenteil für erläuternde Skizzen oder Prüfbemerkungen frei bleibt. Jedes einzelne Bauteil wird als getrennte Position vor dem Berechnungsgang durch Überschrift bezeichnet und numeriert. Diese Positionsnummern sind auf beizulegenden Positionsplänen verzeichnet. Daraus ist zu ersehen, wo das berechnete Bauteil im Bauwerk liegt.

An einem Beispiel soll im folgenden der Aufbau einer statischen Berechnung gezeigt werden. Es wird damit gleichzeitig der Versuch unternommen, verschiedene Berechnungsarten und die Anwendung des bisher behandelten Stoffes im Zusammenhang eines ganzen Bauwerkes zu zeigen. Man möge sich aber hüten, dieses Beispiel als „Rechenrezept" für andere Bauwerke zu benutzen. Jeder Bau ist anders geartet, jede Konstruktion muß als Ganzes und im Detail durchdacht werden.

Im folgenden Beispiel für eine statische Berechnung zum Neubau eines Einfamilien-Wohnhauses wurde aus drucktechnischen Gründen auf einen breiten Rand links jeder Seite verzichtet.

11.3　Berechnungsbeispiel

STATISCHE BERECHNUNG

zum Neubau eines Einfamilien-Wohnhauses für . . . .

　　　　　　　　　　　　　　　　　　　　　　　　　　　　　　(Bauherr)

in . . . .

　　　　　　(Ort)　　　　　　　　　　　　　　　　　　　　(Straße)

Dieser statischen Berechnung werden folgende Vorschriften, Baustoffe und Unterlagen zugrunde gelegt:

1. Die zur Zeit gültigen Baubestimmungen

　　DIN 1045 Beton und Stahlbeton; Bemessung und Ausführung
　　DIN 1052 Holzbauwerke; Berechnung und Ausführung
　　DIN 1053 Mauerwerk; Berechnung und Ausführung
　　DIN 1054 Baugrund; Zulässige Belastung des Baugrunds
　　DIN 1055 Lastannahmen für Bauten

2. Die Baustoffe

　　Nadelholz Güteklasse II
　　Stahlbeton B 25 für Rähme, Balken und Platten
　　Betonstahl BSt 420 S (Stahl III S) für Bewehrung der Rähme und Balken
　　Betonstahlmatten BSt 500 S (Stahl IV S) für Bewehrung der Platten
　　Beton B 10 für unbewerte Fundamente
　　Mauerwerk Hbl 2-0,6, Mörtelgruppe II für Erdgeschoß
　　Mauerwerk KS 12-1,4, Mörtelgruppe II für Kellergeschoß
　　unbelastete leichte Trennwände: Wandlast $\leq 1,5$ kN/m^2
　　Baugrund: steifer toniger Schluff

3. Die Zeichnungen

　　Zeichnungs-Nr. . . . . des Architekten . . . . vom . . . . M 1:100

4. Die Baubeschreibung

Das eingeschossige Gebäude wird als Wohnhaus genutzt. Es ist vollständig unterkellert und mit einem Satteldach überdacht.

Länge: 9,99 m Breite: 7,115 m Höhe:

Dachboden	1,80 m
Erdgeschoß	2,75 m
Kellergeschoß	2,25 m
Gründungstiefe unter Gelände	1,80 m
höchster Grundwasserstand unter Gelände	2,50 m
Firsthöhe über Gelände	5,50 m

Dach

Dachkonstruktion	Pfettendach aus Kanthölzern
Dachneigung	$\alpha = 27°$
Dachdeckung	Flachdachpfannen ohne Verstrich
Dachboden	keine Nutzung

Erdgeschoß

Decke	Holzbalkendecke mit Einschub
Mauerwerk	Hohlblocksteine mit Verblendung 24 + 6 = 30 cm
Fenster	Holzrahmen mit Isolierverglasung
Fußboden	schwimmender Zementestrich mit verschiedenen Belägen

Kellergeschoß

Decke	massive Stahlbetonplatte
Mauerwerk	Kalksandsteinmauerwerk mit Verputz und Sperranstrich
Fußboden	Betonplatte mit Zementestrich
Fundamente	unbewehrte Streifenfundamente aus Beton

Die statische Berechnung umfaßt 15 Seiten mit 22 Positionen. Sie ist gegliedert in

Abschnitt I   Pfettendach und Deckenbalken   S. 249
Abschnitt II   Erdgeschoß   S. 255
Abschnitt III Kellergeschoß und Fundamente   S. 259
Positionsplan   S. 263

Abschnitt I   Pfettendach und Deckenbalken

Statisches System

Dachneigung	$\alpha = 27°$ $\sin\alpha = 0,4540$ $\cos\alpha = 0,8910$ $\tan\alpha = 0,5095$	
Stützweite	$l = b/2 = 6,70/2 = 3,35\,\text{m}$	
Höhe	$h = l \cdot \tan\alpha = 3,35 \cdot 0,5095 = 1,70\,\text{m}$	
Schräge Länge	$l_\text{s} = l/\cos\alpha = 3,35/0,8910 = 3,76\,\text{m}$	
Binderentfernung	$2,80\,\text{m} + 2,80\,\text{m} + 4,10\,\text{m}$	
Sparrenabstand	$a = 0,75\,\text{m}$	

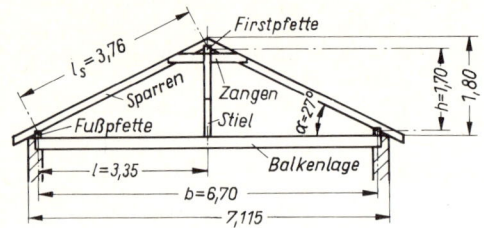
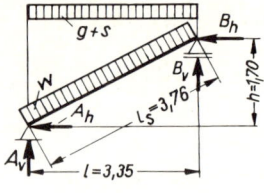

Pos. 1   **Dachsparren 8/14 cm aus Nadelholz Gütekl. II**

1. Statisches System
(schräger Träger auf 2 Stützen)

2. Belastung
2.1 Vertikale Belastung je m² Grundfläche

Eigenlast Sparren $g_{Sp}/a \cdot \cos\alpha = 0{,}08/0{,}75 \cdot 0{,}8910$	$= 0{,}12\,\mathrm{kN/m^2}$
Dachdeckung Flachdachpfannen $(0{,}55 + 0{,}10)/0{,}8910$	$= 0{,}73\,\mathrm{kN/m^2}$
	$g = 0{,}85\,\mathrm{kN/m^2}$
Verkehrslast Schnee $s = \bar{K}_s \cdot s_0 = 1{,}0 \cdot 0{,}75 =$	$s = 0{,}75\,\mathrm{kN/m^2}$
	$g + s = 1{,}60\,\mathrm{kN/m^2}$

2.2 Rechtwinklige Belastung je m² Dachfläche

Winddruck $w_d = c_p \cdot q + 25\%$

$$\text{mit } c_p = 0{,}3 + (0{,}4 - 0{,}3) \cdot \frac{2}{5} = 0{,}3 + 0{,}04 = 0{,}34$$

$$w_d = 0{,}34 \cdot 0{,}50 \cdot 1{,}25 = \qquad\qquad w_d = \quad 0{,}21\,\mathrm{kN}/m^2$$

Windsog $w_s = -0{,}6 \cdot q = -0{,}6 \cdot 0{,}50 = \qquad w_s = -0{,}30\,\mathrm{kN}/m^2$

2.3 Wind- und Schneelast je Sparrenfeld

$$W + S = (w_d + s) \cdot l \cdot a = (0{,}21 + 0{,}75) \cdot 3{,}35 \cdot 0{,}75 = 2{,}41\,\mathrm{kN} > 2\,\mathrm{kN}$$

3. Schnittgrößen

$$A_v = B_v = q \cdot l/2 = (1{,}60 + 0{,}21)\,3{,}35/2 \quad = 3{,}03\,\mathrm{kN/m}$$
$$A_{hd} = w_d \cdot h = 0{,}21 \cdot 1{,}70 \qquad\qquad = 0{,}36\,\mathrm{kN/m}$$
$$A_{hs} = w_s \cdot h = -0{,}30 \cdot 1{,}70 \qquad\quad = -0{,}51\,\mathrm{kN/m}$$

$$M_{(g+s+w)} = \frac{(g+s+w_d) \cdot l^2}{8} \cdot a + \frac{w_d \cdot h^2}{8} \cdot a$$

$$= \frac{(1{,}60 + 0{,}21) \cdot 3{,}35^2}{8} \cdot 0{,}75 + \frac{0{,}21 \cdot 1{,}70^2}{8} \cdot 0{,}75$$

$$= 1{,}90 + 0{,}06 \qquad\qquad = 1{,}96\,\mathrm{kNm}$$

4. Bemessung (nur auf Biegung)

$$\text{erf } W_y = M/\text{zul } \sigma_B = 196/1{,}0 = 196\,\mathrm{cm^3}$$

Sparren **8/14 cm**   mit $W_y = 261\,\mathrm{cm^3}$

$$\text{vorh } \sigma_B = M/\text{vorh } W_y = 196/261 = 0{,}75\,\mathrm{kN/cm^2}$$

$$= 7{,}5\,\mathrm{N/mm^2} < \text{zul } \sigma_B = 10\,\mathrm{N/mm^2}$$

$$\text{vorh } f = \frac{\text{vorh } \sigma_B \cdot (l_s - l_z)^2}{h \cdot k_f} = \frac{7,5 \cdot (3,76 - 0,40)^2}{14 \cdot 4,8} = 1,26 \text{ cm}$$

$$\text{zul } f = \frac{l'_s}{200} = \frac{376 - 40}{200} = 1,68 \text{ cm} > \text{vorh } f$$

Pos. 2   **Firstpfette 16/18 cm aus Nadelholz Gütekl. II**

1. Statisches System
(Berechnung als Einfeldträger)

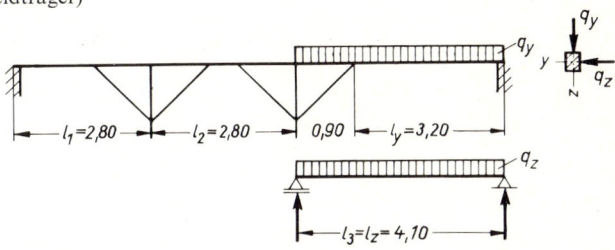

2. Belastung

2.1 Vertikale Belastung q_y

Eigenlast Pfette	= 0,19 kN/m
Last aus Sparren Pos. 1 $2 \cdot B_v = 2 \cdot 3,03$	= 6,06 kN/m
	$q_y = 6,25$ kN/m

2.2 Horizontale Belastung q_z

Last aus Sparren Pos. 1 $B_{hD} + B_{hS} = 0,18 + 0,26$ $\qquad$ $q_z \approx 0,45$ kN/m

3. Schnittgrößen

$$A_v = q_y \cdot (l_2 + l_3)/2 = 6,25 (2,80 + 4,10)/2 \qquad = 21,56 \text{ kN}$$

$$\max M_y = q_y \cdot l_y^2/8 = 6,25 \cdot 3,20^2/8 \qquad = \;\; 8,00 \text{ kNm}$$

$$\max M_z = q_z \cdot l_z^2/8 = 0,45 \cdot 4,10^2/8 \qquad = \;\; 0,95 \text{ kNm}$$

4. Bemessung (nach Nomogramm für zweiachsige Biegung Tafel **98**.1)

Pfette **16/18** cm mit $W_y = 864$ cm^3 $\qquad$ $W_z = 768$ cm^3

$$\text{vorh } \sigma_B = \frac{M_y}{W_y} + \frac{M_z}{W_z} = \frac{800}{864} + \frac{95}{768} = 0,93 + 0,12$$

$$= 1,05 \text{ kN/cm}^2 = 10,5 \text{ N/mm}^2$$

$$\text{zul } \sigma_B = 1,25 \cdot 10 = 12,5 \text{ N/mm}^2 \text{ für Lastfall HZ}$$

$$\frac{\text{vorh } \sigma_B}{\text{zul } \sigma_B} = \frac{10,5 \text{ N/mm}^2}{12,5 \text{ N/mm}^2} = 0,84 < 1,0$$

$$\text{vorh } f_y = \text{vorh } \sigma_y \cdot l_y^2/h \cdot k_f = 9,3 \cdot 3,20^2/18 \cdot 4,8 = 1,10 \text{ cm}$$

$$\text{vorh } f_z = \text{vorh } \sigma_z \cdot l_z^2/b \cdot k_f = 1,2 \cdot 4,10^2/16 \cdot 4,8 = 0,26 \text{ cm}$$

$$\max f \approx \sqrt{f_y^2 + f_z^2} = \sqrt{1,10^2 + 0,26^2} = 1,13 \text{ cm}$$

$$\text{zul } f = l_y/200 = 1,60 \text{ cm} > \text{zul } f$$

Pos. 3   **Zangen 2 · 2,4/12 cm aus Nadelholz Gütekl. II**

Konstruktiv gewählt für jedes Sparrenpaar unter der Firstpfette.
Verbindung durch je 6 Nägel 31 · 70

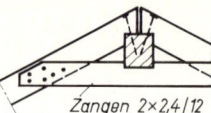

Zangen 2×2,4/12

Pos. 4   **Pfettenstiele 12/12 cm aus Nadelholz Gütekl. II**

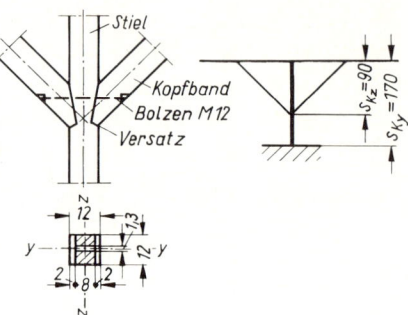

1. Statisches System (Knickstab)
2. Belastung

Eigenlast Stiel + Kopfbänder $= 0{,}44\,\text{kN}$
Last aus Pfette Pos. 2, $A_v = 21{,}56\,\text{kN}$
_____
$N = 22{,}00\,\text{kN}$

3. Bemessung

3.1 Nachweis für Knicken am Kopfbandanschluß

Stiel **12/12 cm** mit $A = 144\,\text{cm}^2$ $i_z = 3{,}46\,\text{cm}$

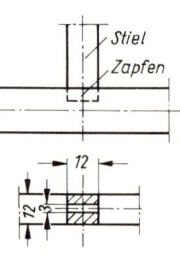

$A_n = A - \Delta A = 144{,}0 - 2 \cdot 2{,}0 \cdot 12{,}0 - 8{,}0 \cdot 1{,}3$
$\quad = 144{,}0 - 48{,}0 - 10{,}4 = 85{,}6\,\text{cm}$ $\min I_y \approx 1100\,\text{cm}^4$

$i_y = \sqrt{\min I_y/A_n} = \sqrt{1100/85{,}6} = 3{,}58\,\text{cm}$

$\lambda_y = s_{Ky}/i_y = 170/3{,}58 = 47{,}5$ $\omega_y = 1{,}37$

$\lambda_z = s_{Kz}/i_z = 90/3{,}46 = 26{,}0$ $\omega_z = 1{,}12$

vorh $\sigma_{Ky} = N \cdot \omega_y/A_n = 22{,}00 \cdot 1{,}37/85{,}6$
$\quad\quad = 0{,}35\,\text{kN/cm}^2 = 3{,}5\,\text{N/mm}^2$

zul $\sigma_{D\parallel} = 1{,}25 \cdot 8{,}5 = 10{,}6\,\text{N/mm}^2$

$$\frac{\text{vorh}\,\sigma_{Ky}}{\text{zul}\,\sigma_{D\parallel}} = \frac{3{,}5\,\text{N/mm}^2}{10{,}6\,\text{N/mm}^2} = 0{,}33 < 1{,}0$$

3.2 Nachweis für Druck an Pfette und Deckenbalken

$A_n = A - \Delta A = 144{,}0 - 12{,}0 \cdot 3{,}0 = 144{,}0 - 36{,}0 = 108{,}0\,\text{cm}^2$

vorh $\sigma_{D\perp} = N/A_n = 22{,}00/108{,}0$
$\quad\quad = 0{,}20\,\text{kN/cm}^2 = 2{,}0\,\text{N/mm}^2$

zul $\sigma_{D\perp} = 1{,}25 \cdot 2{,}0 = 2{,}5\,\text{N/mm}^2$

$$\frac{\text{vorh}\,\sigma_{D\perp}}{\text{zul}\,\sigma_{D\perp}} = \frac{2{,}0\,\text{N/mm}^2}{2{,}5\,\text{N/mm}^2} = 0{,}80 < 1{,}0$$

Pos. 5   **Kopfbandstreben 12/12 cm aus Nadelholz Gütekl. II**

1. Statisches System (Knickstab)

Kopfbandneigung $\alpha = 45°$

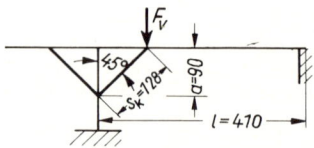

Knicklänge $s_K = a\sqrt{2} = 90\sqrt{2}$ $= 128\,\text{cm}$
oder $s_K = a/\sin\alpha = 90/0{,}7071 = 128\,\text{cm}$

2. Belastung und Schnittgrößen

Als vertikale Belastung wird die Stützenlast aus dem halben Feld den Kopfbandstreben zugeordnet.

$$F_\text{v} = q_\text{y} \cdot l/2 = 6,25 \cdot 4,10/2 = 12,8\,\text{kN} \qquad N = F_\text{v}/\sin\alpha = 12,8/0,7071 = 18,1\,\text{kN}$$

Wegen des Versatzes wirkt die Kraft N ausmittig

erforderliche Versatztiefe $\qquad\qquad t_\text{v} = N/0,7\,b = 18,1/0,7 \cdot 10,0 \approx 2,5\,\text{cm}$

vorhandene Ausmitte $\qquad\qquad\quad e = \dfrac{h}{2} - \dfrac{t_\text{v}}{2} = \dfrac{12,0}{2} - \dfrac{2,5}{2} = 4,75\,\text{cm}$

Biegemoment durch Ausmitte $\quad M = N \cdot e = 18,1 \cdot 4,75 = 86\,\text{kNcm}$

3. Bemessung (Nachweis für Längskraft mit Biegung)

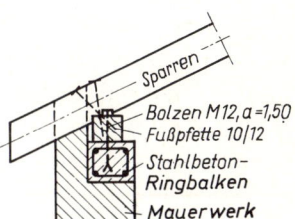

Kopfbandstrebe **12/12 cm** mit $A = 144\,\text{cm}^2$

$$\Delta A = 12,0 \cdot 1,3 \approx 16\,\text{cm}^2 \qquad A_\text{n} = 128\,\text{cm}^2$$

$$W_\text{y} = 288\,\text{cm}^3 \qquad W_\text{yn} = 220\,\text{cm}^3 \qquad i_z = 3,46\,\text{cm}$$

$$\max\lambda = s_\text{K}/\min i = 128/3,46 = 37$$

$$\text{vorh}\,\sigma_\text{NB} = \frac{N}{A_\text{n}} + \frac{\text{zul}\,\sigma_\text{D∥}}{\text{zul}\,\sigma_\text{B}} \cdot \frac{M}{W_\text{yn}} = \frac{18,1}{128} + \frac{0,85}{1,00} \cdot \frac{86}{220} = 0,14 + 0,85 \cdot 0,39$$

$$= 0,14 + 0,33 = 0,47\,\text{kN/cm}^2 = 4,7\,\text{N/mm}^2$$

$$\text{zul}\,\sigma_\text{D∥} = 1,25 \cdot 8,5 = 10,6\,\text{N/mm}^2$$

$$\frac{\text{vorh}\,\sigma_\text{NB}}{\text{zul}\,\sigma_\text{D∥}} = \frac{4,7\,\text{N/mm}^2}{10,6\,\text{N/mm}^2} = 0,44 < 1,0$$

$$\text{vorh}\,\sigma_\text{K} = \frac{N \cdot \omega}{A} + \frac{\text{zul}\,\sigma_\text{D∥}}{\text{zul}\,\sigma_\text{B}} \cdot \frac{M}{W_\text{y}} = \frac{18,1 \cdot 1,22}{144} + \frac{0,85}{1,00} \cdot \frac{86}{288} = 0,15 + 0,25$$

$$= 0,40\,\text{kN/cm}^2 = 4,0\,\text{N/mm}^2$$

$$\text{zul}\,\sigma_\text{D∥} = 1,25 \cdot 8,5 = 10,6\,\text{N/mm}^2$$

$$\frac{\text{vorh}\,\sigma_\text{K}}{\text{zul}\,\sigma_\text{D∥}} = \frac{4,0\,\text{N/mm}^2}{10,6\,\text{N/mm}^2} = 0,38 < 1,0$$

Pos. 6   **Fußpfetten 10/12 cm aus Nadelholz Gütekl. II**

Konstruktiv gewählt mit Verankerung auf Deckenbalken und auf Stb.Randbalken mit Bolzen M12 in Abständen von $a = 1,50\,\text{m}$

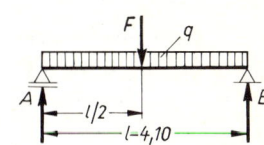

Pos. 7   **Deckenbalken 12/16 cm aus Nadelholz Gütekl. II über Wohnraum**

1. Statisches System (Träger auf 2 Stützen)

Stützenweite $\qquad\quad l = l_\text{w} \cdot 1,05 = 3,885 \cdot 1,05 \approx 4,10\,\text{m}$

Balkenabstand $\qquad a = 0,70\,\text{m}$

2. Belastung

Eigenlast 0,11/0,70	$= 0,16\,\text{kN/m}^2$

Last aus Decke

Einschub mit 12 cm Bims oder Schlacke 0,12 · 7,0	$= 0,84\,\text{kN/m}^2$
Dämmung mit Abdeckung	$= 0,10\,\text{kN/m}^2$
Putz auf Putzträger	$= 0,40\,\text{kN/m}^2$

ständige Last	$q = 1,50\,\text{kN/m}^2$
Ersatzlast für Reparaturarbeiten	$F = 1,00\,\text{kN}$

3. Schnittgrößen

$$A = B = q \cdot l/2 + F = 1,50 \cdot 4,10/2 + 1,00 = 4,08\,\text{kN/m}$$

$$\max M = \frac{q \cdot l^2}{8} \cdot a + \frac{F \cdot l}{4} = \frac{1,50 \cdot 4,10^2}{8} \cdot 0,70 + \frac{1,0 \cdot 4,10}{4}$$

$$= 2,21 + 1,03 = 3,24\,\text{kNm} = 324\,\text{kNcm}$$

4. Bemessung

$\text{erf}\,W_y = M/\text{zul}\,\sigma_B = 324/1,0 = 324\,\text{cm}^3$

$\text{erf}\,I_y = c \cdot M \cdot l = 312 \cdot 2,21 \cdot 4,10 + 250 \cdot 1,03 \cdot 4,10$

$\qquad\quad = 2827 + 1056 = 3883\,\text{cm}^4$

Deckenbalken **12/16 cm** mit $W_y = 512\,\text{cm}^3$ $I_y = 4096\,\text{cm}^4$

$\text{vorh}\,\sigma_B = \max M/\text{vorh}\,W_y = 221/512 + 103/512 = 0,43 + 0,20$

$\qquad\quad = 0,63\,\text{kN/cm}^2 = 6,3\,\text{N/mm}^2$

$\text{zul}\,\sigma_B = 10\,\text{N/mm}^2$

$\dfrac{\text{vorh}\,\sigma_B}{\text{zul}\,\sigma_B} = \dfrac{6,3\,\text{N/mm}^2}{10\,\text{N/mm}^2} = 0,63 < 1,0$

$\text{vorh}\,f = \text{vorh}\,\sigma_B \cdot l^2/h \cdot k_f = 4,3 \cdot 4,10^2/16 \cdot 4,8 + 2,0 \cdot 4,10^2/16 \cdot 6,0$

$\qquad\quad = 0,95 + 0,35 = 1,30\,\text{cm}$

$\text{zul}\,f = l/300 = 410/300 = 1,37\,\text{cm} > \text{vorh}\,f$

Pos. 8   **Deckenbalken 8/16 cm aus Nadelholz Gütekl. II über Schlafraum, Flur, Küche**

1. Statisches System (Zweifeld-Durchlaufträger)

Stützweiten

$l_1 = (2,01 + 0,115 + 1,135)\,1,05 \approx 3,40\,\text{m}$

$l_2 = 3,135 \cdot 1,05 \approx 3,30\,\text{m}$

$\dfrac{l_1 + l_2}{2} = \dfrac{3,40 + 3,30}{2} = 3,35\,\text{m}$

Balkenabstand $a = 0,70\,\text{m}$

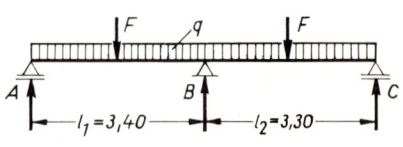

2. Belastung

siehe Pos. 7 $q = 1,50\,\text{kN/m}^2$ $F = 1,0\,\text{kN}$

3. Schnittgrößen (für Durchlaufträger)

$A = 0,375 \cdot q \cdot l_1 + F = 0,375 \cdot 1,50 \cdot 3,40 + 1,0 = 2,92\,\text{kN}$

$C = 0,375 \cdot q \cdot l_2 + F = 0,375 \cdot 1,50 \cdot 3,30 + 1,0 = 2,86\,\text{kN}$

$B = 1,250 \cdot q \cdot \dfrac{l_1 + l_2}{2} + F = 1,25 \cdot 1,50 \cdot 3,35 + 1,0 = 7,28\,\text{kN}$

$$\max M_1 = 0{,}070 \cdot q \cdot l_1^2 \cdot a + 0{,}203 \cdot F \cdot l_1 = 0{,}070 \cdot 1{,}50 \cdot 3{,}40^2 \cdot 0{,}70$$
$$+ 0{,}203 \cdot 1{,}0 \cdot 3{,}40 = 0{,}85 + 0{,}69 = 1{,}54 \,\text{kNm}$$

$$\max M_2 = 0{,}070 \cdot q \cdot l_2^2 \cdot a + 0{,}203 \cdot F \cdot l_2 = 0{,}070 \cdot 1{,}50 \cdot 3{,}30^2 \cdot 0{,}70$$
$$+ 0{,}203 \cdot 1{,}0 \cdot 3{,}30 = 0{,}80 + 0{,}67 = 1{,}47 \,\text{kNm}$$

$$\min M_B = -0{,}125 \cdot q \cdot \left(\frac{l_1 + l_2}{2}\right)^2 \cdot a - 0{,}186 \cdot F \cdot (l_1 + l_2)/2$$
$$= -0{,}125 \cdot 1{,}50 \cdot 3{,}35^2 \cdot 0{,}70 - 0{,}186 \cdot 1{,}0 \cdot 3{,}35$$
$$= -2{,}09 \,\text{kNm} = -209 \,\text{kNcm}$$

4. Bemessung

$\text{erf } W_y = \min M_B / \text{zul } \sigma_B = 209/1{,}0 = 209 \,\text{cm}^3$

Deckenbalken **8/16 cm** mit $W_y = 341 \,\text{cm}^3$

$\text{vorh } \sigma_B = \min M_B / \text{vorh } W_y = 209/341$
$\qquad = 0{,}61 \,\text{kN/cm}^2 = 6{,}1 \,\text{N/mm}^2$

$\text{zul } \sigma_B = 10 \,\text{N/mm}^2$

$\dfrac{\text{vorh } \sigma_B}{\text{zul } \sigma_B} = \dfrac{6{,}1 \,\text{N/mm}^2}{10 \,\text{N/mm}^2} = 0{,}61 < 1{,}0$

Abschnitt II   Erdgeschoß

Pos. 9   **Stahlbeton-Ringbalken** $b/d = 17{,}5/16$ **cm auf den Außenwänden**

Als Ringbalken und Auflager für Fußpfette bzw. Deckenbalken wird ein Stahlbeton-Ringbalken angeordnet mit Ankerbolzen M 12, $a = 150\,\text{cm}$ (s. Skizze Pos. 6).

Nachweis für Dachschub und Winddruck auf Wand

1. Statisches System (Träger auf 2 Stützen mit horizontaler Belastung)

Auflagertiefe: $t_A = t_B = 17{,}5 \,\text{cm}$

Längswände: $l_1 = 5{,}26 + 2 \cdot 0{,}175/3 \approx 5{,}40 \,\text{m}$

Querwände: $l_2 = 6{,}51 + 2 \cdot 0{,}175/3 \approx 6{,}65 \,\text{m}$

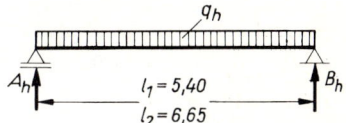

2. Belastung

Last aus Dach, Pos. 1, A_{hD}	$= 0{,}13 \,\text{kN/m}$
Winddruck auf Wand $w = c_p \cdot q \cdot h/2 = 0{,}8 \cdot 0{,}50 \cdot 2{,}75/2$	$= 0{,}55 \,\text{kN/m}$
	$q_{h1} = 0{,}68 \,\text{kN/m}$
	$q_{h2} = 0{,}55 \,\text{kN/m}$

3. Schnittgrößen

$$A_1 = q_{h1} \cdot l_1/2 = 0{,}68 \cdot 5{,}40/2 = 1{,}84 \,\text{kN}$$

$$Q'_{A1} = A_1 - q_{h1} \cdot \left(\frac{t_A}{3} + \frac{h}{2}\right) = 1{,}84 - 0{,}68 \cdot \left(\frac{0{,}175}{3} + \frac{0{,}14}{2}\right) = 1{,}75 \,\text{kN}$$

$$M_1 = q_{h1} \cdot l_1^2/8 = 0{,}68 \cdot 5{,}40^2/8 = 2{,}48 \,\text{kNm}$$

$$A_2 = q_{h2} \cdot l_2/2 = 0{,}55 \cdot 6{,}65/2 = 1{,}83 \,\text{kN}$$

$$Q'_{A2} = A_2 - q_{h2} \cdot \left(\frac{t_A}{3} + \frac{h}{2}\right) = 1{,}83 - 0{,}55 \cdot \left(\frac{0{,}175}{3} + \frac{0{,}14}{2}\right) = 1{,}76 \,\text{kN}$$

$$M_2 = q_{h2} \cdot l_2^2/8 = 0{,}55 \cdot 6{,}65^2/8 = 3{,}04 \,\text{kNm}$$

4. Bemessung für $b/d = 17,5/16\,\mathrm{cm}$

B 25; BSt 420 S (St III S)

$b = 17,5\,\mathrm{cm}$ $\quad h = 17,5 - 2,0 - 0,6 - 1,0/2 = 14,4\,\mathrm{cm} \approx 14\,\mathrm{cm}$ $\quad d = 0,16\,\mathrm{m}$

$h = k_\mathrm{h} \cdot \sqrt{M/d}$ $\quad 14 = k_\mathrm{h} \cdot \sqrt{3,04/0,16}$ $\quad k_\mathrm{h} = 3,2$ $\quad k_\mathrm{s} = 4,5$ $\quad k_\mathrm{z} = 0,93$

$A_\mathrm{s} = M \cdot k_\mathrm{s}/h = 3,04 \cdot 4,5/14 = 0,98\,\mathrm{cm}^2$

$\tau_0 = Q'_\mathrm{A}/(d \cdot h \cdot k_\mathrm{z}) = 1,76/(16 \cdot 14 \cdot 0,92)$
$\quad = 0,008\,\mathrm{kN/cm}^2 = 0,08\,\mathrm{N/mm}^2$

$\tau_{012} = 0,75\,\mathrm{N/mm}^2$

$\dfrac{\tau_0}{\tau_{012}} = \dfrac{0,08\,\mathrm{N/mm}^2}{0,75\,\mathrm{N/mm}^2} = 0,11 < 1,0$

$a_{\mathrm{s\tau}} = 16,7\,d \cdot \tau_0 = 16,7 \cdot 0,16 \cdot 0,08 = 0,21\,\mathrm{cm}^2/\mathrm{m}$

$s_{\mathrm{bü}} \leqq 0,8\,b = 0,8 \cdot 17,5 \leqq 14\,\mathrm{cm}$

5. Bewehrung

Umlaufend innen und außen je **2 III** $\varnothing$ **10** mit $A_\mathrm{s} = 1,57\,\mathrm{cm}^2$ je Seite
Bügel **8 III** $\varnothing$ **6 je m** mit $a_{\mathrm{s\tau}} = 2 \cdot 2,26 = 4,52\,\mathrm{cm}^2/\mathrm{m}$

Pos. 10   Stahlbeton-Balken $b/d = 24/16\,\mathrm{cm}$ **auf 24 cm Innenwand**

Als Auflager für Deckenbalken und zur Aussteifung konstruktiv oben und unten je
1 III $\varnothing$ **12** ohne Bügel

Pos. 11   Stahlbeton-Balken $b/d = 11,5/16\,\mathrm{cm}$ **auf 11,5 cm Innenwand**

Zur Lastverteilung und Aussteifung konstruktiv oben und unten je **1 III** $\varnothing$ **12** ohne Bügel

Pos. 12   Stahlbeton-Balken $b/d = 24/32\,\mathrm{cm}$ **über Wohnzimmerfenster**

1. Statisches System (Träger auf 2 Stützen)

Auflagertiefe $t_\mathrm{A} = t_\mathrm{B} = 24\,\mathrm{cm}$

Stützweite $\quad l = 3,76 + 2 \cdot \dfrac{0,24}{3} \approx 3,95\,\mathrm{m}$

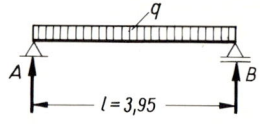

2. Belastung

Eigenlast $0,24 \cdot 0,32 \cdot 25$	$= 1,92\,\mathrm{kN/m}$
Dämmung $0,06 \cdot (0,32 - 0,06) \cdot 4$	$= 0,06\,\mathrm{kN/m}$
Last aus Deckenbalken Pos. 7, A	$= 4,08\,\mathrm{kN/m}$
Last aus Mauerwerk $0,30 \cdot \left(\dfrac{1,80 + 1,20}{2} + 0,25\right) \cdot 10$	$= 5,25\,\mathrm{kN/m}$
Sonstiges	$= 0,19\,\mathrm{kN/m}$
	$q = 11,50\,\mathrm{kN/m}$

3. Schnittgrößen

$A = B = q \cdot l/2 = 11,50 \cdot 3,95/2 - 22,71\,\mathrm{kN}$

$Q'_\mathrm{A} = A - q \cdot \left(\dfrac{t_\mathrm{A}}{3} + \dfrac{h}{2}\right) = 22,71 - 11,50 \cdot \left(\dfrac{0,24}{3} + \dfrac{0,285}{2}\right) = 20,15\,\mathrm{kN}$

$\max M = q \cdot l^2/8 = 11,50 \cdot 3,95^2/8 = 22,43\,\mathrm{kNm}$

4. **Bemessung** für $b/d = 24/32$ cm

   B 25; BSt 420 S (St III S)

   $d = 32$ cm $h = 32 - 2{,}0 - 0{,}6 - 1{,}0/2 = 28{,}9$ cm $\approx 28{,}5$ cm $b = 0{,}24$ m

   $h = k_h \cdot \sqrt{M/b}$ $28{,}5 = k_h \cdot \sqrt{22{,}43/0{,}24}$ $k_h = 2{,}9$ $k_s = 4{,}6$ $k_z = 0{,}91$

   $A_s = M \cdot k_s/h = 22{,}43 \cdot 4{,}6/28{,}5 = 3{,}62$ cm^2

   $\tau_0 = Q'_A/(b \cdot h \cdot k_z) = 20{,}15/(24 \cdot 28{,}5 \cdot 0{,}91)$

   $ = 0{,}032$ kN/cm$^2 = 0{,}32$ N/mm^2

   $\tau_{012} = 0{,}75$ N/mm^2

   $\dfrac{\tau_0}{\tau_{012}} = \dfrac{0{,}32 \text{ N/mm}^2}{0{,}75 \text{ N/mm}^2} = 0{,}43 < 1{,}0$

   $a_{s\tau} = 16{,}7\,b \cdot \tau_0 = 16{,}7 \cdot 0{,}24 \cdot 0{,}32 = 1{,}28$ cm^2/m

   $s_{b\ddot{u}} \leqq 0{,}8\,d \leqq 0{,}8 \cdot 32 \leqq 25{,}6$ cm

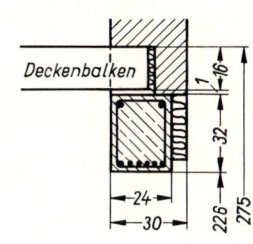

Deckenbalken

5. **Bewehrung**

   unten   **6 III $\varnothing$ 10** mit $A_s = 4{,}71$ cm^2

   oben   **2 III $\varnothing$ 10** (aus Stb.-Rähm Pos. 9)

   Bügel   **6 III $\varnothing$ 6 je m** mit $a_{s\tau} = 2 \cdot 1{,}70 = 3{,}40$ cm^2/m

Pos. 13 **Stahlbeton-Fertigteilbalken $b/d = 2 \cdot 11/16$ cm über Fenster**

   lichte Weite $l_w = 2{,}01$ m

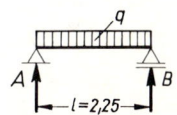

1. **Statisches System** (Träger auf 2 Stützen)

   Stützweite $l = 2{,}01 + 2 \cdot 0{,}24/3 \approx 2{,}25$ m

2. **Belastung**

Eigenlast $0{,}11 \cdot 2 \cdot 0{,}16 \cdot 25$	$= 0{,}88$ kN/m
Dämmung $0{,}06 \cdot (0{,}16 - 0{,}06) \cdot 4$	$= 0{,}03$ kN/m
Last aus Dachsparren Pos. 1, A_v	$= 3{,}03$ kN/m
Last aus Deckenbalken Pos. 8, C	$= 2{,}86$ kN/m
Last aus Mauerwerk + Sonstiges	$= 0{,}20$ kN/m
	$q = 7{,}00$ kN/m

3. **Schnittgrößen**

   $A = B = q \cdot l/2 = 7{,}0 \cdot 2{,}25/2 = 7{,}88$ kN

   $\max M = q \cdot l^2/8 = 7{,}0 \cdot 2{,}25^2/8 = 4{,}43$ kNm

4. **Bemessung** für $b/d = 2 \cdot 11/16$ cm

   B 25; BSt 420 S (St III S)

   $d = 16$ cm $h = 16 - 2{,}0 - 0{,}6 - 1{,}0/2 = 12{,}9$ cm $\approx 12{,}5$ cm $b = 0{,}11$ m

   $h = k_h \sqrt{M/b}$ $12{,}5 = k_h \sqrt{4{,}43/2 \cdot 0{,}11}$ $k_h = 2{,}79$ $k_s = 4{,}6$ $k_z = 0{,}91$

   $A_s = M \cdot k_s/h = 4{,}43 \cdot 4{,}6/12{,}5 = 1{,}63$ cm^2 insgesamt

   $\tau_0 = Q'_A/(b \cdot h \cdot k_z) = 7{,}88/(2 \cdot 11 \cdot 12{,}5 \cdot 0{,}91)$

   $ = 0{,}031$ kN/cm$^2 = 0{,}31$ N/mm^2

   $\tau_{012} = 0{,}75$ N/mm^2

   $\dfrac{\tau_0}{\tau_{012}} = \dfrac{0{,}31 \text{ N/mm}^2}{0{,}75 \text{ N/mm}^2} = 0{,}41 < 1{,}0$

   $a_{s\tau} = 16{,}7\,b \cdot \tau_0 = 16{,}7 \cdot 2 \cdot 0{,}11 \cdot 0{,}31 = 1{,}14$ cm^2/m

   $s_{b\ddot{u}} \leqq 0{,}8\,d \leqq 0{,}8 \cdot 16 \leqq 12{,}8$ cm

5. Bewehrung

unten je **2 III** $\varnothing$ **10** mit $A_s = 2 \cdot 1{,}57 = 3{,}14\,\text{cm}^2$ oben je **2 III** $\varnothing$ **6** konstruktiv

Bügel **8 III** $\varnothing$ **6 je m** mit $a_{sr} = 2 \cdot 2{,}26 = 4{,}52\,\text{cm}^2/\text{m}$

Pos. 14 Stahlbeton-Fertigteilbalken $b/d = 2 \cdot 11/16\,\text{cm}$ über Fenster $l = 1{,}51\,\text{m}$

Bewehrung konstruktiv wie Pos. 13

unten **je 2 III** $\varnothing$ **10**   oben **je 2 III** $\varnothing$ **6** mit Korb aus einfacher Bügelmatte

Pos. 15 Stahlbeton-Fertigteilbalken $b/d = 2 \cdot 11/16$ über Öffnung $l_w = 1{,}01\,\text{m}$ und $0{,}885\,\text{m}$

Bewehrung konstruktiv wie Pos. 13

unten **je 2 III** $\varnothing$ **10**   oben **je 2 III** $\varnothing$ **6** mit Korb aus einfacher Bügelmatte

Pos. 16 Mauerwerk, Außenwände $d = 24 + 6\,\text{cm}$, GS 6/I

1. Leibung Terrassentür $24 \cdot 24\,\text{cm}$

Eigenlast $(0{,}24 + 0{,}06) \cdot 0{,}24 \cdot (2{,}75 - 0{,}32) \cdot 10$	$= 1{,}75\,\text{kN}$
Belastung aus Pos. 12, Auflager A	$= 22{,}71\,\text{kN}$
Sonstiges	$= 0{,}54\,\text{kN}$
	$F = 25{,}00\,\text{kN}$

vorh $\sigma_D = F/A = 25{,}0/0{,}24 \cdot 0{,}24 = 434\,\text{kN/m}^2 = 0{,}43\,\text{N/mm}^2$

Schlankheit

$h_K/d = 2{,}26/0{,}24$

$\quad = 9{,}4 < 10$

$\sigma_0 = 0{,}5\,\text{N/mm}^2$

Korrekturwert

$k = 1{,}0$

zul $\sigma_D = k \cdot \sigma_0 = 1{,}0 \cdot 0{,}5 = 0{,}5\,\text{N/mm}^2$

$$\frac{\text{vorh } \sigma_D}{\text{zul } \sigma_D} = \frac{0{,}43\,\text{N/mm}^2}{0{,}5\,\text{N/mm}^2} = 0{,}86 < 1{,}0$$

2. Fensterpfeiler Längswand $1{,}74\,\text{m}$ breit

Belastung Eigenlast	$0{,}30 \cdot 1{,}74 \cdot 2{,}75 \cdot 10$	$= 14{,}36\,\text{kN}$
aus Dach Pos. 1, A_v	$3{,}03 \cdot 3{,}25$	$= 9{,}85\,\text{kN}$
aus Decke Pos. 8, A	$2{,}92 \cdot 3{,}25$	$= 9{,}49\,\text{kN}$
Sonstiges		$= 1{,}30\,\text{kN}$
		$F = 35{,}00\,\text{kN}$

vorh $\sigma_D = F/A = 35{,}00/0{,}24 \cdot 1{,}74 = 83{,}8\,\text{kN/m}^2 \approx 0{,}08\,\text{N/mm}^2$

zul $\sigma_D = 0{,}5\,\text{N/mm}^2$

Pos. 17 Mauerwerk, Innenwand $d = 11{,}5\,\text{cm}$, KSL 4-0,7/II

Belastung Eigenlast $0{,}115 \cdot 2{,}75 \cdot 10$	$= 3{,}16\,\text{kN/m}$
Aus Decke Pos. 8, Auflager B	$= 7{,}28\,\text{kN/m}$
Sonstiges	$= 2{,}56\,\text{kN/m}$
	$q = 13{,}00\,\text{kN/m}$

vorh $\sigma_D = q/a = 13{,}00/0{,}115 \cdot 1{,}00 = 113\,\text{kN/m}^2 = 0{,}11\,\text{N/mm}^2$

Schlankheit

$h_K/d = (2{,}75 - 0{,}16)/0{,}115$

$\quad = 22{,}5 < 25$

$\sigma_0 = 0{,}7\,\text{N/mm}^2$

Korrekturwerte

$k_1 = 1{,}0$

$k_2 = \dfrac{25 - h_K/d}{15} = \dfrac{25 - 22{,}5}{15} = 0{,}17$

$k_3 = 1{,}0$

$k = k_1 \cdot k_2 = 1{,}0 \cdot 0{,}17 = 0{,}17$

zul $\sigma_D = k \cdot \sigma_0 = 0{,}17 \cdot 0{,}7 = 0{,}12\,\text{N/mm}^2$

$\dfrac{\text{vorh}\,\sigma_D}{\text{zul}\,\sigma_D} = \dfrac{0{,}11}{0{,}12} = 0{,}92 < 1{,}0$

Abschnitt III   Kellergeschoß und Fundamente

Pos. 18   Stahlbeton-Platte $d = 12\,\text{cm}$ aus B 25

1. Statisches System (durchlaufender Zweifeldträger)

Auflagertiefe $t_A = t_C = 17{,}5\,\text{cm}$ $t_B = 24\,\text{cm}$

Stützweiten $l_1 = l_2 = 3{,}135 + \dfrac{0{,}175}{3} + \dfrac{0{,}24}{2} \approx 3{,}35\,\text{m}$

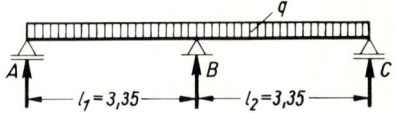

2. Belastung

Eigenlast $0{,}12 \cdot 25$	$= 3{,}00\,\text{kN/m}^2$
Estrich + Dämmung + Belag	$= 1{,}00\,\text{kN/m}^2$
ständige Last	$g = 4{,}00\,\text{kN/m}^2$
Verkehrslast	$p = 1{,}50\,\text{kN/m}^2$
Zuschlag für Leichtwände	$p' = 1{,}25\,\text{kN/m}^2$
	$q = 6{,}75\,\text{kN/m}^2$

3. Schnittgrößen

$A = C = 0{,}375 \cdot g \cdot l + 0{,}438 \cdot p \cdot l = 0{,}375 \cdot 4{,}00 \cdot 3{,}35 + 0{,}438 \cdot 2{,}75 \cdot 3{,}35$

$\quad = 5{,}03 + 4{,}04 = 9{,}07\,\text{kN/m}$

$B = 1{,}25 \cdot q \cdot l = 1{,}25 \cdot 6{,}75 \cdot 3{,}35 = 28{,}27\,\text{kN/m}$

$M_1 = M_2 = 0{,}070 \cdot g \cdot l^2 + 0{,}096 \cdot p \cdot l^2 = 0{,}070 \cdot 4{,}00 \cdot 3{,}35^2 + 0{,}096 \cdot 2{,}75 \cdot 3{,}35^2$

$\quad = 3{,}14 + 2{,}96 = 6{,}10\,\text{kNm/m}$

$M_B = -0{,}125 \cdot q \cdot l^2 = -0{,}125 \cdot 6{,}75 \cdot 3{,}35^2 = -9{,}47\,\text{kNm/m}$

$M_B' = M_B^{\circ} \, t_B \cdot B/8 = -9{,}47 + 0{,}24 \cdot 28{,}27/8 = -8{,}62\,\text{kNm/m}$

4. Bemessung für $d = 12$ cm, $b = 1,0$ m

B 25; BSt 500 S (St IV S)

$d = 12$ cm   vorh $h = 12,0 - 1,5 - 0,6/2 = 10,2$ cm ≈ 10 cm

erf $h = l_i/35 = 0,80 \cdot 3,35/35 = 0,077$ m $= 7,7$ cm

vorh $h = 10$ cm

erf $h = l_i^2/150 = (0,80 \cdot 3,35)^2/150 = 0,048$ m $= 4,8$ cm

vorh $h = 10$ cm

Stützung B $h = k_h \cdot \sqrt{M/b}$ $10 = k_h \cdot \sqrt{8,62/1,00}$ $k_h = 3,41$ $k_s = 3,8$

                $a_s = M \cdot k_s/h = 8,62 \cdot 3,8/10 = 3,28$ cm^2/m

Feld 1 und 2 $h = k_h \cdot \sqrt{M/b}$ $10 = k_h \cdot \sqrt{6,10/1,00}$ $k_h = 4,05$ $k_s = 3,8$

                $a_s = M \cdot k_s/h = 6,10 \cdot 3,8/10 = 2,32$ cm^2/m

5. Bewehrung

Feld 1 und Feld 2   **1 R 257** mit $a_s = 2,57$ cm^2/m $> 2,32$ cm^2/m

Stützung B oben   **1 R 377** mit $a_s = 3,77$ cm^2/m $> 3,28$ cm^2/m

Randbewehrung oben   **A 92** oder Reste   0,65 m breit

Pos. 19   **Stahlbeton-Platte $d = 12$ cm aus B 25**

1. Statisches System (einseitig eingespannter Einfeldträger)

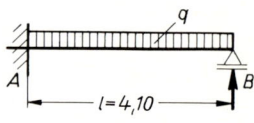

Stützweite $l = 3,885 + \dfrac{0,24}{2} + \dfrac{0,175}{3} \approx 4,10$ m

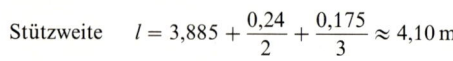

Auflagertiefe $t_A = 24$ cm $t_B = 17,5$ cm

2. Belastung

Eigenlast $0,12 \cdot 25$	$= 3,00$ kN/m^2
Estrich + Dämmung + Belag	$= 1,00$ kN/m^2
ständige Last	$g = 4,00$ kN/m^2
Verkehrslast	$p = 1,50$ kN/m^2
	$q = 5,50$ kN/m^2

3. Schnittgrößen

$A_r = 5\,q \cdot l/8 = 5 \cdot 5,50 \cdot 4,10/8$	$=$ 14,10 kN/m
$B = 3\,q \cdot l/8 = 3 \cdot 5,50 \cdot 4,10/8$	$=$ 8,45 kN/m
max $M_F \approx q \cdot l^2/10 \approx 5,50 \cdot 4,10^2/10$	$=$ 9,25 kNm/m
min $M_A = -q \cdot l^2/8 = -5,50 \cdot 4,10^2/8$	$= -11,56$ kNm/m
$M'_A = $ min $M_A + t_A \cdot A_r/4 = -11,56 + 0,24 \cdot 14,10/4$	$= -10,71$ kNm/m

4. Bemessung für $d = 12$ cm, $b = 1,0$ m

B 25; BSt 500 S (St IV S)

$d = 12$ cm   vorh $h = 12,0 - 1,5 - 0,6/2 = 10,2$ cm ≈ 10 cm

erf $h = l_i/35 = 0,80 \cdot 410/35 = 9,4$ cm $<$ vorh

Stützung A $h = k_h \cdot \sqrt{M/b}$ $10 = k_h \cdot \sqrt{10,71/1,00}$ $k_h = 3,06$ $k_s = 3,8$

$a_s = M \cdot k_s/h = 10,71 \cdot 3,8/10 = 4,07\,\mathrm{cm^2/m}$

Feld $h = k_h \cdot \sqrt{M/b}$ $10 = k_h \cdot \sqrt{9,25/1,00}$ $k_h = 3,29$ $k_s = 3,8$

$a_s = M \cdot k_s/h = 9,25 \cdot 3,8/10 = 3,52\,\mathrm{cm^2/m}$

5. Bewehrung

Feld   **1 R 377**   mit $a_s = 3,77\,\mathrm{cm^2/m} > 3,52\,\mathrm{cm^2/m}$

Stützung A **2 R 257**   mit $a_s = 5,14\,\mathrm{cm^2/m} > 4,07\,\mathrm{cm^2/m}$

Randbewehrung   **A 92**   oder Reste   0,65 m breit

Pos. 20   Mauerwerk, Außenwände $d = 30$ cm; KS 12-1,4/II

Belastung Eigenlast $0,30 \cdot 2,25 \cdot 15$ $= 10,13\,\mathrm{kN/m}$

aus Mauerwerk   Pos. 16: 40,00/1,74 $= 22,99\,\mathrm{kN/m}$

aus Decke   Pos. 18: Auflager A $= 9,07\,\mathrm{kN/m}$

Sonstiges $= 1,81\,\mathrm{kN/m}$

$q = 44,00\,\mathrm{kN/m}$

vorh $\sigma_D = q/d = 44,00/0,30$

$= 147\,\mathrm{kN/m^2} = 0,15\,\mathrm{N/mm^2}$

Korrekturwerte

$k_1 = k_2 = k_3 = k = 1,0$

zul $\sigma_D = k \cdot \sigma_0 = 1,0 \cdot 1,2 = 1,2\,\mathrm{N/mm^2}$

$\dfrac{\mathrm{vorh}\,\sigma_D}{\mathrm{zul}\,\sigma_D} = \dfrac{0,21}{1,2} = 0,18 < 1,0$

Pos. 21   Mauerwerk, Innenwände $d = 24$ cm; KS 12-1,4/II

Belastung Eigenlast $0,24 \cdot 2,25 \cdot 15$ $= 8,10\,\mathrm{kN/m}$

aus Mauerwerk   Pos. 17 $= 13,00\,\mathrm{kN/m}$

aus Decke   Pos. 18: Auflager B $= 28,27\,\mathrm{kN/m}$

Sonstiges $= 1,63\,\mathrm{kN/m}$

$q = 51,00\,\mathrm{kN/m}$

vorh $\sigma_D = q/d = 51,00/0,24$

$= 213\,\mathrm{kN/m^2} = 0,21\,\mathrm{N/mm^2}$

Korrekturwerte

$k_1 = k_2 = k_3 = k = 1,0$

zul $\sigma_D = k \cdot \sigma_0 = 1,0 \cdot 1,2 = 1,2\,\mathrm{N/mm^2}$

$\dfrac{\mathrm{vorh}\,\sigma_D}{\mathrm{zul}\,\sigma_D} = \dfrac{0,15}{1,2} = 0,13 < 1,0$

Pos. 22   Beton-Fundamente $b/h = 50/30$ cm aus B 10

Belastung Eigenlast $0,50 \cdot 0,30 \cdot 23$	$= 3,45 \text{ kN/m}$
aus Mauerwerk Pos. 21	$= 51,00 \text{ kN/m}$
Sonstiges	$= 1,55 \text{ kN/m}$
	$q = 56,00 \text{ kN/m}$

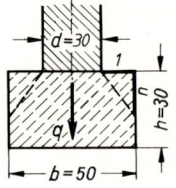

vorhandene Bodenpressung
vorh $\sigma_0 = q/b = 56,00/0,50 = 112 \text{ kN/m}^2$
zulässige Bodenpressung bei steifem, tonigen Schluff,
kleinste Gründungsbreite 0,50 m,
Einbindetiefe unter OK Kellerfußboden 0,50 m
zul $\sigma_0 = 120 \text{ kN/m}^2 >$ vorh $\sigma_0 = 112 \text{ kN/m}^2$
Lastverteilung im Fundament $1 : n$ zwischen 1:1,1 bis 1:1,6 (s. Tafel **19.2**)

Fundamenthöhe   erf $h = \dfrac{b-d}{2} \cdot n = \dfrac{50-30}{2} \cdot 1,6 = 16 \text{ cm}$

Fundamentgröße für alle Fundamente gewählt   **$b/h = 50/30$ cm**

Aufgestellt:

. . . . , den . . . .

Der Bearbeiter: . . . .

Der Bauher: . . . .

Positionsplan:

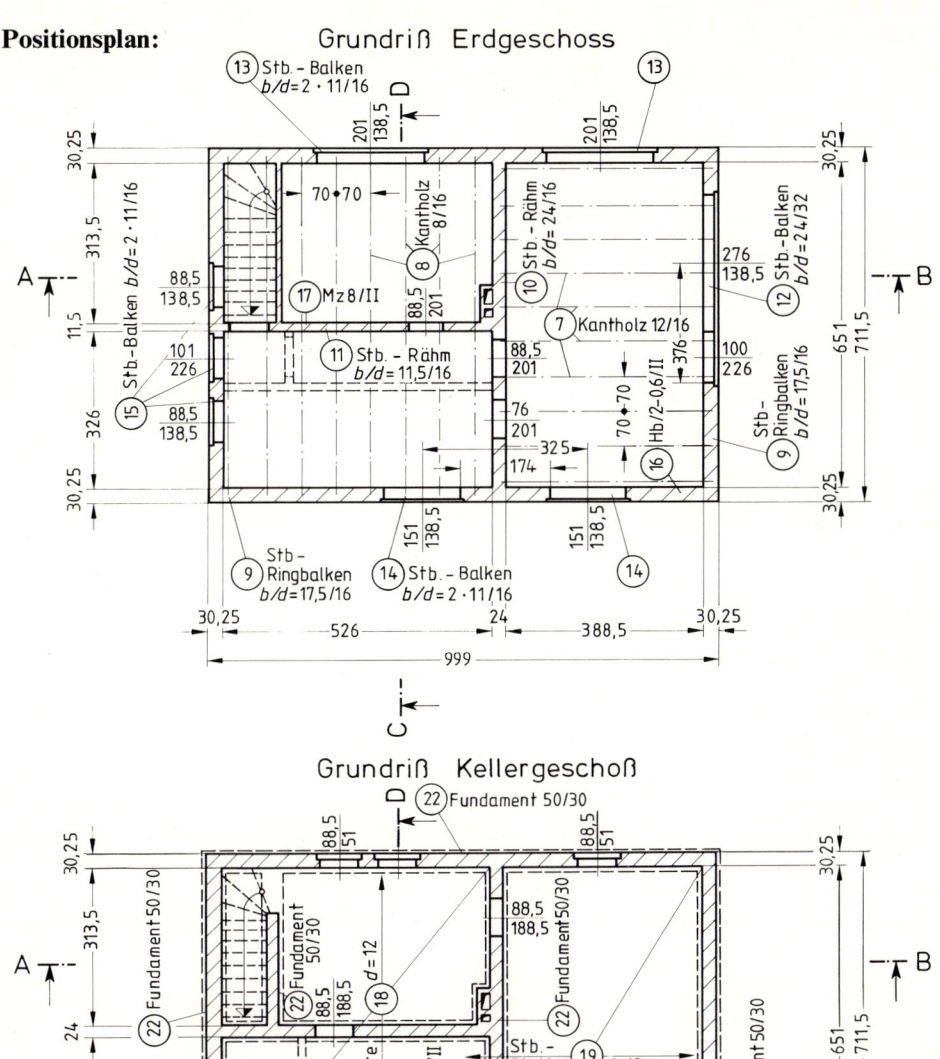

Grundriß Erdgeschoss

Grundriß Kellergeschoß

Positionsplan:

Längsschnitt A – B

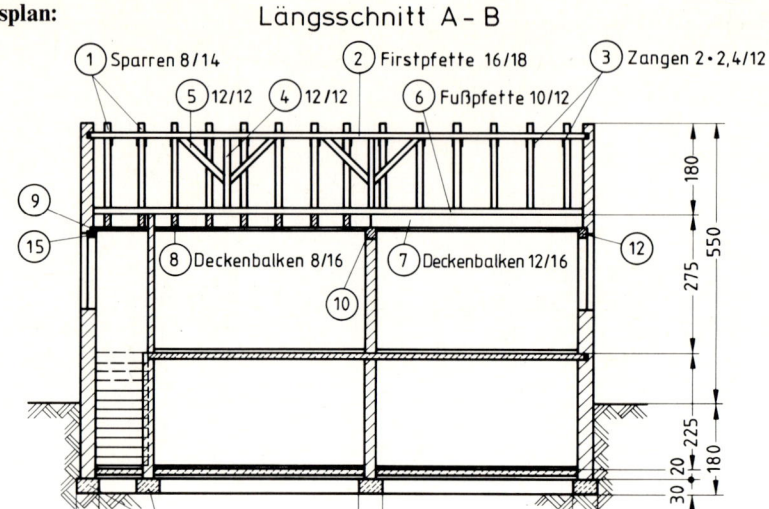

① Sparren 8/14   ② Firstpfette 16/18   ③ Zangen 2·2,4/12
⑤ 12/12   ④ 12/12   ⑥ Fußpfette 10/12
⑧ Deckenbalken 8/16   ⑦ Deckenbalken 12/16
⑩
⑨ ⑮ ⑫
22 Fundamente 50/30

180   550   275   225   180   30   20
50   50   50

Querschnitt C – D

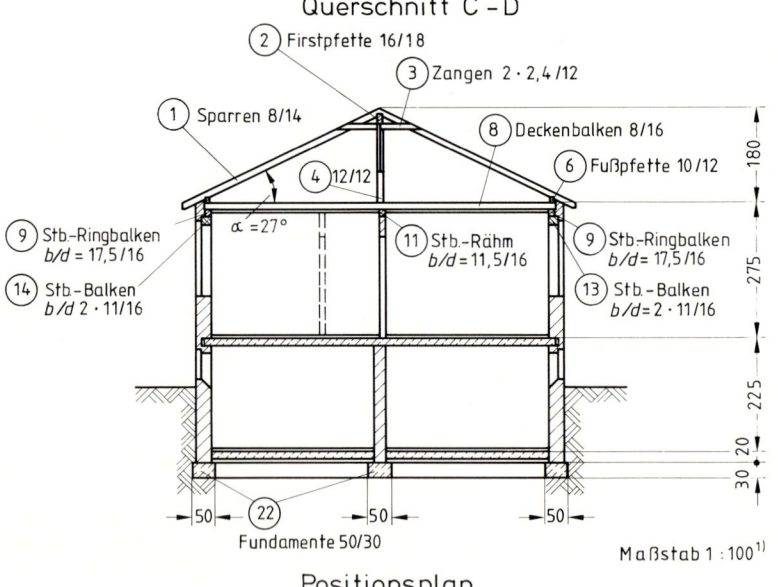

② Firstpfette 16/18
③ Zangen 2·2,4/12
① Sparren 8/14   ⑧ Deckenbalken 8/16
④ 12/12   ⑥ Fußpfette 10/12
α = 27°
⑨ Stb-Ringbalken
b/d = 17,5/16   ⑪ Stb-Rähm
b/d = 11,5/16   ⑨ Stb-Ringbalken
b/d = 17,5/16
⑭ Stb-Balken
b/d 2·11/16   ⑬ Stb-Balken
b/d = 2·11/16

180   275   225   30   20
50   50   50
22
Fundamente 50/30   Maßstab 1 : 100[1]

Positionsplan

---

[1]) verkleinerte Wiedergabe M 1 : 150

Lösungen zu den Übungsbeispielen

Abschnitt 2.1

1. zul $F = 326\,\text{kN}$
2. Profil $\lceil$ 120
3. zul $F = 26,3\,\text{kN}$
4. zul $F = 418\,\text{kN}$
5. erf $h = 16\,\text{cm}$
6. vorh $\sigma_Z = 138\,\text{N/mm}^2$ zul $\sigma_Z = 180\,\text{N/mm}^2$ vorh σ_Z/zul $\sigma_Z = 0,77 < 0,8$

Abschnitt 2.1.1

1. vorh $\Delta l = 3,8\,\text{mm}$
2. vorh $P = 518\,\text{kN}$
3. a) $\varepsilon = 0,00114 = 0,114\,\%$ b) $\Delta l = 11,4\,\text{mm}$
4. a) vorh $\sigma_Z = 121\,\text{N/mm}^2$ b) vorh $\sigma_Z = 114\,\text{N/mm}^2$

Abschnitt 2.2.1

1. vorh $\sigma_0 = 181\,\text{kN/m}^2$
2. zul $N = 189,2\,\text{kN}$
3. zul $F = 40,2\,\text{kN}$
4. erf $l = 19,8\,\text{cm}$; gewählt: $l = 20\,\text{cm}$
5. erf $A = 3100\,\text{cm}^2$ $a \approx 56\,\text{cm}$
6. zul $\sigma_0 = 390\,\text{kN/m}^2$ zul $N = 570\,\text{kN}$
7. zul $F = 80\,\text{kN}$

Abschnitt 2.2.2

1. vorh $\sigma_l = 200\,\text{N/mm}^2$ zul $\sigma_l = 320\,\text{N/mm}^2$ vorh σ_l/zul $\sigma_l = 0,63$

Abschnitt 3.2.1

1. 4 Paßschrauben M 24
   a) vorh σ_Z $= 136\,\text{N/mm}^2$ zul $\sigma_Z = 180\,\text{N/mm}^2$ vorh σ_Z/zul $\sigma_Z = 0,76$
   b) vorh σ_l $= 250\,\text{N/mm}^2$ zul $\sigma_l = 360\,\text{N/mm}^2$ vorh σ_l /zul $\sigma_l = 0,69$
   c) vorh τ_a $= 115\,\text{N/mm}^2$ zul $\tau_a = 160\,\text{N/mm}^2$ vorh τ_a /zul $\tau_a = 0,72$

2. 4 Schrauben M 20
   a) vorh σ_Z $= 113\,\text{N/mm}^2$ zul $\sigma_Z = 160\,\text{N/mm}^2$ vorh σ_Z/zul $\sigma_Z = 0,71$
   b) vorh σ_l $= 225\,\text{N/mm}^2$ zul $\sigma_l = 320\,\text{N/mm}^2$ vorh σ_l /zul $\sigma_l = 0,63$
   c) vorh τ_a $= 107\,\text{N/mm}^2$ zul $\tau_a = 110\,\text{N/mm}^2$ vorh τ_a /zul $\tau_a = 0,97$

Abschnitt 3.2.2

1. a) vorh $\sigma_{Zm} = 5{,}26\,\text{N/mm}^2$ zul $\sigma_Z = 8{,}5\,\text{N/mm}^2$ vorh σ_{Zm}/zul $\sigma_Z = 0{,}62$
   b) vorh $\sigma_{Zs} = 6{,}75\,\text{N/mm}^2$ zul $\sigma_Z = 8{,}5\,\text{N/mm}^2$ vorh σ_{Zs}/zul $\sigma_Z = 0{,}79$
   c) gewählt: 6 Ringkeildübel 126 · 30 Typ A mit zul $F = 114\,\text{kN}$ vorh $F = 105\,\text{kN}$

2. a) vorh $\sigma_{Zm} = 4{,}72\,\text{N/mm}^2$ zul $\sigma_Z = 6{,}8\,\text{N/mm}^2$ vorh σ_{Zm}/zul $\sigma_Z = 0{,}70$
   b) vorh $\sigma_{Zs} = 7{,}45\,\text{N/mm}^2$ zul $\sigma_Z = 8{,}5\,\text{N/mm}^2$ vorh σ_{Zs}/zul $\sigma_Z = 0{,}88$
   c) gewählt: 80 Nägel 42 · 110 in 4 Reihen je Seite mit 10 Nägeln
        zul $F = 50\,\text{kN}$ vorh $F = 49\,\text{kN}$

Abschnitt 4.3.2

1. IPB 200   vorh $\sigma_B = 93\,\text{N/mm}^2$ zul $\sigma_{BD} = 140\,\text{N/mm}^2$ vorh σ_B/zul $\sigma_{BD} = 0{,}66$

   vorh $f = 1{,}25\,\text{cm}$ zul $f = \dfrac{l}{300} = 1{,}72\,\text{cm}$

2. Kantholz 80/180 mm   vorh $\sigma_B = 8{,}9\,\text{N/mm}^2$ zul $\sigma_B = 10\,\text{N/mm}^2$

   vorh σ_B/zul $\sigma_B = 0{,}89$ vorh $f = 1{,}06\,\text{cm}$ zul $f = \dfrac{l}{300} = 1{,}07\,\text{cm}$

3. Kantholz 120/240 mm   vorh $\sigma_B = 8{,}5\,\text{N/mm}^2$ zul $\sigma_B = 10\,\text{N/mm}^2$

   vorh σ_B/zul $\sigma_B = 0{,}85$ vorh $f = 0{,}46\,\text{cm}$ zul $f = \dfrac{l}{300} = 0{,}83\,\text{cm}$

4. IPE 330   vorh $\sigma_B = 126\,\text{N/mm}^2$ zul $\sigma_{BD} = 140\,\text{N/mm}^2$ vorh σ_B/zul $\sigma_{BD} = 0{,}90$

   vorh $f = 1{,}36\,\text{cm}$ zul $f = \dfrac{l}{300} = 2{,}00\,\text{cm}$

Abschnitt 4.4.1

1. Kantholz 140/260 mm   vorh $\sigma_B = 9{,}7\,\text{N/mm}^2$ zul $\sigma_B = 10\,\text{N/mm}^2$
                   vorh σ_B/zul $\sigma_B = 0{,}97$
2. Kantholz 120/200 mm   vorh $\sigma_B = 9{,}8\,\text{N/mm}^2$ zul $\sigma_B = 10\,\text{N/mm}^2$
                   vorh σ_B/zul $\sigma_B = 0{,}98$

Abschnitt 4.4.2

1. IPB 200   vorh $\sigma_B = 133\,\text{N/mm}^2$ zul $\sigma_{BD} = 140\,\text{N/mm}^2$ vorh σ_B/zul $\sigma_B = 0{,}95$
2. IPB 220   vorh $\sigma_B = 134\,\text{N/mm}^2$ zul $\sigma_{BD} = 140\,\text{N/mm}^2$ vorh σ_B/zul $\sigma_B = 0{,}96$

Abschnitt 4.5

1. max $f = 0{,}93\,\text{cm}$ zul $f = l/300 = 1{,}33\,\text{cm}$
2. max $f = 0{,}37\,\text{cm}$ zul $f = l/300 = 0{,}67\,\text{cm}$
3. max $f = 0{,}76\,\text{cm}$ zul $f = l/300 = 1{,}33\,\text{cm}$
4. max $f = 1{,}06\,\text{cm}$ zul $f = l/300 = 1{,}67\,\text{cm}$

Abschnitt 5.4

1. vorh $\sigma_B = 46{,}2\,\text{N/mm}^2$ zul $\sigma_{BD} = 140\,\text{N/mm}^2$ vorh σ_B/zul $\sigma_{BD} = 0{,}33 < 0{,}5$
  vorh $\tau\ = 22{,}8\,\text{N/mm}^2$ zul $\tau = 92{,}0\,\text{N/mm}^2$ vorh τ/zul $\tau = 0{,}25 < 0{,}5$
  vorh $f\ = 0{,}08\,\text{cm}$

2. vorh $\sigma_B = 83{,}4\,\text{N/mm}^2$ zul $\sigma_B = 140\,\text{N/mm}^2$ vorh σ_B/zul $\sigma_B = 0{,}60 > 0{,}5 < 1{,}0$
  vorh $\tau\ = 47{,}5\,\text{N/mm}^2$ zul $\tau = 92{,}0\,\text{N/mm}^2$ vorh τ/zul $\tau = 0{,}52 > 0{,}5 < 1{,}0$
    $\sigma_y = 58{,}0\,\text{N/mm}^2;$ $\sigma_v = 98{,}6\,\text{N/mm}^2$ zul $\sigma = 180\,\text{N/mm}^2$ σ_v/zul $\sigma = 0{,}55$
    $f = 0{,}44\,\text{cm}$ zul $f = l/300 = 2{,}33\,\text{cm}$

Abschnitt 5.5

1. vorh $\sigma_B = 5{,}3\,\text{N/mm}^2$ zul $\sigma_B = 10\,\text{N/mm}^2$ vorh σ_B/zul $\sigma_B = 0{,}53$
  vorh $\tau\ = 0{,}24\,\text{N/mm}^2$ zul $\tau = 0{,}9\,\text{N/mm}^2$ vorh τ/zul $\tau = 0{,}27$
  vorh $f\ = 0{,}98\,\text{cm}$ zul $f = l/300 = 1{,}33\,\text{cm}$

2. vorh $\sigma_B = 3{,}0\,\text{N/mm}^2$ zul $\sigma_B = 10\,\text{N/mm}^2$ vorh σ_B/zul $\sigma_B = 0{,}30$
  vorh $\tau\ = 0{,}06\,\text{N/mm}^2$ zul $\tau = 0{,}9\,\text{N/mm}^2$ vorh τ/zul $\tau = 0{,}07$
  vorh $f\ = 0{,}26\,\text{cm}$ zul $f = l/300 = 1{,}07\,\text{cm}$

Abschnitt 7.1.5

1. IPB 200   vorh $\sigma_K\ = 128\,\text{N/mm}^2$ zul $\sigma_D = 140\,\text{N/mm}^2$ vorh σ_K/zul $\sigma_D = 0{,}91$
2. IPB 240   vorh $\sigma_K\ = 126\,\text{N/mm}^2$ zul $\sigma_D = 140\,\text{N/mm}^2$ vorh σ_K/zul $\sigma_D = 0{,}90$
3. IPB 240   vorh $\sigma_{Ky} = 124\,\text{N/mm}^2$ zul $\sigma_D = 140\,\text{N/mm}^2$ vorh σ_{Ky}/zul $\sigma_D = 0{,}89$
      vorh $\sigma_{Kz} = 120\,\text{N/mm}^2$
4. IPE 160   vorh $\sigma_{Ky} = 118\,\text{N/mm}^2$ zul $\sigma_D = 140\,\text{N/mm}^2$ vorh σ_{Kz}/zul $\sigma_D = 0{,}91$
      vorh $\sigma_{Kz} = 128\,\text{N/mm}^2$
5. Kantholz   80/100 mm   vorh $\sigma_K\ = 8{,}0\,\text{N/mm}^2$ zul $\sigma_{D\|} = 8{,}5\,\text{N/mm}^2$
          vorh σ_K/zul $\sigma_{D\|} = 0{,}94$
6. Rundholz $\varnothing\,10\,\text{cm}$ vorh $\sigma_K\ = 8{,}3\,\text{N/mm}^2$ zul $\sigma_{D\|} = 8{,}5\,\text{N/mm}^2$
          vorh σ_K/zul $\sigma_{D\|} = 0{,}98$
7. Kantholz   80/100 mm   vorh $\sigma_{Ky} = 7{,}5\,\text{N/mm}^2$ zul $\sigma_{D\|} = 8{,}5\,\text{N/mm}^2$
          vorh σ_{Ky}/zul $\sigma_{D\|} = 0{,}88$ vorh $\sigma_{Kz} = 6{,}9\,\text{N/mm}^2$
8. Kantholz 100/100 mm   vorh $\sigma_K\ = 7{,}5\,\text{N/mm}^2$ zul $\sigma_{D\|} = 8{,}5\,\text{N/mm}^2$
          vorh σ_K/zul $\sigma_{D\|} = 0{,}88$

Abschnitt 8.1

1. vorh $\sigma_{BZ} = -94{,}9\,\text{N/mm}^2$ zul $\sigma_{BZ} = 160\,\text{N/mm}^2$ vorh σ_{BZ}/zul $\sigma_{BZ} = 0{,}59$
  vorh $\sigma_{BD} = -59{,}0\,\text{N/mm}^2$ zul $\sigma_{BD} = 140\,\text{N/mm}^2$ vorh σ_{BD}/zul $\sigma_{BD} = 0{,}42$
2. vorh $\sigma_{BZ} = 104{,}8\,\text{N/mm}^2$ zul $\sigma_{BZ} = 160\,\text{N/mm}^2$ vorh σ_{BZ}/zul $\sigma_{BZ} = 0{,}66$
  vorh $\sigma_{BD} = -86{,}0\,\text{N/mm}^2$ zul $\sigma_{BD} = 140\,\text{N/mm}^2$ vorh σ_{BD}/zul $\sigma_{BD} = 0{,}61$

Abschnitt 8.1.1

1. vorh $\sigma_{NB} = 76{,}5\,\text{N/mm}^2$ zul $\sigma_{BZ} = 160\,\text{N/mm}^2$ vorh σ_{NB}/zul $\sigma_{BZ} = 0{,}48$
2. vorh $\sigma_{NB} = 73{,}6\,\text{N/mm}^2$ zul $\sigma_{BZ} = 160\,\text{N/mm}^2$ vorh σ_{NB}/zul $\sigma_{BZ} = 0{,}46$

Abschnitt 8.2.1

1. $\text{vorh}\,\sigma_y = 71{,}4\,\text{N/mm}^2$ $\text{zul}\,\sigma_D = 140\,\text{N/mm}^2$ $\max\sigma/\text{zul}\,\sigma_D = 0{,}51$
$\text{vorh}\,\sigma_{Ky} = 71{,}9\,\text{N/mm}^2$
$\text{vorh}\,\sigma_{Kz} = 52{,}5\,\text{N/mm}^2$

2. $\text{vorh}\,\sigma_y = 64{,}7\,\text{N/mm}^2$ $\text{zul}\,\sigma_D = 140\,\text{N/mm}^2$ $\max\sigma/\text{zul}\,\sigma_D = 0{,}47$
$\text{vorh}\,\sigma_{Ky} = 65{,}2\,\text{N/mm}^2$
$\text{vorh}\,\sigma_{Kz} = 35{,}2\,\text{N/mm}^2$

Abschnitt 8.2.2

1. Kantholz 140/220 mm $\text{vorh}\,\sigma_{NB} = 7{,}6\,\text{N/mm}^2$
$\text{vorh}\,\sigma_{Ky} = 8{,}0\,\text{N/mm}^2$ $\text{zul}\,\sigma_{D\parallel} = 8{,}5\,\text{N/mm}^2$ $\max\sigma/\text{zul}\,\sigma_{D\parallel} = 0{,}94$

2. Kantholz 180/220 mm $\text{vorh}\,\sigma_{NB} = 8{,}4\,\text{N/mm}^2$
$\text{vorh}\,\sigma_{Ky} = 7{,}4\,\text{N/mm}^2$ $\text{zul}\,\sigma_{D\parallel} = 8{,}5\,\text{N/mm}^2$ $\max\sigma/\text{zul}\,\sigma_{D\parallel} = 0{,}99$

Abschnitt 8.4.1

1. $\eta_K = 1{,}74 > 1{,}5$ $\sigma_{0r} = 45\,\text{kN/m}^2$
2. $\sigma_{0r} = 336\,\text{kN/m}^2$
3. $\sigma_{0r} = 292\,\text{kN/m}^2$

Abschnitt 9.2.1

1. $\text{vorh}\,\sigma_B = 54{,}6\,\text{N/mm}^2$ $\text{zul}\,\sigma_{BD} = 140\,\text{N/mm}^2$ $\text{vorh}\,\sigma_B/\text{zul}\,\sigma_{BD} = 0{,}39$
$\text{vorh}\,\tau = 35{,}5\,\text{N/mm}^2$ $\text{zul}\,\tau = 92\,\text{N/mm}^2$ $\text{vorh}\,\tau/\text{zul}\,\tau = 0{,}39$
$\text{zul}\,\sigma'_K = 135\,\text{N/mm}^2$ $\text{vorh}\,\sigma_B/\text{zul}\,\sigma'_K = 0{,}40$
$\text{vorh}\,f = 0{,}22\,\text{cm}$

2. $\text{vorh}\,\sigma_B = 75\,\text{N/mm}^2$ $\text{zul}\,\sigma_{BD} = 140\,\text{N/mm}^2$ $\text{vorh}\,\sigma_B/\text{zul}\,\sigma_{BD} = 0{,}54$
$\text{vorh}\,\tau = 22\,\text{N/mm}^2$ $\text{zul}\,\tau = 92\,\text{N/mm}^2$ $\text{vorh}\,\tau/\text{zul}\,\tau = 0{,}24$
$\text{zul}\,\sigma'_K = 137\,\text{N/mm}^2$ $\text{vorh}\,\sigma_B/\text{zul}\,\sigma'_K = 0{,}55$
$\text{vorh}\,f = 0{,}51\,\text{cm}$ $\text{zul}\,f = l/300 = 1{,}83\,\text{cm}$

Abschnitt 10.1.3

1. $\text{vorh}\,\Delta l = 6\,\text{mm}$ **2.** $\text{vorh}\,b = 15{,}5\,\text{mm}$ **3.** $\text{vorh}\,F = 984\,\text{kN}$
4. $\text{vorh}\,\Delta l = 21{,}6\,\text{mm}$

Formelzeichen und ihre Bedeutung

A	Fläche (Area)
A_0	ursprüngl., unveränderte Querschnittsfl.
A_a	Abscherfläche
A_K	Kernquerschnitt von Schrauben
A_l	Lochleibungsfläche
A_n	Nutzquerschnitt $A - \Delta A$
A_{St}	Stegfläche bei Stahlprofilen
E_a	Erddruckkraft
E	Elastizitätsmodul, Erdlast
F	Kraft, Last, Schnittkraft (Force)
G	Eigenlast, ständige Einzellast
I	Flächenmoment 2. Grades
I_T	Torsions-Flächenmoment
I_y	Flächenmoment bezogen auf y-Achse
I_z	Flächenmoment bezogen auf z-Achse
M_T	Torsionsmoment
M_y	Biegemoment bezogen auf die y-Achse
M_z	Biegemoment bezogen auf die z-Achse
N	Längskraft
Q	Querkraft
S	stat. Moment, Flächenmoment 1. Grades
T	Temperatur, Schubkraft
W	Widerstandsmoment, Windlast
W_T	Torsions-Widerstandsmoment
W_y	Widerstandsmoment bezog. auf y-Achse
W_z	Widerstandsmoment bezog. auf z-Achse
a	Abstand, Randabstand von Verbindungsmitteln
b	Breite
c	Abstand der Resultierenden von der Querschnittskante
d	Durchmesser, Wand- oder Stützendicke
d_1	Lochdurchmesser
e	Ausmitte (Exzentrizität), Abstand zwischen Verbindunsmitteln
ef	wirksam (effektiv)
erf	erforderlich
e_y	Ausmitte in Richtung der y-Achse
e_z	Ausmitte in Richtung der z-Achse
f	Größe der Durchbiegung
ges	gesamt
gew	gewählt
h	Höhe
h_s	Wand- oder Stützenhöhe
i	Trägheitshalbm., Trägheitsrad., Anzahl
k	Beiwert
k_f	Beiwert f. Durchbiegungen
l_0	ursprüngliche, unveränderte Länge
m	Schnittigkeit einer Verbindung

max	maximal, größt-
min	minimal, kleinst-
r	Anzahl d. Reihen b. Nagelverbindungen
s	Stegbreite für Stahlprofile; Entfernung der Trägeraussteifung
s_y	Abstand der Druck- und Zugmittelpunkte im Stahlprofil
s_K	Knicklänge
t	Werkstoffdicke
$\ddot{u}$	Überstand
vorh	vorhanden
y	Abstand von der Schwerachse parallel zur y-Achse
y_l	Abstand zum linken Querschnittsrand
y_r	Abstand zum rechten Querschnittsrand
z	Abstand der Druckresultierenden von der Zugresultierenden, Hebelarm der inneren Kräfte
z_o	Abstand von der Schwerachse zum oberen Rand
z_u	Abstand von der Schwerachse zum unteren Rand
zul	zulässig
α_T	(Alpha) Wärmedehnzahl
α, β	(Alpha, Beta) Neigungswinkel; Winkel der Biegelinie
β	(Beta) Festigkeit
$\beta_{0,01}$	Festigkeit bei einer bleibenden Dehnung von $\varepsilon = 0,01\%$
$\beta_{0,2}$	Festigkeit bei einer bleibenden Dehnung von $\varepsilon = 0,2\%$
β_{BZ}	Biegezugfestigkeit
β_D	Druckfestigkeit
β_E	Festigkeit an der Elastizitätsgrenze
β_K	Beiwert für die Knicklänge
β_P	Festigkeit an der Proportionalitätsgrenze
β_R	Rechenwert der Betonfestigkeit
β_S	Festigkeit an der Streckgrenze
β_Z	Zugfestigkeit
γ	(Gamma) Sicherheitsbeiwert, Sicherheitsgrad, Wichte (Kraft je Volumen)
Δ	(Delta) ΔA Flächenteil
	Δh Höhenänderung
	Δl Längenänderung
	ΔT Temperaturänderung
ε	(Epsilon) Dehnung
η	(Eta) Faktor für Dübelverbindungen
ϑ	(Theta) Drehwinkel

$\varkappa$	(Kappa) Beiwert für Betonstützen und -wände	σ_V	Vergleichsspannung
λ	(Lambda) Schlankheitsgrad	σ_Z	Zugspannung
μ	(Mü) Beiwert für die Bodenpressung	σ_l	Lochleibungsspannung
π	(Pi) 3,14	τ	(Tau) Tangentialspannung, Schubspannung
σ	(Sigma) Spannung (Normalspannung)	τ_a	Scherspannung
σ_B	Biegespannung	τ_T	Torsionsspannung
σ_D	Druckspannung	φ	(Phi) Torsionswinkel
σ_{NB}	Spannung aus Normalkraft und Biegung	ω	(Omega) Knickzahl

Formelsammlung

Grundlagen

Einheiten der Kraft

Newton	1 N	= 0,1 kp		Meganewton	1 MN	= 1000 kN
Kilonewton	1 kN	= 100 kp		Kilonewton	1 kN	= 1000 N
Kilopond	1 kp	= 10 N		Megapond	1 Mp	= 1000 kp

Einheiten des Moments

Newtonmeter	1 Nm	= 0,1 kpm		Meganewtonmeter	1 MNm	= 1000 kNm
Kilonewtonmeter	1 kNm	= 100 kpm		Kilonewtonmeter	1 kNm	= 1000 Nm
Kilopondmeter	1 kpm	= 10 Nm		Megapondmeter	1 Mpm	= 1000 kpm

Einheiten der Spannung

Meganewton je Quadratmeter	$1\,\text{MN/m}^2 = 10\,\text{kp/cm}^2$
Newton je Quadratmillimeter	$1\,\text{N/mm}^2 = 1\,\text{MN/m}^2$
Kilopond je Quadratzentimeter	$1\,\text{kp/cm}^2 = 0,1\,\text{MN/m}^2$

1. Beanspruchungen

Spannung	$\sigma = \dfrac{F}{A}$ zul $\sigma = \dfrac{\beta}{\gamma}$	(3.1) (14.1)
Längenänderung	$\Delta l = l - l_0$	(4.1)
Dehnung	$\varepsilon = \dfrac{\Delta l}{l_0}$	(5.1)
Hookesches Gesetz	$\sigma_1 : \varepsilon_1 = \sigma_2 : \varepsilon_2$	(7.1)
Elastizitätsmodul	$E = \dfrac{\sigma}{\varepsilon}$	(7.2)
Normalspannung	$\sigma_N = \sigma_R \cdot \sin\alpha$	(8.1)
Tangentialspannung	$\sigma_T = \sigma_R \cdot \cos\alpha$	(8.2)
resultierende Spannung	$\sigma_R = \sqrt{\sigma^2 + \tau^2}$	(10.2)
	$\sigma_R = \sigma / \sin\alpha$	(10.4)
	$\sigma_R = \tau / \cos\alpha$	
Normalspannung	$\sigma_1 = \sigma \cdot \cos^2\alpha$	(11.1)
Tangentialspannung	$\tau_1 = \dfrac{\sigma}{2} \cdot \sin 2\alpha$	(12.1)

2. Zug- und Druckspannungen

Zugspannung

Spannungsnachweis

$$\text{vorh } \sigma_Z = \frac{F}{A - \Delta A} = \frac{\text{vorh } F}{\text{vorh } A_n} \tag{31.3}$$

$$\frac{\text{vorh } \sigma_Z}{\text{zul } \sigma_Z} \leqq 1,0 \tag{32.1}$$

Bemessung   Traglast

$$\text{erf } A_n = \frac{\text{vorh } F}{\text{zul } \sigma_Z} \qquad \text{zul } F = \text{vorh } A_n \cdot \text{zul } \sigma_Z \tag{32.2} \tag{32.3}$$

Zugkraft in Schrauben $\text{zul } F = \text{vorh } A_s \cdot \text{zul } \sigma_Z$ (32.4)

Spannungsquerschnitt $A_s = \dfrac{\pi}{4} \cdot \left(\dfrac{d_2 + d_3}{2} \right)$ (32.5)

Ausmittiger Schraubanschluß $\dfrac{\text{vorh } \sigma_Z}{\text{zul } \sigma_Z} \leqq 0,8$ (33.1)

Druckspannung

Spannungsnachweis

$$\text{vorh } \sigma_D = \frac{\text{vorh } F}{\text{vorh } A} \tag{36.1}$$

$$\frac{\text{vorh } \sigma_D}{\text{zul } \sigma_D} \leqq 1,0 \tag{36.2}$$

Bemessung   Traglast

$$\text{erf } A = \frac{\text{vorh } F}{\text{zul } \sigma_D} \qquad \text{zul } F = \text{vorh } A \cdot \text{zul } \sigma_D \tag{36.3} \tag{36.4}$$

Flächenpressung $\sigma_0 = \dfrac{F}{A}$ (36.5)

Lochleibungsspannung $\sigma_l = \dfrac{\text{vorh } F}{n \cdot d \cdot \min \sum t} = \dfrac{\text{vorh } F}{n \cdot A_l}$ (41.1)

Bemessung

$$\text{erf } n = \frac{\text{vorh } F}{\text{zul } \sigma_l \cdot \text{vorh } d \cdot \min \sum t} \tag{41.3}$$

Tragkraft

$$\text{zul } F_l = \text{vorh } n \cdot d \cdot \min \sum t \cdot \text{zul } \sigma_l \tag{41.4}$$

Verkürzung $\Delta l = l - l_0$ (42.2)

3. Scherspannungen

Scherspannung $\tau_a = \dfrac{F}{A_a}$ $\dfrac{\text{vorh } \tau_a}{\text{zul } \tau_a} \leqq 1,0$ (44.2) (44.3)

$$\text{erf } A_a = \frac{\text{vorh } F}{\text{zul } \tau_a} \qquad \text{zul } F = \text{vorh } A_a \cdot \text{zul } \tau_a \tag{45.1} \tag{45.2}$$

Scherspannung bei Schrauben- oder Nietverbindungen

$$\text{vorh }\tau_{\text{a}} = \frac{F}{n \cdot m \cdot A_{\text{a}}} \qquad \text{mit } A_{\text{a}} = \frac{\pi \cdot d^2}{4}$$
(50.1)

übertragbare Kraft

$$\text{zul }Q = \text{zul }\tau_{\text{a}} \cdot \frac{\pi \cdot d^2}{4}$$
(50.2)

Nagelverbindungen
Tragfähigkeit eines Nagels

$$\text{zul }N_1 = \frac{500 \cdot d_{\text{n}}^2}{10 + d_{\text{n}}}$$
(55.1)

wirksame Nagel-Anzahl in einer Reihe

$$\text{ef }n = 10 + \frac{2}{3}(n - 10)$$
(55.2)

Tragfähigkeit einer Nagelverbindung

$$\text{zul }F = m \cdot r \cdot \text{ef }n \cdot \text{zul }N_1$$
(57.1)

Dübelverbindungen
Zugspannung Mittelholz

$$\text{vorh }\sigma_{\text{Zm}} = \frac{\text{vorh }F}{\text{vorh }A_{\text{m}}} \qquad \text{mit } A_{\text{m}} = b \cdot a_{\text{m}} - (2\Delta A + d_{\text{b}} \cdot a_{\text{m}})$$

wirksame Dübel-Anzahl in einer Reihe

$$\text{ef }n = 2 + \left(1 - \frac{n}{20}\right) \cdot (n - 2)$$
(60.1)

Zugspannung Seitenhölzer

$$\text{vorh }\sigma_{\text{Zs}} = \frac{1{,}5 \cdot \text{vorh }F}{\text{vorh }A_{\text{s}}} \qquad \text{mit } A_{\text{s}} = n \cdot b \cdot a_{\text{s}} - (2 \cdot \Delta A + 2 \cdot d_{\text{b}} \cdot a_{\text{s}})$$

zulässige Tragkraft der Dübel

$$\text{zul }F = m \cdot \text{ef }n \cdot \text{zul }N_1$$
(61.1)

4. Biegespannungen

Widerstandsmoment $\qquad W = \dfrac{I}{z_0}$
(65.3)

einachsige Biegespannung

Biegehauptgleichung $\qquad \sigma_{\text{B}} = \dfrac{M}{W}$
(65.6)

$$\text{erf }W = \frac{\text{vorh }M}{\text{zul }\sigma_{\text{B}}} \qquad \text{zul }M = \text{vorh }W \cdot \text{zul }\sigma_{\text{B}}$$
(67.1)

Spannungsnachweis

$$\text{vorh }\sigma_{\text{B}} = \frac{\text{vorh }M}{\text{vorh }W} \qquad \frac{\text{vorh }\sigma_{\text{B}}}{\text{zul }\sigma_{\text{B}}} \leqq 1{,}0$$
(66.1) (66.2)

$S_y = A_1 \cdot z_1 + A_2 \cdot z_2$

rechteckige Querschnitte

erf $W_y = \dfrac{\text{max } M}{\text{zul } \sigma}$

Benennung

Widerstandsmomente $\qquad W_y = \dfrac{b \cdot h^2}{6} \qquad W_z = \dfrac{h \cdot b^2}{6}$ $\qquad$ (72.2) (72.3)

max Me^2

Flächenmomente 2. Grades $\quad I_y = \dfrac{b \cdot h^3}{12} \qquad I_z = \dfrac{h \cdot b^3}{12}$ $\quad$ erf $J_y = \dfrac{1}{E \cdot zul f \text{Mitte}}$ (72.4) (72.5)

unsymmetrische Querschnitte

Flächenmomente 2. Grades $\qquad I = I_1 + A_1 \cdot z_1^2 + I_2 + A_2 \cdot z_2^2 + \cdots I_i + A_i \cdot z_i^2$ $\qquad$ (81.1)

Widerstandsmomente $\quad W_{yu} = \dfrac{I_y}{z_u} \quad W_{yo} = \dfrac{I_y}{z_0} \quad W_{zl} = \dfrac{I_z}{y_l} \quad W_{zr} = \dfrac{I_z}{y_r}$ $\quad$ (81.2) bis (81.5)

Länge für Verstärkungen $\qquad l_1 = l \cdot \sqrt{1 - \dfrac{M_0}{\text{vorh } M}}$ $\qquad$ (85.2)

Durchbiegung für einachsige Biegung $\qquad$ vorh $f = \dfrac{\text{vorh } \sigma_B \cdot l^2}{h \cdot k_f}$ $\quad$ vorh $f = \dfrac{5}{384} \dfrac{q \cdot l^4}{E \cdot J}$ (90.1) Belastungstabelle

zweiachsige Biegung $\qquad \text{max } M_y = \dfrac{q_y \cdot l_y^2}{8} \qquad \text{max } M_z = \dfrac{q_z \cdot l_z^2}{8}$ $\qquad$ (96.1) (96.2) Schneider 4.2/3

zweiachsige Biegespannung $\qquad \sigma_y = \dfrac{M_y}{W_y} \qquad \sigma_z = \dfrac{M_z}{W_z} \qquad \text{max } \sigma_B = \pm \sigma_y \pm \sigma_z$ $\qquad$ (97.1) (97.2)

Durchbiegung für zweiachsige Biegung $\qquad \text{max } f = \sqrt{f_y^2 + f_z^2}$ $\qquad$ (101.1)

Sonderfall zweiachsige Biegung $\qquad \text{max } \sigma_B = \pm \dfrac{M_y}{W_y} \pm \dfrac{M_z}{W_z/2}$ $\qquad$ (105.1)

Ergebnis in [m]
Durchbiegung f $\qquad q\left[\dfrac{kN}{m}\right] \quad \ell[m] \qquad J \cdot [cm^4] \quad J \cdot 10^{-8}$
$E\left[\dfrac{MN}{m^2}\right] \quad E \cdot 10^{3}$

5. Schubspannungen

Schubspannung allgemein $\qquad \text{max } \tau = \dfrac{Q \cdot S}{b \cdot I}$ $\qquad$ (109.1)

Schubspannung für Rechteckquerschnitte $\qquad \text{max } \tau = \dfrac{3 Q}{2 A}$ $\qquad$ (110.3)

Hauptspannungen $\qquad$ max τ $\tau_{mittel} = \dfrac{Q}{A_{Steg}}$ — für I-Profile

$\sigma_I = \dfrac{\sigma}{2} + \sqrt{\left(\dfrac{\sigma}{2}\right)^2 + \tau^2}$ $\qquad A_{Steg} = (h - t) \cdot s$ $\qquad$ (112.2)

$\sigma_{II} = \dfrac{\sigma}{2} - \sqrt{\left(\dfrac{\sigma}{2}\right)^2 + \tau^2}$ $\qquad$ (112.3)

Vergleichsspannung

$\sigma_V = \sqrt{\sigma^2 + 3\tau^2} \qquad \dfrac{\sigma_V}{\text{zul } \sigma} = 1{,}1 \qquad \text{wenn} \qquad \dfrac{\text{max } \sigma}{\text{zul } \sigma} > 0{,}5 \qquad \text{oder} \qquad \dfrac{\text{max } \tau}{\text{zul } \tau} > 0{,}5$

(114.1) (114.4) (114.5) (114.6)

Biegespannung am Übergangsbereich

vorh $\sigma = \text{max } \sigma \cdot \dfrac{S_y}{h}$ $\qquad$ (115.1)

Schubspannung für I-Querschnitte

$$\text{vorh } \tau = \frac{Q \cdot S_y}{s \cdot I_y} \qquad\qquad \text{vorh } \tau \frac{Q}{s \cdot s_y}$$

(115.3) (115.4)

$$\tau_m = \frac{Q}{s \cdot h_Q}$$

(116.1)

6. Torsionsspannungen

Torsionsspannung $\qquad \tau_T = \dfrac{M_T}{W_T}$

(125.1)

Torsions-Widerstandsmomente
runde Vollquerschnitte

$$W_T = \frac{\pi}{16} \cdot d^3$$

(126.1)

runde Hohlquerschnitte

$$W_T = \frac{\pi}{16} \cdot \frac{d_a^4 - d_i^4}{d_a}$$

(127.1)

Stahlrohre $\qquad W_T = 2\,W$

(127.2)

rechteckige Vollquerschnitte

$$W_T = \beta_T \cdot b^2 \cdot d$$

(127.3)

dünnwandige Hohlquerschnitte

$$W_T = 2 \cdot A_m \cdot t$$

(128.1)

dünnwandige offene Querschnitte

$$W_T = \frac{1}{t} \cdot \sum \frac{b_i \cdot t_i^3}{3}$$

(128.2)

Stahlprofile $\qquad W_T = \dfrac{I_T}{\max t}$

(129.1)

Stahlhochbau
Wölbspannungen

$$\sigma_T = M_W \cdot w_M / C_M$$

(131.2)

Wölbbimoment

$$\max M_w = M_x \cdot \tanh(\lambda \cdot l) / \lambda$$

(131.3)

Vergleichsspannung $\quad \dfrac{\sigma_V}{\text{zul}\,\sigma} \leqq 1{,}1 \quad$ wenn $\quad \dfrac{\max \sigma}{\text{zul}\,\sigma} > 0{,}5 \quad$ oder $\quad \dfrac{\tau_Q + \tau_T}{\text{zul}\,\tau} > 0{,}5$

$$\sigma_V = \sqrt{\sigma^2 + 3(\sigma_Q + \tau_T)^2}$$

(135.2) bis (136.2)

Holzbauwerke

für Nadelholz: $\qquad\qquad$ für Laubholz:

$$\frac{\text{vorh } \tau_T}{\text{zul } \tau_T} + \left(\frac{\text{vorh } \tau_Q}{\text{zul } \tau_Q}\right)^2 \leqq 1 \qquad\qquad \frac{\text{vorh } \tau_T}{\text{zul } \tau_T} + \frac{\text{vorh } \tau_Q}{\text{zul } \tau_Q} \leqq 1$$

(140.1) (140.2)

7. Knickspannungen

Knicklänge $\qquad s_{\mathrm{K}} = \beta_{\mathrm{K}} \cdot h$ (144.1)

Trägheitsradius allgemein $\qquad i_y = \sqrt{\dfrac{I_y}{A}} \qquad i_z = \sqrt{\dfrac{I_z}{A}}$ (145.2) (145.3)

Trägheitsradius für Rechteckquerschnitte $\quad i_y = 0,289\,d \qquad i_z = 0,289\,b$ (146.1) (146.2)

Schlankheitsgrad $\qquad \lambda_y = \dfrac{s_{\mathrm{Ky}}}{i_y} \qquad \lambda_z = \dfrac{s_{\mathrm{Kz}}}{i_z}$ (147.2)

Knickspannung für Stahl- und Holzstützen

$$\mathrm{vorh}\,\sigma_{\mathrm{K}} = \frac{\mathrm{vorh}\,N \cdot \omega}{\mathrm{vorh}\,A} \qquad \frac{\mathrm{vorh}\,\sigma_{\mathrm{K}}}{\mathrm{zul}\,\sigma_{\mathrm{D}}} \leqq 1,0 \qquad (148.2)\ (148.3)$$

Knickspannung für Betonstützen

$$\varkappa = 1 - \frac{\lambda}{140} \qquad \mathrm{vorh}\,\sigma_{\mathrm{D}} = \frac{\mathrm{vorh}\,N}{\mathrm{vorh}\,A_{\mathrm{b}} \cdot \varkappa} \qquad \frac{\mathrm{vorh}\,\sigma_{\mathrm{D}}}{\mathrm{zul}\,\sigma_{\mathrm{D}}} \leqq 1,0 \qquad (158.3)\ (158.5)$$

Beiwert für Betonwände, zweiseitig gehalten $\qquad \beta_{\mathrm{K}} = 1,0$

Beiwert für Betonwände, dreiseitig gehalten $\qquad \beta_{\mathrm{K}} = \dfrac{1}{1 + \left[\dfrac{h_{\mathrm{S}}}{3\,b}\right]^2} \geqq 0,3$ (160.4)

Beiwert für Betonwände, vierseitig gehalten $\qquad \beta_{\mathrm{K}} = \dfrac{1}{1 + \left[\dfrac{h_{\mathrm{S}}}{b}\right]^2} \quad$ für $\quad h_{\mathrm{S}} \leqq b$ (160.5)

$$\beta_{\mathrm{K}} = \frac{b}{2\,h_{\mathrm{S}}} \qquad \text{für} \quad h_{\mathrm{S}} > b \qquad (160.6)$$

Spannungsnachweis für Betonwände

$$\mathrm{vorh}\,\sigma_{\mathrm{D}} = \frac{\mathrm{vorh}\,q}{l \cdot d \cdot \varkappa} \qquad \mathrm{zul}\,\sigma_{\mathrm{D}} = \frac{\beta_{\mathrm{R}}}{\gamma} \qquad \frac{\mathrm{vorh}\,\sigma_{\mathrm{D}}}{\mathrm{zul}\,\sigma_{\mathrm{D}}} \leqq 1,0 \qquad (161.1)\ (161.3)$$

8. Längskraft mit Biegung

Zug und einachsige Biegung allgemein

$$\sigma_{\mathrm{NB}} = \frac{N}{A} \pm \frac{M}{W} \qquad (N \text{ als Druckkraft negativ}) \qquad \frac{\sigma_{\mathrm{NB}}}{\mathrm{zul}\,\sigma} \leqq 1,0 \qquad (172.2)\ (172.3)$$

Druck und einachsige Biegung bei Stahl

$$\sigma_{\mathrm{NB}} = \frac{|N|}{A} + \frac{|M|}{W} \qquad (|N| \text{ und } |M| \text{ als absolute Größen}) \qquad \frac{\sigma_{\mathrm{NB}}}{\mathrm{zul}\,\sigma_{\mathrm{D}}} \leqq 1,0 \qquad (176.2)\ (176.3)$$

$$\sigma_{\mathrm{K}} = \frac{|N| \cdot \omega}{A} + 0,9 \cdot \frac{|M|}{W_{\mathrm{D}}} \qquad \frac{\sigma_{\mathrm{K}}}{\mathrm{zul}\,\sigma_{\mathrm{D}}} \leqq 1,0 \qquad (176.4)\ (176.5)$$

$$\sigma_{\mathrm{K}} = \frac{|N| \cdot \omega}{A} + \frac{300 + 2\,\lambda}{1000} \cdot \frac{|M|}{W_{\mathrm{Z}}} \qquad \frac{\sigma_{\mathrm{K}}}{\mathrm{zul}\,\sigma_{\mathrm{D}}} \leqq 1,0 \qquad (176.6)$$

Druck und einachsige Biegung bei Holz

$$\sigma_{NB} = \frac{|N|}{A_n} + \frac{zul\,\sigma_{D\|}}{zul\,\sigma_B} \cdot \frac{|M|}{W_n} \qquad \frac{\sigma_{NB}}{zul\,\sigma_{D\|}} \leq 1,0 \tag{178.1) (178.2}$$

$$\sigma_K = \frac{|N| \cdot \omega}{A} + \frac{zul\,\sigma_{D\|}}{zul\,\sigma_B} \cdot \frac{|M|}{W} \qquad \frac{\sigma_K}{zul\,\sigma_{D\|}} \leq 1,0 \tag{178.3) (178.4}$$

Zug und zweiachsige Biegung allgemein

$$\sigma_{NB} = \frac{N}{A} \pm \frac{M_y}{W_y} \pm \frac{M_z}{W_z} \tag{186.1}$$

Druck und zweiachsige Biegung bei Stahl

$$\sigma_{K1} = \frac{|N| \cdot \max\omega}{A} + 0,9 \cdot \left(\frac{|M_y|}{W_{Dy}} + \frac{|M_z|}{W_{Dz}}\right) \qquad \frac{\sigma_{K1}}{zul\,\sigma_D} \leq 1,0 \tag{186.2) (186.3}$$

$$\sigma_{K2} = \frac{|N| \cdot \max\omega}{A} + \frac{300 + 2\lambda}{1000} \cdot \left(\frac{|M_y|}{W_{Zy}} + \frac{|M_z|}{W_{Zz}}\right) \qquad \frac{\sigma_{K2}}{zul\,\sigma_D} \leq 1,0 \tag{186.4) (186.5}$$

Druck und zweiachsige Biegung bei Holz

$$\sigma_{NB} = \frac{|N|}{A_n} + \frac{zul\,\sigma_{D\|}}{zul\,\sigma_B} \cdot \left(\frac{|M_y|}{W_{yn}} + \frac{|M_z|}{W_{zn}}\right) \qquad \frac{\sigma_{NB}}{zul\,\sigma_{D\|}} \leq 1,0 \tag{189.1) (189.2}$$

$$\sigma_K = \frac{|N| \cdot \max\omega}{A} + \frac{zul\,\sigma_{D\|}}{zul\,\sigma_B} \cdot \left(\frac{|M_y|}{W_y} + \frac{|M_z|}{W_z}\right) \qquad \frac{\sigma_K}{zul\,\sigma_{D\|}} \leq 1,0 \tag{189.3) (189.4}$$

einachsig ausmittiger Druck bei versagender Zugzone

Fall 1: Ausmitte $e_y < b_y/6$

$$\sigma_{1,2} = \frac{|N|}{A} \pm \frac{|M|}{W} \qquad \sigma_0 = \frac{|R_V|}{A} \pm \frac{|R_V| \cdot 6e_y}{b_y^2 \cdot b_z} \tag{191.1) (191.2}$$

Fall 2: Ausmitte $e_y = b_y/6$

$$\sigma_1 = \frac{|N|}{A} + \frac{|M|}{W} \qquad \sigma_2 = 0$$

$$\sigma_{01} = \frac{2|R_V|}{A} \qquad \sigma_{02} = 0 \tag{191.3}$$

Fall 3: Ausmitte $e_y > b_y/6$

$$\sigma_{01} = \frac{2|R_V|}{3b_z \cdot c} \qquad \sigma_{02} = 0 \tag{192.1}$$

Fall 4: Ausmitte $e_y = b_y/3$

$$\sigma_{01} = \frac{4|R_V|}{b_y \cdot b_z} \qquad \sigma_{02} = 0 \tag{193.1}$$

zweiachsige Ausmitte bei Rechteckquerschnitten

$$\sigma = \frac{N}{A} \pm \frac{M_y}{W_y} \pm \frac{M_z}{W_z} \tag{198.1}$$

zweiachsige Ausmitte bei Fundamenten

$$\left(\frac{e_y}{b_y}\right)^2 + \left(\frac{e_z}{b_z}\right)^2 \leq \frac{1}{9} \tag{198.2}$$

Eckspannung

$$\max \sigma = \frac{\mu \cdot |R_{\mathrm{V}}|}{b_{\mathrm{y}} \cdot b_{\mathrm{z}}} \tag{198.3}$$

Teilfläche $A' = b'_{\mathrm{y}} \cdot b'_{\mathrm{z}}$ mit $b'_{\mathrm{y}} = b_{\mathrm{y}} - 2 \cdot e_{\mathrm{y}}$ $b'_{\mathrm{z}} = b_{\mathrm{z}} - 2 \cdot e_{\mathrm{z}}$ (198.4)

maßgebende Bodenpressung bei Fundamenten

$$\sigma_{0\mathrm{r}} = \frac{|R_{\mathrm{V}}|}{A'} \qquad \frac{\sigma_{0\mathrm{r}}}{\mathrm{zul}\,\sigma_0} \leqq 1,0 \tag{198.5) (195.1}$$

9. Stabilität von Bauteilen und Bauwerken

Stahlträger mit I-Querschnitt

$$\mathrm{zul}\,\sigma'_{\mathrm{K}} = \frac{1,14 \cdot \mathrm{zul}\,\sigma_{\mathrm{D}}}{\omega} \qquad \frac{\mathrm{vorh}\,\sigma_{\mathrm{B}}}{\mathrm{zul}\,\sigma'_{\mathrm{K}}} \leqq 1,0 \tag{204.1) (204.2}$$

Holzträger mit I-Querschnitt oder Kastenquerschnitt

$$\frac{\mathrm{vorh}\,\sigma_{\mathrm{DS}}/\omega_{40}}{\mathrm{zul}\,\sigma'_{\mathrm{K}}} \leqq 1,0 \tag{211.1}$$

$$\mathrm{zul}\,\sigma'_{\mathrm{K}} = \mathrm{zul}\,\sigma_{\mathrm{D}\|}/\omega \tag{211.2}$$

Holzträger mit Rechteckquerschnitt

$$\mathrm{vorh}\,\sigma_{\mathrm{B}} = M_{\mathrm{y}}/W_{\mathrm{y}} \tag{211.3}$$

$$\mathrm{zul}\,\sigma_{\mathrm{Ki}} = \mathrm{zul}\,\sigma_{\mathrm{B}} \cdot 1,1 \cdot k_{\mathrm{B}} \tag{211.4}$$

$$\frac{\mathrm{vorh}\,\sigma_{\mathrm{B}}}{\mathrm{zul}\,\sigma_{\mathrm{Ki}}} \leqq 1,0 \tag{212.1}$$

Seitenlast für Druckgurte von Fachwerkträgern

$$q_{\mathrm{s}} = \frac{m \cdot N_{\mathrm{Gurt}}}{30 \cdot l} \tag{212.2}$$

Seitenlast für Biegeträger mit Rechteckquerschnitt

$$q_{\mathrm{s}} = \frac{m \cdot \max M}{350 \cdot l \cdot b} \tag{212.5}$$

10. Temperaturdehnungen, Schwinden, Kriechen

Längenänderung $\qquad\qquad\qquad \Delta l = \pm\,\alpha_{\mathrm{T}} \cdot \Delta T \cdot l_0$ (231.1)

Temperaturdehnung $\qquad\qquad \varepsilon_{\mathrm{T}} = \pm\,\alpha_{\mathrm{T}} \cdot \Delta T$

Temperaturspannung $\qquad\qquad \sigma_{\mathrm{T}} = \pm\,\alpha_{\mathrm{T}} \cdot \Delta T \cdot E$ (232.1)

Temperatur-Längskraft $\qquad\qquad N_{\mathrm{T}} = \pm\,\sigma_{\mathrm{T}} \cdot A$ (232.2)

Formänderungsmaß $\qquad\qquad f = \alpha_{\mathrm{T}} \cdot \dfrac{\Delta T}{d} \cdot \dfrac{l^2}{8}$ (234.1)

Längenänderung durch Schwinden

$$\Delta l_{\mathrm{s}} = \varepsilon_{\mathrm{s}} \cdot l_0 \tag{236.1}$$

Schwindspannung

$$\sigma_s = \varepsilon_s \cdot E \cdot 10^{-3} \tag{237.1}$$

Längenänderung durch Kriechen

$$\Delta l = \varepsilon_k \cdot l_0 \tag{237.2}$$

Kriechmaß

$$\varepsilon_k = \varphi \cdot \frac{\sigma}{E} \cdot 10^3 \tag{238.1}$$

Dehnungsdifferenz zwischen Dachdecke und Wänden

$$\Delta\varepsilon = \varepsilon_{sD} + \alpha_{TD} \cdot (T_D - T_{OD}) - \varepsilon_{sW} - \alpha_{TW} \cdot (T_W - T_{OW}) \tag{242.1}$$

Dehnungsdifferenz zwischen Fundamentplatte und Wänden

$$\Delta\varepsilon = \varepsilon_{sF} + \alpha_{TF} \cdot (T_F - T_{OF}) - \varepsilon_{sW} - \alpha_{TW} \cdot (T_W - T_{OW}) \tag{242.2}$$

Verschiebewinkel

$$\text{vorh } \gamma = \frac{\Delta l}{h} \qquad \text{zul } \gamma = \pm\frac{1}{2500} \qquad \frac{\text{vorh } \gamma}{\text{zul } \gamma} \leqq 1{,}0 \tag{243.1}$$

Schrifttum

Nachfolgend werden einige Tabellenbücher genannt. Außerdem wird eine kurze Auswahl an Fachliteratur für diejenigen Leser aufgeführt, die ihre statischen und konstruktiven Kenntnisse erweitern und vertiefen wollen.

[1] Andresen/Scheer: Beispiele Ingenieur-Holzbau. Berechnung und Konstruktion. Arbeitsgemeinschaft Holz e.V. Düsseldorf 1985
[2] Beton-Kalender. Berlin-München 1991
[3] Buchenau/Thiele: Stahlhochbau, Teil 1. 21. Aufl. 1986, Teil 2. 17. Aufl. 1985, Stuttgart
[4] Cziesielski/Friedmann/Schelling: Holzbau, statische Berechnungen. Informationsdienst Holz, Düsseldorf 1988
[5] Cziesielski, E. (Hrsg.): Lehrbuch der Hochbaukonstruktionen. Stuttgart 1990
[6] Frick/Knöll/Neumann/Weinbrenner: Baukonstruktionslehre. Teil 1. 29. Aufl. 1987, Teil 2. 28. Aufl. 1988, Stuttgart
[7] Lehmann/Stolze: Ingenieurholzbau. 6. Aufl. Stuttgart 1975
[8] Lohmeyer, G.: Stahlbetonbau, Bemessung – Konstruktion – Ausführung. 4. Aufl. Stuttgart 1990
[9] Pfefferkorn, W.: Dachdecken und Mauerwerk. Köln-Braunsfeld 1980
[10] Rösel/Witte: Hallen aus Stahl, Planen und Bauen. Deutscher Stahlbau-Verband DSTV, Köln 1988
[11] Simmer, K.: Grundbau, Teil 1. 18. Aufl. 1987, Teil 2. 16. Aufl. 1985, Stuttgart
[12] Stahlbau-Kalender. Deutscher Stahlbau-Verband DSTV, Köln 1990
[13] Wagner/Erlhof: Praktische Baustatik, Teil 1. 18. Aufl. 1986, Teil 2. 13. Aufl. 1983, Teil 3. 7. Aufl. 1984, Stuttgart
[14] Wendehorst/Muth: Bautechnische Zahlentafeln. 24. Aufl. Stuttgart 1989
[15] Zement-Taschenbuch. Verein Deutscher Zementwerke VDZ, Wiesbaden-Berlin 1984

DIN-Normen zur Baustatik (Auswahl)

DIN	Titel
1045	Beton und Stahlbeton; Bemessung und Ausführung (07.88)
1052	Holzbauwerke; Berechnung und Ausführung (04.88)
1053	Mauerwerke; Berechnung und Ausführung, T1 (02.90), T2 (07.84), T3 (02.90)
1054	Baugrund; zulässige Belastung des Baugrunds (11.76)
1055	Lastannahmen für Bauten. T1 (07.78), T3 (06.71), T4 (08.86), T5 (06.75)
1080	Begriffe, Formelzeichen und Einheiten im Bauingenieurwesen T2 (03.80)
4114	Stahlbau; Stabilitätsfälle T1 (07.52), T2 (02.53)
18800	Stahlbauten; Bemessung und Konstruktion, T1 (03.81)
18801	Stahlhochbau; Bemessung, Konstruktion, Herstellung (09.83)
18800	Teil 1: Stahlbauten; Bemessung und Konstruktion (11.90)
18800	Teil 2: Stahlbauten; Stabilitätsfälle; Knicken von Stäben und Stabwerken (11.90)

Anmerkung: Bis zu einer endgültigen Abstimmung der Normung auf europäischer Ebene (CEN) dürfen DIN 18800 T1 (03.81) und DIN 4114 T1 (07.52) sowie DIN 4114 T2 (02.53) zusammen mit den Fachnormen, die noch auf dem Bemessungskonzept mit zul σ basieren, ebenfalls angewendet werden. Diese ist in dem vorliegenden Buch geschehen.

Sachverzeichnis

Wichtige Begriffe aus Teil 1 wurden aufgenommen und mit (1) gekennzeichnet. Zugehörige Seitenzahlen stehen im Sachweiser von Teil 1.

Abscheren 9, 44
– bei Verbindungsmitteln 48, 51
Abstände für Dübel 60
– – Nägel 58
– – Niete 50
– – Schrauben 50
Achsenkreuz 6
Ankerschrauben 33, 40, 185, 253
Auflager|kraft (1)
– platte 36
Auftrieb 17
ausmittiger Druck 176, 190
– Zug 171
Ausmitte 171, 176, 190, 207
–, zweiachsig 186, 198
Aussparungen 167
äußere Kraft 2, 9, 31, 44
Aussteifung 203, 214, 216, 229
Ausweichen, seitlich 207

Balkendecke 93, 254
Bau|beschreibung 249
– genehmigung 1, 247
– grubenverbau 155
– grund 15
– holz 24
– stahl 24, 76
Bauteile
– aus Beton 17, 159
– aus Holz 24, 73
– aus Mauerwerk 19, 162
– aus Stahl 23, 76
Beanspruchbarkeit 28
Beanspruchung 1, 28
Belastbarkeit bei Abscheren 44
– – Biegung 66
– – Druck 35
– – Lochleibungsspannung 41
– – Zug 31
Belastung (1)
Bemessung bei Abscheren 44
– – Biegung 66, 95, 171, 176
– – Doppelbiegung 97
– – Druck 35, 176

Bemessung bei Lochleibungs-
spannung 41, 42
– – bei Zug 31, 171
– für Holzstützen 153, 223
– – Holzträger 69, 82, 97, 119, 175, 211
– – Mauerwerk 162, 243, 258
– – Stahlbeton 255 [8]
– – Stahlstützen 151, 176, 186
– – Stahlträger 76, 83, 99, 102, 116
Bemessungskonzept 30
Bemessungswerte 27
Berechnung, statische 247
Bernoulli 67
Beschränkung der Durchbiegung 90, 101
Beton|druck 17, [8]
– druckspannungen 18, 157
– festigkeit 18, 158
– fundamente 18, 36, 194, 228, 262
– stützen 157
– wände 159
Beulsicherheitsnachweis 214
Beulung 214
Bezeichnungen, Einheiten IX, 270
biegefeste Trägerstöße 87
Biege|festigkeit 66
– hauptgleichung 65
– linie 89, 101, 123
– moment 64, (1)
– spannung 63
– steifigkeit 91, 66
– verformungen 64, 89, 101, 251
Biegung, einachsig 63
–, schiefe 95
– und Druck 176
– – Längskraft 171, 186
– – Zug 171
–, zweiachsig 95, 186
Boden|gruppen 15
– pressung 15, 194
Bohrungen 33

Bruch|grenze 6
– steinmauerwerk 21
– versuch 13
Brustholz 154

Charakteristische Werte 27
Clapeyron, Dreimomentenglei-
chung nach (1)
Cremonaplan (1)

Dächer 70, 102, 179, 217, 250
Dach|binder (Holz) 212, 223
– pfetten 102, 106, 251
– sparren 47, 70, 179, 250
– verband 220
Deckenbalken 47, 254
Deckungslinie der Momente 85
Dehnbarkeit 5
Dehnungen 5
Dehnungsdifferenzen 239
Doppelbiegung 95, 251
Drehwinkel 141
Drillung 122, 207
Druck, ausmittig 176, 186
– kraft 35
– spannung 35
– spannungskeil 192
– und Biegung 176, 186
Druckversuch 13
Dübelverbindungen 60
Durchbiegung 64, 90, 94
– bei geneigten Trägern 94
– – zweiachsiger Biegung 95, 251
– im Holzbau 91, 118
– – Stahlbau 90
Durchlaufträger (1), 254

Ebener Spannungszustand 110
einachsige Ausmitte 176
– Biegung 63
einachsiger Spannungszustand 10
Einbindetiefe 16
einfache Biegung 63
Einfamilienhaus 248

Einheiten SI-System IX, 270
eingespannte Träger (1)
Einschlagtiefe (Nägel) 56
Einschnürung 13
einseitiges Fundament 196
Einspannung 144
Einwirkungen 26
elastischer Bereich 6
elastisches Verhalten 5
Elastizitäts|grenze 6
– maß 7
– modul 7
End|kriechzahl 238
– schwindmaß 236
Erddruck (1), 121, 166
Erschöpfungszustand 14
Euler 144

Fachwerkträger (1), 46
Fehlfläche (Dübel) 61
Fersenversatz 47
Festigkeiten 5
Festigkeits|berechnung 1
– lehre 1
Firstpfette 251
Flächen|momente 65, 71
– pressung 36
– – bei Auflagerplatte 36
– – – Fundament 36, 194,
    200, 228, 262
Fließen 5, 13
Fließgrenze 6
Formänderungen 4, 13, 34, 42,
    234
Formänderungsarbeit 4
Formel|sammlung 269
– zeichen 269
Freiträger (1)
Fundamente 36, 194, 200, 228,
    262
Fuß|pfette 253
– platte 153
– schwelle 38, 153

Gartenmauer 195
Gebrauchszustand 14
Gebrauchstauglichkeit 29
geknickter Träger (1)
geleimter Holzträger 119
gelenkige Lagerung 144
geneigte Träger (1), 94, 250
Geschoßstützen 143
Gesteinsarten 21

Gleichgewicht (1)
Gleichgewichtsbedingungen (1)
Gleitbruch 13
Gleiten 17
Gleitsicherheit (1)
Grenzwand 196
Grundbau 15, 45
– bruch 17
Gründungstiefe 16
Gummipuffer 43
Gurt|platten 84
– – länge 85
– verstärkungen 85
GV-Verbindung 51
GVP-Verbindung 51

Hallen|dach 102, 212
– stütze 225
Haupt|achsen 66
– spannung 111
Hohlprofil 79, 126
Holz|balken 69, 82, 97, 119,
    175, 211
– bau 24, 32, 45, 69, 118, 218
– pfette 69, 102, 187, 249
– schwelle 46, 153
– sparren 47
– steifen 154
– stiele 38, 252
– stützen 153, 223
Hookesches Gesetz 7, 67

Innere Kräfte 3, 9, 31, 44, 63
– Momente 63
interpolieren 201

Kantenpressung 191
Kehlbalkendächer 181
Kellerwände 121, 168
Kette 47
Kippen von Stahlträgern 203
Kipp|sicherheit 203
– spannung 203
klaffende Fuge 190
Knicken 142, 202
Knickbeanspruchung 164
Knick|fälle nach Euler 144
– länge 143, 158
– last 143
– querschnitt 203
– spannung 142
– zahl 148
Komponente (1), 9

Konsole 177, 187
– aus Naturstein 46
Koordinatensystem 6
Kopfbandbalken 69, 189
Kopfbänder 103, 252
Körper (1)
Kraft (1)
– angriff, schräg 9, 47
– eck (1), 9
Kräfte, äußere 2, 9, 31, 44, 63
–, innere 2, 9, 31, 44, 63
– paar (1)
– parallelogramm (1)
– plan (1)
– system, allgemeines,
    zentrales (1)
Kragarm 116
Kranbahnträger 105
Kriechen 237
Kriech|maße 238
– zahl 238

Lagerteile 23
Lagerung der Träger (1)
Längenänderungen 4, 13, 34,
    42, 237
Längskraft 9
– mit Biegung 171, 186
Längsschubkraft 108
Längsschubspannung 109
Längsverformungen 239
Lastangriffspunkt 2, 31, 35,
    44, 63, 95, 105, 125, 144,
    171, 191
Last|ausbreitung 9, 18
– ermittlungen (1)
– fälle (1), 23
– verteilung 18, 36
Leimfuge 120
Lichtweite (1)
linearer Spannungszustand 10
Loch|abstände 41
– leibungsfläche 41
– – spannung 40, 53

Mauer|pfeiler 21, 37, 168
– werk 19, 37, 45, 120, 162,
    243, 258
Mindestwanddicken 163
Moment (1), 64
Momenten|deckungslinie 85
– fläche (1)
– satz (1)

Nagelverbindung 49, 55, 58, 183
Natursteinkonsole 46
Natursteinmauerwerk 21
Navier 67
Nettoquerschnitt 33, 61, 173, 252
neutrale Faser 63, 71, 97, 109
Nietverbindung 40, 50
Normalkraft 9
– fläche (1)
Normalspannung 9
Nullinie 63, 71, 97, 109
Nutzlasten (1)
– querschnitt 31, 53, 59, 173, 252

Offene Querschnitte 202
Omega-Verfahren 148

Paßschrauben 51
Pfeiler aus Mauerwerk 21, 38, 168
Pfette 102, 106, 187, 249
Pfetten|dach 69, 102, 249
– stiel 38, 252
– stoß 87
Pfosten 252
plastisches Verhalten 6
Positionsplan 263
Proportionalitätsgrenze 6
Pythagoras 101

Quadratrohre 79
Quer|kraft 10, 44, 108
– – fläche (1)
Querkürzung 4
– schnitts|entfernung 5, 42
– – fläche 3, 31, 35, 42, 44
– – schwächung 31, 38, 59
– – vergrößerung 42
– – werte (Holz) 73
– – – (Stahl) 76
Querschubspannung 108

Rähm (Ringbalken) 253
Rahmen (1), 217
Rand|abstände 191
– pfette 187
– spannung 193

Rechteckrohre 80
Reibung (1)
Resultierende (1)
resultierende Spannung 10
Ringbalken 255
Rundholzsteifen 154
Rundstahlkette 47

Saint Venant 122
Satz von Steiner 81
Schalungssteife 154
Scher|festigkeit 44
– kräfte 44
– spannungen 44, 51
schiefe Biegung 95, 251
Schlankheitsgrad 147, 158, 164
Schlitze 167
Schneelast (1), 179, 250
Schnitt|flächen 3
– größen (1), 250
– verfahren 2
schräge Träger (1), 94, 179, 250
Schraubenverbindung 33, 41, 49, 51, 87
Schub|fluß 109
– modul 8, 118
– spannung 110
– verformung 118
Schweißnähte 153
Schwelle 46, 153
Schwer|achse 63, 81, 95
– punkt (1)
Schwinden 236
Schwindmaß 236
seitliches Ausweichen 207
Sicherheit (1)
Sicherheiten im Betonbau 17
– – Grundbau 15
– – Holzbau 24
– – Mauerwerksbau 19
– – Stahlbau 23
– – Stahlbetonbau 17
Sicherheits|beiwert 14
– grad 14
– konzept 26
– nachweis 29
SI-Einheiten IX, 270
SL-Verbindung 51
SLP-Verbindung 51
Sohl|fuge 190
– pressung 190
Sonneneinstrahlung 231

Spannungen 2, 14
– bei Abscheren 44
– – Biegung 63
– – Druck 35
– – Druck und Biegung 176, 186
– – Knicken 142, 164
– – Lochleibung 41
– – Schub 110
– – Zug 31
– – Zug und Biegung 171
– – Verbindungen 48
– im Betonbau 157, 159
– – Holzbau 118, 140
– – Stahlbau 114, 135
–, zulässige 14
Spannungs|arten 8
– bild 63, 71, 97, 110, 115, 125, 135
– -Dehnungs-Linie 5
– dreieck 63, 71
– keil 63, 71
– nachweis für Holzbauteile 32, 118, 150
– – Mauerwerk 120, 162
– – Stahlbauteile 32, 114, 150
Spannungs-Nullinie 63, 71, 97, 109
– querschnitt 33
– -Überlagerung 97, 114, 136
– -Zustand 10, 110
Sparren 47, 70, 179, 250
– dach 179, 250
– fuß 47, 185
– pfette 104
Stabachse 63
Stabilität 202
Stabilitäts|fälle 144
– nachweis 150, 202
Stablänge 144
Stahlbau 23, 32, 67, 114, 216
Stahlbeton-Balken 256, [8]
– -Decke 259, [8]
– -Platte 259, [8]
– -Rähm (Ringbalken) 255, [8]
Stahl|bezeichnungen 23
– -Hohlprofile 79
– profile 76
– rohre 78
– rohrstützen 39, 130
– stützen 151, 176, 186
– träger 76, 83, 99, 102, 116, 172, 204

Standsicherheit 1, 216
statisch bestimmte Träger (1)
– unbestimmte Träger (1)
statische Berechnung 247
– Länge (1)
– Werte (Holz) 73
– – (Stahl) 76
statisches Moment 109
Stauchung 5, 42
Stegplatten 86
– verstärkungen 86
Steifigkeit 27, 66, 91, 145, 230
Steiner, Satz von 81
Steinfestigkeitsklassen 19
Streckgrenzen 6
Stützen aus Beton 157
– – Holz 142
– – Stahl 142, 176
Stützweite (1)
symmetrische Querschnitte 72

Tangentialspannungen 9
Temperatur|dehnungen 231
– dehnzahl 232
– differenz 231
– schwankungen 234
– spannung 124, 135, 232
Torsions|beanspruchung 124
– kraftfluß 125
– moment 122
– spannung 122
– steifigkeit 131
– -Widerstandsmoment 125
– winkel 141
Träger|auflager 36
– auf 3 Stützen 254
– beanspruchung 63
– berechnungen (1)
– mit Verstärkung 84
–, schräger 94, 250
– stöße 87
– über 2 Felder 254
– verstärkungen 84
Tragfähigkeit 1, 29
Tragsicherheitsnachweis 30
Trägheits|ellipse 146
– kreis 146
– moment 65
– radius 145
Tragkraft für Dübel 62
– – Nägel 56
Tragwerke (1)
Trennbruch 13

Übergangsbereich 115, 210
Überlagerung der Spannungen 97, 114, 136
Übertragungsfläche 36
unbewehrter Beton 17, 157
ungünstige Laststellung (1)
unsymmetrische Querschnitte 81
unverschiebliche Halterung 203
ursprüngliche Länge 5

Vektor (1), 125
Verband 220
Verbau, waagerecht 154
Verbindung, einschnittig 48
–, mehrschnittig 48
–, zweischnittig 48
Verbindungsmittel 48
–, Abscheren 53
– im Holzbau 55
– im Stahlbau 49
Verdrehung 122
Verdrillen von Stahlträgern 129, 203
Verformung 64, 89, 101, 118, 140, 238
Vergleichsspannung 113, 210
Verkehrslasten (1)
Verkürzung 42
Verlängerung 4, 34
verleimte Träger 82, 119
versagende Zugzone 190
Versatz 47, 253
Verschiebewinkel 292
Verstärkungen für Träger 84
Verwölbung 131
Vorholz 48
Vorspannkraft 51

Wände aus Beton 159
– – Mauerwerk 168
Wandverband 224
Wärmedehnzahlen 232
Wasserdruck (1)
Werkstoff-Kenngrößen 7
Widerstand 26
Widerstandsmomente 65, 71, 125
Windlast (1), 138, 179, 250
Winkeländerung 89, 141

Winklersche Zahlen (1)
Wirkungslinie (1)
Witterungseinflüsse 231, 243
Wohnhaus 248
wölbfreie Querschnitte 126
Wölbspannung 131

Zahlentafeln nach Mensch (1)
Zangen für Sparren 183, 250
Zapfenloch 38, 252
Zentrierstück 38
Zerreiß|festigkeit 6
– versuch 6, 13
Zug, ausmittig 171
–, mittig 31, 49
– beanspruchung 3, 31
– festigkeit 5
– spannung 31
– stangen 106, 203, 216
– verbindung (Holz) 49, 59
– verbindung (Stahl) 49
Zug|stoß 49, 59
– und Biegung 171
– versuch 4
– zone, versagende 191
zulässige Bodenpressung 15
– Durchbiegungen 90
– Lastausbreitung 18
– Scherspannungen 45
– Spannungen 14
– – für Beton 18
– – – Bodenpressungen 15
– – – Holz 25, 45
– – – Mauerwerk 19
– – – Stahl 23, 51
– Tragkräfte für Dübelverbindungen 62
– – – Nagelverbindungen 56
– – – Schraubenverbindungen 51
zusammengesetzter Holzträger 73, 81, 211
– Stahlträger 83, 187
Zwängungstorsion 122
zweiachsige Ausmittigkeit 186, 198
– Biegung 95, 251
Zweifeld|träger 254
Zwischen|abstützung 96, 106, 203, 216
– riegel 144, 173, 177, 204, 212

Gottfried Lohmeyer

Stahlbetonbau

Bemessung · Konstruktion · Ausführung

Von Dipl.-Ing. Gottfried C.O. Lohmeyer, Baumeister BDB, Hannover

4., neubearbeitete und erweiterte Auflage. 1990

XVI, 531 Seiten mit 402 Bildern, 135 Tafeln und zahlreichen Beispielen.
Geb. DM 68,–

Dieses bewährte und weitverbreitete Lehrbuch dient den Hochschulstudenten ebenso wie den Bauingenieuren und Technikern in Planungs- und Konstruktionsbüros und in der Bauindustrie als praktischer Leitfaden.

Die anwendungsnahe Darstellung verdeutlicht das Ineinandergreifen der Arbeitsvorgänge beim Bemessen, Konstruieren und Ausführen von Stahlbetonbauten.

Zahlreiche Bilder erklären den Zusammenhang von Berechnung und Zeichnung, also von Bemessung und Konstruktion. Die Darstellung ist mit einer großen Zahl von Beispielen versehen, denen die Aufgabe zufällt, Art und Gang der Bemessung zu erläutern und das Verständnis zu wecken. Die in den Text eingefügten Übungsaufgaben dienen der Anleitung zu selbständiger Arbeit; die Lösungen am Schluß des Buches ermöglichen die Kontrolle der eigenen Rechnung.

Das neubearbeitete Lehrbuch gibt den jüngsten Stand der Technik wieder und berücksichtigt die neuesten Normen, Vorschriften, Richtlinien und Merkblätter. Grundlage der Darstellung ist die DIN 1045 „Beton und Stahlbetonbau" von 1988.

Inhalt: Allgemeines – Baustoffe – Bewehren von Stahlbetonbauteilen – Bemessen von Stahlbetonbauteilen – Biegebeanspruchte Bauteile – Stahlbetonplatten – Stahlbetonbalken und -plattenbalken – Stahlbeton-Rippendecken – Druckbeanspruchte Bauteile – Stützen – Wände – Rahmen – Torsionsbeanspruchte Bauteile – Fundamente – Schalung-Ausführung und Bemessung – Fertigteile-Herstellung und Montage – Verformungsverhalten des Betons – Fugen – Anordnung und Konstruktion

Preisänderungen vorbehalten

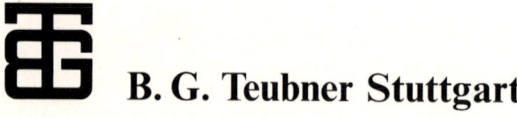

B. G. Teubner Stuttgart

Ein Standardwerk für Architekten und Ingenieure

Frick/Knöll/Neumann/Weinbrenner

Baukonstruktionslehre   Teil 1

Von Prof. Dipl.-Ing. Dietrich Neumann und Prof. Ulrich Weinbrenner
Fachhochschule Darmstadt

29., neubearbeitete und erweiterte Auflage. 1987.

588 Seiten mit 612 Bildern, 103 Tabellen und 24 Beispielen. Geb. DM 68,–

Baugefüge und Konstruktionsgrundregeln – Erdarbeiten – Fundamente – Betonbau – Wände – Skelettbau – Außenwandbekleidungen – Geschoßdecken – Fußbodenkonstruktionen und Bodenbeläge – Leichte Deckenbekleidungen und Unterdecken – Umsetzbare Trennwände und vorgefertigte Schrankwände – Besondere bauliche Schutzmaßnahmen

Baukonstruktionslehre   Teil 2

Von Prof. Dipl.-Ing. Dietrich Neumann und Prof. Ulrich Weinbrenner
Fachhochschule Darmstadt

28., neubearbeitete und erweiterte Auflage. 1988.

576 Seiten mit 658 Bildern, 76 Tabellen und 15 Beispielen. Geb. DM 68,–

Dächer – Schornsteine (Kamine) und Lüftungsschächte – Baugerüste und Abstützungen – Treppen – Fenster – Türen – Horizontal verschiebbare Tür- und Wandelemente – Mineralputze, Kunstharzputze und Wärmedämmsysteme – Beschichtungen (Anstriche) und Wandbekleidungen (Tapeten) auf Putzgrund

Dieses seit vielen Jahrzehnten bewährte und weitverbreitete Lehrbuch zeigt durch anschauliche Darstellung, die von über 1250 Bildern unterstützt wird, und durch sichere didaktische Führung, die unterschiedlichen Konstruktionsprinzipien im Rohbau, im Innenausbau und teilweise auch im Technischen Ausbau sowie die sich ständig weiterentwickelten Herstellungsverfahren, und es behandelt die Baukonstruktionen in ihrer Abhängigkeit von den statischen Bedingungen, den bauphysikalischen Einflüssen und den Eigenschaften der Baustoffe.

Von Auflage zu Auflage, die in regelmäßigen kürzeren Zeitabständen erscheinen, wird das zweiteilige Werk aktualisiert und dem jeweils gültigen Stand der Technik angepaßt.

Preisänderungen vorbehalten

 **B. G. Teubner Stuttgart**

Das umfassende Lehr- und Handbuch für
Architekten und Bauingenieure in Hochschule und Baupraxis

Volger/Laasch

Haustechnik

Grundlagen · Planung · Ausführung

Bearbeitet von Prof. Dipl.-Ing. Erhard Laasch
Fachhochschule Frankfurt/Main

8., neubearbeitete und erweiterte Auflage. 1989

XVI, 872 Seiten mit 858 Bildern, 211 Tafeln und 27 Beispielen.
Geb. DM 84,–

Der „Volger", das Standardwerk der Haustechnik, das seit mehr als drei Jahrzehnten der Ausbildung des hochbautechnischen Nachwuchses dient und den
Architekten und Ingenieur in der Planung wie in der Baustellenpraxis unent-
behrlich begleitet, vermittelt von Auflage zu Auflage, die regelmäßig aufeinander folgen, die umfassende Kenntnis der technischen Gebäudeausrüstung und
aller erforderlichen haustechnischen Maßnahmen, jeweils nach dem gültigen
Stand der Technik und der maßgebenden DIN-Normen, Vorschriften und
Richtlinien.

Aus dem Inhalt:

Haustechnische Räume – Trinkwasserversorgung – Entwässerung – Schall-
schutz – Gasversorgung – Elektrische Anlagen – Blitzschutz – Wärmeversor-
gung – Einzelheizungen – Zentralheizungen – Lüftungsanlagen – Warmwasser-
bereitung – Hausmüllbeseitigung – Aufzugsanlagen

Preisänderungen vorbehalten

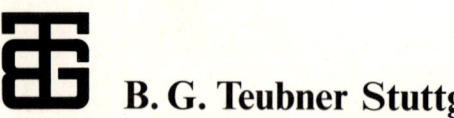

B. G. Teubner Stuttgart